机 械 制 图

主　编　魏云玲　任付娥　刘建泽

哈爾濱工程大学出版社
Harbin Engineering University Press

内容简介

本书是为了适应高等教育的发展趋势，按照应用本科教学的要求，采用项目化教学模式编写，本着由浅入深、从简单到复杂的认知规律，培养学生绘制和阅读图样的能力。本书主要内容包括机械制图的基本知识和技能、正投影法基础、基本体、组合体、图样画法、标准件和常用件、零件图、装配图等。

本书可作为应用型高等工科院校机械制图课程教材或参考书，也可供有关工程技术人员参考。

图书在版编目(CIP)数据

机械制图/魏云玲，任付娥，刘建泽主编—哈尔滨：哈尔滨工程大学出版社，2018.8(2020.8 重印)
ISBN978-7-5661-1996-4

Ⅰ.①机… Ⅱ.魏… ②任… ③刘… Ⅲ.①机械制图-教材 Ⅳ.①TH126

中国版本图书馆 CIP 数据核字(2018)第 149300 号

选题策划 田　婧
责任编辑 史大伟
封面设计 刘长友

出版发行 哈尔滨工程大学出版社
社　　址 哈尔滨市南岗区南通大街 145 号
邮政编码 150001
发行电话 0451-82519328
传　　真 0451-82519699
经　　销 新华书店
印　　刷 北京中石油彩色印刷有限责任公司
开　　本 787 mm×1 092 mm　1/16
印　　张 17.5
字　　数 448 千字
版　　次 2018 年 8 月第 1 版
印　　次 2020 年 8 月第 8 次印刷
定　　价 46.00 元
http://www.hrbeupress.com
E-mail:heupress@hrbeu.edu.cn

前　　言

机械制图是工程类专业的一门基础性和实践性较强的课程。该课程最核心的任务是按照国家标准《机械制图》和《技术制图》正确绘制工程图样，这是一个运用规范进行绘图的操作过程，而学生对规范的理解与运用也只能通过大量的绘图训练来实现。

本书是为了适应高等教育的发展趋势，按照应用本科教学的要求，结合应用本科人才培养模式、课程体系和教学内容等相关改革要求，在多年课程改革实践的基础上，以"项目化教学"为导向，以"任务化教学"为驱动，以学生应用技能培养为主线，组织编写该书。本书采用项目化的编写方式，从实际工作过程出发，本着由浅入深、从简单到复杂的认知规律，这样，便于集中教学资源，重点加强具有工程实际背景的实用性绘图训练，可以有效地促进国家标准和规范的贯彻与实施，强化学生的标准和规范意识，提高学生的实际读图与绘图能力。

本书具有以下特点：

1. 本书是按项目化教学编写，项目章节有任务描述和任务目标，对教师和学生起指导作用。

2. 本书重点为投影基础，以培养学生的空间想象力和读图能力。

3. 本书可用于工程类专业课程教学，知识面广，深度适宜。

4. 本书的编写人员均来自教学一线，了解学生心理，项目章节安排合理，教学语言陈述简练，便于教师和学生使用。

本书在编写过程中，参阅了大量的书籍和资料，在此对原作者一并表示感谢！由于编者水平有限，不足之处在所难免，恳请广大读者和各位教师批评指正，以便本书再版修订参考。

编者

2018 年 6 月

目　录

绪　论

一、“机械制图”课程的研究对象

在工程技术中,准确表达物体的形状、尺寸及技术要求的图纸,称为工程图样。其中用于各种机器的设计和制造的图样称为机械工程图样,简称机械图样。图样是制造机器、仪器和进行工程施工的主要依据。在机械制造业中,设计者通过图样表达设计意图、描述设计对象;生产者依据图样了解设计要求,组织和指导生产;使用者通过图样了解机器的结构和性能,进行使用和维修。例如要生产一部机器,必须首先画出表达该机器的装配图和所有零件的零件图,然后根据零件图制造出全部零件,再按装配图装配成机器。

图样不单是指导生产的重要技术文件,而且是进行技术交流的重要工具。因此,图样被称为“工程界共同的技术语言”,是每个工程技术人员和管理人员必须掌握的一种工具。

“机械制图”是一门研究如何运用正投影法绘制和阅读机械图样的技术基础课,主要内容是正投影理论和国家标准《技术制图》《机械制图》的有关规定。

二、“机械制图”课程的学习目标

(1)掌握正投影法的基本理论及其应用。

(2)掌握用仪器绘图和手工绘制草图的能力。

(3)学习和严格遵守机械制图的国家标准,具备查阅有关标准和手册的能力。

(4)能根据国家标准有关规定及所学的投影知识,绘制和阅读中等复杂程度的机械图样。

(5)具有认真负责的工作态度和严谨细致的工作作风。

(6)具备形象思维能力、空间想象力和表达创新设计思想的能力。

三、“机械制图”课程的特点和学习方法

“机械制图”课程是一门既有系统理论,又比较注重实践的技术基础课。本课程的各部分内容既紧密联系,又各有特点。在本课程的学习过程中,应注意:

(1)准备一套符合要求的制图工具,并认真完成作业。

(2)认真学习有关机械制图的国家标准,并严格执行。

机械制图国家标准规定了图中所使用的投影方式、图线种类、图样画法、尺寸标注规则、技术要求的项目和标注方式等。

(3)认真学习基本理论知识,牢固掌握正投影原理和图示方法,由浅入深地进行绘图和读图的练习,注意画图与看图相结合,物体与图样相结合,多想、多看、多画,逐步提高空间想象能力和空间分析能力,提高独立分析和解决看图、画图等问题的能力。

(4)在学习本课程时,独立完成一定数量的制图作业是巩固基本理论和培养画图、读图能力的保证,必须高度重视。养成正确使用绘图仪器和工具的习惯,按正确的方法和步骤作图,逐步熟练并提高水平。

(5)在完成作业的过程中必须养成认真负责的工作态度和严谨细致的工作作风。

项目1　绘制平面图形

【任务描述】

图样是工程界共同的技术语言，是表达设计思想、交流技术经验必不可少的方法之一，是现代工业生产中的重要技术文件。设计师通过图样设计新产品，工艺师依据图样制造新产品。此外，图样还广泛应用于技术交流。

因此，必须对图样的各个方面，如图幅的安排、尺寸注法、图纸大小、图线粗细等，都做出统一的规定，这些规定称为制图标准。中华人民共和国国家标准《技术制图》和《机械制图》就是一个统一我国制图实践标准的最具权威的强制性文件，每一位工程技术人员在绘制图样时，都应严格遵守并认真执行。要掌握国家标准局颁布的机械制图国家标准（简称国标），正确地使用绘图工具，熟悉几何作图和平面图形尺寸分析等有关的制图基本知识。那么怎样才能完成平面图形的绘制任务呢？

【任务目标】

1. 掌握国家标准中关于图幅和格式、比例、字体、图线和尺寸标注等规定及应用。

2. 了解绘图工具及仪器的正确使用。

3. 熟悉几何作图的画法和平面图形尺寸分析等。

4. 完成平面图形的绘制。

【引导知识】

1.1　国家标准的基本规定

1959年，我国首次颁布了国家标准《机械制图》。之后，随着生产技术和经济建设的不断进步、计算机技术的飞跃发展和对外技术交流的需要，又几次颁布了修订的《机械制图》国家标准及一些技术文件。

国家标准《机械制图》含有17个独立的标准，它们是参照国际标准化组织（ISO）的标准制定的。其中的6个基本标准为：

（1）技术制图图纸幅面及格式（GB/T 14689—2008）（其中GB是国家标准代号，T为推荐标准，14689是标准号，2008是标准颁布的年号）。

（2）技术制图比例（GB/T 14690—1993）。

（3）技术制图字体（GB/T 14691—1993）。

（4）机械制图图样画法图线（GB/T 4457.4—2002）；技术制图图线（GB/T 17450—1998）。

（5）机械制图图样画法视图（GB/T 4458.1—2002）。

（6）机械制图尺寸注法（GB/T 4458.4—2003）；技术制图简化表示法第2部分：尺寸注法（GB/T 16675.2—2012）。

1.1.1　图纸幅面、格式（GB/T 14689—2008）

1. 图纸幅面

为了合理利用图纸且便于图样管理，国家标准中规定了5种标准图纸的幅面，其代号分别为 A0、A1、A2、A3、A4。绘制图样时，应优先采用表 1－1 所规定的基本幅面，必要时，也允许选用国家标准所规定的加长幅面。这些幅面的尺寸由基本幅面的短边成整数倍增加后得出，如图 1－1 所示。

表 1－1　图纸幅面尺寸

单位：mm

幅面代号	A0	A1	A2	A3	A4
$B \times L$	841×1 189	594×841	420×594	297×420	210×297
e	20		10		
c	10			5	
a	25				

注：在绘图中对图纸有加长加宽的要求时，应按基本幅面的短边（B）成整数倍增加。

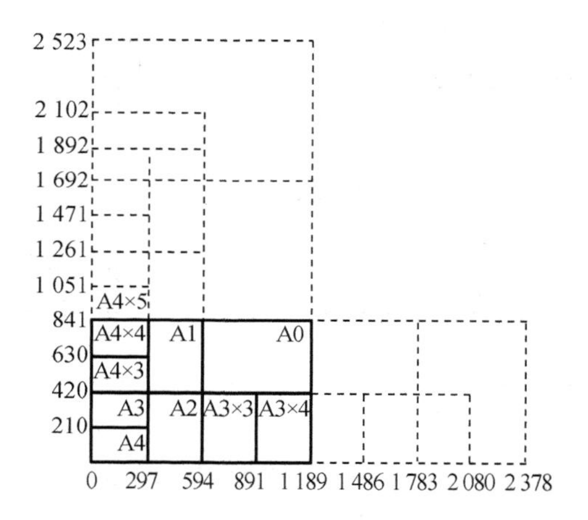

图 1－1　基本幅面

2. 图框格式

每张图样均需有由粗实线绘制的图框。图纸可以横放，也可以竖放，其格式分为不留装订边和留有装订边两种。

要装订的图样，应留装订边，其图框格式如图 1－2 所示。不需要装订的图样，其图框格式如图 1－3 所示，尺寸规定参照表 1－1。但同一产品的图样只能采用同一种格式，图样必须画在图框之内。

3. 标题栏及其方位（GB/T 10609.1—2008）

（1）每张图纸的右下角必须画出标题栏，标题栏的内容、格式和尺寸按照 GB 10609.1—2008 的规定，标题栏一般直接印刷在图纸上，如图 1－4 所示。制图作业中的标题栏，其格式可以简化，一般采用图 1－5 所示的格式绘制。

（2）当标题栏的长边置于水平方向并与图纸的长边平行时，则构成 X 型图纸，如图 1－2(a) 和图 1－3(a) 所示。当标题栏的长边与图纸的长边垂直时，则构成 Y 型图纸，如图 1－2(b) 和图 1－3(b) 所示。在此情况下，看图的方向与看标题栏的方向一致，即标题栏中的文字方向为看图方向。

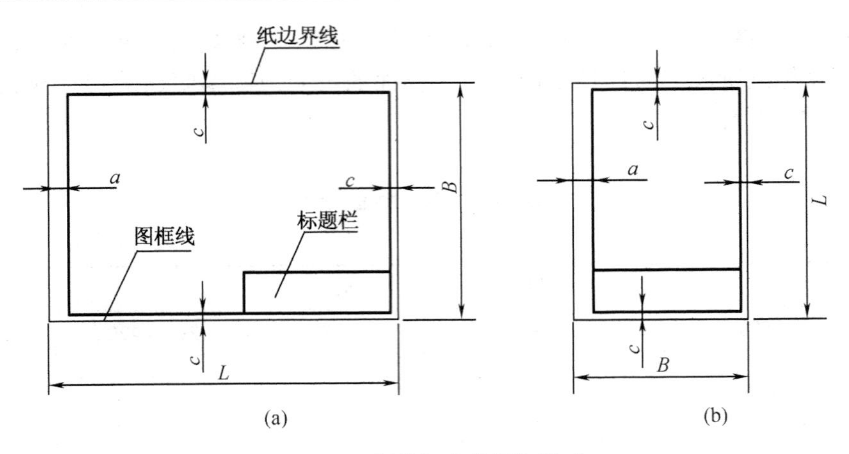

图 1－2 留装订边的图框格式

(a) X 型图纸；(b) Y 型图纸

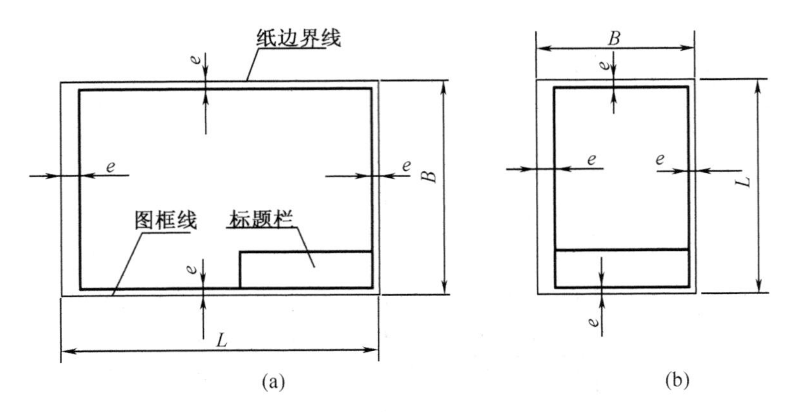

图 1－3 不留装订边的图框格式

(a) X 型图纸；(b) Y 型图纸

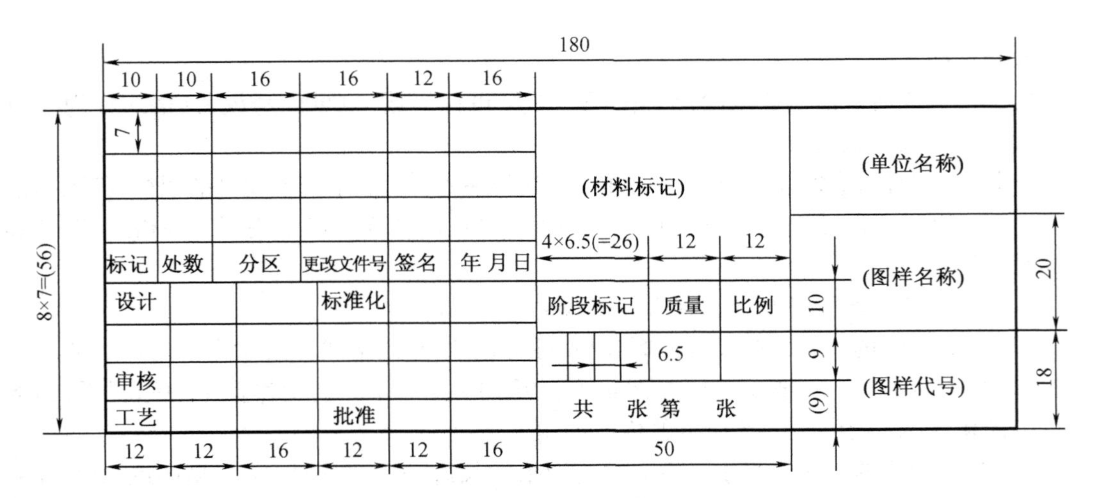

图 1－4 国标规定的标题栏格式

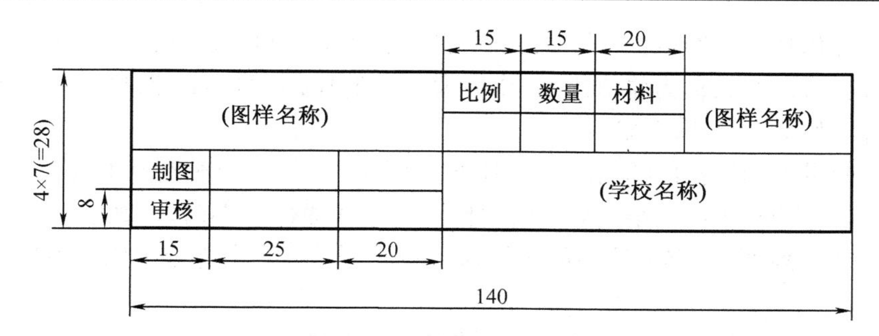

图1-5　制图作业的标题栏格式

(3)为了利用预先印制有标题栏的图纸,允许X型图纸短边置于水平位置使用,Y型图纸长边置于水平位置使用,如图1-6(a)、1-6(b)所示。在这种情况下,标题栏的方向不再是绘图和读图方向。

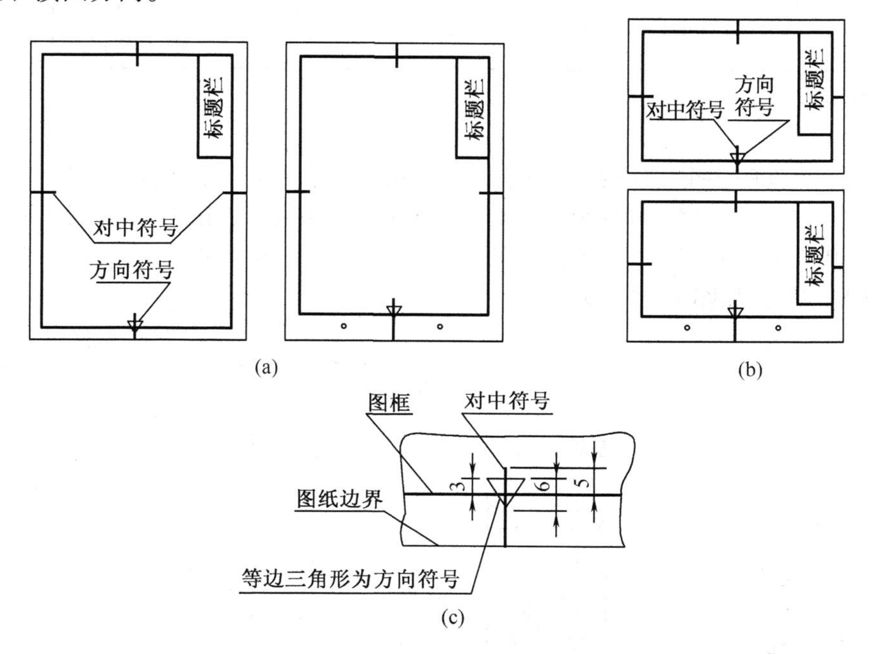

图1-6　对中符号和方向符号

(a)X型图纸短边置于水平位置;(b)Y型图纸长边置于水平位置;(c)方向符号

4.附加符号

(1)对中符号

为了使图样复制和缩微摄影时定位方便,对基本幅面的各号图纸,均应在图纸各边的中点处分别画出对中符号。

(2)方向符号

若使用预先印制的图纸,应在图纸下边的对中符号处画出一个方向符号,以表明绘图与看图时的方向。方向符号用细实线的等边三角形表示,其所处位置及大小如图1-6(c)所示。

1.1.2　比例(GB/T 14690—1993)

比例指图样中机件要素的线性尺寸与实际机件相应要素的线性尺寸之比。

比例有“原值比例(比值为1)”“放大比例(比值>1)”和“缩小比例(比值<1)”之分。比值为1的比例,即1:1,称为原值比例;比值大于1的比例,如2:1等,称为放大比例;比值小于1的比例,如1:2等,称为缩小比例。

绘图时,应尽可能按机件的实际大小画出,即采用1:1的比例,也可根据物体的大小及结构的复杂程度不同,采用缩小或放大的比例。采用非原值比例时,应按表1-2中所规定的“优先选用比例系列”中选取适当的比例,必要时也允许从“允许选用比例系列”中选取。

表1-2 规定的比例系列

种类	优先选用比例系列	允许选用比例系列
原值比例	1:1	
放大比例	2:1,5:1,1×10^n:1,2×10^n:1,5×10^n:1	2.5:1,4:1,2.5×10^n:1,4×10^n:1
缩小比例	1:2,1:5,1:1×10^n,1:2×10^n,1:5×10^n	1:1.5,1:2.5,1:3,1:4,1:6,1:1.5×10^n,1:2.5×10^n,1:3×10^n,1:4×10^n,1:6×10^n

注:n为正整数。

绘制同一机件的各个视图时,一般应采用相同的比例,并填写在标题栏的“比例”一栏中。当某个视图需要采用不同比例绘制时,必须按规定在该图形正上方另行标注。

不论采用何种比例,图样中所标注的尺寸数值必须是实物的实际大小,与绘制图形时所采用的比例无关,如图1-7所示。

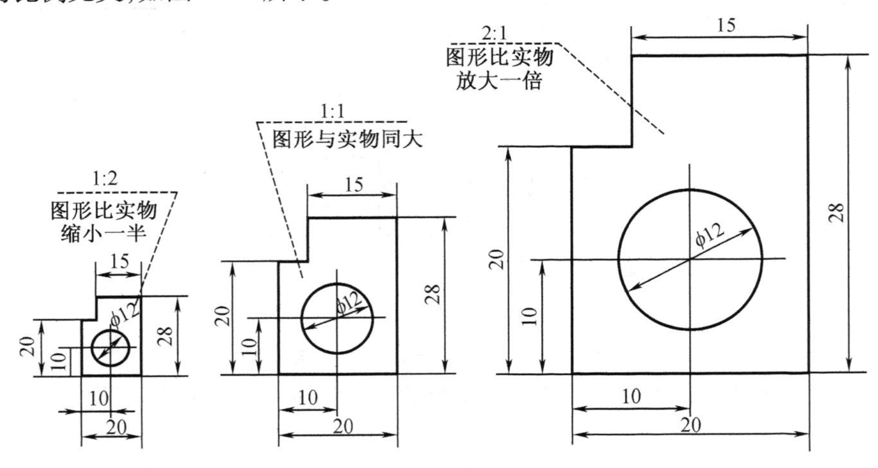

图1-7 用不同比例绘制图形和尺寸的标注方法

1.1.3 字体(GB/T 14691—1993)

在国家标准《技术制图》字体GB/T 14691—1993中,规定了汉字、字母和数字的结构形式。

技术图样及有关技术图样中字体的基本要求是:

(1)字体的书写必须做到:字体工整、笔画清楚、间隔均匀、排列整齐。

(2)字体的大小以号数表示,字体的号数就是字体的高度(单位为mm)。字体高度(用h表示)的公称尺寸系列为1.8,2.5,3.5,5,7,10,14,20。如需要书写更大的字,其字体高度应按$\sqrt{2}$的比率递增。用作指数、分数、注脚和尺寸偏差数值，一般采用小一号字体。

(3)汉字应写成长仿宋体字，并采用中华人民共和国国务院正式推行的《汉字简化方案》中规定的简化字。长仿宋体字的书写要领是：横平竖直、注意起落、结构均匀、填满方格。汉字的高度 h 不应小于 3.5 mm，其字宽一般为 $h/\sqrt{2}$（$\approx 0.7h$）。

(4)字母和数字分为 A 型和 B 型。字体的笔画宽度用 d 表示。A 型字体的笔画宽度 $d = \frac{h}{14}$，B 型字体的笔画宽度 $d = \frac{h}{10}$。字母和数字可写成斜体和正体。

(5)斜体字字头向右倾斜，与水平基准线成 75°。绘图时，一般用 B 型斜体字。在同一图样上，只允许选用一种字体。

(6)汉字、拉丁字母、数字等组合书写时，其排列格式和间距都应符合标准的规定。

图 1－8、图 1－9 所示为图样上常见字体的书写示例。

字体工整　笔画清楚　间隔均匀　排列整齐

(a)

字体工整　笔画清楚　间隔均匀　排列整齐

(b)

图 1－8　长仿宋字书写示例

(a)10 号字；(b)7 号字

ABCDEFGHIJKLMNOPQRSTUVWXYZ

(a)

abcdefghijklmnopqrstuvwxyz

(b)

1234567890

(c)

123456789

(d)

10Js5 (±0.003)　M24-6h　R8　10^3　S^{-1}　5%　D_1　T_d　380 kpa　m/kg

$\phi 20^{+0.010}_{-0.023}$　$\phi 25\frac{H6}{f5}$　$\frac{II}{1:2}$　$\frac{3}{5}$　$\frac{A}{5:1}$　6.3　460 r/min　220V　l/mm

(e)

图 1－9　字母、数字书写示例

(a)大写斜体字母；(b)小写斜体字母；(c)斜体数字；(d)正体数字；(e)综合应用示例

1.1.4 图线(GB/T 17450—1998、GB/T 4457.4—2002)

工程图样中的图形是由不同形式的图线组成的,为了便于绘图和读图,国家标准中明确规定了图线的名称、形式、宽度、一般应用及其画法规则等。

1. 基本线型

国家标准 GB/T 17450—1998《技术制图图线》规定了 15 种基本线型。所有图线的图线宽度 d 应按图样的类型和尺寸大小在下列系数中选择:

0.13 mm,0.18 mm,0.25 mm,0.35 mm,0.5 mm,0.7 mm,1 mm,1.4 mm,2 mm。

粗线、中粗线和细线的宽度比例为 4:2:1。同一图样中,同类图线的宽度应一致。

基本图线适用于各种技术图样。

2. 机械制图图线

国家标准 GB/T 4457.4—2002《机械制图图线》对机械制图中常见的线型、宽度和一般应用做了规定。表 1-3 列出的是机械制图的图线的名称、形式、宽度及其应用举例。

表 1-3 图线的名称、形式、宽度及其用途

序号	图线名称	图线形式	图线宽度	图线应用举例(见图 1-10)
1	粗实线	————	d	可见轮廓线、可见棱边线
2	细实线	————	$\frac{d}{2}$	尺寸线、尺寸界线、剖面线、重合断面的轮廓线及指引线等
3	波浪线	～～～	$\frac{d}{2}$	断裂处的边界线
4	虚线	- - - - - -	$\frac{d}{2}$	不可见轮廓、不可见过渡线
5	双折线	—\/—\/—	$\frac{d}{2}$	断裂处的边界线
6	细点画线	—— - ——	$\frac{d}{2}$	轴线、对称中心线等
7	粗点画线	—— - ——	d	有特殊要求的线或表面的表示线
8	双点画线	—— - - ——	$\frac{d}{2}$	极限位置的轮廓线、相邻辅助零件的轮廓线等

图 1-10 所示为常用图线应用举例。

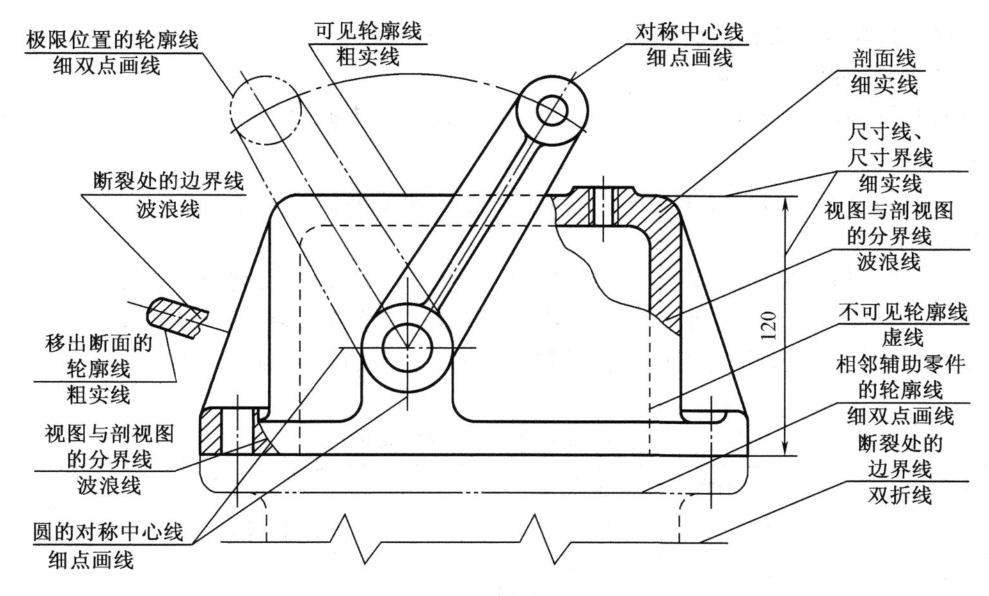

图1－10　图线应用举例

3. 图线画法的注意事项

（1）同一张图样中，同类图线的宽度应基本一致。虚线、点画线及双点画线的线段长短间隔应各自大致相等。

（2）轴线、对称中心线、双点画线应超出轮廓线2～5 mm。点画线和双点画线的末端应是线段，而不是短画。若圆的直径较小，圆的中心线可用细实线来代替。

（3）平行线（包括剖面线）之间的距离应不小于粗实线两倍的宽度，其最小距离不得小于0.7 mm。

（4）虚线、点画线与其他图线相交时，应在线段处相交，不应在空隙或短画处相交。当虚线是粗实线的延长线时，粗实线应画到分界点，而虚线与分界点之间应留有空隙。当虚线圆弧与虚线直线相切时，虚线圆弧的线段应画到切点处，虚线直线至切点之间应留有空隙，如图1－11所示。

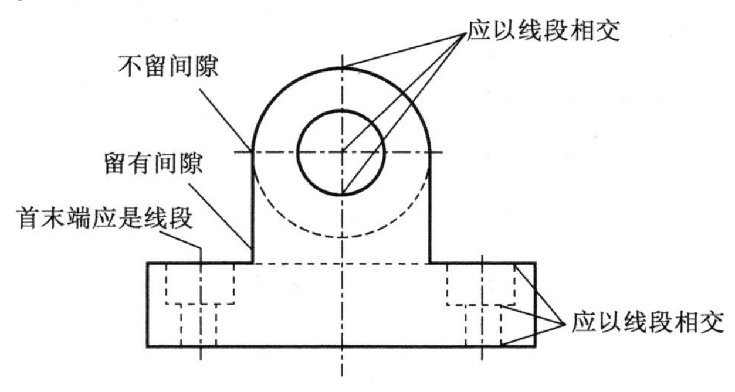

图1－11　虚线相交及连接处的画法

1.1.5　尺寸注法（GB/T 16675.2—2012、GB/T 4458.4—2003）

图形只能表达机件的形状，而机件的大小则由标注的尺寸确定。国家标准对图样中尺寸标注的规则和方法进行了详尽的规定，必须严格遵守。

1. 尺寸标注的基本规则

（1）机件的真实大小应以图样上所注的尺寸数值为依据，与图形的大小及绘图的准确度无关。

（2）图样中的尺寸，以毫米为单位时，无须标注计量单位的代号或名称，如采用其他单位，则必须注明。

（3）图样中所注尺寸是该图样所示机件最后完工时的尺寸，否则应另加说明。

（4）机件的每一尺寸，一般只标注一次，并应标注在反映该结构最清晰的图形上。

（5）标注尺寸时，应尽可能使用符号和缩写词。常用符号和缩写词见表 1－4。

表 1－4 常用符号和缩写词

名称	符号或缩写词	名称	符号或缩写词	名称	符号或缩写词
直径	Φ	厚度	t	沉孔或锪平	⌴
半径	R	正方形	□	埋头孔	⌵
球直径	$S\Phi$	45°倒角	C	均布	EQS
球半径	SR	深度	↧	—	—

2. 尺寸的组成

一个完整的尺寸应由尺寸界线、尺寸线、尺寸线终端及尺寸数字组成，如图 1－12 所示。尺寸数字表示尺寸的大小；尺寸线表示尺寸度量的方向；尺寸界线表示所注尺寸的范围；箭头表示尺寸的起止。

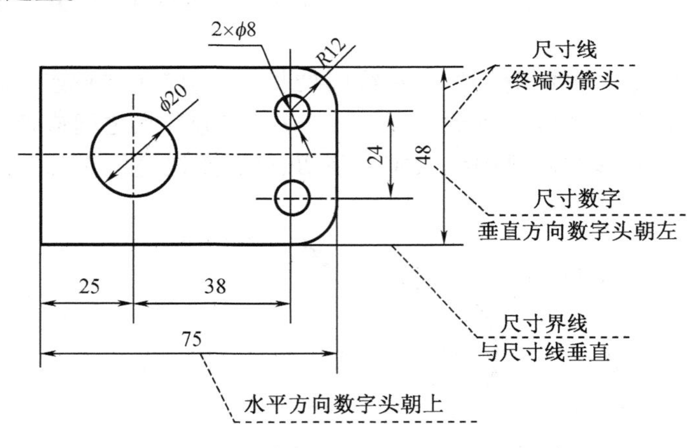

图 1－12 尺寸要素

（1）尺寸界线

尺寸界线用细实线绘制，并应由图形的轮廓线、轴线或对称中心线处引出，也可利用轮廓线、轴线或对称中心线作尺寸界线。尺寸界线一般与尺寸线垂直，并超出尺寸线终端 2 ~ 5 mm。必要时允许倾斜，但两尺寸界线仍应互相平行，如图 1－13 所示。

（2）尺寸线

尺寸线用细实线绘制。尺寸线必须单独画出，不能与图线重合或在其延长线上。

尺寸线终端一般有箭头、斜线两种形式，如图1－14所示，箭头适用于各种类型的图样，箭头尖端与尺寸界线接触，不得超出也不得离开。斜线用细实线绘制，图中 h 为字体高度。一般机械图样的尺寸线终端画箭头，土建图的尺寸线终端画斜线。

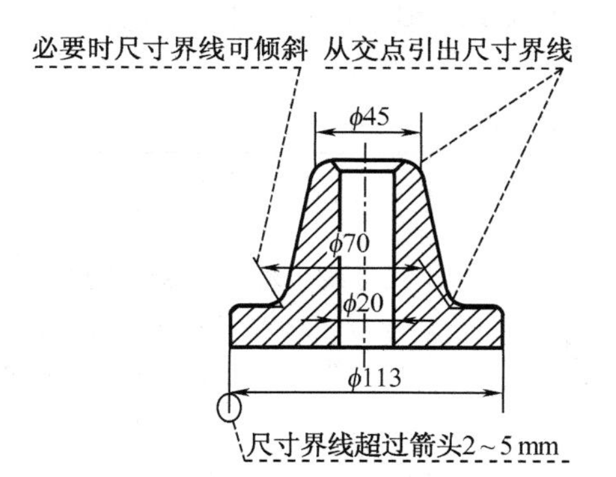

图1－13　倾斜引出的尺寸界线

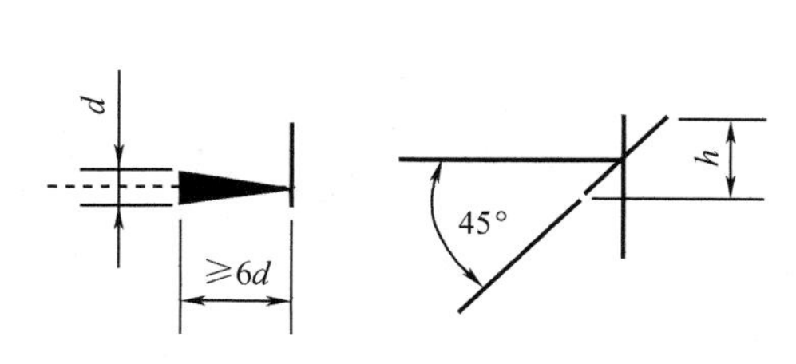

图1－14　尺寸线终端

(3)尺寸数字

线性尺寸的数字一般应注写在尺寸线的上方，也允许注写在尺寸线的中断处，同一图样内大小一致，位置不够时可引出标注，应尽量避免在30°范围内标注尺寸，如图1－15所示。尺寸数字不可被任何图线通过，否则必须把图线断开，如图1－16所示。国标还规定了一些注写在尺寸数字周围的标注尺寸的符号，用以区分不同类型的尺寸。

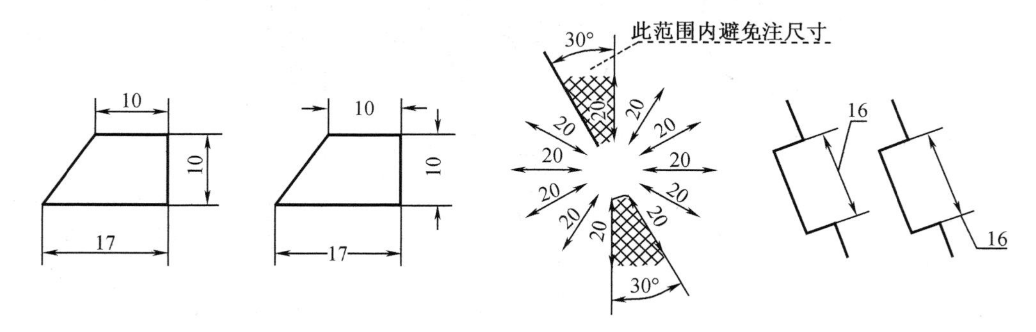

图1－15　尺寸数字的注写

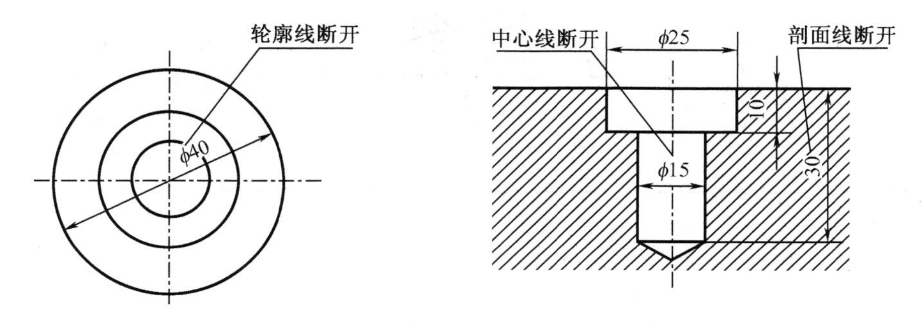

图1－16　尺寸数字不允许任何图形通过

ϕ 表示直径；R 表示半径；S 表示球面；t 表示板状零件厚度；□表示正方形；◁(或▷)表

示锥度；⊳（或∠）表示斜度；± 表示正负偏差；× 表示参数分隔符，如 M10 ×1 等；- 表示连字符，如 4 - ϕ10，M10 ×1 -6H0 等。

3. 常用尺寸注法举例

尺寸注法的基本规则，见表 1 -5。常用尺寸的简化画法与规定注法的对比，见表 1 -6。

表 1 -5 尺寸注法的基本规则

<table>
<tr><th colspan="2">标注内容</th><th>示例</th><th>说明</th></tr>
<tr><td colspan="2">线性尺寸</td><td>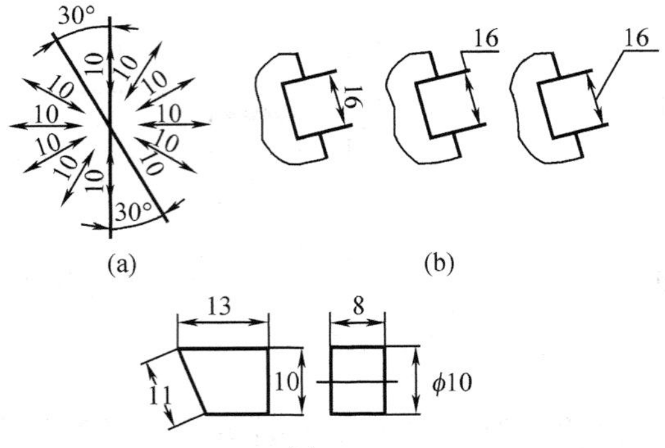

(a) (b) (c)</td><td>尺寸线必须与所标注的线段平行，大尺寸要注在小尺寸外面，尺寸数字应按图（a）中所示的方向注写，图示 30°范围内，应按图（b）形式标注。在不致引起误解时，对于非水平方向的尺寸，其数字可水平地注写在尺寸线的中断处，如图（c）所示</td></tr>
<tr><td rowspan="2">圆弧</td><td>直径尺寸</td><td>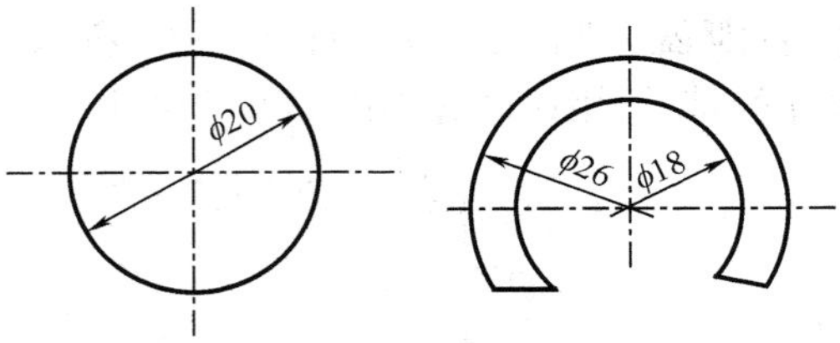
</td><td>标注圆或大于半圆的圆弧时，尺寸线通过圆心，以圆周为尺寸界线，尺寸数字前加注直径符号“ϕ”</td></tr>
<tr><td>半径尺寸</td><td>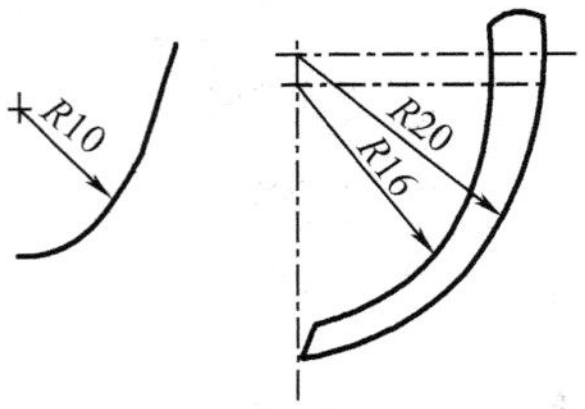
</td><td>标注小于或等于半圆的圆弧时，尺寸线自圆心引向圆弧，只画一个箭头，尺寸数字前加注半径符号“R”</td></tr>
<tr><td colspan="2">大圆弧</td><td>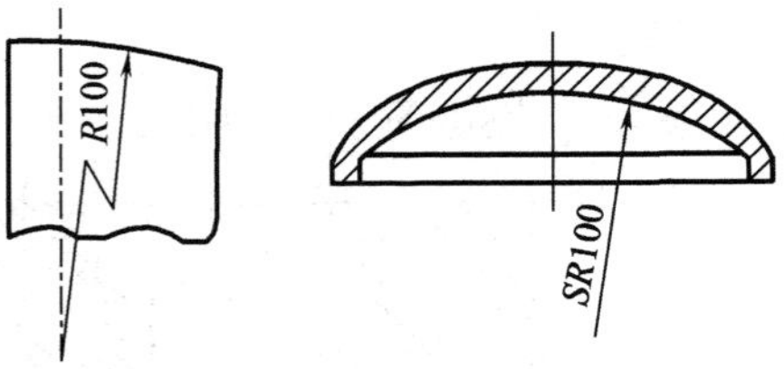
</td><td>当圆弧的半径过大或在图纸范围内无法标注其圆心位置时，可采用折线形式，若圆心位置不需注明，则尺寸线可只画靠近箭头的一段</td></tr>
</table>

表 1－5(续)

标注内容	示例	说明
小尺寸	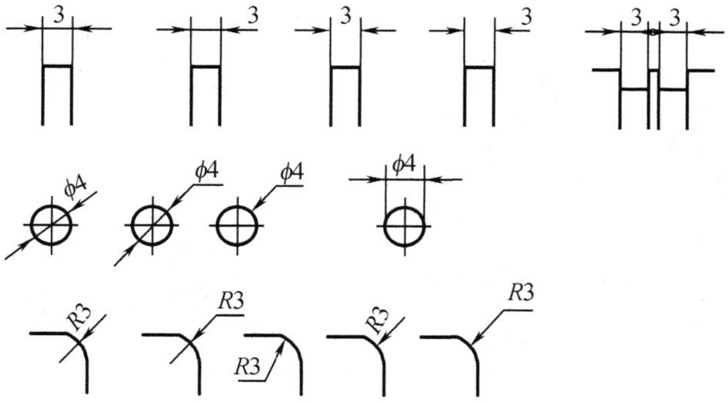 3　3　3　3　3　3 $\phi4$　$\phi4$　$\phi4$　$\phi4$ $R3$　$R3$　$R3$　$R3$　$R3$	对于小尺寸在没有足够的位置画箭头或注写数字时，箭头可画在外面，或用小圆点代替两个箭头；尺寸数字也可采用旁注或引出标注
球面	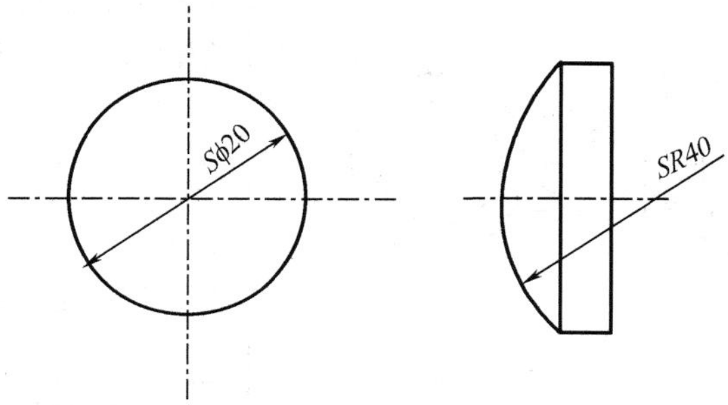 $S\phi20$　$SR40$	标注球面的直径或半径时，应在尺寸数字前分别加注符号“$S\phi$”或“SR”
角度	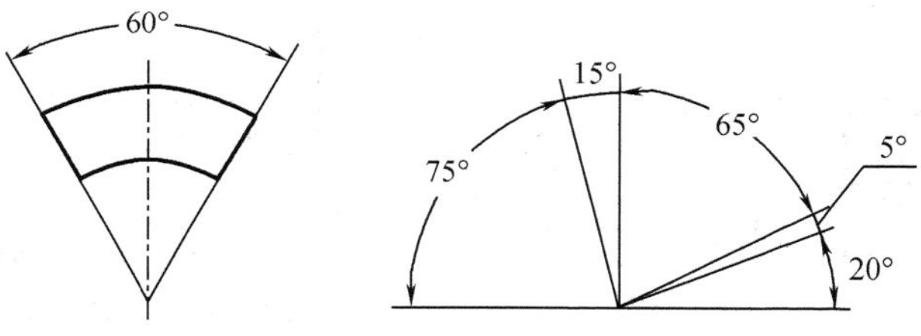 60° (a) 15°　65°　5°　75°　20° (b)	尺寸界线应沿径向引出，尺寸线画成圆弧，圆心是角的顶点。尺寸数字一律水平书写，一般注写在尺寸线的中断处，必要时也可按图(b)的形式标注
弦长和弧长	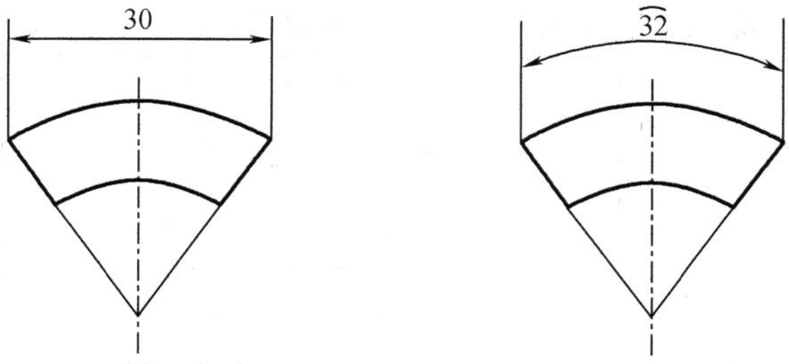 30 (a) $\frown{32}$	标注弦长和弧长时，尺寸界线应平行于弦的垂直平分线。弧长的尺寸线为同心弧，并应在尺寸数字上方加注符号“⌒”

表1-5(续)

标注内容	示例	说明
只画一半或大于一半时的对称机件	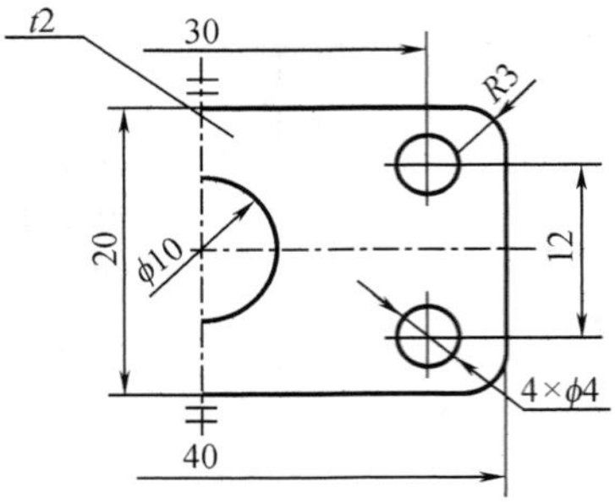 (图示：t2、30、R3、20、ϕ10、12、4×ϕ4、40)	尺寸线应略超过对称中心线或断裂处的边界线,仅在尺寸线的一端画出箭头
板状零件		标注板状零件的尺寸时,在厚度的尺寸数字前加注符号“t”
光滑过渡处的尺寸	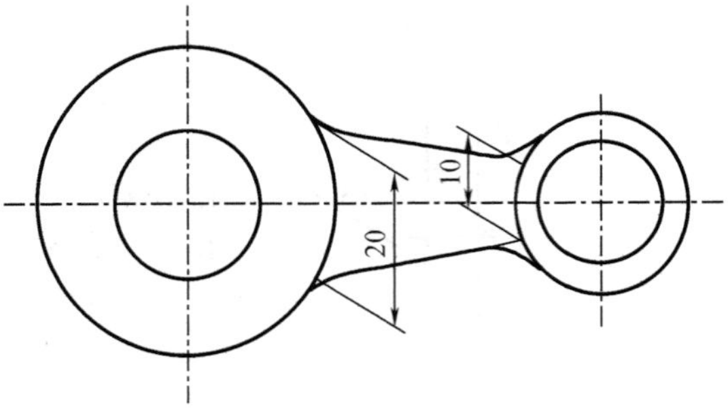 (图示：10、20)	在光滑过渡处,必须用细实线将轮廓线延长,并从它们的交点引出尺寸界线
允许尺寸界线倾斜		尺寸界线一般应与尺寸线垂直,必要时允许倾斜
正方形结构	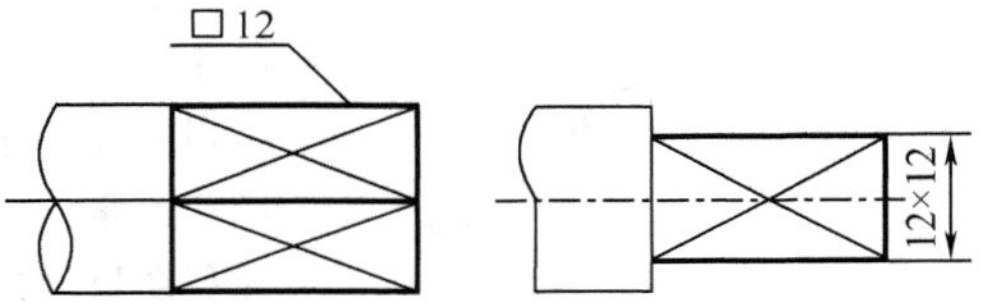 (图示：□12、12×12)	标注机件的剖面为正方形结构的尺寸时,可在边长尺寸数字前加注符号“□”,或用“12 × 12”代替“□12”。图中相交的两条细实线是平面符号(当图形不能充分表达平面时,可用这个符号表达平面)

表1-6 常用尺寸的简化画法与规定注法的对比

项目	简化后	简化前	说明
尺寸线终端形式	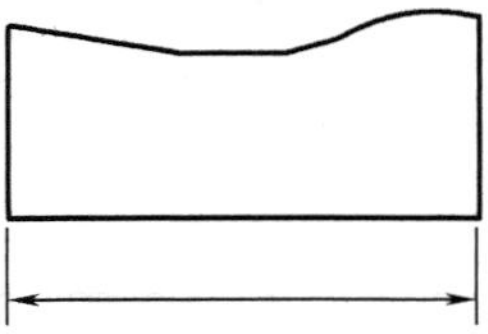	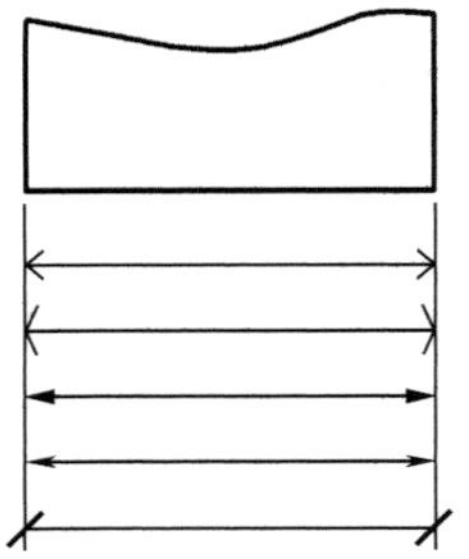	标注尺寸时,可使用单边箭头

表1-6(续)

项目	简化后	简化前	说明
带箭头的指引线	ϕ ϕ ϕ ϕ M ϕ ϕ	ϕ ϕ M ϕ ϕ ϕ ϕ	标注尺寸时,可采用带箭头的尺寸线
不带箭头的指引线	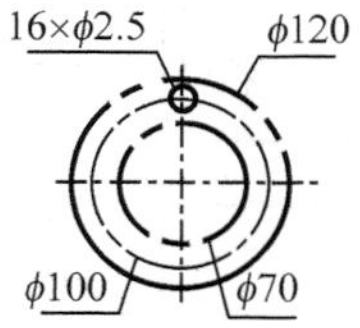 16×ϕ2.5 ϕ120 ϕ100 ϕ70	16×ϕ2.5 ϕ100 ϕ120 ϕ70	标注尺寸时,也可采用不带箭头的尺寸线
同心圆及台阶孔	ϕ60、ϕ90、ϕ120	ϕ60 ϕ120 ϕ90	一组同心圆或尺寸较多的台阶孔的尺寸,也可用公共的尺寸线和箭头依次表示
	ϕ5、ϕ10、ϕ12	ϕ12 ϕ10 ϕ5	
倒角	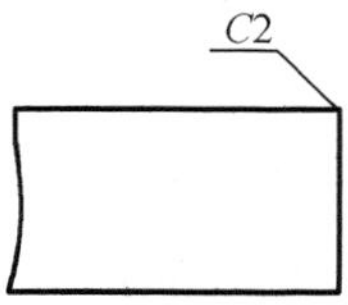 C2	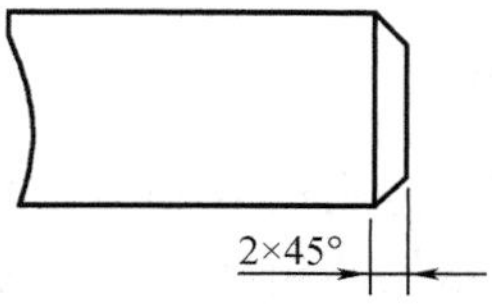 2×45°	在不致引起误解时,零件图中的倒角可以省略不画,其尺寸也可简化标注
	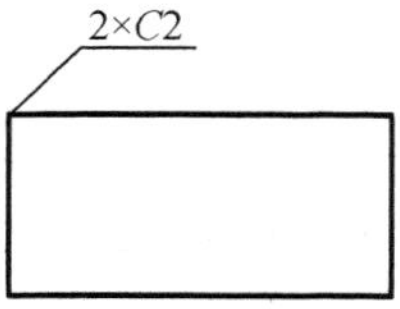 2×C2	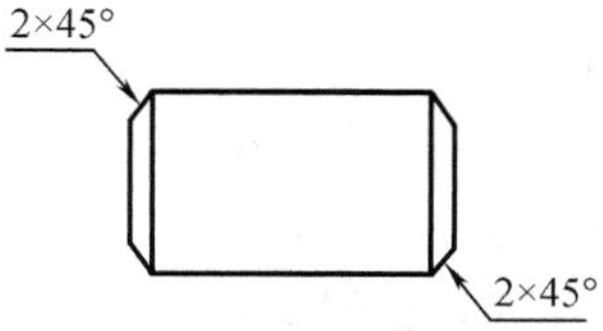 2×45° 2×45°	

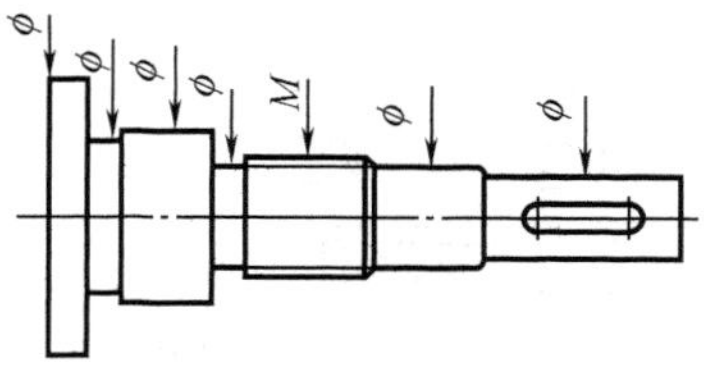

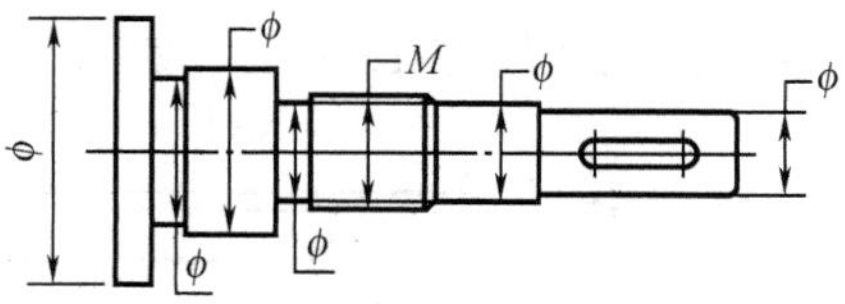

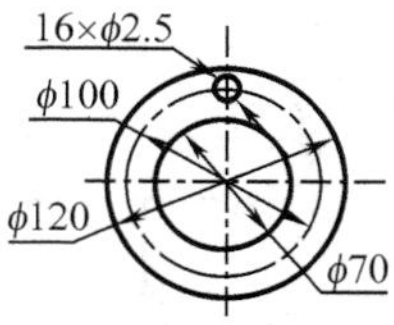

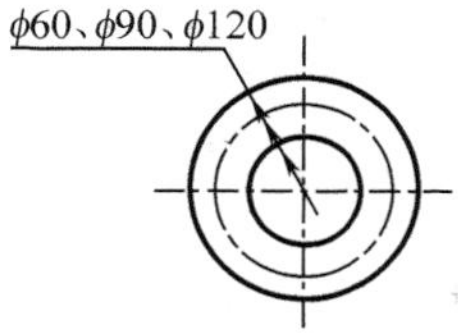

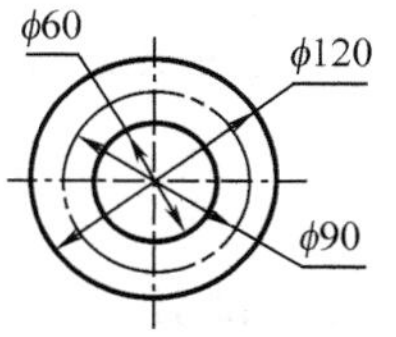

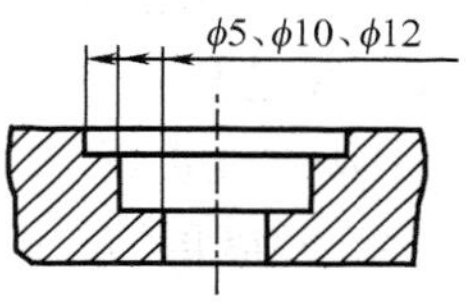

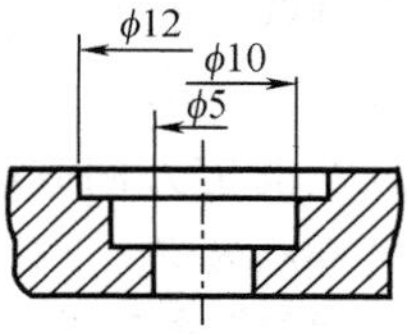

【自学知识】

1.2 常用手工绘图工具及使用方法

为了提高绘图质量,加快绘图速度,必须注意正确、熟练地使用绘图工具和采用正确的绘图方法。下面仅介绍几种常用工具及其使用方法。

1.2.1 图板、丁字尺和三角板

图板是铺贴图纸用的，要求板面平滑光洁；又因它的左侧边为丁字尺的导边，所以必须平直光滑，图纸用胶带纸固定在图板上。如图 1－17 所示。

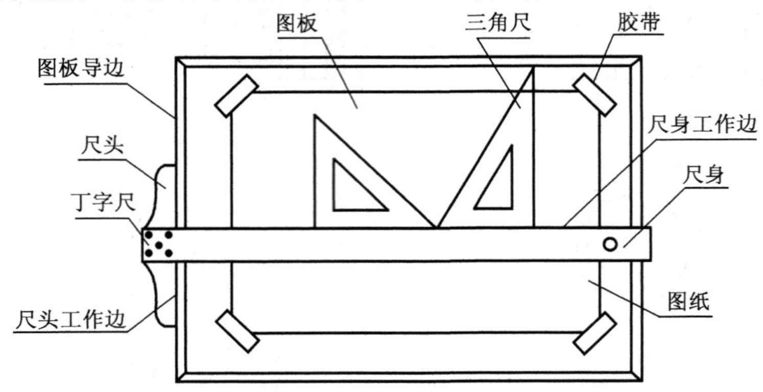

图 1－17 图纸与图板

丁字尺由尺头和尺身两部分组成。它主要用来画水平线，其头部必须紧靠绘图板左边，然后用丁字尺的上边画线。移动丁字尺时，用左手推动丁字尺头沿图板上下移动，把丁字尺调整到准确的位置，然后压住丁字尺进行画线。画水平线是从左到右画，铅笔前后方向应与纸面垂直，而在画线前进方向倾斜约 30°，画垂直线是从下往上画。

三角板分 45°和 30°、60°两块，可配合丁字尺画铅垂线及 15°倍角的斜线，或用两块三角板配合画任意角度的平行线或垂直线，如图 1－18 所示。

1.2.2 绘图铅笔

绘图用铅笔的铅芯分别用 B 和 H 表示其软、硬程度，B 前的数字值越大表示铅芯越软，H 前的数字值越大表示铅芯越硬。绘图时根据不同使用要求，应准备以下几种硬度不同的铅笔：

B 或 HB——画粗实线用；

HB 或 H——画箭头和写字用；

H 或 2H——画各种细线和画底稿用。其中用于画粗实线的铅笔磨成宽度为 b 的四棱柱形，其余的磨成圆锥形，如图 1－19 所示。

1.2.3 圆规和分规

圆规用来画圆和圆弧。画图时应尽量使钢针和铅芯都垂直于纸面，钢针的台阶与铅芯尖应平齐，使用方法如图 1－20 所示。

分规主要用来量取线段长度或等分已知线段。分规的两个针尖应调整平齐。从比例尺上量取长度时，针尖不要正对尺面，应使针尖与尺面保持倾斜。用分规等分线段时，通常要用试分法。分规的用法如图 1－21 所示。

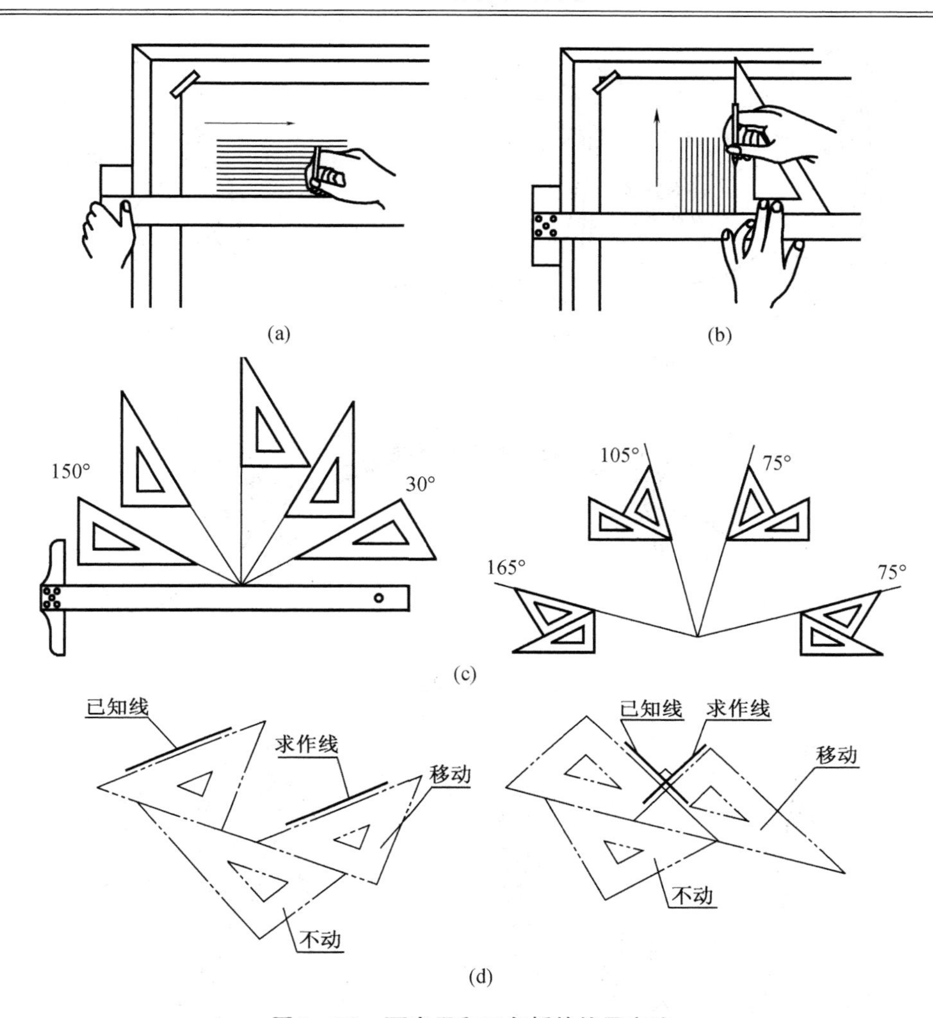

图1-18　丁字尺和三角板的使用方法

(a)画水平线;(b)画垂直线;(c)画各种角度线;(d)用两块三角尺画平行线和垂直线

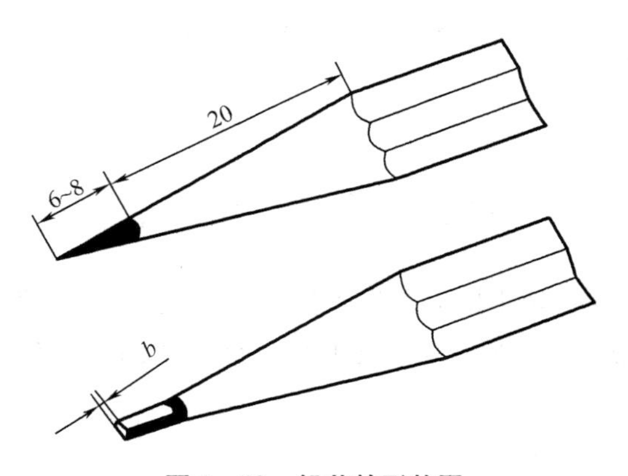

图1-19　铅芯的形状图

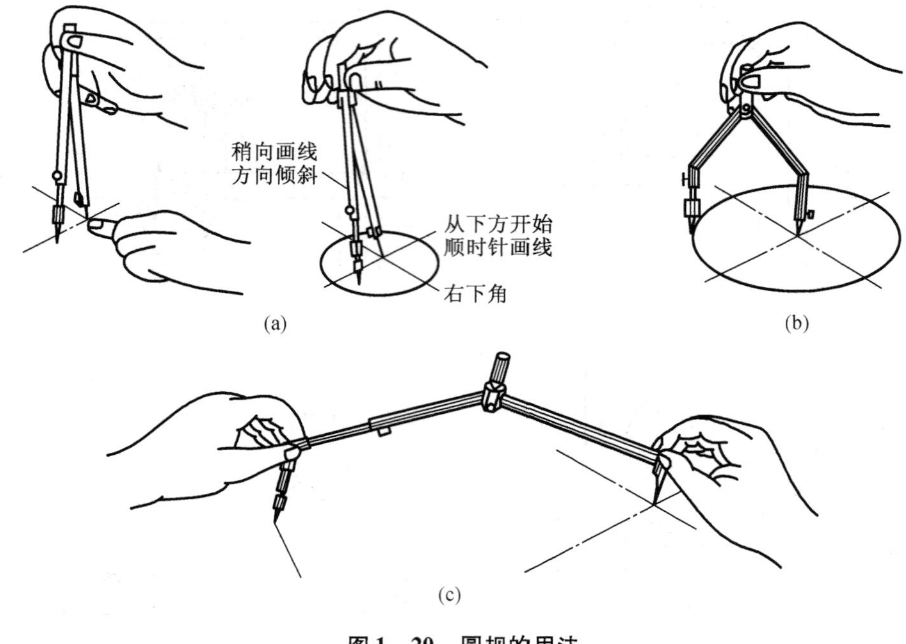

图 1－20 圆规的用法

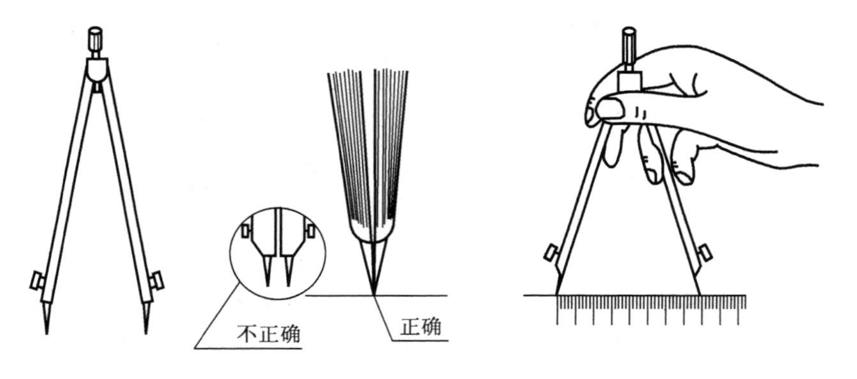

图 1－21 分规的用法

【引导知识】

1.3 几何作图

机件的轮廓形状虽然各不相同，但分析起来，都是由直线、圆弧和其他一些非圆曲线等基本的几何图形所组成。熟练地掌握和运用基本的几何作图方法，是绘制机械图样的基本技能。

1.3.1 等分作图

1. 等分线段

(1)平行线法

如图 1－22 所示，将线段五等分。先由一端点 A(或 B)任作射线 AC，在 AC 上以适当长度截得 1,2,3,4,5 各等分点。连接 $5B$，并过 4,3,2,1 各点分别作 $5B$ 的平行线，即得线段的

5 个等分点。

(2)试分法

如图 1 - 23 所示,将直线段 AB 四等分。用目测将分规的开度调整至 AB 的 1/4 长,然后在 AB 上试分。如不能恰好将线段分尽,可重新调整分规开度使其长度增加或缩小再行试分,通过逐步逼近,将线段等分。在本例中首次试分,剩余长度幅度为 E,这时调整分规,增加 $E/4$ 再重新等分 AB,直到分尽为止。

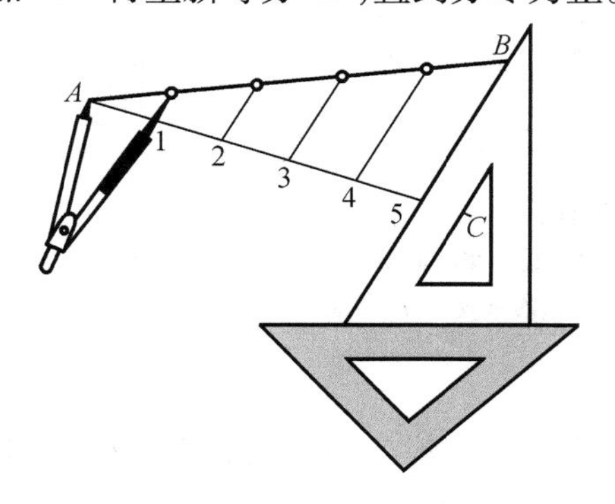

图 1 - 22 平行线法等分线段

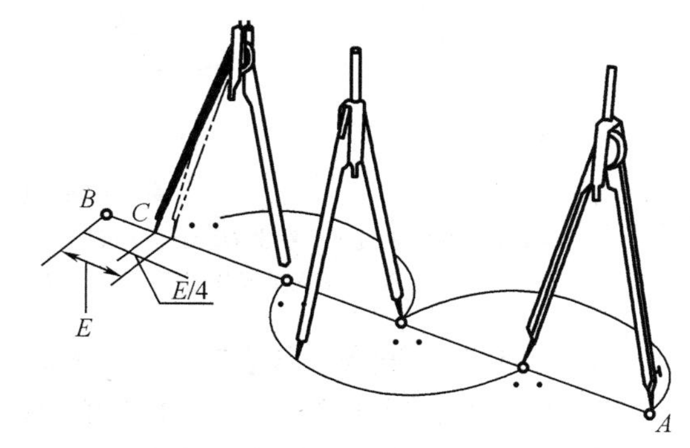

图 1 - 23 试分法等分线段

2. 等分圆周及作正多边形

(1)圆周的三、六、十二等分及正多边形

圆周的三、六、十二等分有两种作图方法。用圆规等分的作图方法如图 1 - 24 所示,另外还可用 30°(60°)三角板和丁字尺配合进行等分,如图 1 - 25 所示。

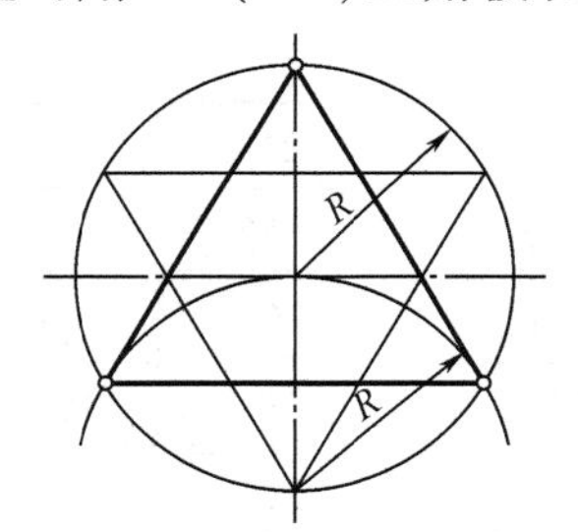

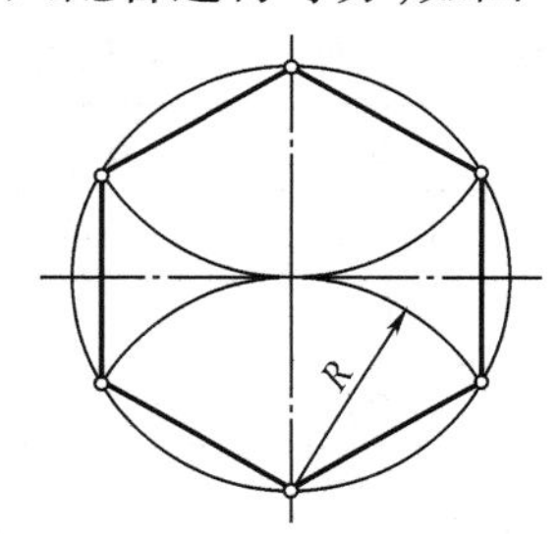

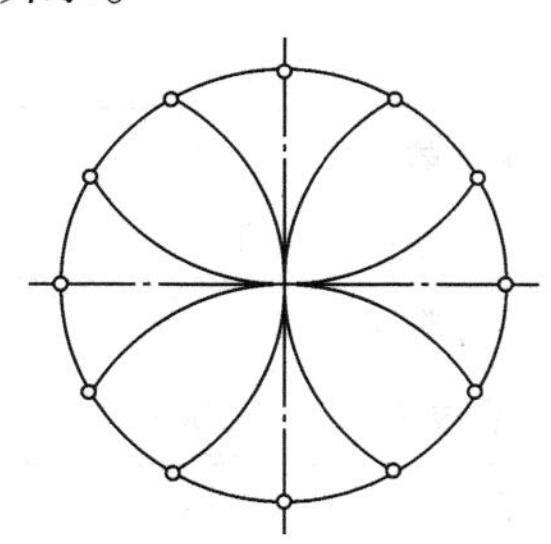

图 1 - 24 用圆规三、六、十二等分圆周

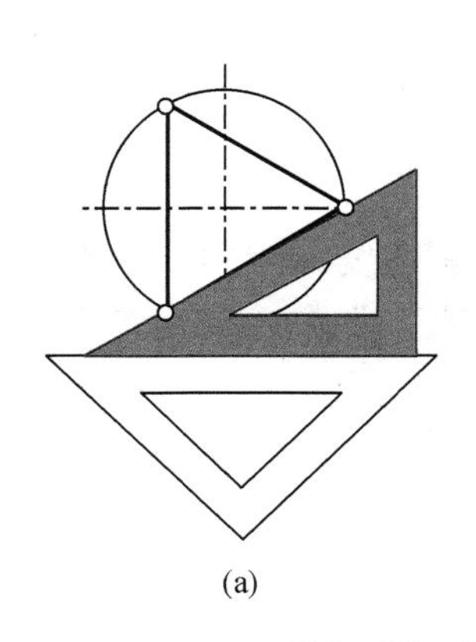

(a)

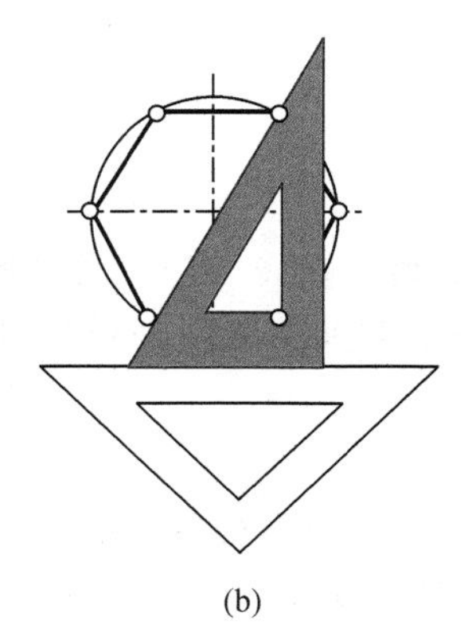

(b)

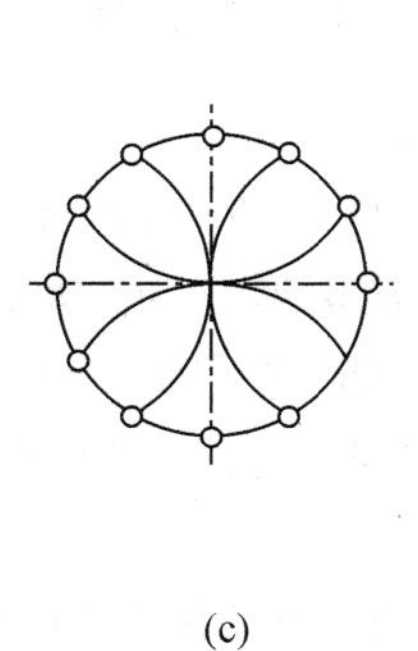

(c)

图 1 - 25 用丁字尺、二角板三、六、十二等分圆周

(a)三等分;(b)六等分;(c)十二等分

(2)圆周的五等分及正五边形

圆的五等分及正五边形的作图如图 1－26 所示。

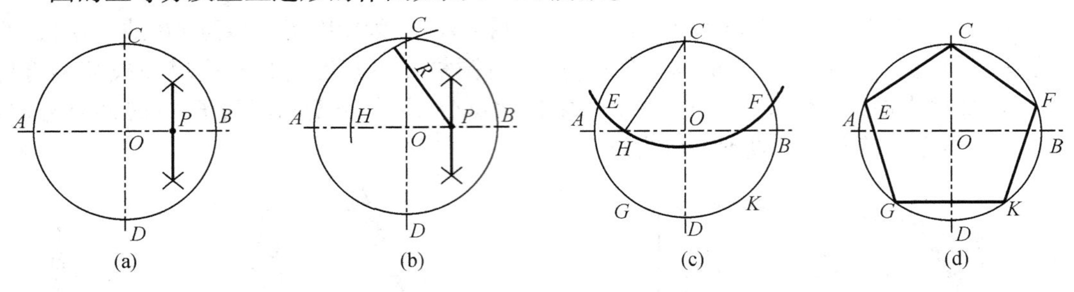

图 1－26 圆周的五等分

(a)作 OB 的垂直平分线交 OB 于点 P;(b)以 P 为圆心,PC 长为半径画圆弧交直径 AB 于点 H;(c)以 CH 依次等分圆周得 C、E、G、K、F 点;(d)依次连接 C、E、G、K、F 5 点

(3)利用"等分圆周系数表"任意等分圆周

若已知圆的直径和等分数,可由三角函数关系算出每一等分的弦长。为了便于作图,可以利用计算好的等分圆周系数表(见表 1－7)求出边长来作图。计算公式为

$$a_n = K \times D$$

式中 a_n——正 n 边形的一边长;

D——已知正 n 边形外接圆的直径;

K——n 等分的等分系数。

表 1－7 等分圆周系数表

圆周等分数 n	3	4	5	6	7	8	9
等分系数 K	0.866	0.707	0.588	0.500	0.434	0.383	0.342
圆周等分数 n	10	11	12	13	14	15	16
等分系数 K	0.309	0.282	0.259	0.239	0.223	0.208	0.195
圆周等分数 n	17	18	19	20	21	22	…
等分系数 K	0.184	0.174	0.165	0.156	0.149	0.142	…

1.3.2 斜度和锥度

1. 斜度

斜度是指一直线(或平面)对另一直线(或平面)的倾斜程度,其大小用夹角的正切值来表示,并把比值转化为 1:n 的形式,并加注斜度符号"∠"或"⊿",斜度符号方向应与所注的斜度方向一致,如图 1－27 所示。

斜度的表示:代号为"S",即

$$S = (H - h)/l$$

斜度的画法和标注如图 1－28 所示。

2. 锥度

锥度是指正圆锥体的底圆直径与其高度之比,若为圆台,则为两底圆直径之差与台高

之比。其比值常转化为1∶n 的形式。标注时加注锥度的图形符号，如图1－29所示。

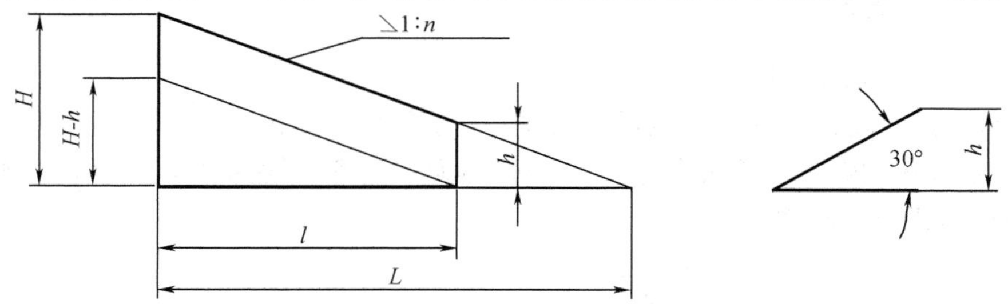

图1－27　斜度和斜度符号

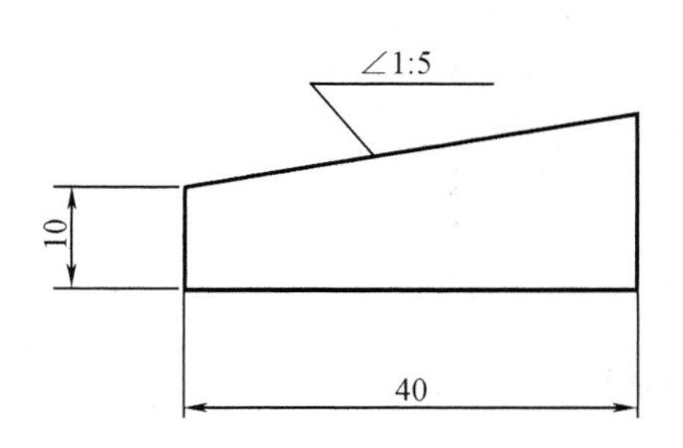

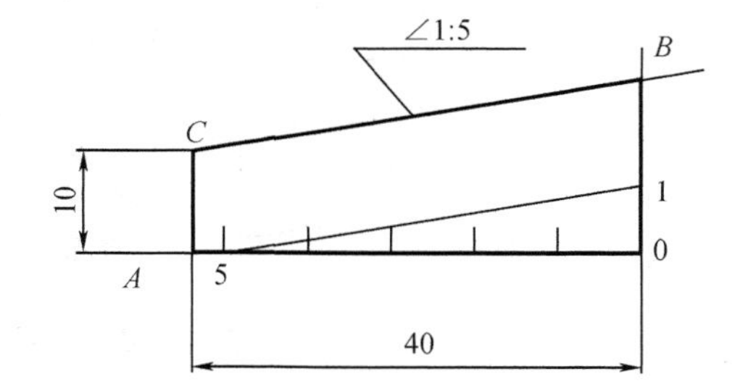

图1－28　斜度的画法和标注

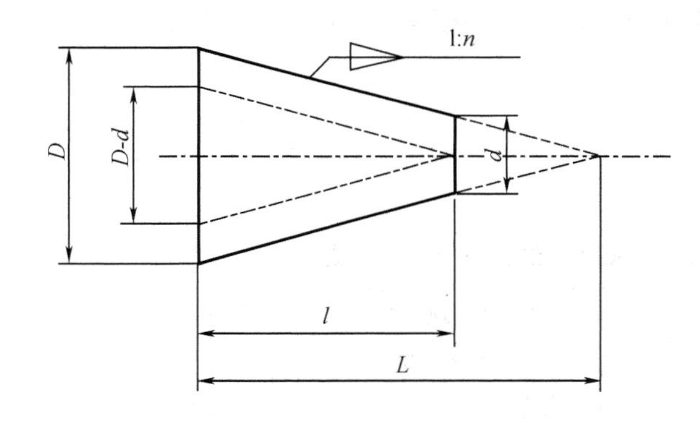

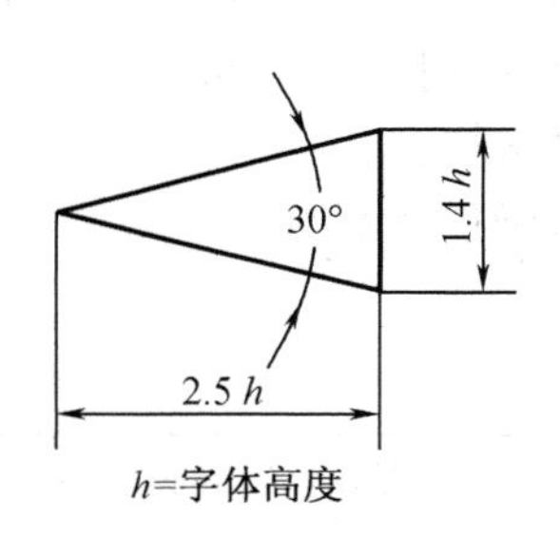

图1－29　锥度和锥度符号

锥度的表示：代号为"C"，即

$$C=(D-d)/l=2\tan(\frac{a}{2})$$

锥度的画法和标注如图1－30所示。

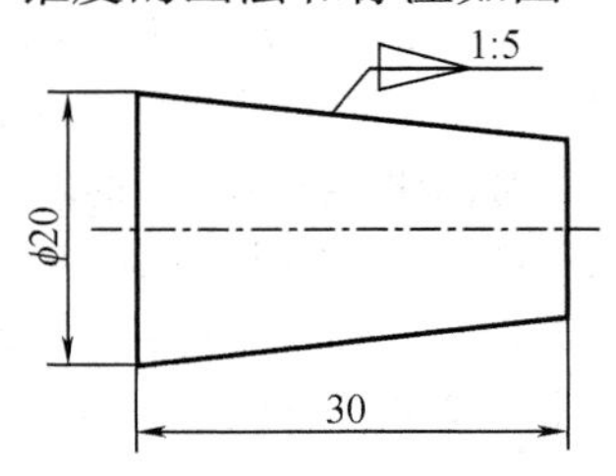

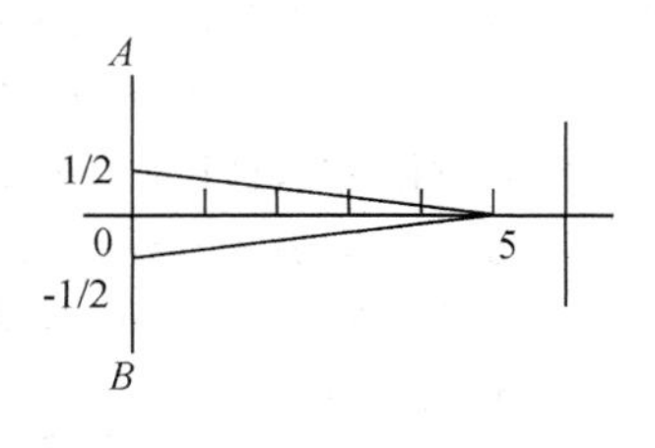

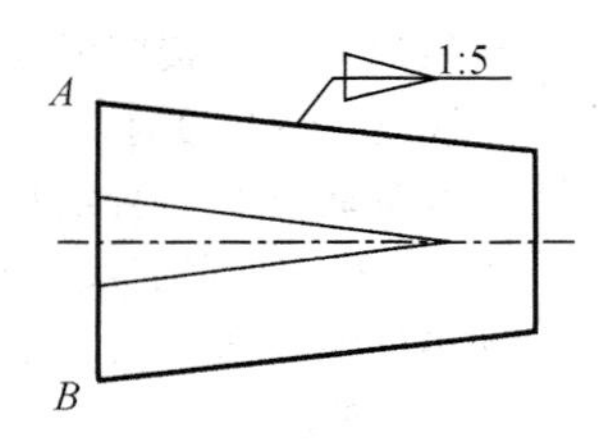

图1－30　锥度的画法和标注

1.3.3 圆弧连接

1. 圆弧连接的原理与作图方法

由一线段圆滑地过渡到另一线段的关系，称为连接。如用一直线连接两圆弧，该直线称为公切线；如用圆弧连接圆弧或直线，该圆弧称为连接弧；两连接线段中圆滑过渡的分界点称为切点，如图 1－31 所示。

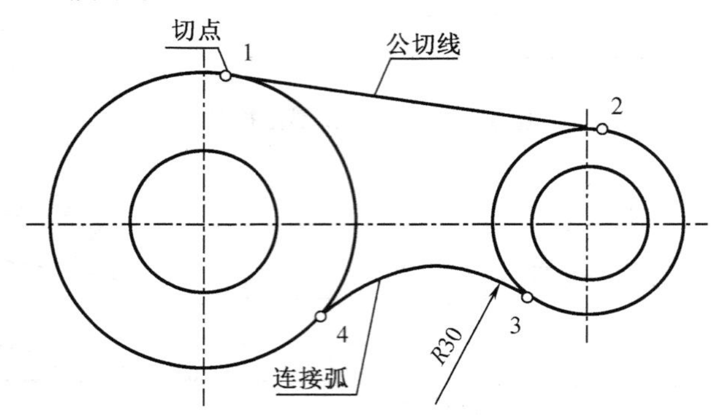

图 1－31 圆弧连接的原理

圆弧连接的实质是圆弧与圆弧，或圆弧与直线间的相切关系。表 1－8 为用轨迹方法分析圆相切时的几何关系，得出圆弧连接的原理与作图方法。其作图步骤是：

(1) 求连接弧的圆心；

(2) 求切点；

(3) 画连接圆弧。

表 1－8 圆弧连接的原理与作图方法

类别	与定直线相切的圆心轨迹	与定圆外切的圆心轨迹	与定圆内切的圆心轨迹
图例	连接圆弧 圆心轨迹 R O O' T T 已知直线 连接点（切点）	连接圆弧 R O 圆心轨迹 T 已知圆弧 R_1+R R_1 O' O_1 T 连接点（切点）	T 已知圆弧 R 圆心轨迹 O 连接圆弧 R_1 R_1-R T O O_1 连接点（切点）
连接弧圆心的轨迹及切点位置	半径为 R 的连接圆弧与已知直线连接（相切）时，连接弧圆心 O 的轨迹是与直线相距为 R 且平行直线的直线；切点为连接弧圆心向已知直线所作垂线的垂足 T	当一个半径为 R 的连接圆弧与已知圆弧（半径为 R_1）外切时，则连接圆弧圆心的轨迹是已知圆弧的同心圆弧，其半径为 R_1+R_2 切点为两圆心的连线与已知圆的交点 T	当一个半径为 R 的连接圆弧与已知圆弧（半径为 R_1）外切时，则连接圆弧圆心的轨迹是已知圆弧的同心圆弧，其半径为 R_1+R_2；切点为两圆心的连线与已知圆的交点 T

2. 圆弧连接作图

(1)圆弧与直线连接,见表1-9。

表1-9　圆弧与直线连接

类别	用圆弧连接锐角或钝角	用圆弧连接直角
图例	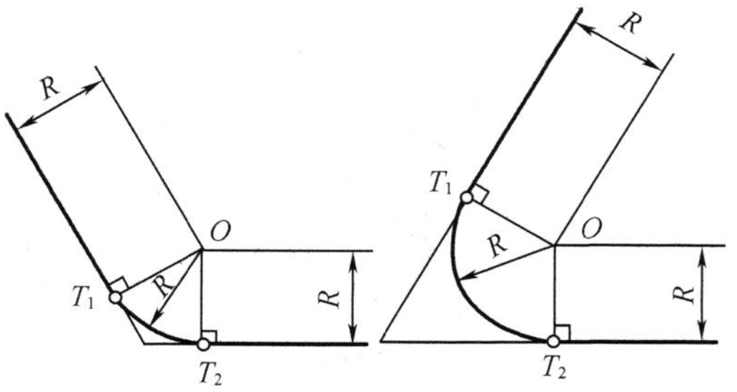	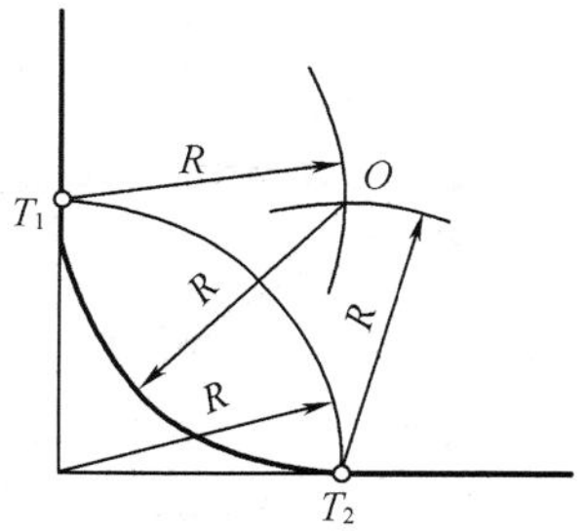
作图步骤	1. 作与已知两边分别相距为 R 的平行线,交点即为连接弧圆心; 2. 过 O 点分别向已知角两边作垂线,垂足 T_1、T_2 即为切点; 3. 以 O 为圆心,R 为半径在两切点 T_1、T_2 之间画连接圆弧	1. 以直角顶点为圆心,R 为半径作圆弧交直角两边于 T_1 和 T_2; 2. 以 T_1 和 T_2 为圆心,R 为半径作圆弧相交得连接弧圆心 O; 3. 以 O 为圆心,R 为半径在切点 T_1 和 T_2 之间作连接弧

(2)圆弧与圆弧连接,见表1-10。

表1-10　圆弧与圆弧连接

类别	外连接	内连接
图例	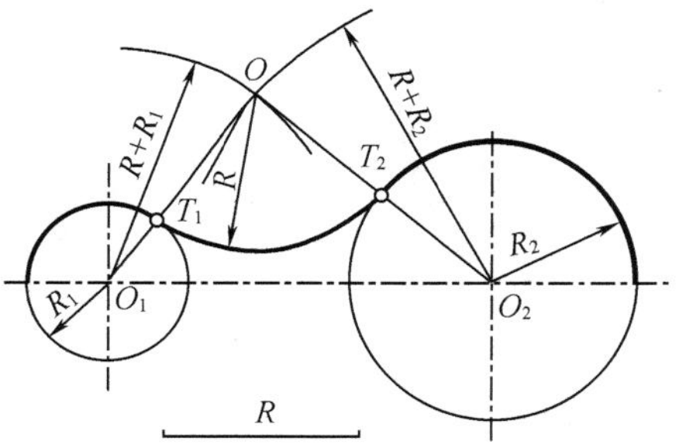	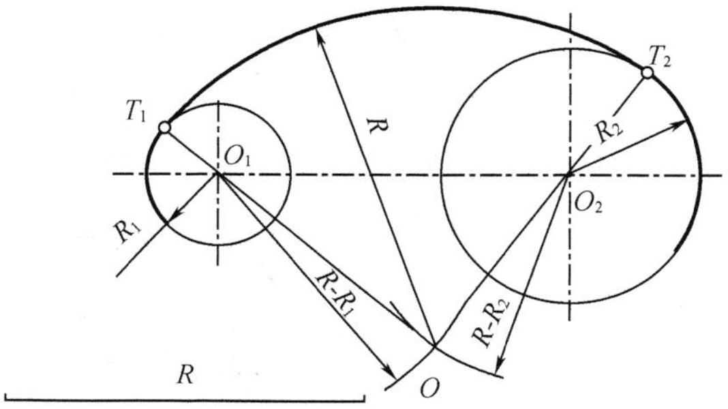
作图步骤	1. 分别以 O_1、O_2 为圆心,$R+R_1$、$R+R_2$ 为半径画弧,交得连接弧圆心 O; 2. 分别连 OO_1、OO_2,交得切点 T_1、T_2; 3. 以 O 为圆心,R 为半径画弧,即得所求	1. 分别以 O_1、O_2 为圆心,$R-R_1$、$R-R_2$ 为半径画弧,交得连接弧圆心 O; 2. 分别连 OO_1、OO_2 并延长交得切点 T_1、T_2; 3. 以 O 为圆心,R 为半径画弧,即得所求

1.3.4　椭圆

(1)同心圆法。如图1-32所示,以 O 为圆心,长半轴 OA 和短半轴 OC 为半径分别画圆，由 O 作若干直线与两圆相交，自大圆交点作铅垂线，小圆交点作水平线，即可相应求得椭圆上一系列点，然后用曲线板将这些点光滑地连成椭圆。

(2)四心圆法。如图1－33所示，已知长轴 AB 和短轴 CD，连接 AC，取 $CF = OA - OC$。作 AF 的中垂线，交长轴于 O_1，交短轴于 O_2，并找出 O_1 和 O_2 的对称点 O_3 和 O_4。以 O_1、O_2、O_3、O_4 为圆心，分别以 O_1A、O_2C、O_3B、O_4D 为半径画圆弧，这4段圆弧就拼成了近似椭圆。

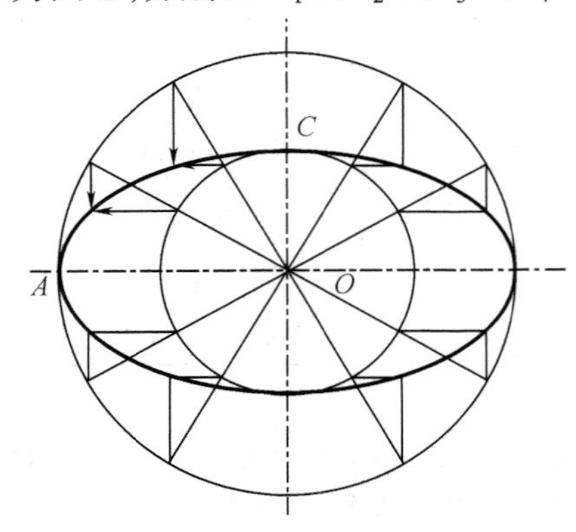

图1－32 同心圆法作椭圆

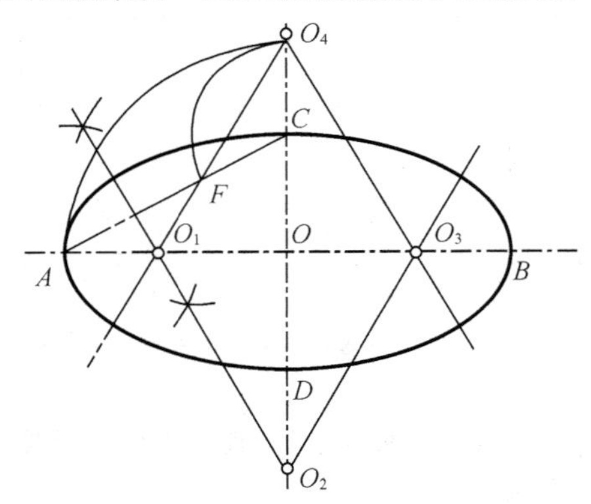

图1－33 四心圆法作椭圆

1.3.5 渐开线

直线在圆周上作无滑动的滚动，该直线上一点的轨迹即为此圆(称作基圆)的渐开线。齿轮的齿廓曲线大都是渐开线，如图1－34所示。

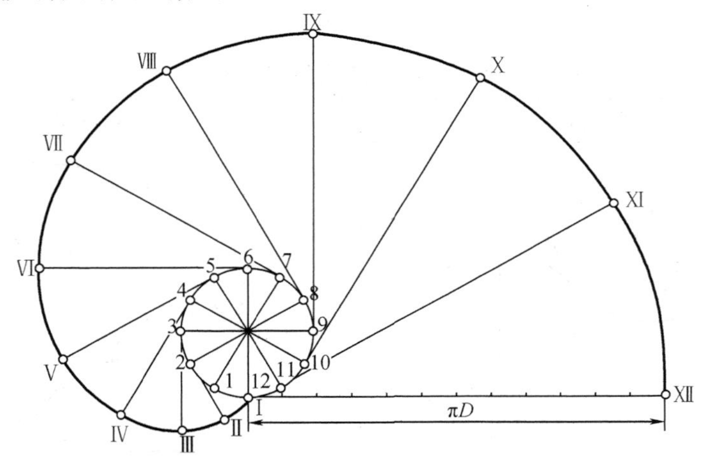

图1－34 圆的渐开线

其作图步骤如下：

(1)画基圆并将其圆周 n 等分(图1－34中，$n = 12$)；

(2)将基圆周的展开长度 nD 也分成相同等分；

(3)过基圆上各等分点按同一方向作基圆的切线；

(4)依次在各切线上量取 $(1/n)\pi D, (2/n)\pi D, \cdots, \pi D$，得到基圆的渐开线。

【引导知识】

1.4　平面图形的分析与作图步骤

任何平面图形总是由若干线段(包括直线段、圆弧、曲线)连接而成的,每条线段又由相应的尺寸来决定其长短(或大小)和位置。一个平面图形能否正确绘制出来,要看图中所给的尺寸是否齐全和正确。因此,要正确绘制一个平面图形,首先应对平面图形进行尺寸分析和线段分析,从而确定正确的绘图顺序,依次绘出各线段。同一个图形的尺寸注法不同,图线的绘制顺序也随之改变。

1.4.1　尺寸分析

平面图形中的尺寸,按其作用可分为如下两类。

1. 定形尺寸

用于确定平面图形中各几何元素形状大小的尺寸称为定形尺寸。如直线段的长度、圆的直径、圆弧半径以及角度大小等的尺寸。如图1-35所示,尺寸15、$\phi5$、$\phi20$、$R10$、$R12$、$R16$等为定形尺寸。

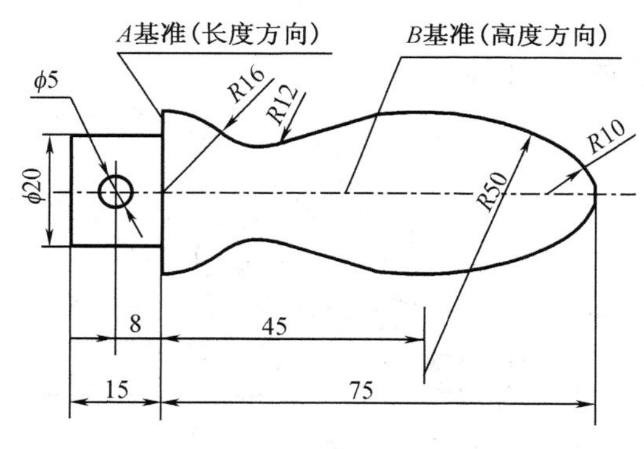

图1-35　手柄平面图

2. 定位尺寸

用于确定几何元素在平面图形中所处位置的尺寸称为定位尺寸。如图1-35所示,尺寸8确定了$\phi5$的圆心位置;45间接地确定了$R50$圆心的一个方向定位尺寸。

在平面图形中,定位尺寸通常选择图形的对称线、中心线或某一轮廓线作为标注尺寸的起点,这个起点被称为尺寸基准。平面图形有水平和垂直两个方向的基准。对于回转体,一般以回转轴线为径向尺寸基准,以重要端面为轴向尺寸基准,如图1-35所示的A和B。

1.4.2　线段分析

平面图形中的线段(直线或圆弧),根据其定位尺寸的齐全与否可分为3类:已知线段、中间线段和连接线段。

1. 已知线段

具有齐全的定形尺寸和定位尺寸的线段为已知线段,作图时可以根据已知尺寸直接绘出。对于圆弧(或圆),它应具有圆弧半径(或圆的直径)和圆心的两个定位尺寸。已知线段可根据所给的尺寸直接作出。

2. 中间线段

只给出定形尺寸和一个定位尺寸的线段为中间线段,其另一个定位尺寸可依靠与相邻已知线段的几何关系求出。对于圆弧(或圆),它仅有圆弧半径(或圆的直径)和圆心的一个定位尺寸。中间线段需要一端的相邻线段作出后才能作出。

3. 连接线段

只给出线段的定形尺寸,定位尺寸可依靠其两端相邻的已知线段求出的线段为连接线段。对于圆弧(或圆),它只有圆弧半径(或圆的直径)而没有圆心的定位尺寸。连接线段需要依靠两端线段画出后才能作出。

仔细分析上述三类线段的定义,不难得出线段连接的一般规律:在两条已知线段之间可以有多条中间线段,但必须有而且只能有一条连接线段。

1.4.3 平面图形的画图步骤

根据上述分析,画平面图形时,应先画已知线段,再画中间线段,最后画连接线段。在画图之前要对图形尺寸进行分析,以确定画图的顺序。作图过程中应准确求出中间弧和连接弧的圆心和切点。

图 1-36 为一定位块的平面图形。

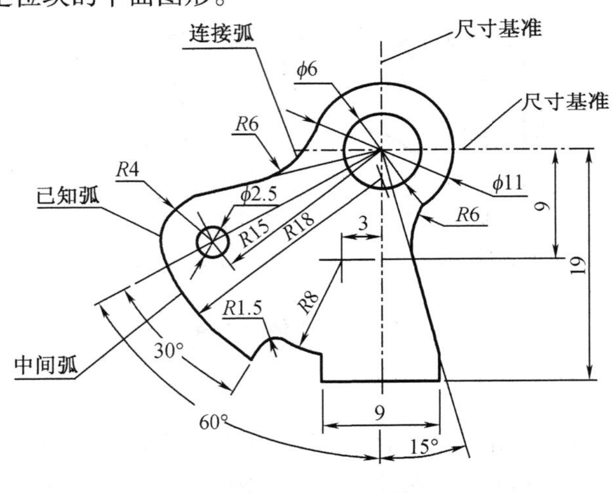

图 1-36 定位块

其作图步骤如下:

(1)作图形的基准线及已知线段的定位线,如尺寸 19、9、*R*15 等,如图 1-37(a)所示。

(2)画已知线段,如弧 φ6、φ2.5、φ11 和 *R*4 等,它们是能够直接画出来的轮廓线,如图 1-37(b)所示。

(3)画中间线段,如圆弧 *R*18,它须借助与 *R*4 相内切的几何条件才能画出,如图 1-37(c)所示。

(4)画连接线段,如弧 *R*6、*R*1.5 等,它们要根据与已直线段相切的几何条件找到圆心位置后方能画出,如图 1-37(d)所示。

(5)最后经整理和检查无误后,擦去多余的作图线,按规定描深图形,并标注尺寸,如图

1－36 所示。

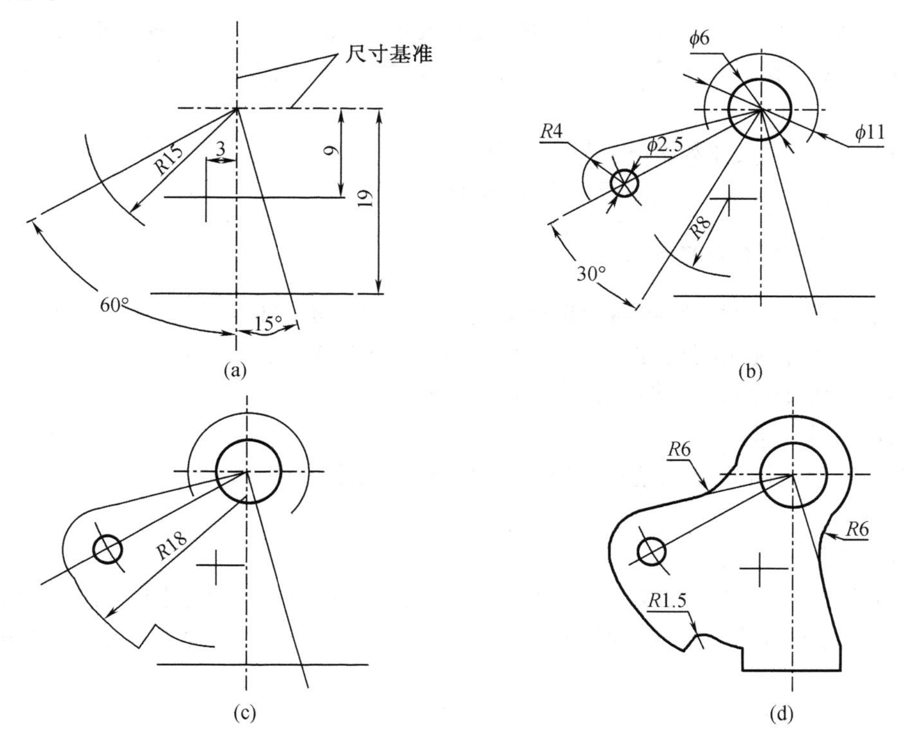

图1－37 画定位块的步骤

【自学知识】

1.5 绘图的基本方法与步骤

为了提高绘图质量和速度，除了必须熟悉制图标准，学会几何作图方法和正确使用绘图工具外，还需要掌握正确的绘图方法和步骤。

1.5.1 尺规绘图的方法和步骤

1. 准备工作

(1)准备好必备的绘图工具和仪器。

(2)识读图形，对图形的尺寸与线段进行分析，拟定作图步骤。

(3)确定绘图比例，选取图幅，固定图纸。

2. 绘制底稿

(1)画图框和标题栏。

(2)合理布图，画出作图基准线，确定图形位置。

(3)按顺序画图。

(4)画尺寸界线和尺寸线。

(5)校对、修改图形，完成全图底稿。

注：画底稿用 H 或 2H 铅笔，线型暂不分粗细，一律用细实线画出。

3. 铅笔加深

加深图线要保证线型正确、粗细分明、连接光滑、图面整洁。粗实线一般用 HB 或 B 铅笔加深,细实线一般用 H 或 2H 铅笔加深。加深的顺序为:先粗后细,先曲后直,从上到下,从左到右。

4. 画箭头、填写尺寸数字、标题栏及其他说明

按顺序画尺寸线箭头、填写尺寸数字、标题栏等内容。

1.5.2 徒手绘草图的方法

徒手绘草图是不用绘图仪器而按目测比例徒手画出图样的绘图方法,这种图样称为草图。草图主要用于现场测绘、设计方案讨论或技术交流,因此,工程技术人员必须具备徒手绘图的能力。由于计算机绘图的普及,草图的应用也越来越广泛。

1. 画草图的要求

草图是徒手绘制的图,不是潦草的图,因此作图时要做到:线型分明、比例适当、尺寸无误、字体工整。

2. 草图的绘制方法

绘制草图时可用铅芯较软的笔(如 HB 或 B),粗细各一支,分别用于绘制粗细线。画草图时,可以用有方格的专用草图纸或在白纸下垫一张格子纸,以便控制图线的平直和图形的大小。

(1)直线的画法

画直线时,应先标出直线的两端点,手腕靠着纸面,眼睛注视线段终点,匀速运笔一气完成。

画水平线时为了便于运笔,可将图纸斜放,如图 1-38(a)所示;画垂直线应自上而下运笔,如图 1-38(b)所示;画斜线时,可以调整图纸位置,便于画线,如图 1-38(c)所示。

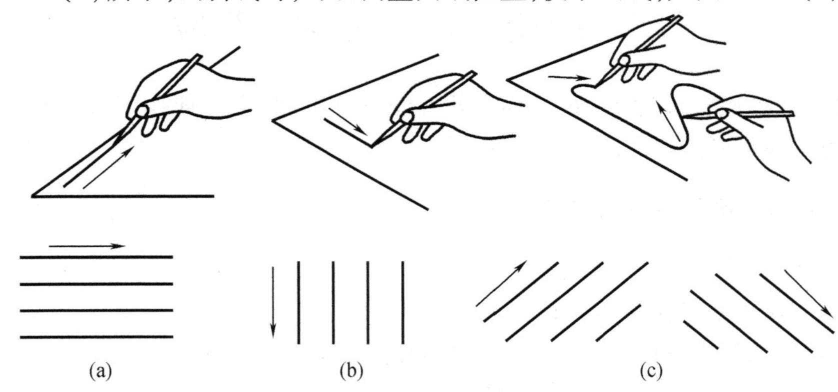

图 1-38 直线的徒手画法

(a)画水平线;(b)画垂直线;(c)画斜线

(2)常用角度的画法

画 30°、45°、60°等常用角度时,可根据两直角边的比例关系,在两直角边上定出两端点后,徒手连成直线,如图 1-39 所示。

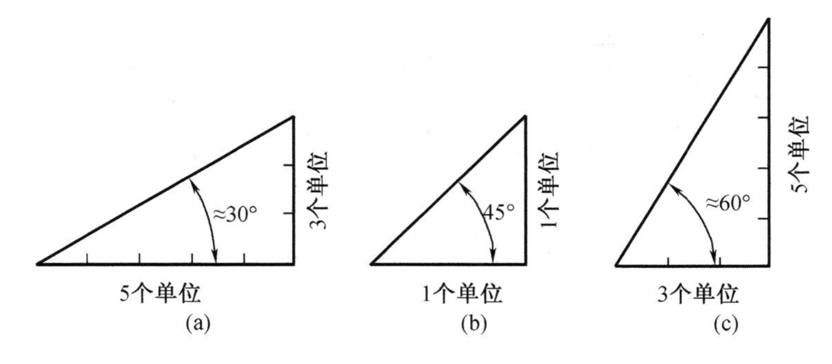

图1－39　角度线的徒手画法

(a)角度为30°;(b)角度为45°;(c)角度为60°

(3)圆的画法

画直径较小的圆时,先在中心线上按半径大小目测定出4点,然后徒手将这4点连接成圆,如图1－40(a)所示;画较大圆时,可通过圆心加画两条45°的斜线,按半径目测定出8点,连接成圆,如图1－40(b)所示。

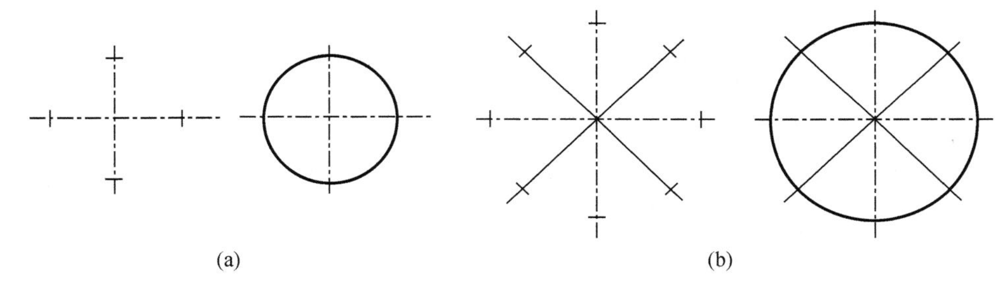

图1－40　圆的徒手画法

(4)圆角、圆弧连接的画法

画圆角、圆弧连接时,根据圆角半径大小,在分角线上定出圆心位置,从圆心向分角两边引垂线,定出圆弧的两连接点,并在分角线上定出圆弧上的点,然后过这3点作圆弧,如图1－41(a)所示;也可以利用圆弧与正方形相切的特点画出圆角或圆弧,如图1－41(b)所示。

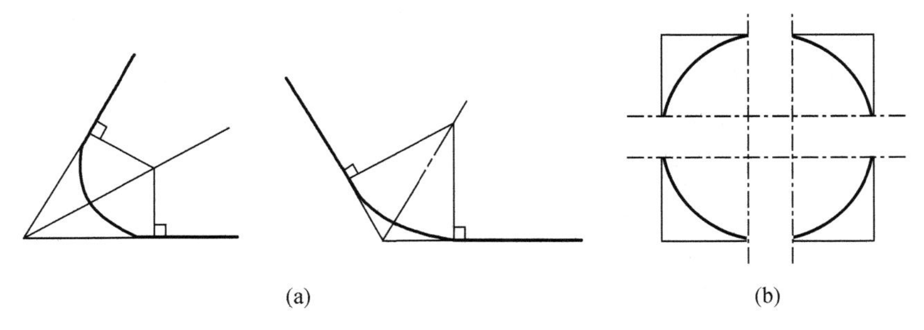

图1－41　圆角、圆弧连接的徒手画法

(5)椭圆的画法

画椭圆时,先画椭圆长、短轴,定出长、短轴顶点,过4个顶点画矩形,然后作椭圆与矩形相切,如图1－42(a)所示;或者利用其与菱形相切的特点画椭圆,如图1－42(b)所示。

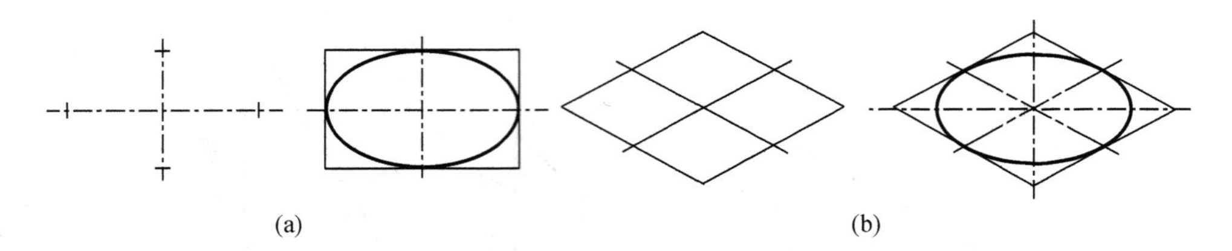

图 1－42 椭圆的徒手画法

项目 2　投影法与三视图

【任务描述】

用来表达设计思想、指导生产实践和进行技术交流的图样，包括图形、尺寸、技术要求等内容，其中图形是最基本的内容。为了使所绘制的图形能够准确、唯一地反映所表达的物体，工程技术领域主要采用投影的方法来绘制图样。物体的表面是由点、线、面组成，那么点、线、面的投影规律及其相对位置关系是绘制图样的基础。工程上常采用什么样的投影方法来绘制图样？如何能基本表达出零件的结构呢？

【任务目标】

1. 理解投影的概念、正投影的基本特性。
2. 掌握三视图的形成原理和投影规律。
3. 掌握点、线、面的投影特性及作图方法。
4. 能够绘制和阅读基本形体的三视图。

【引导知识】

2.1　投影法和三视图的形成

2.1.1　投影法的基本知识

用光线照射物体，便会在墙面产生物体的影子。人们从这一现象得到启示，经过科学抽象，概括出用物体在平面上的投影表示其物体形状的投影方法，如图 2－1 所示。这种现象叫作投影。常用的投影法分为中心投影法和平行投影法两大类。

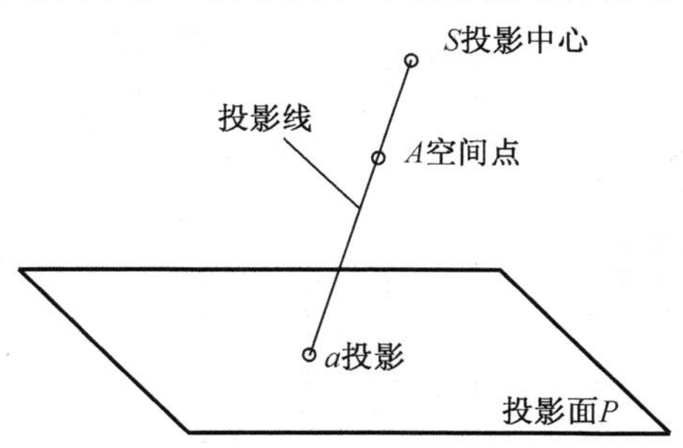

图 2－1　投影法

中心投影法（如图 2－2 所示）绘制的投影图具有较强直观性，立体感好，但不能反映物体表面的真实形状和大小，故工程上只用于土建工程及大型设备的辅助图样。平行投影法（如图 2－3 所示）因投影线与投影面之间垂直和倾斜，可分为正投影法（如图 2－4 所示）和斜投影法（如图 2－5 所示）。平行投影法绘制的投影图直观性差，但度量性好，机械制图多采用这种方法。

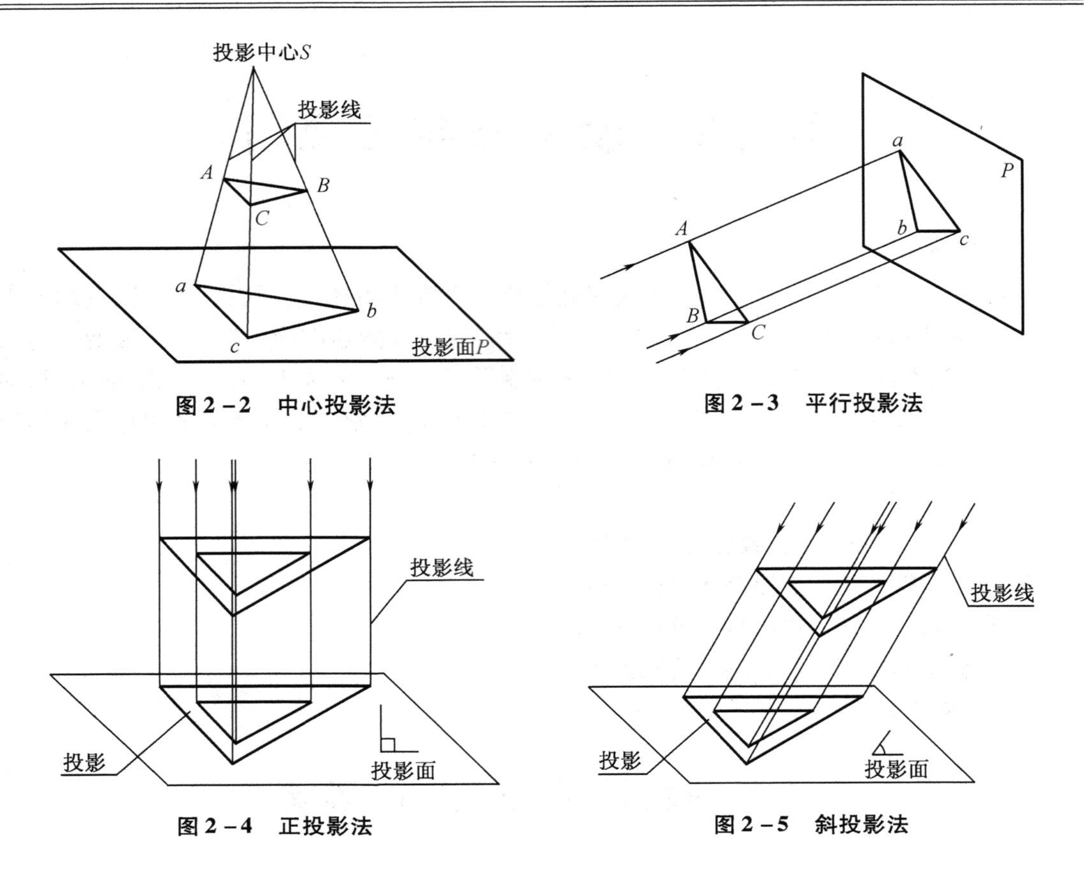

图2－2 中心投影法

图2－3 平行投影法

图2－4 正投影法

图2－5 斜投影法

2. 正投影法

正投影法是投射线与投影面相垂直的平行投影法。通过多面投影，采用相互垂直的两个或两个以上投影面，在每个投影面上分别用直角投影获得几何原形的投影，由这些投影便能完全确定该几何原形的空间位置和形状，如图2－6(a)所示，正投影面 *V*、水平投影面 *H* 和侧投影面 *W*。

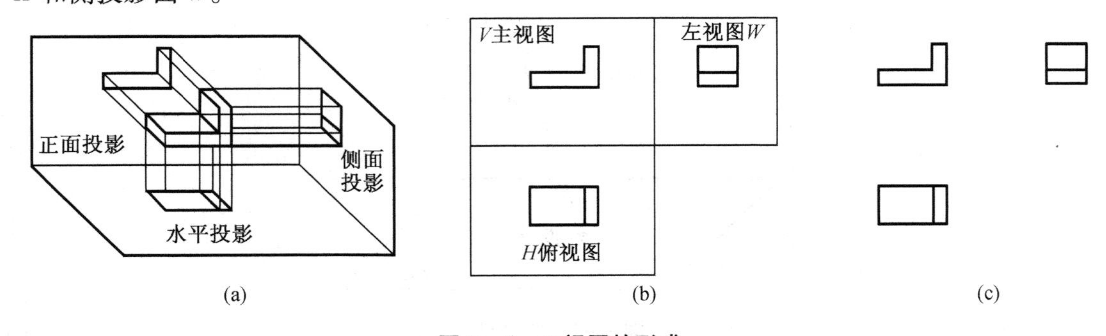

(a) (b) (c)

图2－6 三视图的形成

(a)几何体的三面投影体系；(b)三视图；(c)实际画图时的三视图

2.1.2 三视图及其对应关系

1. 三视图的形成

几何元素在 *V*、*H* 和 *W* 三个面垂直的三面投影体系中的投影称为几何元素的三面投影。

在机械制图中规定,将机件向投影面投影所得的图形称为视图。因此,在三面投影体系中的正面投影称为主视图,水平投影称为俯视图,侧面投影称为左视图,统称为机件的三视图。

在视图中,规定物体表面的可见轮廓线的投影用粗实线表示,不可见轮廓线的投影用虚线表示。

为了使三视图能画在一张图纸上,标准规定正面保持不动,水平面向下旋转90°,侧面向右旋转90°,如图2-6(b)所示,这样就得到展开在同一水平面上的三视图。

2. 三视图之间的对应关系

(1)度量对应关系。物体有长、宽、高三个方向的尺寸,取 X 轴方向为长度尺寸,Y 轴方向为宽度尺寸,Z 轴方向为高度尺寸。

实际绘图时,一般采用无轴系统,如图2-6(c)所示。需要时,也可采用有轴系统。无论采用哪一种系统,绘图时必须保证三视图间的投影规律。

三等规律——主、俯视图长对正,主、左视图高平齐,俯、左视图宽相等。

(2)方位对应关系。如图2-7所示,物体有上、下、左、右、前、后6个方位。

主视图反映物体的上、下和左、右方位;

俯视图反映物体的前、后和左、右方位;

左视图反映物体的上、下和前、后方位。

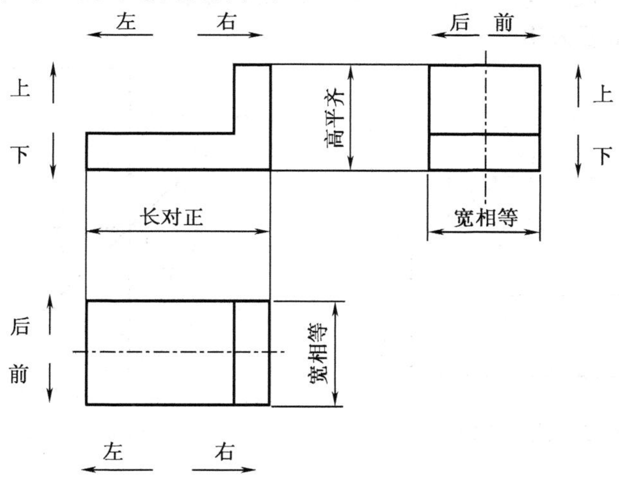

图2-7 三视图之间的对应关系

【引导知识】

2.2 点的投影

点的空间位置确定后,在某一投影面上的投影便是唯一的。如图2-8(a)所示点的单面投影所示,过空间点 A 的投射线与投影面 P 的交点 a 叫作点 A 在投影面 P 上的投影。单面投影不能唯一确定点的空间位置,如图2-8(b)所示点的单面投影。为了能唯一确定点的空间位置,常采用多面正投影。

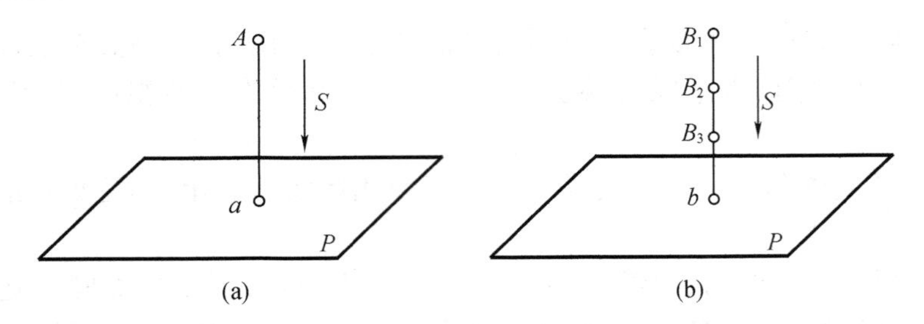

图 2－8　点的单面投影

2.2.1　点的三面投影

1. 三面投影体系

以相互垂直的三个面作为投影面，便组成了三面投影体系，如图 2－9 所示。正立投影面用 V 表示，水平投影面用 H 表示，侧立投影面用 W 表示。相互垂直的三个投影面的交线称为投影轴，分别用 OX、OY、OZ 表示。

如图 2－10 所示，投影面 V 和 H 将空间分成的各个区域称为分角，将物体置于第Ⅰ分角内，使其处于观察者与投影面之间而得到的正投影的方法叫作第一角画法。将物体置于第Ⅲ分角内，使投影面处于物体与观察者之间而得到正投影的方法叫作第三角画法。我国标准规定机械图样主要采用第一角画法。

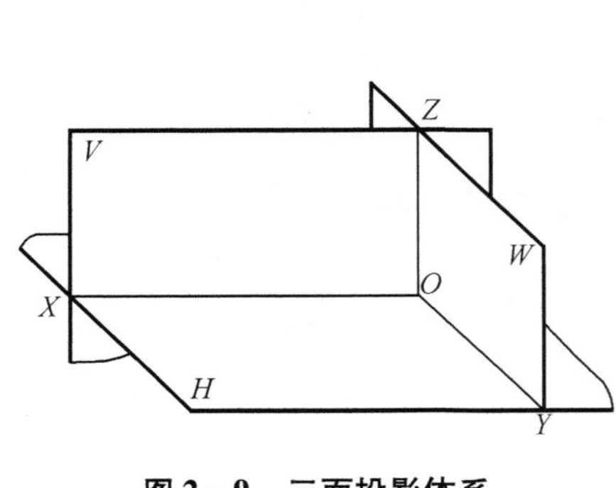

图 2－9　三面投影体系

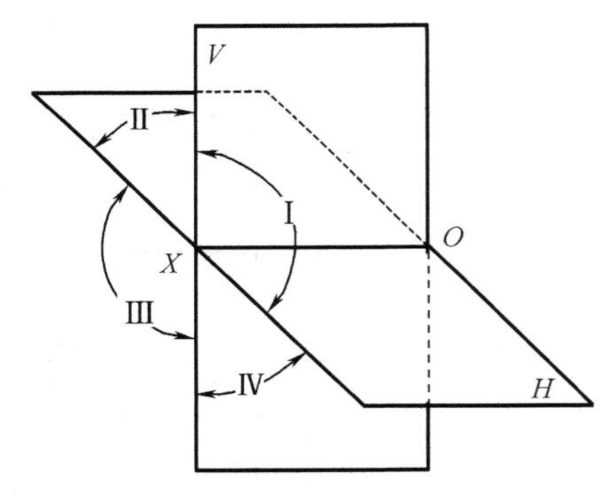

图 2－10　四个分角

2. 点的三面投影

如图 2－11(a)所示，将空间点 A 分别向 H、V、W 三个投影面投射，得到点 A 的三个投影，分别称为点 A 的水平投影、正面投影和侧面投影。

展开后为图 2－11(b)，不必画出投影面边框。

2.2.2　点的空间位置

1. 点的三面投影图性质

(1)点的正面投影与侧面投影连线垂直于 OZ 轴($a'a'' \perp OZ$)，点的正面投影与水平投影连线垂直于 OX 轴($aa'' \perp OX$)。

(2)点的水平投影 a 到 OX 轴的距离 aa_x 等于侧面投影 a'' 到 OZ 轴的距离 $a''a_z$，即点 $aa_x = a''a_z =$ 点 A 到 V 面的距离。

另外，$a'a_x = a''a_y$ = 点 A 到 H 面的距离，$a'a_z = aa_y$ = 点 A 到 W 面的距离。根据上述投影性质，在点的三面投影中，只要知道任意两面投影，便可方便求出第三面投影。

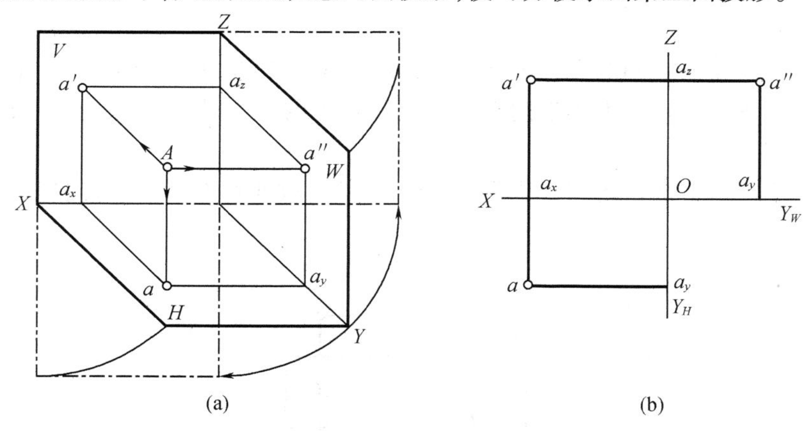

图 2－11　点的三面投影

［**例 2－1**］　如图 2－12(a)所示，已知点 A 的正面投影 a'和侧面投影 a''，求其水平投影 a。

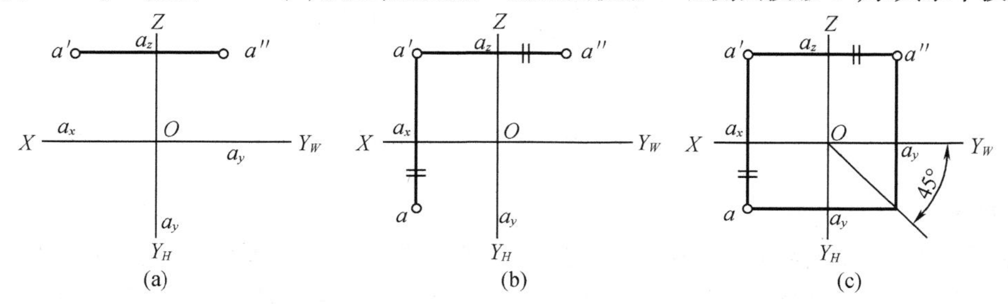

图 2－12　求点的第三投影

解　由点的投影性质可知，$aa' \perp OX$，$aa_x = a''a_z$，故过 a' 作直线垂直于 OX 轴，交 OX 轴于 a_x，在其延长线上量取 $aa_x = a''a_z$，如图 2－12(b)所示。也可采用作 45°斜线的方法转移宽度，如图 2－12(c)所示。

2. 点的投影与坐标系之间的关系

如图 2－13 所示，在三投影面体系中，三根投影轴可以构成一个空间直角坐标系，空间点 A 的位置可以用三个坐标值(X,Y,Z)表示，则点的投影与坐标之间的关系为

$$aa_y = a'a_z = X_A, aa_x = a''a_z = Y_A, a'a_x = a''a_y = Z_A$$

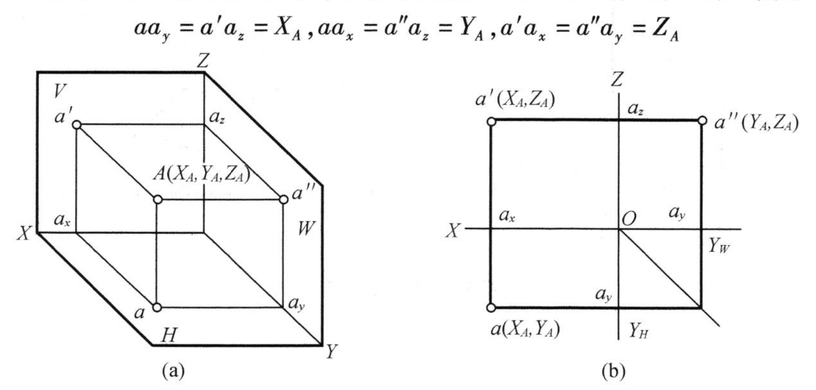

图 2－13　点的投影与坐标之间的关系

2.2.3 两点的相对位置

1. 两点的相对位置

两点的相对位置指空间两点的上下、前后、左右位置关系，可以通过两点在同一投影面上投影的相对位置或坐标的大小来判断。即 X 坐标大的在左；Y 坐标大的在前；Z 坐标大的在上。

如图 2－14 所示为两点的相对位置，由于 $X_A > X_B$，故 A 在 B 的左方，同理可判断出 A 在 B 的上方、后方。

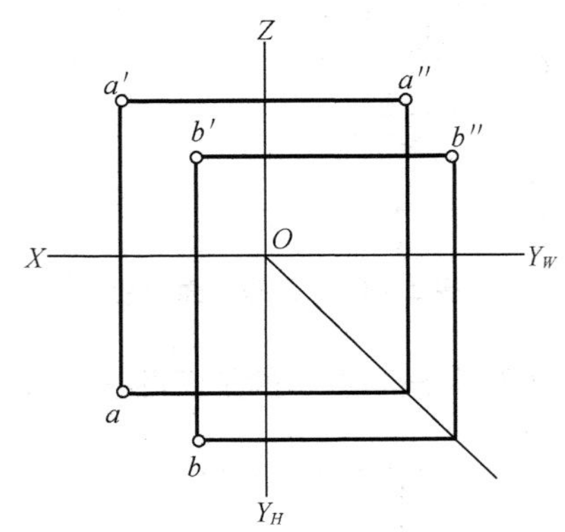

图 2－14 两点的相对位置

2. 重影点

［**例** 2－2］ 已知两点 A 和 B 的投影图，试判断该两点在空间的相对位置［图 2－15(a)］。

解 由正面投影和水平投影得知，A 在 B 的左方。正面投影反映点的高低位置，得知 A 与 B 在 Z 方向的坐标差为零。水平投影反映点的前后位置，得知 A 与 B 在 Y 坐标方向的坐标差为零。由以上可知，确定出 A 和 B 处在一条垂直于侧投影面的投影线上，故其侧面投影必重合。图 2－15(b) 为直观图。

若空间两点在某个投影面上的投影重合，则此两点称为对该投影面的重影点。如图 2－15 所示，A、B 两点称为对侧投影面的重影点。

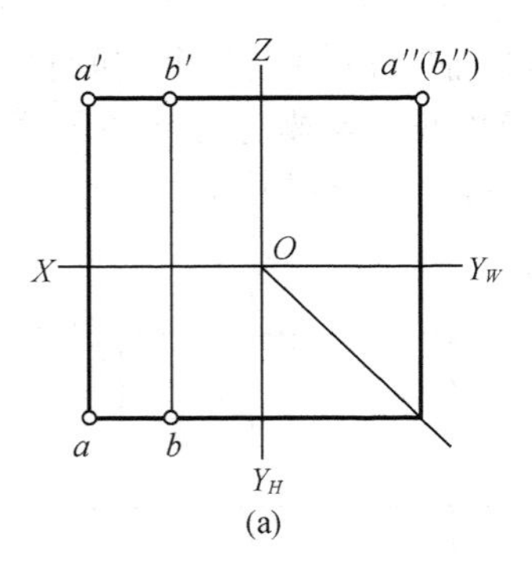

(a)

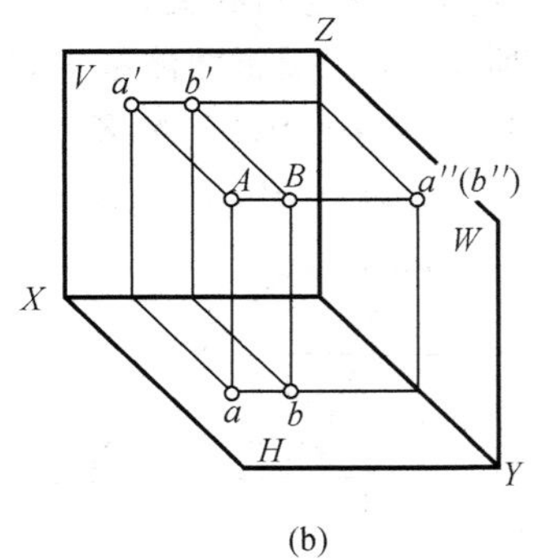

(b)

图 2－15 重影点

【引导知识】

2.3　直线的投影

2.3.1　各种位置直线及其投影特征

1. 直线的投影

直线的投影仍为直线，特殊情况积聚为一点。如图2－16所示，直线AB在水平面H上的投影为直线ab，直线CD平行于投影线，投影cd积聚为一点。

2. 直线投影的确定

直线的投影可由直线上任意两点的投影来确定。如已知直线上A和B两点的三面投影，如图2－17(a)所示，则用直线连接A、B在同一投影面上的投影，即得到直线AB的三面投影，如图2－17(b)所示。

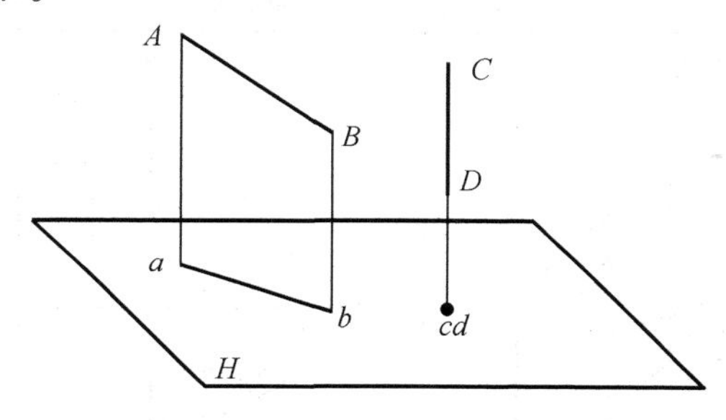

图2－16　直线的投影

3. 直线对投影面的相对位置

在三面投影体系中，直线与投影的相对位置可分为3类：(1)倾斜于三个投影面的直线，如图2－18(c)所示；(2)平行于一个投影面的直线，如图2－18(b)所示；(3)垂直于一个投影面的直线，如图2－18(a)所示。第一类称为一般位置直线，后两类统称为特殊位置直线。

(1)一般位置直线

一般位置直线的三个投影都倾斜于投影轴，如图2－17(c)所示，其与投影轴的夹角并不反映空间线段对投影面的夹角，且三个投影的长度小于实长（即$ab=AB\cos\alpha$，$a'b'=AB\cos\beta$，$a''b''=AB\cos\gamma$），即都不反映空间线段的实长。

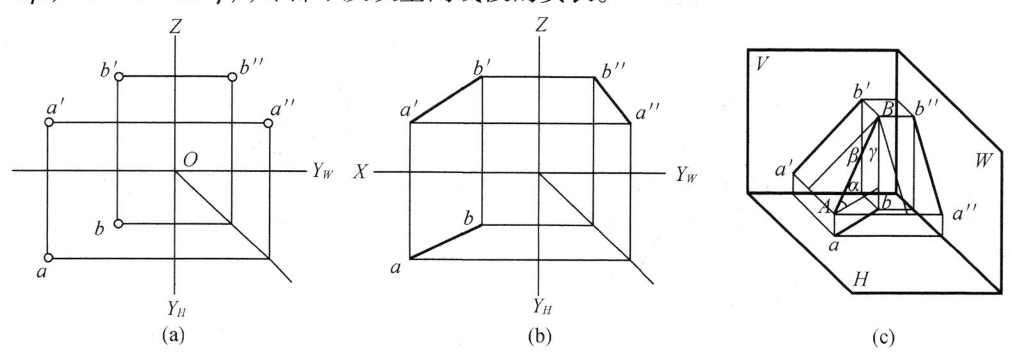

图2－17　两点决定一直线

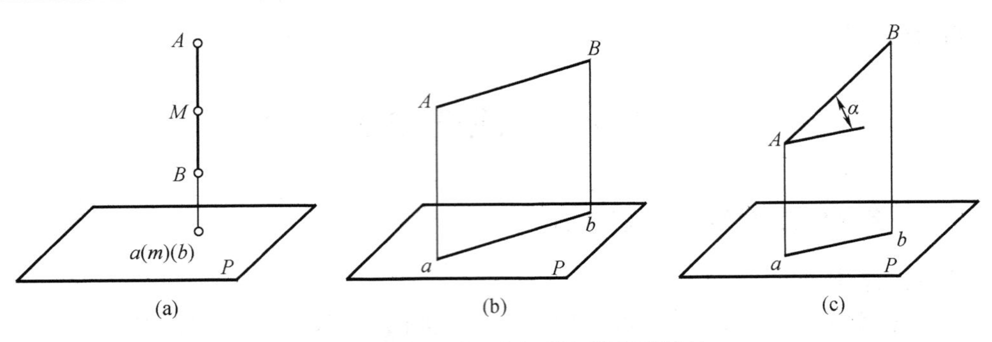

图 2－18　直线对一个投影面的投影特性

(2)投影面平行线

平行于一个投影面的直线称为投影面平行线，投影特性见表 2－1。

表 2－1　投影面平行线

名称	直观	投影图	特性
水平线 (平行于 *H* 面)	V a′ b′ a″ A W β γ B b″ a H b	a′ b′ a″ b″ X O Y_W a β γ b Y_H	1. $a'b'/\!/OX$, $a''b''/\!/OY_W$ 2. $ab=AB$ 反映实长 3. β、γ 反映实角
正平线 (平行于 *V* 面)	V b′ B b″ a′ γ W A α a″ a b H	Z b′ b″ γ a′ α a″ X O Y_W a b Y_H	1. $ab/\!/OX$, $a''b''/\!/OZ$ 2. $a'b'=AB$ 反映实长 3. α、γ 反映实角
侧平线 (平行于 *W* 面)	A β α B	β α	1. $ab/\!/OY_H$, $a'b'/\!/OZ$ 2. $a''b''=AB$ 反映实长 3. α、β 反映实角

由表 2－1 内容，可知投影面平行线的投影特性为：

①在其平行的投影面上的投影反映实长，且投影对投影轴的夹角分别反映直线对另外两个投影面倾角的实际大小。

②另外两个投影面上的投影分别平行于相应的投影轴，且短于空间直线段。

（3）投影面垂直线

垂直于一个投影面的直线称为投影面垂直线，投影特性如表 2－2 所示。

表 2－2　投影面垂直线

名称	直观图	投影图	特性
铅垂线（垂直于 H 面）	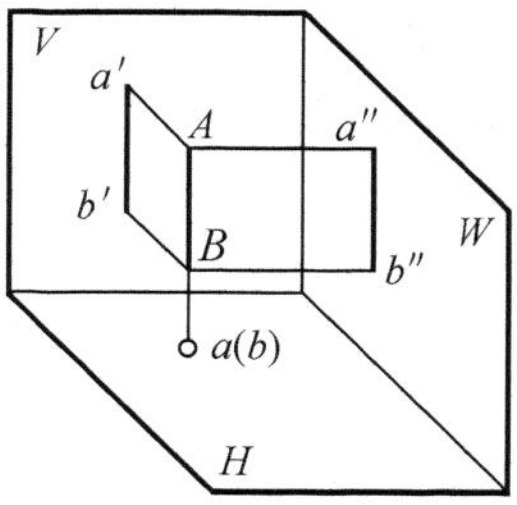	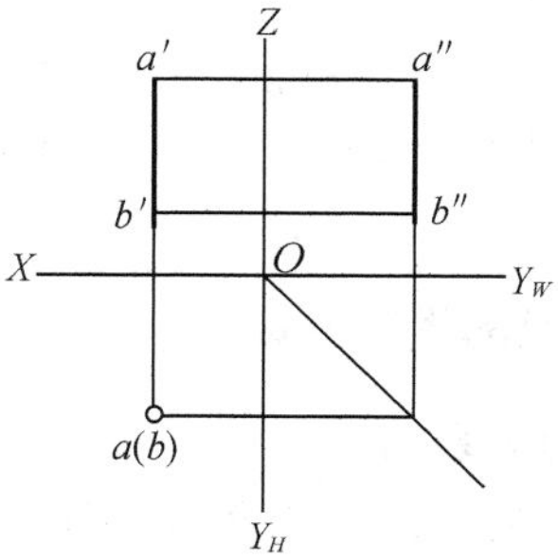	1. ab 积聚成一点 2. $a'b' \perp OX$，$a''b'' \perp OY_W$ 3. $a'b' = ab = AB$ 反映实长
正垂线（垂直于 V 面）	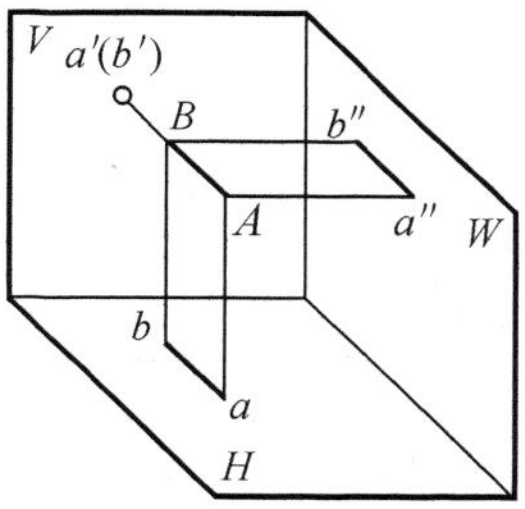	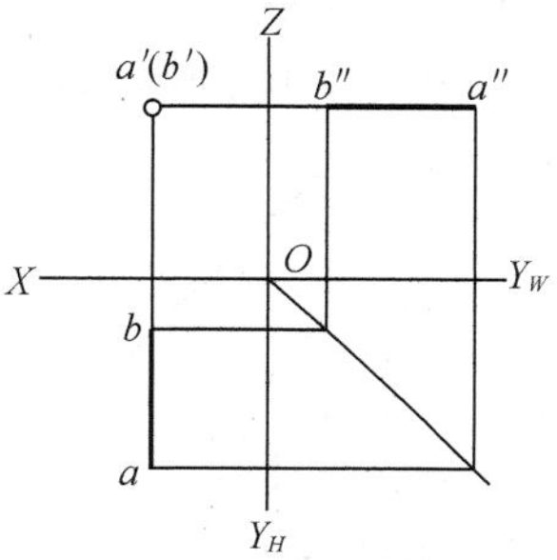	1. $a'b'$ 积聚成一点 2. $ab \perp OX$，$a''b'' \perp OZ$ 3. $ab = a''b'' = AB$ 反映实长
侧垂线（垂直于 W 面）	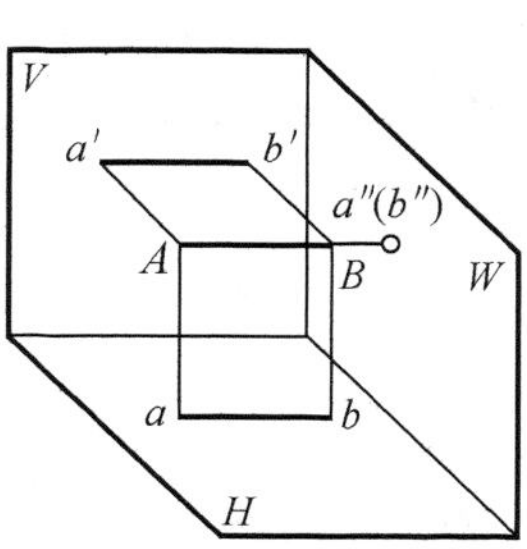	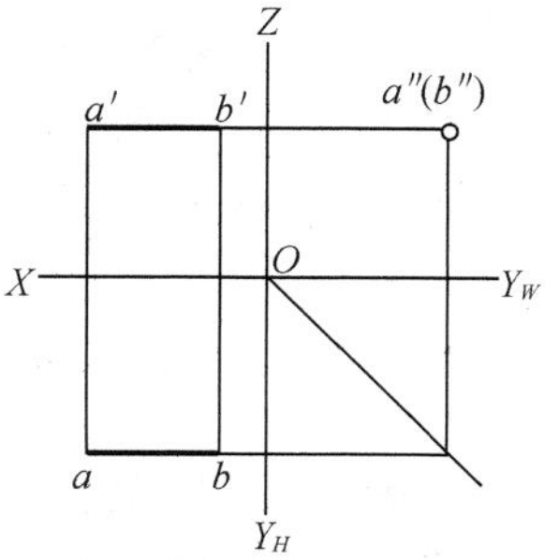	1. $a''b''$ 积聚成一点 2. $ab \perp OY_H$，$a'b' \perp OZ$ 3. $ab = a''b'' = AB$ 反映实长

由表 2－2 内容，可知投影面垂直线的投影特性为：

①在其垂直的投影面上的投影积聚为一点。

②另外两个投影面上的投影反映空间直线段的实长，且分别垂直于相应的投影轴。

（4）从属于一个投影面的直线

该情况为投影面平行线和投影面垂直线的特殊情况，它具有两类直线的投影性质。其特殊性在于：必有一投影重合于直线本身，另两投影在投影轴上，如图 2－19（a）、（b）所示。

更特殊的情况是从属于投影轴的直线，这类直线必定是投影面的垂直线。它的投影特性是：必有两投影重合于直线本身，另一投影积聚在原点上，如图 2－19(c)所示。

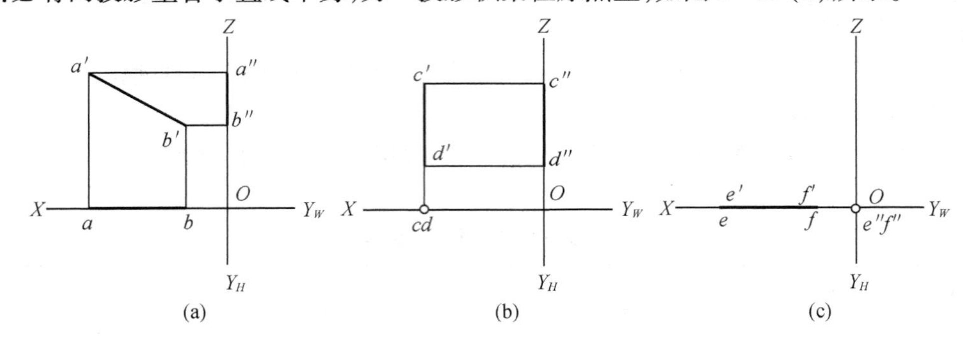

图 2－19　从属于一个投影面的直线

(a)从属于 V 面的直线；(b)从属于 V 面的铅垂线；(c)从属于 OX 轴的直线

2.3.2　直线与点的相对位置

直线与其上点的关系如下：

(1)直线上的点，它的三面投影分别属于直线的同名投影；反之，点的三面投影属于同名的直线三面投影，则该点在直线上。

如图 2－20 所示，已知 $C \in AB$，则 $C \in ab, c' \in a'b', c'' \in a''b''$。

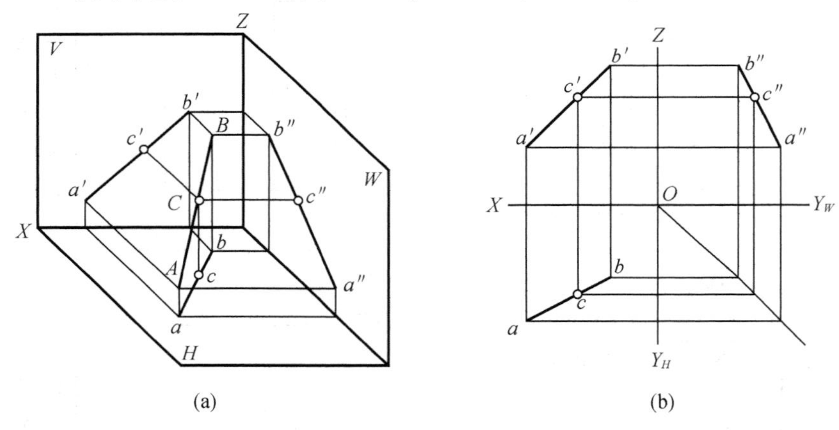

图 2－20　直线上的点

(2)直线上的点，分线段之比等于其投影比，反之亦然。

如图 2－20 所示，已知 $C \in AB$，则 $ac/cb = a'c'/c'b' = a''c''/c''b'' = AC/CB$。

1. 求直线上点的投影

[例 2－3]　如图 2－21(a)所示，已知点 K 在直线 AB 上，求作它们的三面投影。

解　由于 K 在 AB 上，所以 K 的三面投影分别处于 AB 的同名投影上，如图 2－21(b)所示，求出 AB 的侧面投影 $a''b''$，即可确定 k 和 k''。

[例 2－4]　如图 2－22(a)所示，已知点 K 在直线 CD 上，求 K 的正面投影。

解　方法一：求出 CD 的侧面投影，从而求出 k'(作图略)。

方法二：利用直线上的点分线段成定比，知 $ck/kd = c'k'/k'd'$，如图 2－22(b)所示。

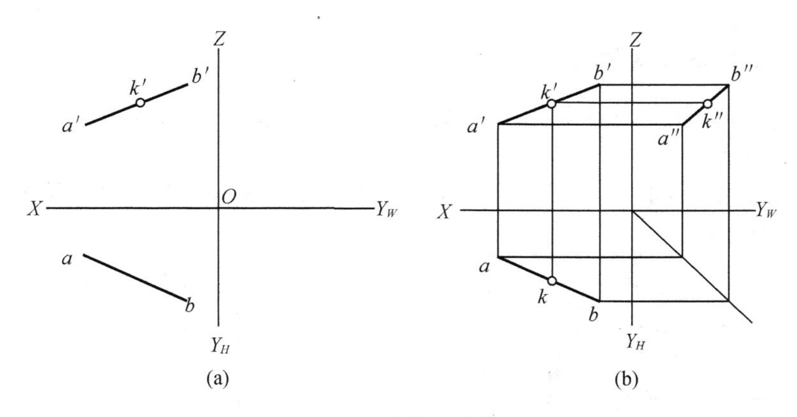

图 2－21　求直线上点的投影

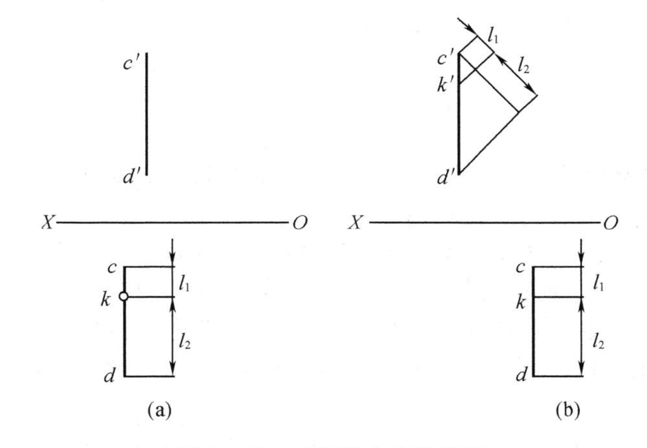

图 2－22　求直线上点的投影

2. 判断点是否在直线上

[例 2－5]　如图 2－23(a)所示，已知 AB 及 K 点的投影，判断 K 是否在 AB 上。

解　方法一：如图 2－23(b)求出 AB 的侧面投影 $a''b''$ 及 K 的侧面投影 k'，$k' \notin a''b''$，故 K 不在 AB 上。

方法二：如图 2－23(c)用点分线段成定比，判断出 $ck/kd \neq a'k'/k'b'$，故 K 不在 AB 上。

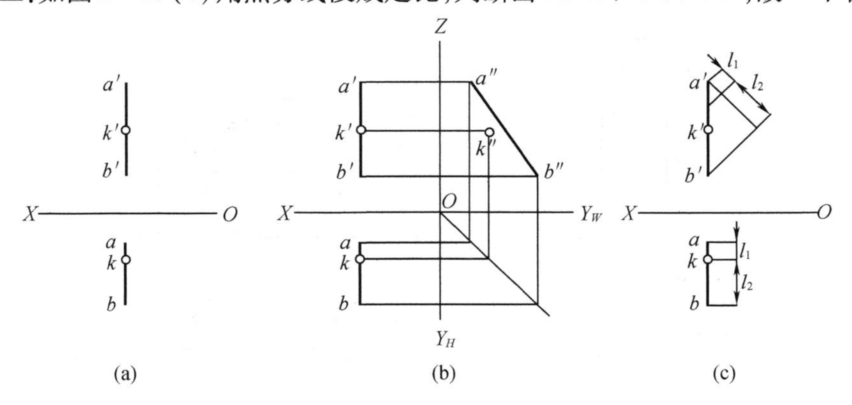

图 2－23　判断点是否在直线上

2.3.3 两直线的相对位置

空间中两直线的相对位置有三种情况：平行、相交和交叉（异面）。

1. 两直线平行

(1)平行两直线在同一投影面上的投影仍然平行，如图2-24所示。反之，三面投影都平行的两直线平行。

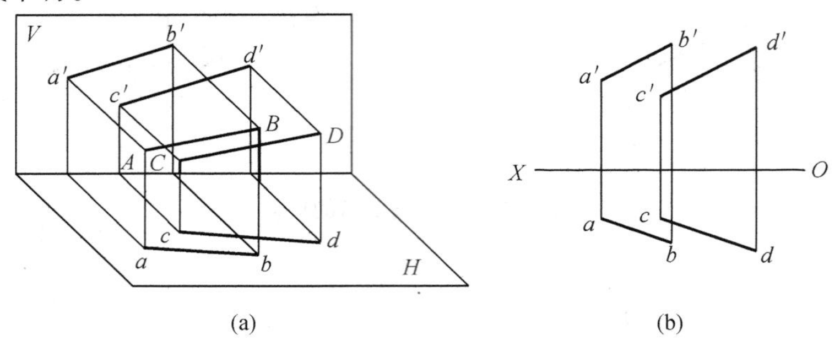

(a) (b)

图2-24 两直线平行

(2)平行两线段之比等于其投影之比。这条投影特性反过来不一定成立，实际应用中，还必须检查两线段的倾斜方向是否相同。

判断空间两直线是否平行，一般情况下，只需判断两直线的任意两对同名投影是否分别平行即可。但当两直线同为某投影面平行线时，只有在该投影面上的投影是平行的才能判断两直线相互平行，或根据平行线投影保持定比的特性进行判断。

[**例**2-6] 判断两直线 *DE*、*FG* 在图2-25(a)、(c)所示的情况中是否平行。

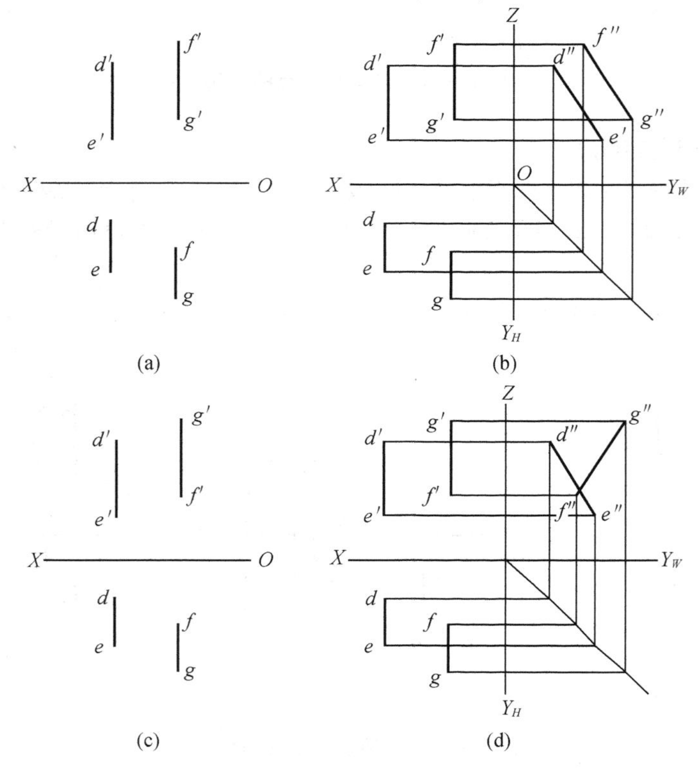

(a) (b)

(c) (d)

图2-25 判断两线段是否平行

解　方法一：根据两平行直线在同一投影面上投影仍平行，画出 DE、FG 的第三面投影。图2－25(a)中的两直线侧面投影平行，如图2－25(b)所示，所以 DE、FG 平行。图2－25(c)中两直线侧面投影不平行，如图2－25(d)所示，所以 DE、FG 不平行。

方法二：根据平行两线段之比与其投影之比相等，及判断两直线对投影面的方向是否相同的原则。图2－25(c)中 DE、FG 的两面投影字母符号顺序不一致，可知两线段倾斜方向不一致，故 DE、FG 不平行。

2. 两直线相交

相交两直线在同一投影面上的投影也相交，且交点同属于两直线，如图2－26所示。反之，三面投影均相交，且交点同属于两直线时，两直线相交。

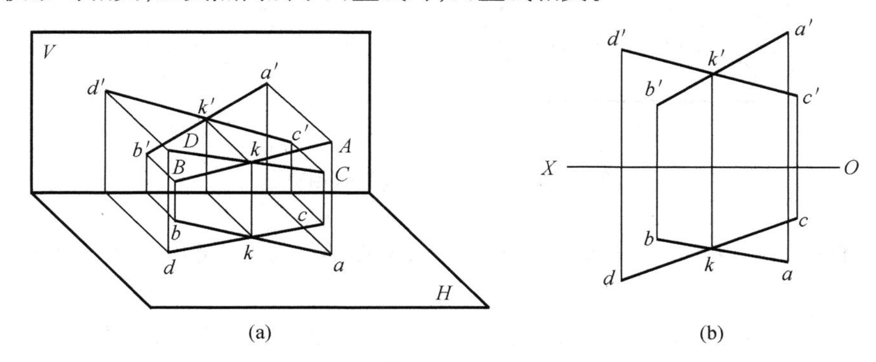

图2－26　两直线相交

判断空间两直线是否相交，一般情况下，只需判断直线的两组同名投影相交，且交点符合一个点的投影特性即可。但是，当两直线中有一条为投影面平行线时，需根据与直线不平行投影面上的投影进行判断。

［**例2－7**］　判断图2－27(a)中直线 AB、CD 是否相交。

解　方法一：求出侧面投影，如图2－27(b)所示，虽然，$a''b''$ 与 $c''d''$ 相交，但其交点不是 k''，即点 K 不是两直线共有点，故 AB、CD 不相交。

方法二：从投影图上可明显看出 $a'k'/k'b' \neq ak/kb$，K 不在 AD 上，故 AD、CD 不相交。

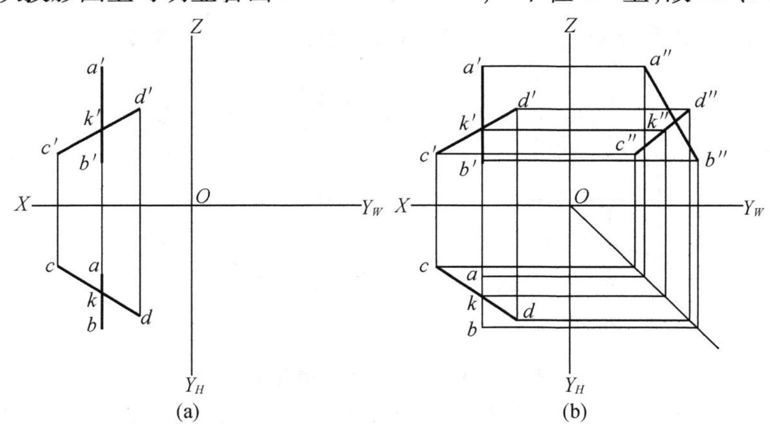

图2－27　判断两直线是否相交

3. 两直线交叉

不平行也不相交的两条直线,称为交叉直线。

如图 2－28 所示,直线 *AB* 和 *CD* 为两交叉直线,虽然它们的同面投影也相交了,但“交点”不符合一个点的投影特性。

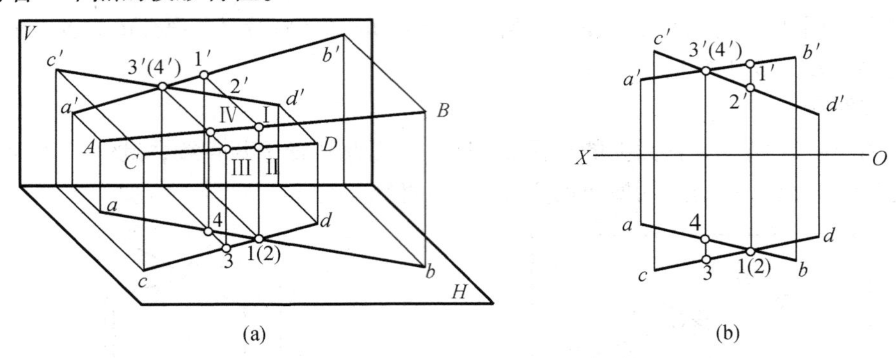

图 2－28 判断两直线是否相交

两交叉直线同面投影的交点是直线上一对重影点的投影,它可以判断空间两直线的相对位置。

在图 2－28 中,直线 *AB*、*CD* 的水平投影的交点是以上的 *AB* 点Ⅰ和 *CD* 上的点Ⅱ(对 *H* 面的重影点)的水平投影 1(2),由正面投影可知,点Ⅰ在上,Ⅱ在下,故该处 *AB* 在 *CD* 上方。同理,*AB* 和 *CD* 的正面投影交点是直线 *AB* 上的点Ⅳ和 *CD* 上的点Ⅲ(对 *V* 面的重影点)的正面投影 3′(4′),由水平投影可知,点Ⅲ在前,Ⅳ在后,故该处 *CD* 在 *AB* 前方。

【引导知识】

2.4 平面的投影

2.4.1 平面的表示法

在投影图上,可以用下列任一组几何元素的投影表示平面(图 2－29):

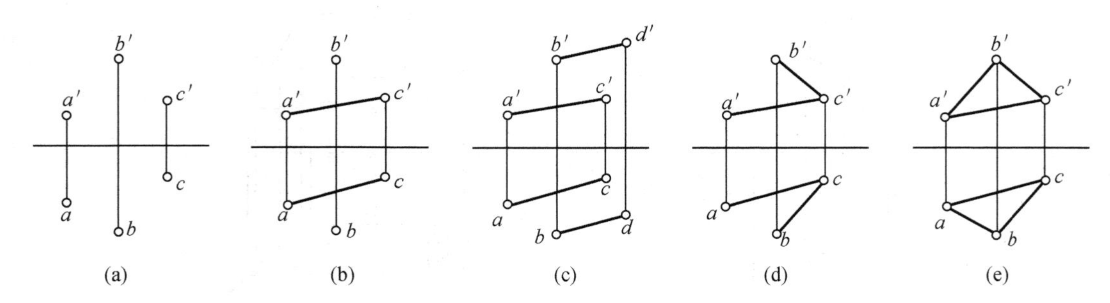

图 2－29 平面的五种表示方法

(a)不同线的三点;(b)一直线和直线外一点;(c)两平行直线;(d)两相交直线;(e)平面几何图形

(1)不同线的三点(图 2－29(a))。

(2)一直线和直线外一点(图 2－29(b))。

(3)两平行直线(图 2-29(c))。

(4)两相交直线(图 2-29(d))。

(5)平面几何图形,如三角形、四边形和圆等(图 2-29(e))。

以上用几何元素表示平面的五种形式彼此间是可以相互转化的。实际上,第一种表示方法是基础,后几种由它转化而来。

2.4.2　各种位置平面及其投影特征

1. 平面对投影面的相对位置

在三面投影体系中,平面对投影面的相对位置,可以分为三类:

(1)一般位置平面,如图 2-30(c)所示;

(2)垂直于投影面的平面,如图 2-30(a)所示;

(3)平行于投影面的平面,如图 2-30(b)所示。

后两者统称为特殊位置平面。

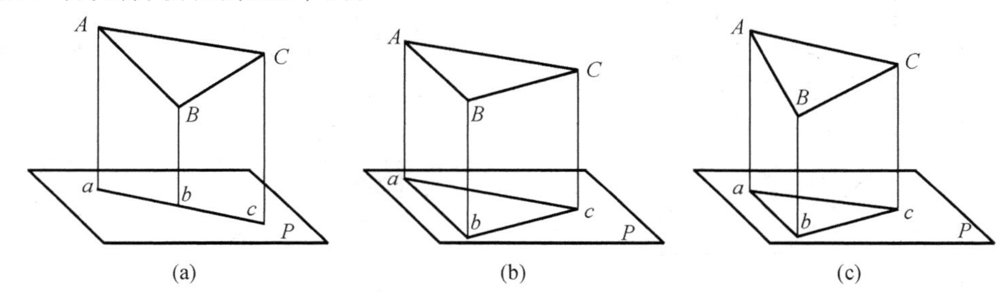

图 2-30　平面对一个投影面的投影特性

对于三个投影面都倾斜的平面称为一般位置平面,如图 2-31 所示。

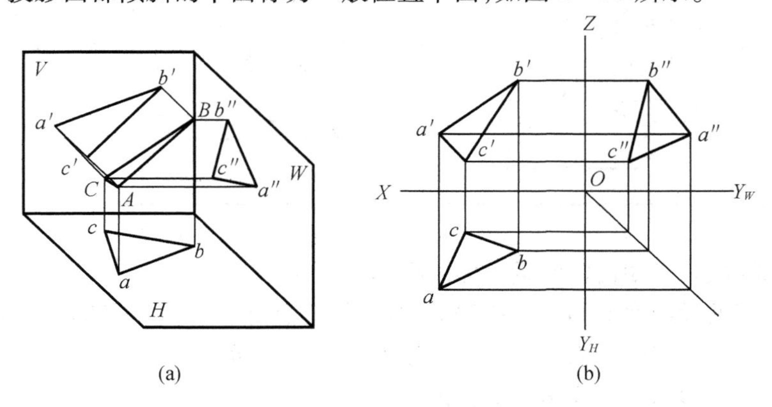

图 2-31　一般位置平面

一般位置平面的投影特性为:三个投影面的投影均为缩小的类似形(边数相等的类似多边形),不反映空间平面的实际形状。如图 2-31(b)所示,三个面投影都是三角形,即类似形。

2. 特殊位置平面

(1)投影面垂直面

垂直于某一投影面而与其余两投影面都倾斜的平面称为投影面垂直面,投影特性如表

2－3 所示。

表 2－3 投影面垂直面

名称	直观图	投影图	特性
铅垂面	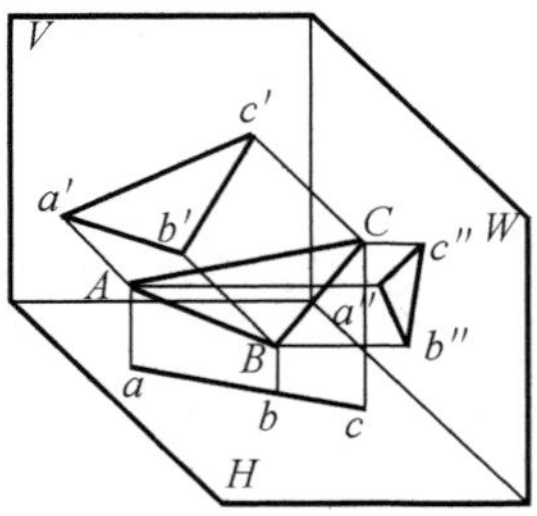	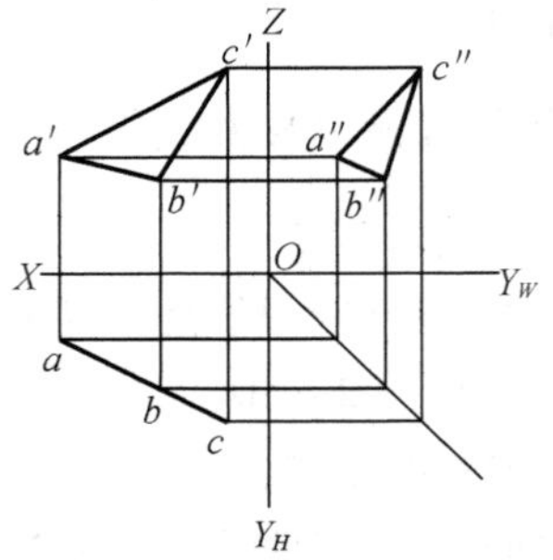	1. abc 积聚为直线 2. $a'b'c'$ 和 $a''b''c''$ 为类似形 3. β、γ 反映实角
正垂面	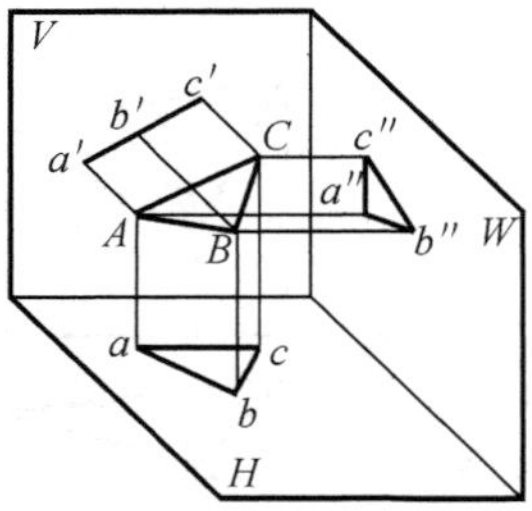	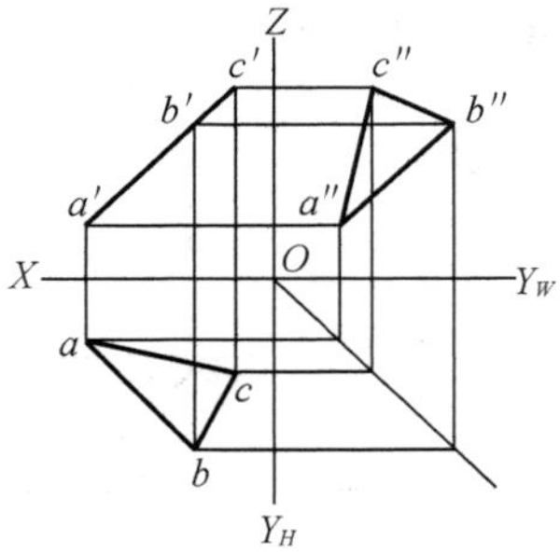	1. $a'b'c'$ 积聚为直线 2. abc 和 $a''b''c''$ 为类似形 3. α、γ 反映实角
侧垂面	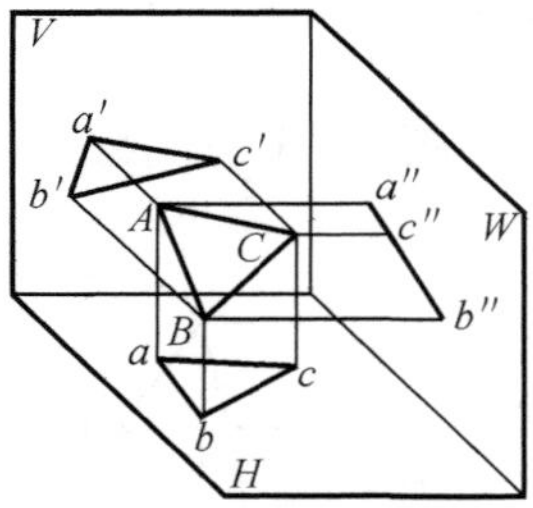	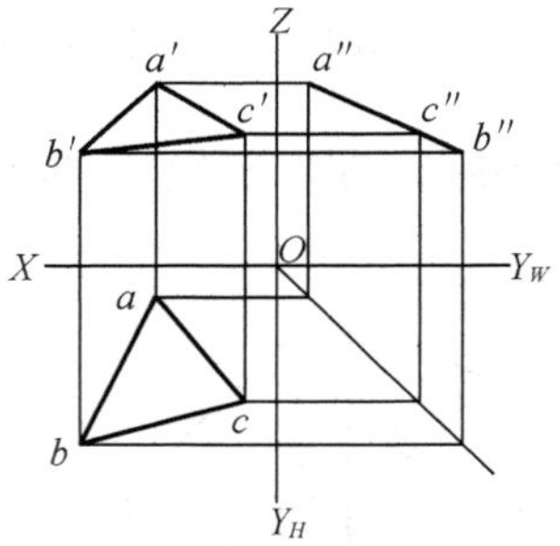	1. $a''b''c''$ 积聚为直线 2. abc 和 $a'b'c'$ 为类似形 3. α、β 反映实角

由表 2－3 内容，可知投影面垂直面的投影特性为

①在其垂直的投影面上的投影积聚成与该投影面内的两投影轴都倾斜的直线，该直线与投影轴的夹角反映空间平面与另两个投影面夹角的实际大小。

②在另外两投影面上的投影为类似形。

(2) 投影面平行面

平行于某一投影面从而垂直于其余两个投影面的平面称为投影面平行面，投影特性见表 2－4。

表 2-4 投影面平行面

名称	直观图	投影图	特性
水平面	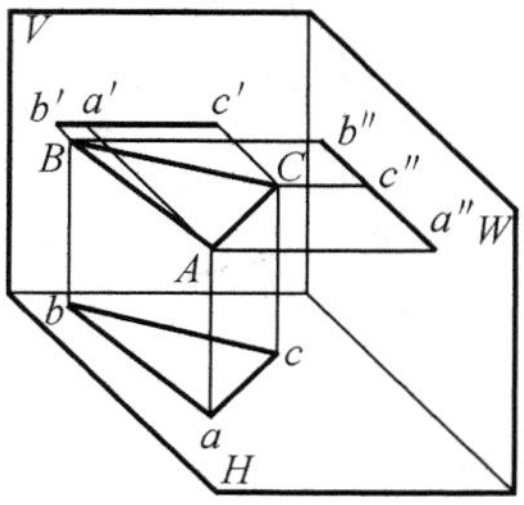 V b′ a′ c′ b″ B C c″ a″ W A b c a H	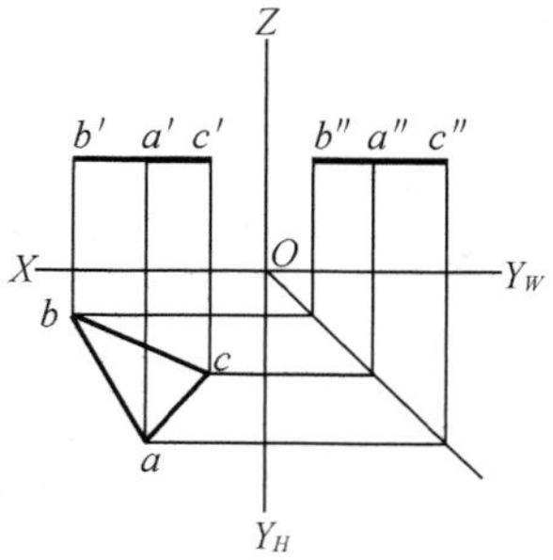 Z b′ a′ c′ b″ a″ c″ X O Y_W b c a Y_H	1. abc 反映实形 2. abc 和 $a'b'c'$ 积聚成直线 3. $a'b'c'/\!/OX$，$a''b''c/\!/OY_W$
正平面	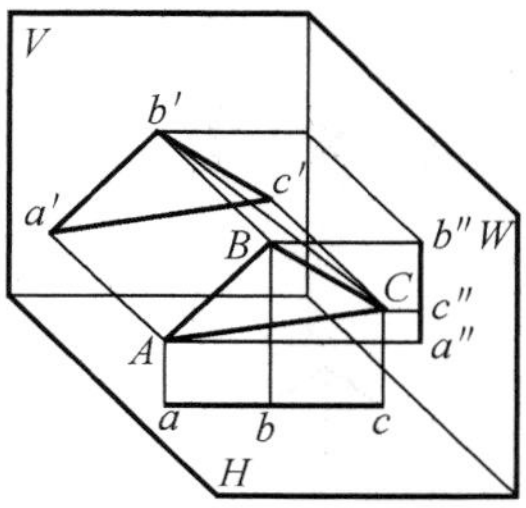 V b′ c′ a′ B b″ W C c″ A a″ a b c H	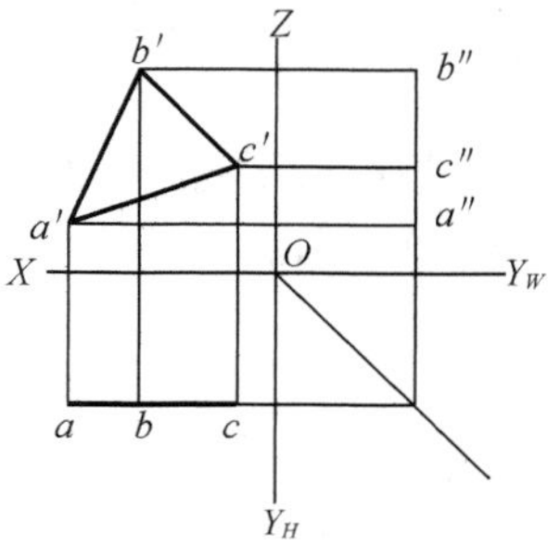 Z b′ b″ c′ c″ a′ a″ X O Y_W a b c Y_H	1. $a'b'c'$ 反映实形 2. abc 和 $a''b''c''$ 积聚成直线 3. $abc/\!/OX$，$a''b''c''/\!/OZ$
侧平面	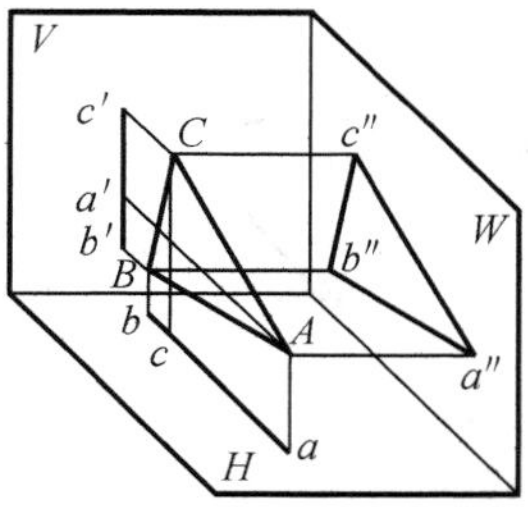 V c′ C c″ a′ b′ W b″ B b A c a″ H a	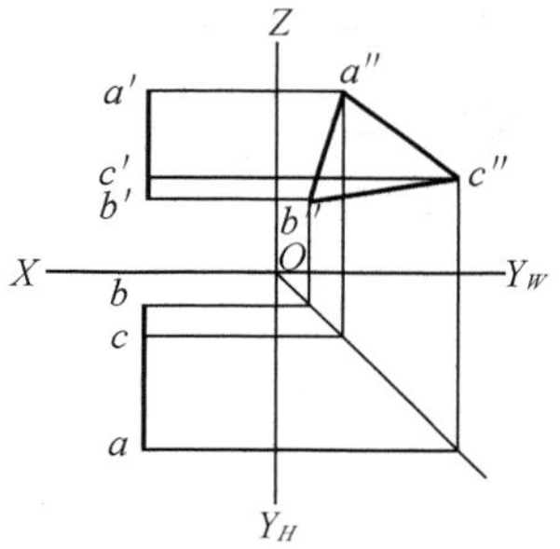 Z a″ a′ c′ c″ b′ b″ X O Y_W b c a Y_H	1. $a''b''c''$ 反映实形 2. abc 和 $a''b''c''$ 积聚成直线 3. $abc/\!/OY_H$，$a'b'c'/\!/OZ$

由表 2-4 内容，可知投影面平行面的投影特性为：

①在其平行的投影面上的投影反映平面的实际形状。

②另外两投影面上的投影均积聚成直线，其平行于相应的投影轴。

2.4.3 平面上的直线和点

1. 平面内取直线

具备下列条件之一的直线，必位于给定的平面内：

(1) 直线经过平面内已知的两点。

(2) 直线经过平面内的一点且平行于平面内的一条直线。

[例 2-8] 已知平面由相交两直线 AD、AC 给出，在平面内任意作一条直线(图 2-32(a))。

解 方法一：在平面内任意找两点连线(图 2-32(b))。

方法二：过面内一点作面内已知直线的平行线(图 2-32(c))。

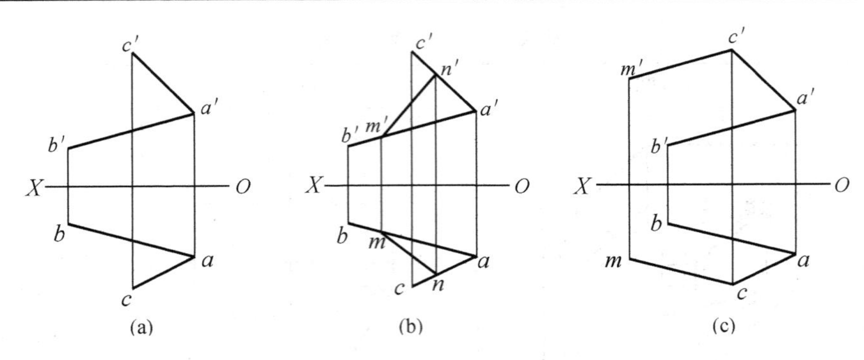

图 2 - 32　平面内取任意直线

[**例** 2 - 9]　已知平面由△*ABC* 给出，在平面内作一条正平线，并使其到 *V* 面的距离为 10 mm（图 2 - 33（a））。

解　该正平线的水平投影应平行于 *OX* 轴，与 *OX* 轴的距离为 10 mm，并且该直线处于平面内，作图如图 2 - 33（b）所示。

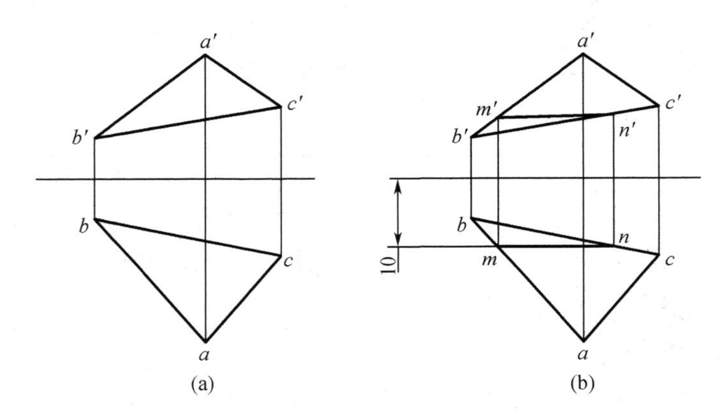

图 2 - 33　在平面内取正平面

2. 平面内取点

平面内的点，要取自属于平面的已知直线。

[**例** 2 - 10]　已知点 *K* 位于△*ABC* 内，求点 *K* 的水平投影（图 2 - 34（a））。

解　在平面过 *k* 作任意一条辅助直线，*k* 的投影必在该直线的同名投影上，作图如图 2 - 34（b）所示。

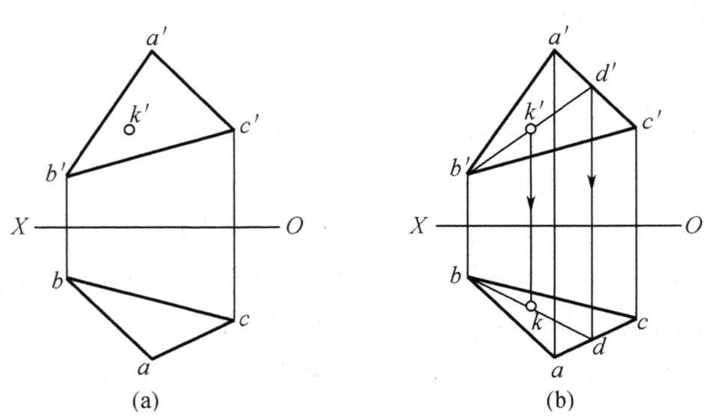

图 2 - 34　平面内取点

例 2-11　已知△ABC 的两面投影，在△ABC 内取一点 M，并且使其到 H 面和 V 面的距离均为 10 mm(图 2-35(a))。

解　面内的正平线是与 V 面等距离点的轨迹，故点 M 位于平面内距 V 面为 10 mm 的正平线上。点的正面投影到 OX 的距离反映点到 H 面的距离，作图如图 2-35(b)所示。

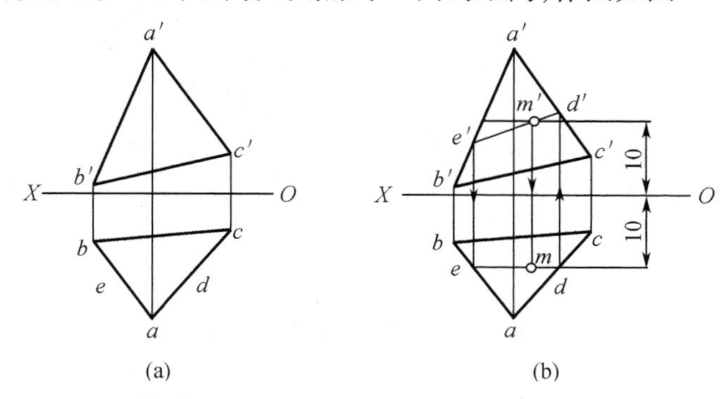

图 2-35　平面内取点

【引导知识】

2.5　几何元素间的相对位置

直线与平面之间和两平面之间的相对位置可分为平行、相交及垂直三种情况。本节重点讨论下述三个问题：

(1)在投影图上如何绘制及判别直线与平面平行和两平面平行的问题；

(2)如果直线与平面及两平面不平行，在投影图上如何求出它们的交点或交线；

(3)在投影图上如何绘制及判别直线与平面垂直和两平面垂直的问题。

2.5.1　平行问题

1. 直线与平面平行

由初等几何知道，若一直线平行于属于定平面的一直线，则直线与该平面平行。图 2-36 说明，直线 AB 平行于 CD，CD 在平面 P 内，所以直线 AB 平行于平面 P。

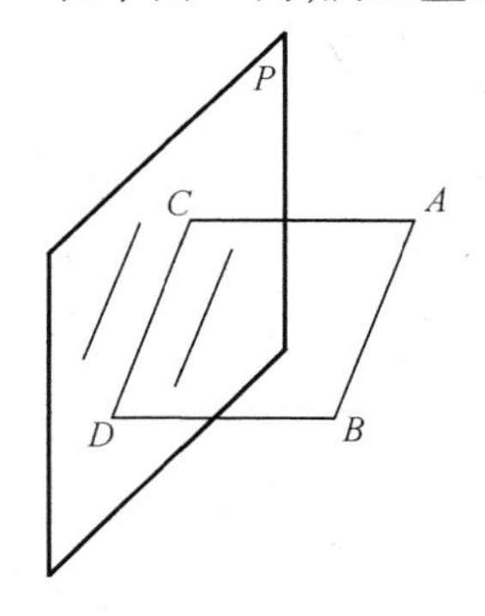

图 2-36　直线与平面平行

[例 2-12]　过已知点 K 作一水平线平行于已知平面 ABC(图 2-37(a))。

解 过 K 点可作无数多条平行于已知平面的直线，其中只有一条水平线。如图 2－37(b)所示，可先作平面内的任一水平线辅助线 cd，再过 k 引直线 ef 平行于 cd。$ef /\!/ cd$，cd 在平面 abc 上，所以直线 EF 平行于平面 ABC。

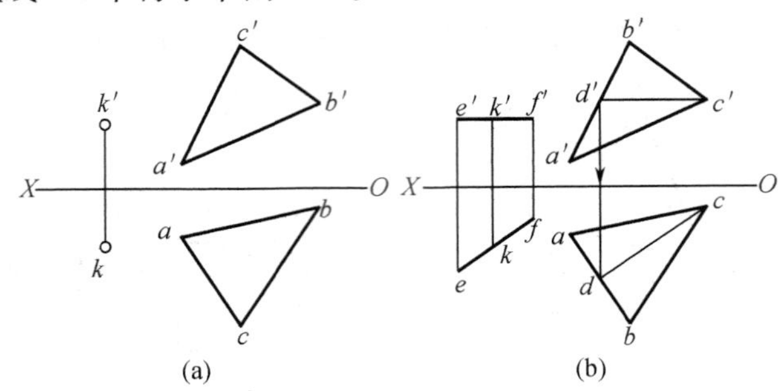

图 2－37 作直线平行于已知平面

［例 2－13］ 试判断已知直线 AB 是否平行于定平面 CDE（图 2－38(a)）。

解 如果平面内能做出一条平行于 AB 的直线 FG，则 AB 平行于定平面 CDE，否则，AB 与定平面 CDE 不平行。如图 2－38(b)所示，作平面内直线 fg，先使 $fg /\!/ ab$，再作出 $f'g'$，查看 $f'g'$ 是否与 $a'b'$ 平行。$f'g'$ 与 $a'b'$ 不平行，即平面内没有与 ab 平行的直线，所以，AB 与定平面 CDE 不平行。

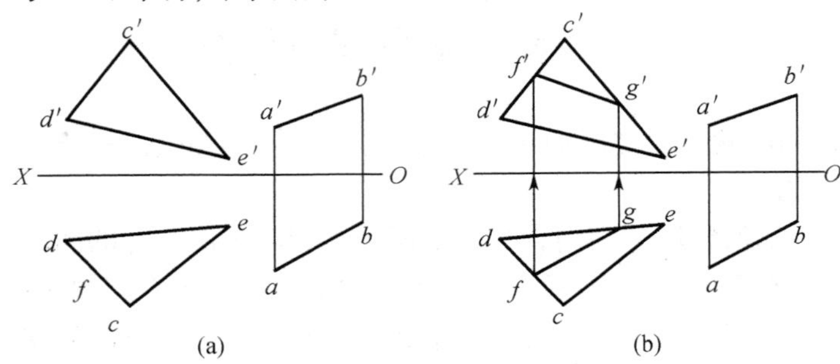

图 2－38 判断直线与平面是否平行

2. 两平面平行

由初等几何知道，若属于一平面的相交两直线对应平行于属于另一平面的两条相交直线，则此两平面平行。如图 2－39 所示，两对相交直线 AB、BC 和 DE、EF 分别属于平面 P 和 Q，若两对相交直线对应平行，则平面 P、Q 平行。

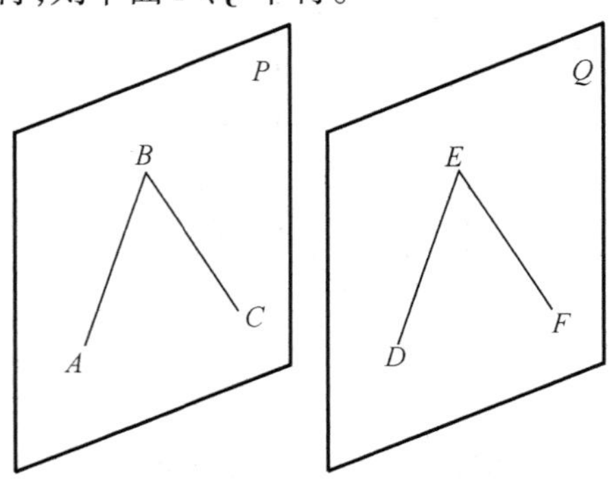

图 2－39 两平面相互平行

[例 2-14]　试判断两已知平面 ABC 和 DEF 是否平行(图 2-40(a))。

解　可先作第一平面的一对相对直线,再看是否能在第二平面作出一对相交直线和它们对应平行。如图 2-40(b)所示,作分别属于两平面的水平线 cm、dk 和正平线 an、el,查看得知 $cm//dk$,$an//el$,所以两平面平行。

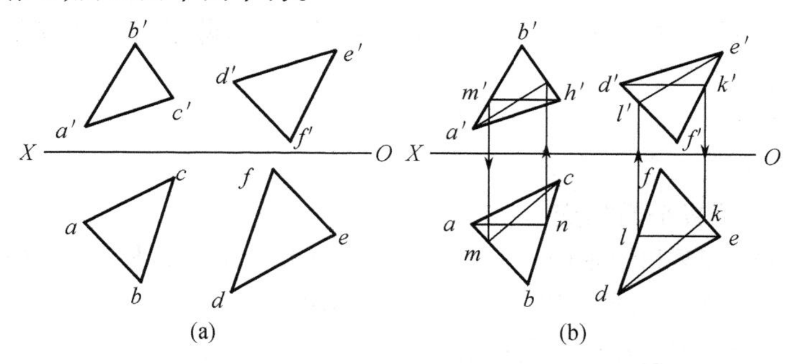

图 2-40　判断两平面是否平行

[例 2-15]　已知定平面由两直线 AB 和 CD 给定,试过 K,作一平面平行于已知平面(图 2-41(a))。

解　只要过点 k 作一对相交直线 ef、gh 对应平行于已知平面内的一对相交直线,ef、gh 便可代表所求平面。如图 2-41(b)所示,引已知平面内一条直线 mm 和平行线相交,过 k 作 ef、gh 分别平行于 ab、mn,则直线 ef、gh 代表所求直线。

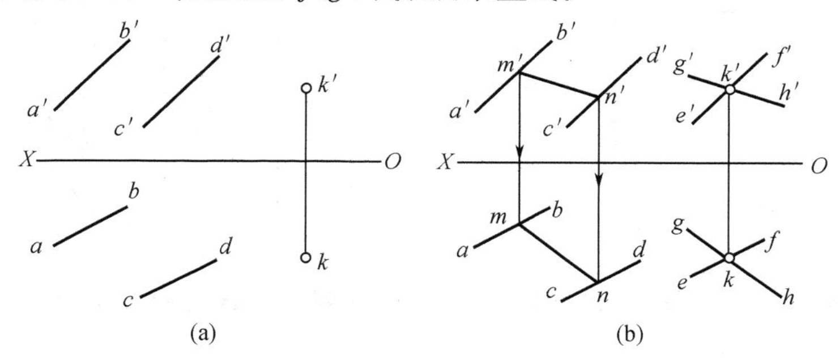

图 2-41　作平面平行于已知平面

判断平行问题时,若直线与投影面垂直面平行,或两平面均为投影面垂直面,则只检查具有积聚性的投影是否平行即可。如图 2-42 所示,已知平面 P 平行于平面 Q,且 P、Q 均垂直于平面 H,根据投影面垂直面的性质,属于 P、Q 上的所有直线的水平投影分别积聚在 P、Q 的水平投影 P_H、Q_H 上。

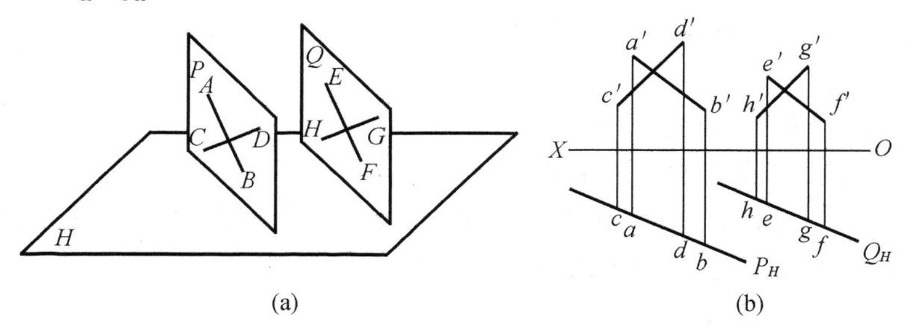

图 2-42　两特殊位置平面平行

2.5.2 相交问题

(1)直线和平面相交的交点,是直线与平面的共有点,作图时,除了要求出交点的投影外,还要判别直线投影的可见性。

(2)两平面相交的交线,是两平面的共有直线,作图时,除了要求出交线的投影外,还要判别两平面投影的可见性。

1. 特殊位置情况

利用积聚性求交点和交线。

(1)直线与特殊位置平面相交

图2-43为直线 MN 和铅垂面 $\triangle ABC$ 相交,K 的水平投影 k' 属于 $\triangle ABC$ 的水平投影,K 又属于直线 MN,所以 k' 为水平投影的交点,从而得出 $K(k,k')$。

(2)一般位置平面与特殊位置平面相交

常把求两平面交线的问题看作是求两个共有点的问题。若要求出图2-44中两平面的交线,只要求出属于交线的任意两点,如 K,L。

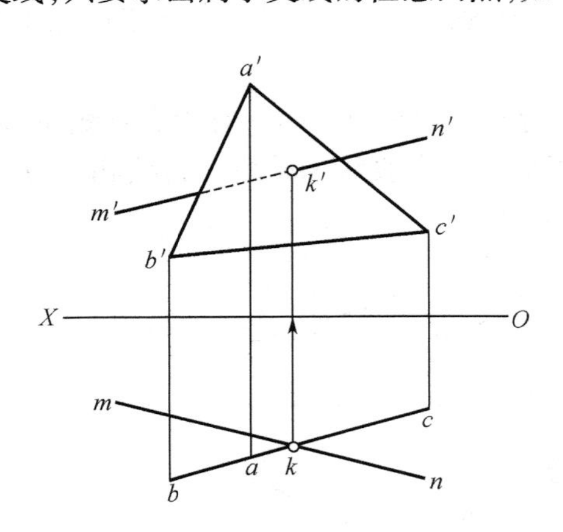

图2-43 直线与特殊位置平面的交点

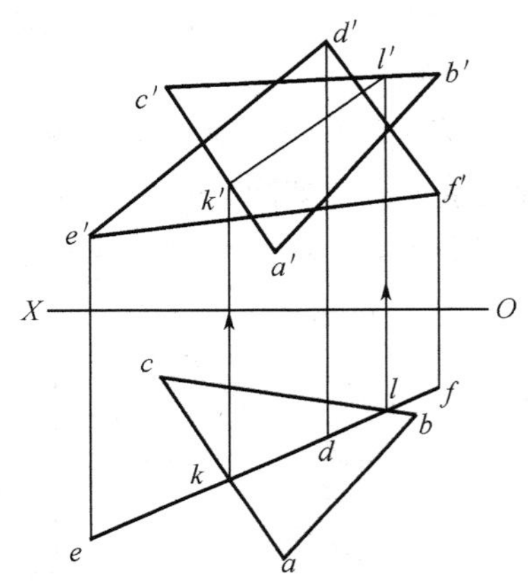

图2-44 一般位置平面与特殊位置平面的交线

2. 一般位置情况

(1)直线与一般位置平面相交

由于一般位置平面没有积聚性,所以当直线与一般位置平面相交时,不能在投影图上直接定出交点来,而必须采用辅助平面,经过一定作图过程,才能求得。

若要求图2-45(a)中所示直线 DE 与一般位置平面 $\triangle ABC$ 的交点,如图2-46所示,假设点 K 为直线 DE 与平面 $\triangle ABC$ 的交点,过 DE 作平面 S(可作特殊平面如正平面),平面 S 与 $\triangle ABC$ 的交线 MN 也过 K,则 DE 与 MN 的交点即为所求点 K,作图如图2-45(b)、(c)、(d)所示。

(2)两个一般位置平面相交

①用直线与平面求交点的方法求两平面共有点。

若求图2-47(a)所示 $\triangle ABC$ 和 $\triangle DEF$ 相交交线,可分别求出直线 DE、DF 与 $\triangle ABC$ 的交点 L、K,直线 KL 便是两个三角形的交线。

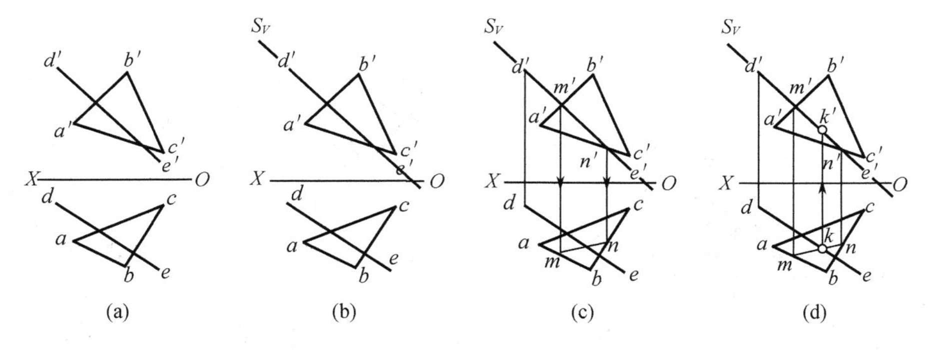

图 2－45　求直线与一般位置平面的交点

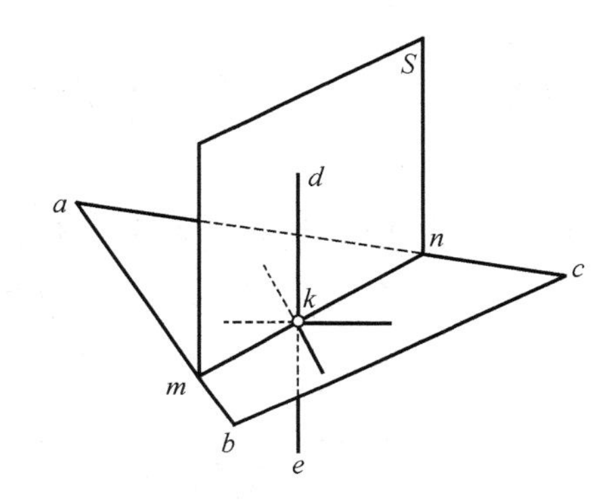

图 2－46　求直线与平面共有点的示意图

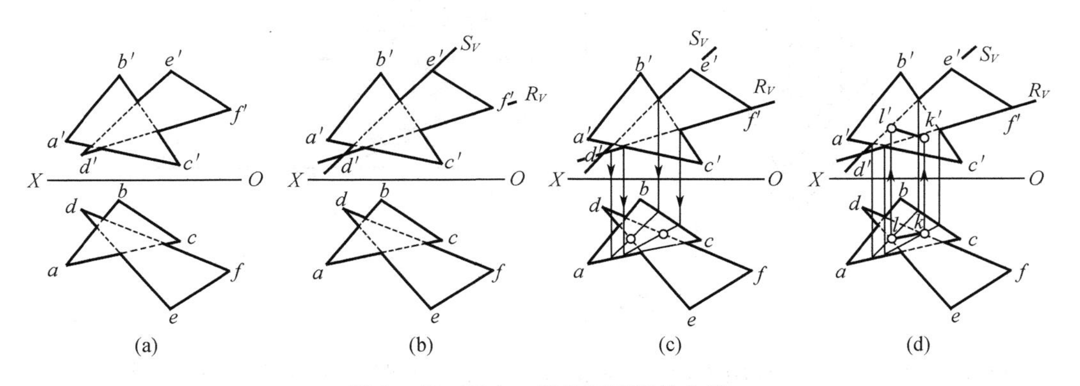

图 2－47　两个一般位置平面的交线

②用三面共点法求两平面共有点

图2－48 是用三点共面法求两平面共有点的示意图，图中已给两平面 R、S。为求两平面的共有点，取任意辅助平面 P，它与 R、S 的交线分别为ⅠⅡ和ⅢⅣ，而ⅠⅡ和ⅢⅣ的交点 k_1 为三面共有，也为 R、S 两面共有。同理，作辅助平面 Q，可另找到一共有点 K_2。K_1K_2 即为 R、S 两平面交线。

图2－49 中△ABC 和一对平行线 DE、FG 各决定一平面。为求该两平面的交线，根据图 2－48 原理，取水平面 P 为辅助平面。利用 PV 有积聚性，分别求出平面 P 与原有两平面的交线ⅠⅡ(12,1′2′)和ⅢⅣ(34,3′4′)。ⅠⅡ和ⅢⅣ的交点 $K_1(k_1, k_1')$便为一个共有点。同理，以辅助平面 Q 再求出一个共有点 $K_2(k_2, k_2')$。K_1K_2 即为所求交线。

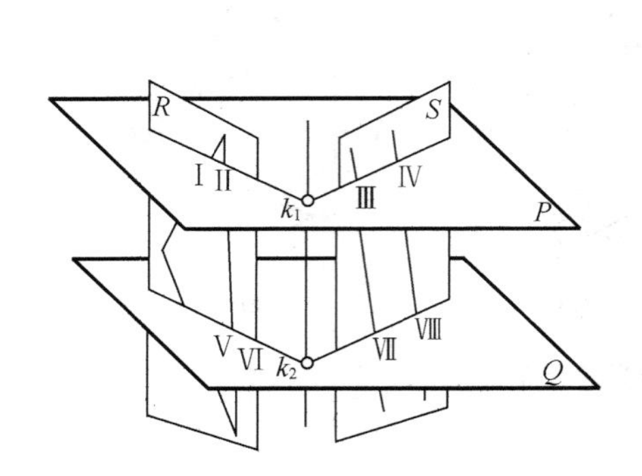

图 2-48 求两平面共有点的示意图

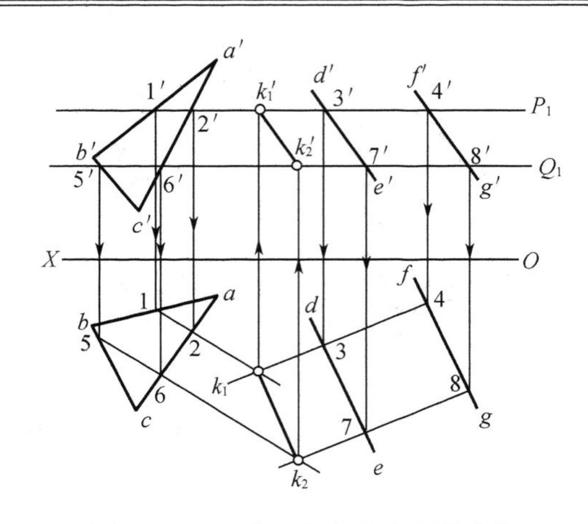

图 2-49 两个一般位置平面的交线

3. 投影图上的可见性问题

在图 2-50(a)中已将直线 *MN* 和△*DEF* 的交点 *K* 求出来了,但为了使图形更容易观看,可把直线遮住的部分用虚线来表示,交点 *K* 是直线 *MN* 可见部分和不可见部分的分界点。

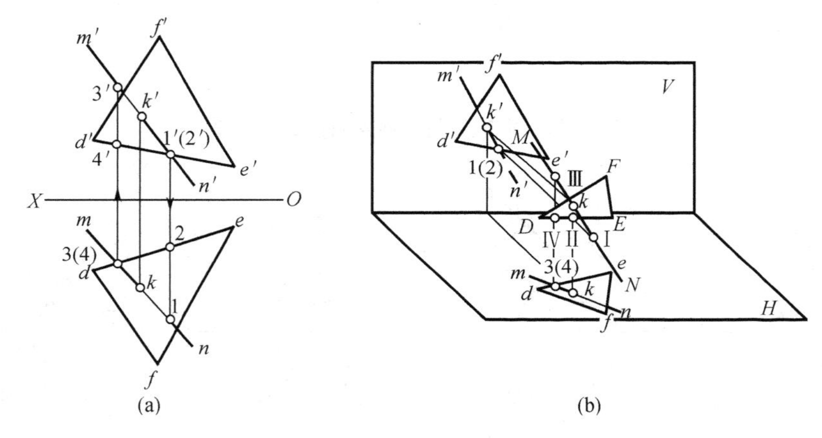

图 2-50 可见性问题

判断可见性的原理是利用重影点。在图 2-50(a)上取一对位于同一正垂线上的重影点Ⅰ(1,1′)和Ⅱ(2,2″)。点Ⅰ在 *KN* 上,点Ⅱ在 *DE* 上。从水平投影上观察得知,Ⅰ比Ⅱ更远离 *OX* 轴,因此,*KN* 在 *DE* 前面,*KN* 在正面投影上可见。

同理,用同一铅垂线上的一对重影点Ⅲ(3,3′)和Ⅳ(4,4′),可判定 *MK* 在 *DE* 的上面。也就是说,在水平投影上可见。

它们的空间情况如图 2-50(b)所示。

[**例** 2-16] 判别相交两平面的可见性(图 2-51(a))。

解 两平面交线是两平面在投影图上可见与不可见的交界线,根据平面的连续性,只要判别出平面一部分的可见性,另一部分自然就明确了,在每个投影上的四对重影点中任意选取一对判别即可,见图 2-51(b)。

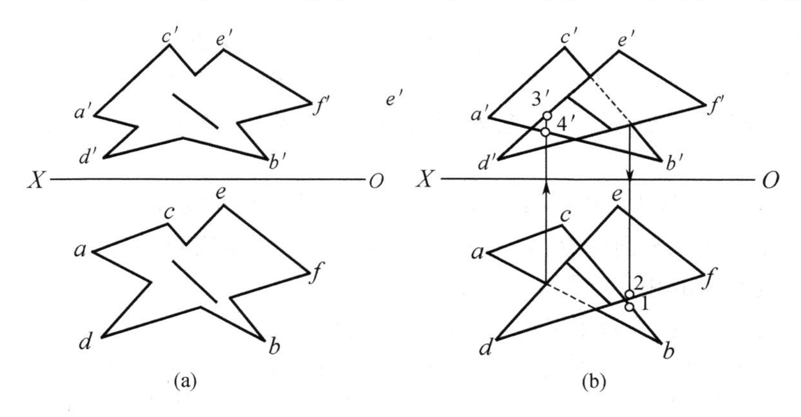

图 2－51　两相交平面的可见性

1. 直线与平面垂直

直线与平面垂直的投影关系可归纳为下列定理：

(1)若一直线垂直于一平面，则此直线的水平投影必垂直于该平面内水平线的水平投影；直线的正面投影必垂直于该平面内正平线的正面投影。

(2)若一直线的水平投影垂直于定平面内水平线的水平投影，直线的正面投影垂直于定平面内正平线的正面投影，则直线必垂直于该平面。

如图 2－52 所示，直线 *LK* 垂直于平面 *P*，*AB*、*CD* 分别为平面 *P* 内的水平线和正平线，则 $lk \perp ab$，$l'k' \perp c'd'$。

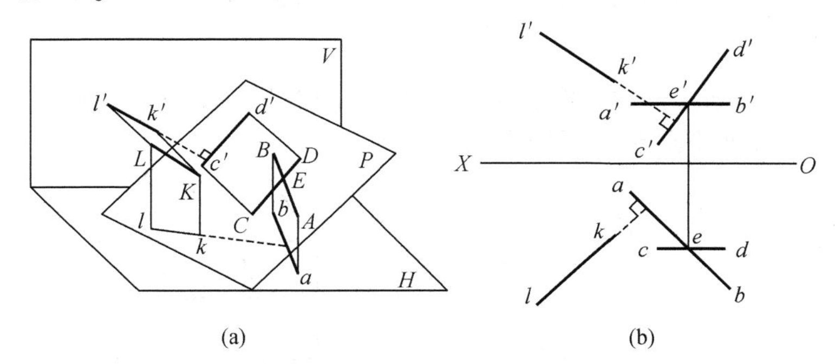

图 2－52　直线与平面垂直

[例 2－17]　已知试过定点 *S* 作平面的法线(图 2－53(a))。

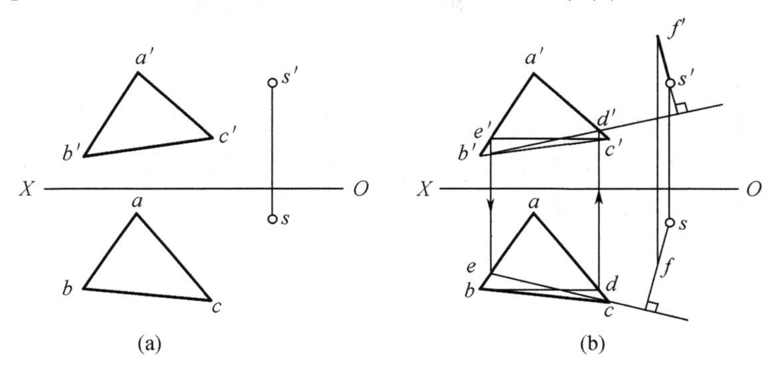

图 2－53　作定平面的法线

解　根据上述两定理，若要在正投影图上确定平面法线的方向，必须先确定在该平面上的投影面平行线的方向。为此，如图 2－53(b)所示，作△*abc* 上的任意正平线 *bd* 和水平线 *ce*。过 *s*′作 *b*′*d*′的垂线 *s*′*f*′，便是所求法线的正面投影；过 *s* 作 *ce* 的垂线 *sf*，便是所求法线的水平投影。

这里注意到，辅助线 *bd* 和 *ce* 与法线 *sf* 是不相交的。此处仅利用 *bd* 和 *ce* 的方向，和垂足无关。垂足是法线和平面的交点，必须按照直线与平面求交点的作图过程才能求得，其作法已在直线与平面的相交问题中讨论过。

若平面为特殊位置平面，则可使作图的方法简化。

如图 2－54(a)所示，与正垂面垂直的法线必为正平面。如图 2－54(b)所示，与铅垂面垂直的法线必为水平线。如图 2－54(c)所示，与正平面垂直的法线必为正垂线。

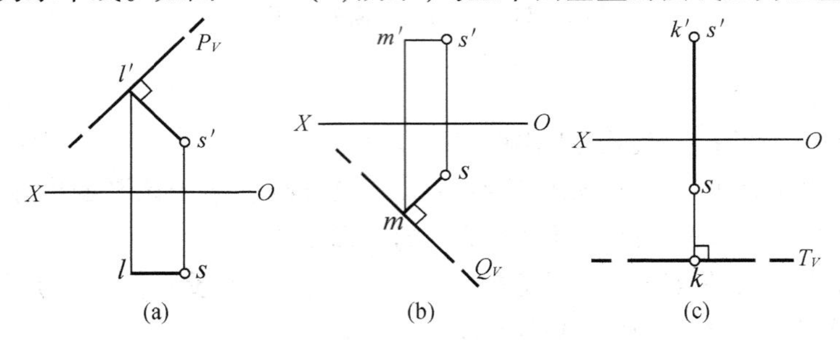

图 2－54　特殊位置平面的法线

例 2－18　已知定平面由两直线 *AB* 和 *CD* 给定，判断直线 *MN* 是否垂直于定平面(图 2－55(a))。

解　直线 *AB*、*CD* 是正平线，作属于定平面的任意水平线 *EF*。如图 2－55(b)所示，*m*′*n*′ ⊥ *c*′*d*′，但 *mn* 与 *ef* 不垂直，故 *MN* 与定平面不垂直。

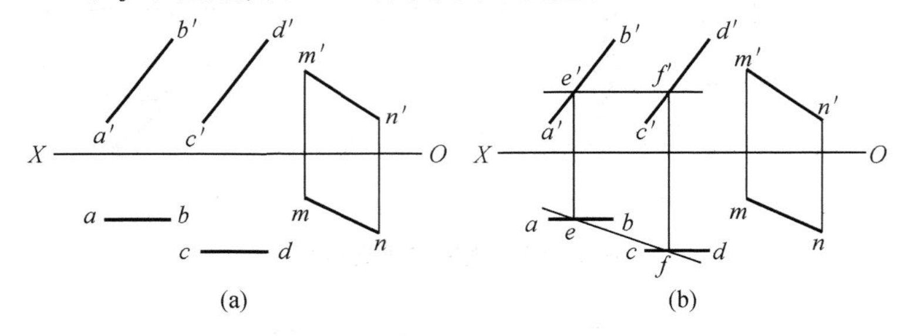

图 2－55　判断直线与平面是否垂直

2. 两平面相互垂直

由初等几何知道，若一直线垂直于一定平面，则这条直线所在的所有平面都垂直于该平面；反之，如果两平面互相垂直，则自第一个平面上任意点向第二个平面所作的垂线，一定在第一个平面上，如图 2－56 所示。

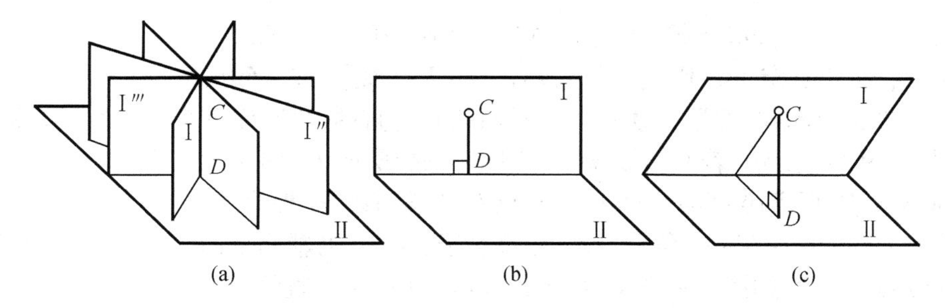

图2-56　两平面互相垂直示意图

(a)过平面垂线的所有平面都垂直于该平面;(b)两平面相垂直;(c)两平面不垂直

[例2-19]　过定点 S 作平面垂直于已知平面△ABC([图2-57(a))。

解　首先过点 S 作△ABC 的垂线 SF,作法如图2-53(b),包含垂线 SF 的一切平面均垂直于△ABC,本题有无数解,如图2-57(b)所示,可作任意直线 sn 与 sf 相交,sn、sf 所确定的平面便是其中之一。

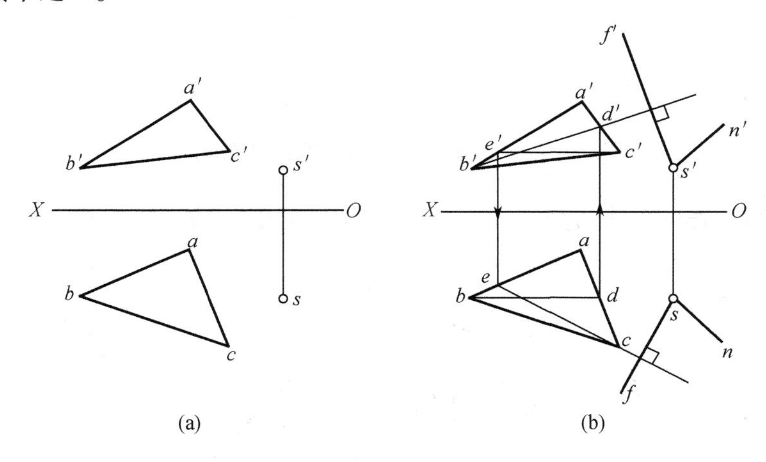

图2-57　过定点作平面的垂直面

[例2-20]　试判别△KMN 与相交两直线 AB 和 CD 所给定的平面是否垂直(图2-58(a))。

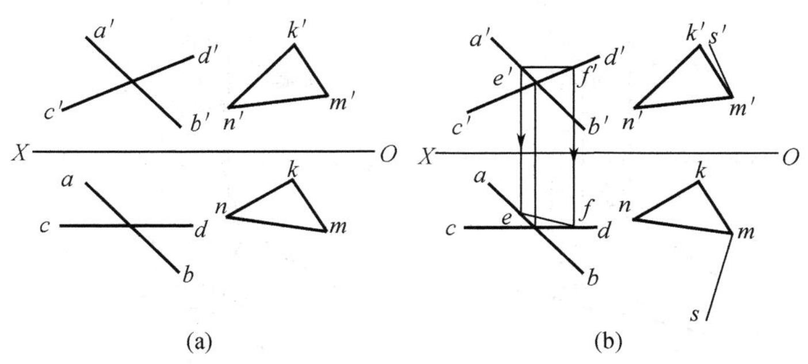

图2-58　判断两平面是否垂直

解　任取平面△KMN 所示的点 M,过 M 作第二个平面的垂线,再检查垂线是否属于平面△KMN 如图2-58(b)所示,为作垂线,先作出第二个平面的正平线 cd(已有)和水平线

ef。作垂线 *ms*,经检查 *MS* 不属于平面△*KMN*,故两平面不垂直。

[例 2-21] 过定点 *A* 作直线与已知直线 *EF* 正交[图 2-59(a)]。

解 解决这个问题,要用上述直线和平面相互垂直的原理,作垂直于直线的辅助面。

如图 2-59(b)所示,若有直线 $ak \perp ef$,则 *ak* 必属于 *ef* 的平面 *Q*。因此,应先过定点 *a* 作 *ef* 的垂直面 *Q*,再求出 *ef* 与平面 *Q* 的交点 *k*,连接直线 *ak* 即为所求。

作图:(1)如图 2-59(c)所示,过 *e* 作垂直于直线 *ef* 的辅助平面,该平面由水平面 *ac* 和正平线 *ab* 给定。(2)如图 2-59(d)所示,求辅助垂直面与直线 *ef* 的交点。为此,过 *e* 作辅助正垂面,求出交点 *k*。(3)连接 *ak*,则 $ak \perp ef$,即为所求。

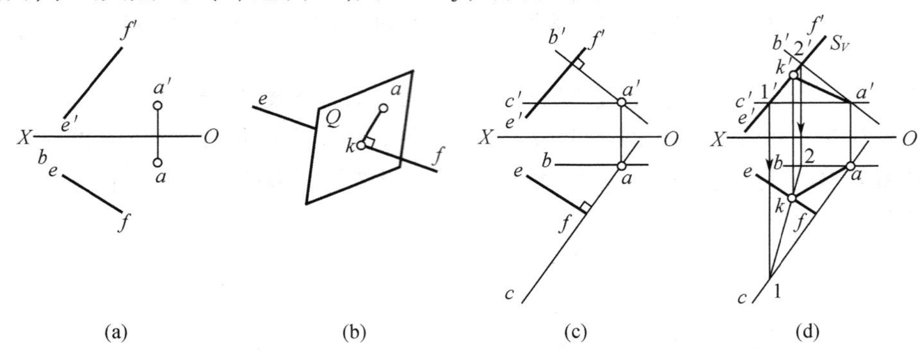

图 2-59 过定点作直线与一般位置直线正交

[例 2-22] 作一直线与交叉两直线 *AB* 和 *CD* 正交(图 2-60(a))。

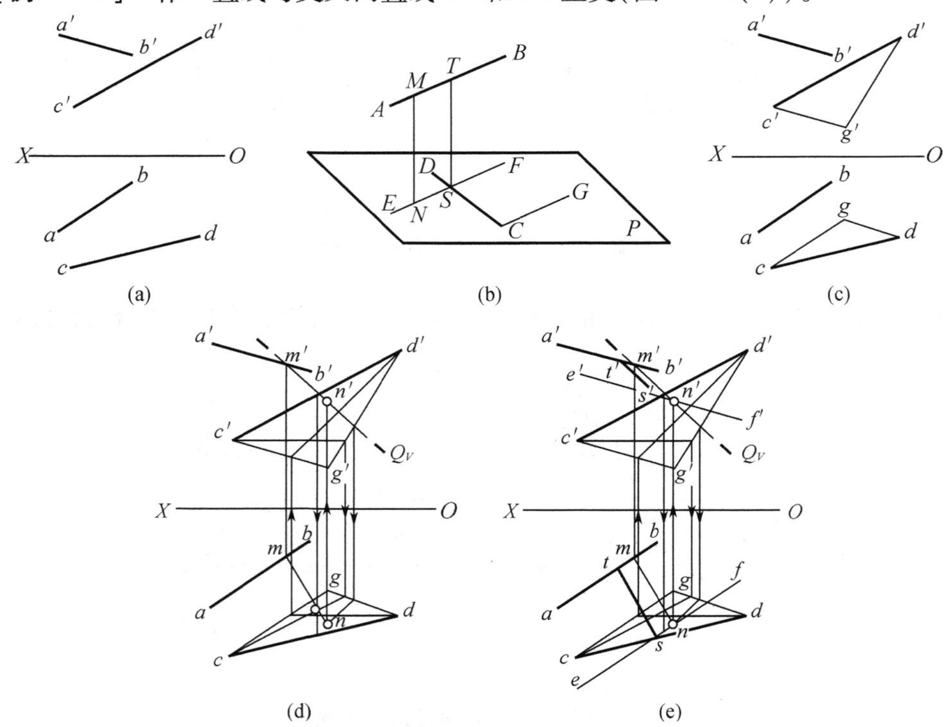

图 2-60 作直线与已知两交叉直线正交

解 如图 2-60(b)所示,过直线 *CD* 作一平面 *P* 与直线平行,平面 *P* 的法线方向即是交叉两直线的公垂线方向。再取上一点 M 作平面 P 的法线 MN，过垂足 N 作直线 EF 平行于 AB，EF 属于平面 P。直线 EF 与直线 CD 相交于一点 S。过点 S 作直线 ST 平行于直线 MN，ST 即为所求。

作图：①如图 2－60(c)所示，过点 c 作直线 cg 平行于直线 ab，两相交直线 cd 与 cg 决定一平面 P，ab 平行于 P。②如图 2－60(d)所示，过直线 ab 上任意点 m 作平面 P 的法线 mn，并运用辅助正垂面 Q 求出法线 mn 与平面 P 的垂足 n。③如图 2－60(e)所示，过垂足 n 作直线 ef 平行于直线 ab，它与直线 cd 交于点 s。过 s 作 mn 的平行线 st，它与 ab 交于点 t。直线段 st 与两已知交叉直线同时垂直相交，即为所求。

项目3　基　本　体

【任务描述】

在实际中，机件是由棱柱、棱锥、圆柱、圆锥、圆球、圆环等基本形体，或带切口、切槽等结构不完整的基本形体所组成的组合体。如图3－1(a)所示为一六角螺栓毛坯，它由正圆柱和正六棱柱组合而成；图3－1(b)为一手柄，它由圆球、圆锥台和正圆柱组合而成；图3－1(c)为一半圆头螺钉毛坯，它由正圆柱和开有通槽的半圆球组合而成。

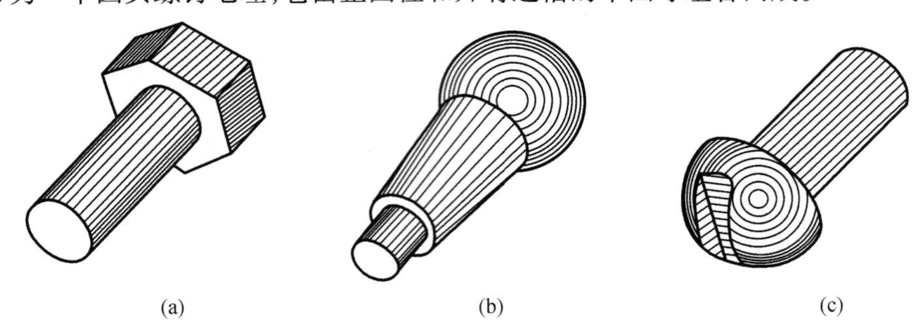

图3－1　常见的简单机器零件

(a)六角螺栓毛坯；(b)手柄；(c)半圆头螺钉毛坯

根据立体的表面性质，基本体分为两类：一类其表面都是平面，称为平面立体；另一类其表面是曲面或曲面和平面，称为曲面立体。由此可见，为了正确表达机件，必须对基本形体和经过组合后的组合体，进行形体分析和投影分析，那么如何分析基本体的形体特征呢？如何分析三视图投影及立体表面取点的基本作图方法呢？

【任务目标】

1. 掌握基本几何体三视图的绘制。
2. 掌握基本几何体表面取点的方法。
3. 掌握截交线和相贯线的绘制和标注方法。
4. 掌握基本几何体的尺寸标注方法。

【引导知识】

3.1　基　本　体

3.1.1　平面立体

平面立体一般指棱柱和棱锥等。

由于平面立体是由平面围成，在投影图上表示平面立体就是把组成立体的平面和棱线根据其可见性表示出来，所以，图示平面立体就转化为一组平面多边形的投影问题，又可归结为绘制其表面棱线及各顶点的投影问题。而平面立体表面取点、取线的基本作图问题，也就是平面上取点、取线作图方法的应用。

1. 棱柱

(1)棱柱的形体特征

棱柱一般由上、下底面和侧棱面组成,直棱柱的顶面和底面是全等且互相平行的多边形,这两个多边形主要起着确定棱柱形状的作用,称为特征面;其矩形侧面、侧棱垂直于顶面和底面。

如图3-2(a)所示,正六棱柱的顶面、底面是全等和互相平行的正六边形(特征面),六个矩形侧面和六个侧棱垂直于正六边形平面。

(2)棱柱投影分析

在三面投影面体系中,为便于图示,一般放置上、下底面为投影面平行面,其他侧棱面为投影面垂直面或投影面平行面。

如图3-2(b)所示,正六棱柱上、下两底面均为水平面,它们的水平投影重合并反映实形,正面及侧面投影积聚为两条相互平行的直线。六个棱面中的前、后两个面为正平面,它们的正面投影反映实形,水平投影及侧面投影积聚为一直线。其他四个棱面均为铅垂面,其水平投影均积聚为直线,正面投影和侧面投影均为类似形。

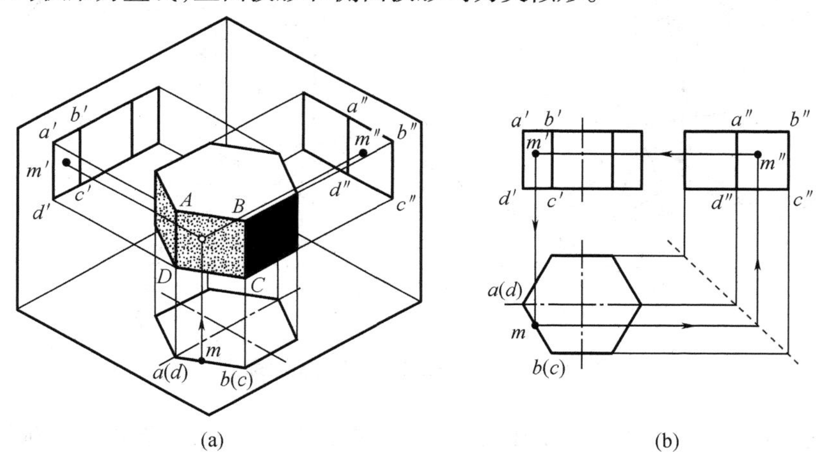

图3-2 正六棱柱的投影及表面取点

(3)棱柱三视图特点及作图步骤

棱柱三视图的特点是:在特征面所平行的投影面上投影为多边形,反映特征面的实形。这个多边形线框称为特征形线框,这个视图称为特征视图;另两个投影均由一个或多个相邻虚、实线的矩形组成,为一般视图。

画棱柱的三视图时,一般应先画特征视图(多边形),然后再画另两个一般视图(矩形)。当棱柱是对称形时,还应先画对称中心线。

(4)棱柱表面上点的投影

在平面立体表面上取点作图,关键是先找出点所在的平面在三视图中投影位置,然后利用平面上点的投影特性作图。

由于棱柱表面投影有积聚性,所以求棱柱表面上点的投影利用积聚性来作图。

如图3-2(b)所示,已知棱柱侧面 $ABCD$ 上点 M 的正面投影 m',求作另两面投影。

由于点 M 所属侧面 $ABCD$ 为铅垂面,因此,点 M 的水平投影必在该侧面在 H 面上的积

聚性投影 $abcd$ 直线段上。由点 m'可求得点 m，再由 m、m'可求出 m''(见箭头所指)。

判断点投影可见性时，若点所在的面投影是可见的，则点同面投影也是可见的，反之不可见。在平面上积聚性投影的点，一般不必判断其可见性。

2. 棱锥

(1)棱锥的形体特征

棱锥表面由一底面和若干侧面组合而成，底面为多边形(特征面)，各侧面为若干具有公共顶点的三角形，可以是投影面垂直面、投影面平行面或一般位置平面。从棱锥顶点到底面距离为棱锥的高。正棱锥的底面为正多边形。

(2)棱锥的投影分析

如图 3-3(a)所示为一正三棱锥，它的表面由一个底面(正三边形)和三个侧棱面(等腰三角形)围成，设将其放置成底面与水平投影面平行，并有一个棱面垂直于侧投影面。

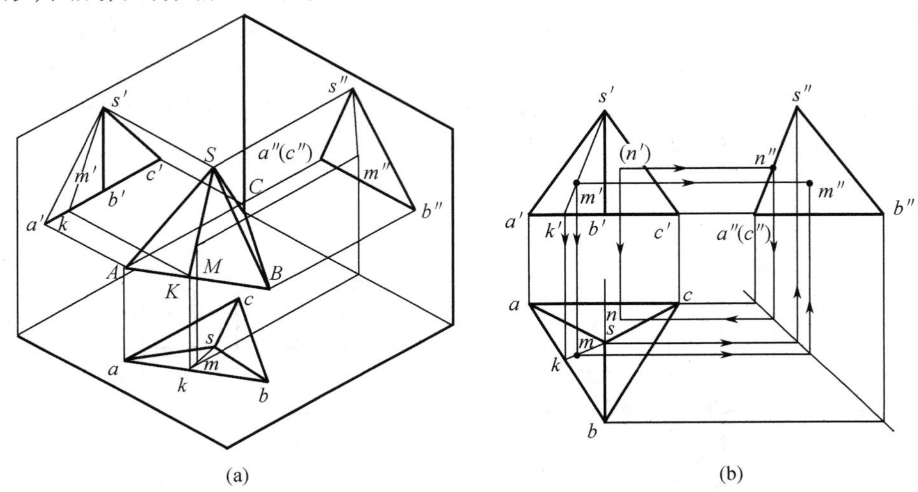

图 3-3 正三棱锥的投影及表面取点

由于锥底面△ABC 为水平面，所以它的水平投影反映实形，正面投影和侧面投影分别积聚为直线段 $a'b'c'$和 $a''(c'')b''$。棱面△SAC 为侧垂面，它的侧面投影积聚为一段斜线 $s''a''(c'')$，正面投影和水平投影为类似形△$s'a'c'$和△sac，前者不可见，后者可见。棱面△SAB 和△SBC 均为一般位置平面，它们的三面投影均为类似形。

棱线 SB 为侧平线，棱线 SA、SC 为一般位置直线，棱线 AC 为侧垂线，棱线 AS、BC 为水平线。

(3)棱锥三视图特点及作图步骤

棱锥三视图特点：在与底面所平行的投影面上投影外形线框为多边形，反映底面实形，内线框由数个有公共顶点的三角形组成，这个视图称为特征形视图；另两个投影由单个或多个虚、实线具有公共顶点的三角形组成，为一般视图。

画棱锥三视图时，一般先画底面的各个投影(先画反映底面实形，再画底面的积聚性直线段)，然后定出锥顶 S 的各个投影，同时将它与底面各顶点的同面投影连线，得棱锥三视图。

(4)棱锥表面上点的投影

组成三棱锥的表面既有特殊位置平面，也有一般位置平面。特殊位置平面上的点的投影，可利用积聚性投影直接作图。一般位置平面上的点的投影需通过辅助线法求得。

如图3－3(b)所示，已知正三棱锥表面上点 M 的正面投影 m' 和点 N 的水平面投影 n，求作 M、N 两点的其余投影。

因为 m' 可见，点 M 必定在△SAB 上。△SAB 是一般位置平面，采用辅助线法，过点 M 及锥顶点 S 作一条直线 SK，与底边交于点 K。图3－3中即过 m' 作 $s'k'$，再作出其水平投影 sk。由于点 M 属于直线 sk，根据点在直线上的从属性质可知 m 必在 sk 上，求出水平投影 m，再根据 m、m' 可求出 m''。

因为 n 可见，故点 N 必定在棱面△SAC 上。棱面△SAC 为侧垂面，它的侧面投影积聚为直线段 $s''a''(c'')$，因此 n'' 必在 $s''a''(c'')$ 上，由 n、n'' 即可求出 n'。

(5)棱台

棱台可看成平行于底面的平面截去棱锥顶部而形成的，如图3－4所示，棱锥台的形体特征、投影分析、三视图特点、作图步骤和求表面点投影的方法，可仿照棱锥进行。

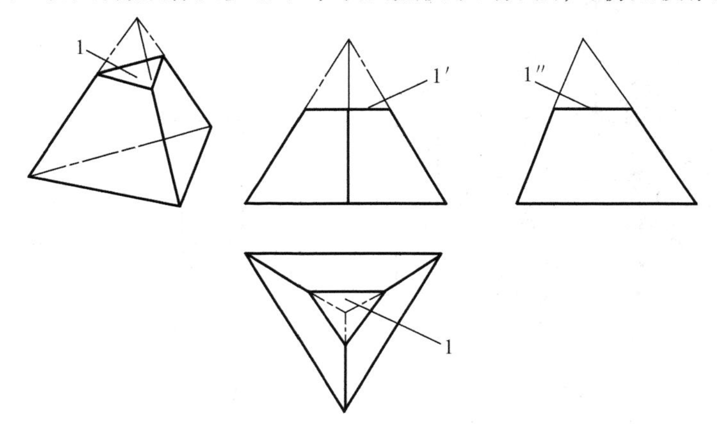

图3－4 棱锥台的三视图和立体图

3.1.2 回转体

由一条母线(直线或曲线)绕定轴回转而形成的曲面，称为回转面。

表面是回转面或平面与回转面的立体，称为回转体。常见回转体有圆柱、圆锥、圆球和圆环等。由于回转面是光滑曲面，所以其投影图(视图)仅画出曲面对应投影面可见与不可见的分界线，这种分界线称为视图的轮廓线。

1. 圆柱

(1)圆柱面的形成

如图3－5所示，圆柱面可看成是由一条直线 AA_1(母线)绕与其平行的轴回转而成的。圆柱面上任意一条平行轴线 OO_1 的直线，称为圆柱面素线。

圆柱的表面由圆柱面和上、下底面(圆平面)所围成。

(2)圆柱的投影

如图3－6(a)所示，圆柱轴线垂直于 H 面，圆柱上、下底面为水平面，其水平投影反映实形，正面和侧面投影积聚为横直线；圆柱面的水平投影积聚为圆周，在圆柱面上任何点、线的投影都重合在此圆周上，正面和侧面投影是相同矩形线框(表示不同方向圆柱面投影)。

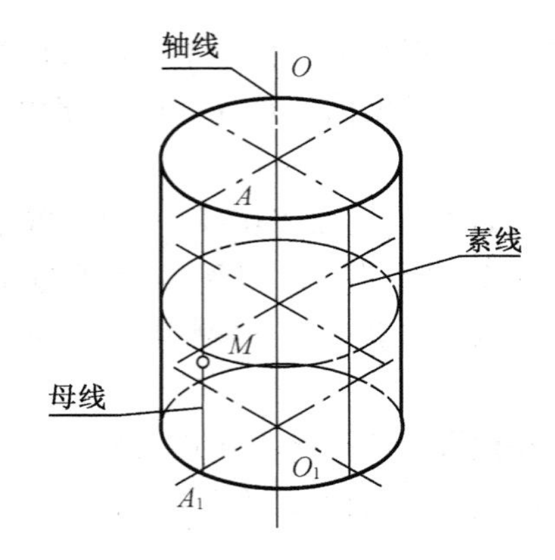

图 3-5　圆柱面的形成图

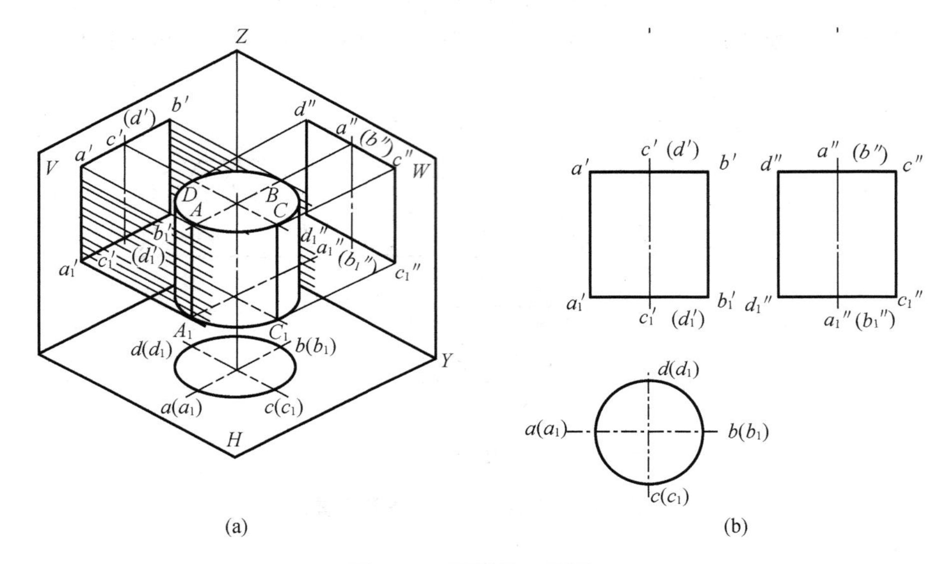

图 3-6　圆柱的三视图

图 3-6(b)正面投影为矩形,其左右两边 $a'a_1'$和 $b'b_1'$是圆柱面最左和最右两条素线 AA_1 和 BB_1 的投影,也是圆柱面前半部可见、后半部不可见的分界线(即主视图圆柱面的轮廓线),它们的水平投影积聚为点 $a(a_1)$、$b(b_1)$,侧面投影与轴线投影的点画线重合,由于圆柱面是光滑的,所以不再画线。

侧面投影为矩形,其左右两边 $c''c_1''$和 $d''d_1''$是圆柱面最前和最后两条素线 cc_1 和 dd_1 的投影,也是圆柱面左半部可见、右半部不可见的分界线,它们的水平投影积聚为点 $c(c_1)$、$d(d_1)$,正面投影与轴线投影的点画线重合,由于圆柱面是光滑的,所以不再画线。

还应注意要用点画线表示圆柱对称中心线和轴线的投影,其他回转体都有相同要求。

(3)圆柱三视图特点及作图步骤

圆柱三视图特点:在圆柱轴线所垂直投影面上投影为圆,在轴线所平行两个投影面的投影为两个全等的矩形。

画圆柱的三视图时,应先画出圆的中心线和轴线,再画反映圆的视图,然后画两个投影为矩形的视图。

(4)圆柱面上点的投影

圆柱面上点的投影,均可借助圆柱面投影的积聚性求得。

[例3-1] 已知如图3-7所示圆柱面上点M和N的正面投影m'和n',求作其他两面的投影。

因为圆柱面的投影具有积聚性,圆柱面上点的水平投影一定重影在圆周上。又因为m'可见,所以点M必在前半个圆柱面上,由m'求得m,再由m'和m,求得m'',点m''为可见;点n'在圆柱正面投影右边轮廓线上,由点n',直接求得点n和n'',点n''为不可见。

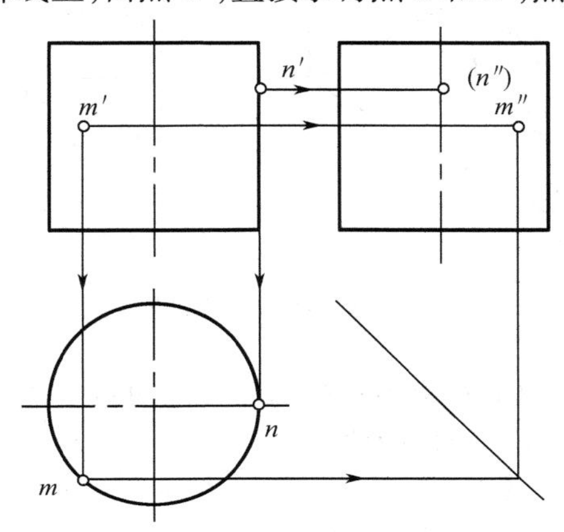

图3-7 圆柱面上点的投影

2. 圆锥

(1)圆锥面的形成

如图3-8所示,圆锥面可看作是一条直母线SA围绕与它相交一定角度的轴线SO_1回转而成。在圆锥面上通过锥顶的任一直线称为圆锥面的素线。在母线上任意一点的运动轨迹为圆。圆锥表面由圆锥面和底面所围成。

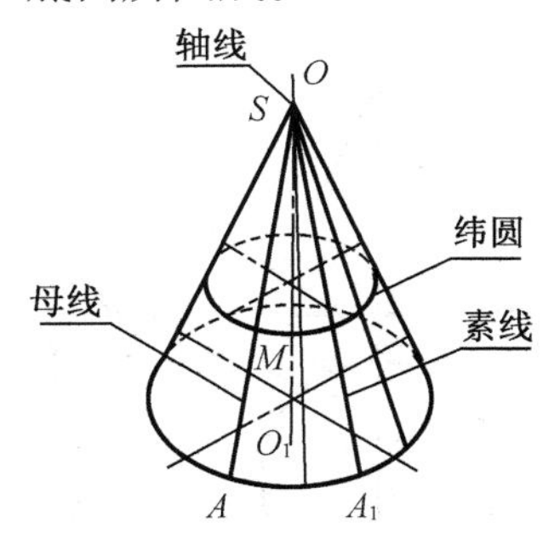

图3-8 锥面的形成

(2)圆锥的投影

如图3-9(a)所示,圆锥轴线垂直于H面。圆锥底面水平投影为圆形,正面与侧面投影积聚为直线。圆锥面在三个投影面上投影都没有积聚性,在水平面投影与底圆投影重合,全部可见;正面投影为等腰三角形,表示前、后两个半圆锥面的投影,等腰三角形的两腰$s'a'$、$s'b'$分别表示圆锥最左、最右SA和SB素线的投影,也是圆锥面前半部可见,后半部不可见的分界线(轮廓线)。其水平投影sa、sb与圆锥横向对称中心线叠合,侧面投影$s''a''$(b'')与圆锥轴线重合,由于圆锥面是光滑曲面,所以都不画。

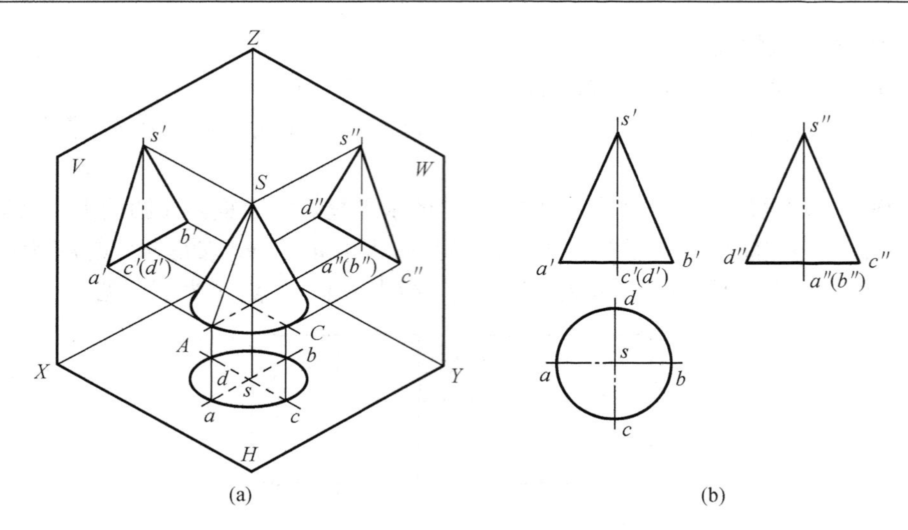

(a) (b)

图 3-9 圆锥的三视图

对于侧面投影的等腰三角形及两腰 $s''c''$、$s''d''$,读者可按上述方法类似的分析,说明其投影含义并找出其他两个投影面的投影的位置。

(3)圆锥三视图特点及作图步骤

圆锥三视图特点:在圆锥轴线所垂直投影面上投影为圆,在轴线所平行两个投影面的投影为两个全等的等腰三角形。

画圆锥三视图时,应先画出圆的中心线和轴线,然后画底圆的各个投影(先画圆的实形,再画两个积聚性投影),再画出顶点的各个投影,最后画圆锥轮廓线。

(4)圆锥面上点的投影

[**例 3-2**] 如图 3-10(b)所示,已知圆锥面上点 M 和 N 的正面投影 m'和 n',求作其他两面的投影。

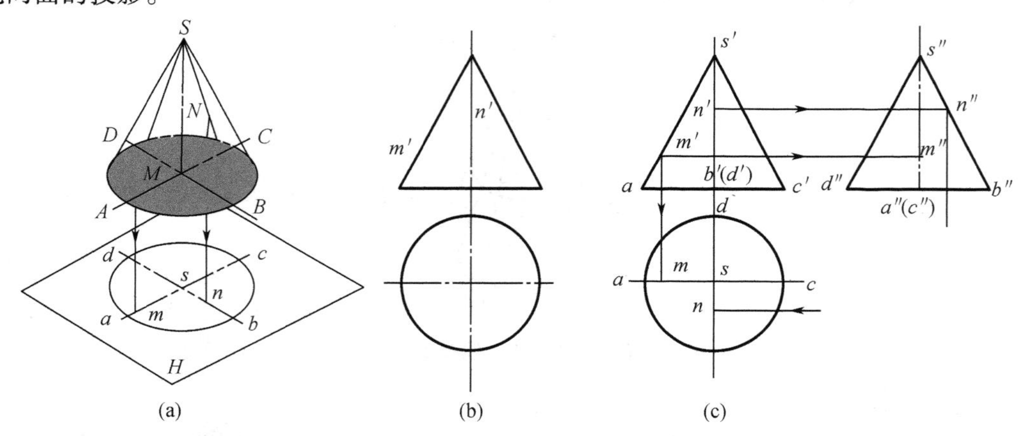

(a) (b) (c)

图 3-10 圆锥面上轮廓线上点的投影(一)

由于点 M、N 处在圆锥面正面和侧面的左和前的轮廓线 SA、SB 上,利用点在直线上投影从属性,由点 m'求得 m、m''点;由点 n'求得点 n'',再由点 n''求得点 n,其作图步骤见图 3-10(a)、(c)所示的箭头。

这两个点的三面投影均属可见。

[例3－3] 如图3－11(b)所示,已知点 M 的 V 面投影 m',求作其他两面的投影。

由于圆锥面投影没有积聚性,求点 M 的另两个投影,必须过圆锥面上点 M 引辅助线,然后在辅助线的投影上确定点 M 的投影,作图方法有两种:

①辅助线法

过圆锥面上点 M 和锥顶引辅助线 SA,SA 为圆锥面上素线(直线)。作图时,过点 m'引 $s'a'$求得 sa,再由点 m'求得点 m,如图3－11所示。

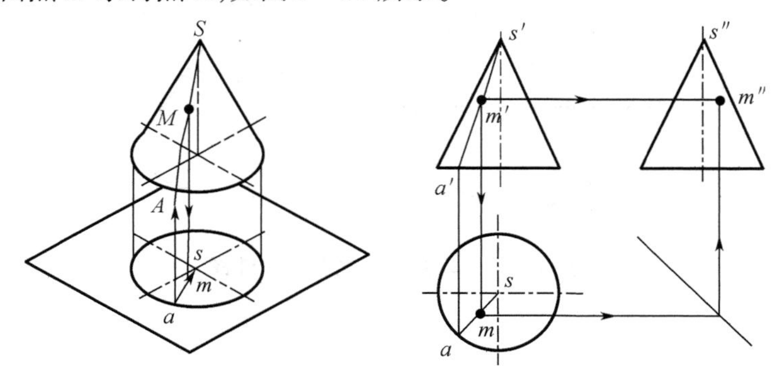

图3－11 圆锥面上轮廓线上点的投影(二)

②辅助圆法

过圆锥面上点 M 作一垂直于圆锥轴线且平行 H 面的辅助圆,该圆的正面投影积聚一横向直线 $a'b'$,水平投影为圆,直径为 ab,点 M 投影应从属于辅助圆的同面投影上,即由点 m'求得 m,再由 m 求得 m'',如图3－12所示。

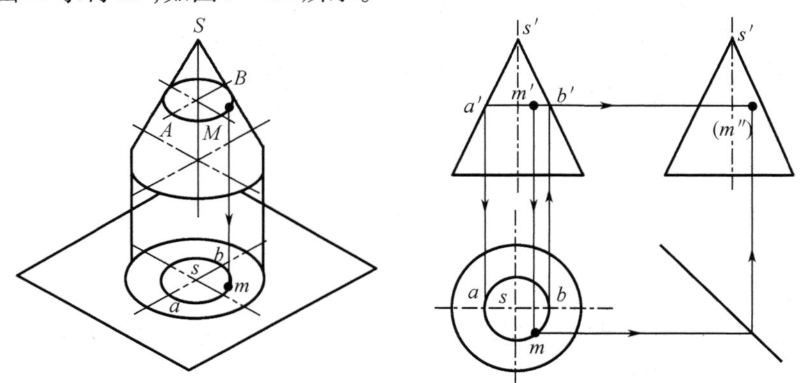

图3－12 圆锥面上轮廓线上点的投影(三)

如图3－13所示,圆锥台可看成圆锥面被垂直圆锥轴线的平面切去圆锥顶部而形成。它的三个视图中,一个是同心圆,另两个是等腰梯形。其形体特征、投影分析、三视图特点、作图步骤,求表面上点投影的方法,请读者参照圆锥进行。

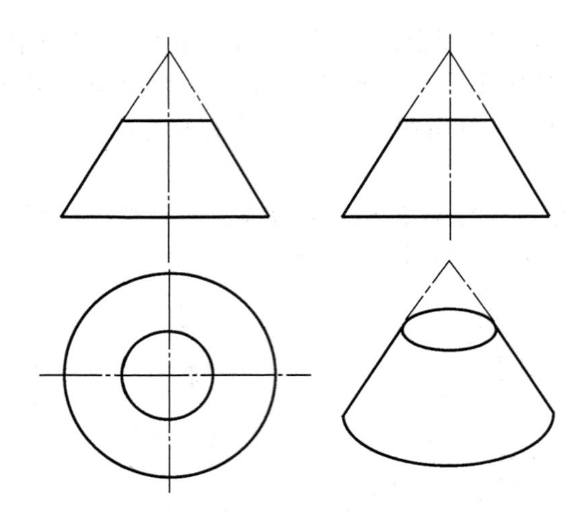

图 3－13　圆锥台的投影和立体图

3. 圆球

(1)圆球面的形成

如图 3－14(a)所示,圆球面可看成以一圆作母线,绕其直径为轴线旋转而成。母线圆上任意点 M 运动轨迹为大小不等的圆。

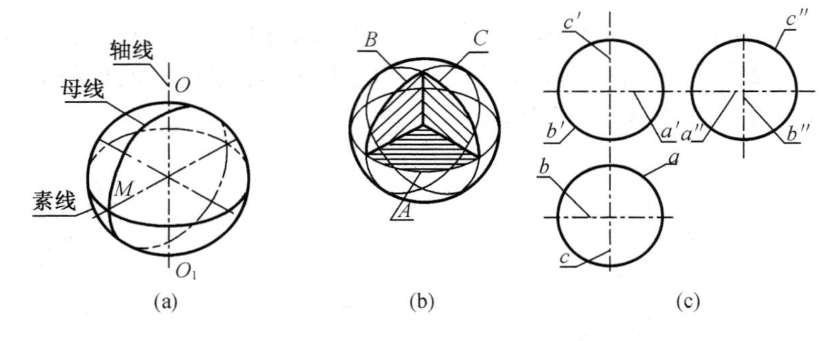

图 3－14　圆球的三视图

(2)圆球的投影

圆球任何方向的投影都是等径的圆。图 3－14(b)、(c)所示三个圆 a、b'、c''分别表示三个不同方向上圆球面轮廓线的投影。

主视图的圆 b'表示球面前半个可见和后半个不可见的分界线,也是圆球面平行于正面的前后方向轮廓线的投影,与其对应投影 b、b''直线与俯、左视图上圆前后中心线重叠,但不画线。

俯视图的圆 a 则表示圆球上半部可见和下半部不可见的分界线,也是上下方向球面轮廓线的投影,其对应投影 a'、a''直线与主、左视图上圆的上下中心线重叠,也不画线。

左视图的圆 c''请读者自行分析。

(3)圆球三视图特点及作图步骤

圆球三视图都是圆。作图时应画三个圆的中心线,再画圆。

(4)圆球面上点的投影

由于圆球投影没有积聚性,且在圆球面也不能引直线,但它被任何位置平面截切圆球面交线都是圆。因此，在圆球面上取点，可过已知点在球面上作平行投影面的辅助圆（纬圆）方法求得。

［例3－4］ 已知图3－15（b）所示，已知点M、N的正面投影m'和水平投影n，求作其他两面投影。

点M处在前后半个圆球的分界线上，即在圆球正面轮廓线上，由点m'直接求得点m、m''。点N处于上下半个圆球分界线上，即在水平轮廓线上，由点n直接求得n'、n''。其投影分析如图3－15（a）、（c）所示。

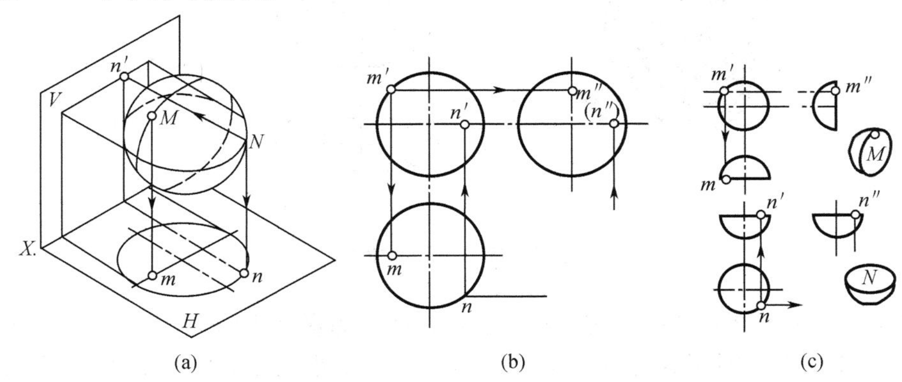

图3－15 圆球轮廓线上点的投影

（a）直观图；（b）求作步骤；（c）投影分析

如图3－16所示，过球面上点M作一水平纬圆，正面投影积聚为$e'f'$直线，水平投影为圆，其直径等于$e'f'$，因为点M从属于该圆，所以由点m'求得m，再由m'、m求得点m''。由于点M在左上半球上，所以点m、m''均为可见。

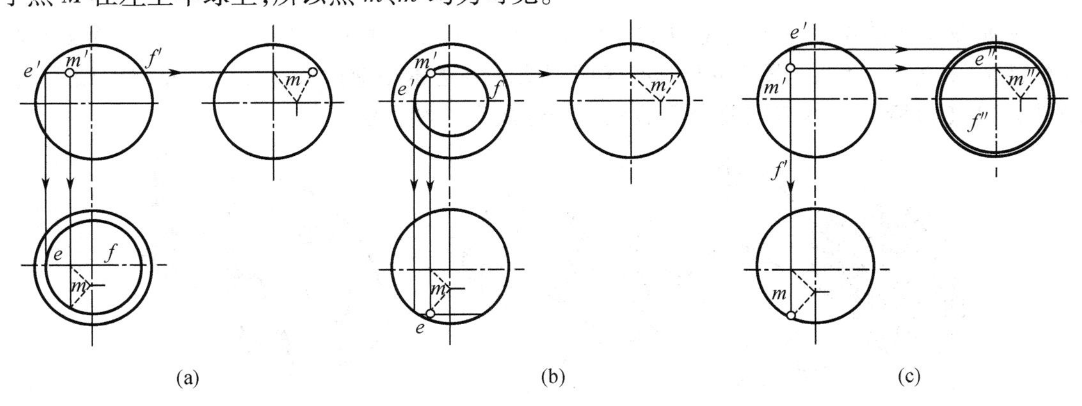

图3－16 利用纬线圆在球面取点的作图方法

（a）作水平辅助圆取点；（b）作正平辅助圆取点；（c）作侧平辅助圆取点

4．圆环

（1）圆环的形成

如图3－17（a）所示，圆环面可看成一圆母线，绕着与圆平面共面，但不通过调心的轴线OO_1回转而成。圆环的外环面是圆弧ABC旋转而成；圆环的内环面是圆弧ADC旋转而成。

(2)圆环的投影

如图3－17(b)所示,圆环轴线垂直于V面,正面投影两个同心圆分别表示前、后两个半环面的分界线(圆环面最大和最小的圆)的投影,是圆环面正面的轮廓线;点画线的圆表示母线圆中心运动轨迹的投影。

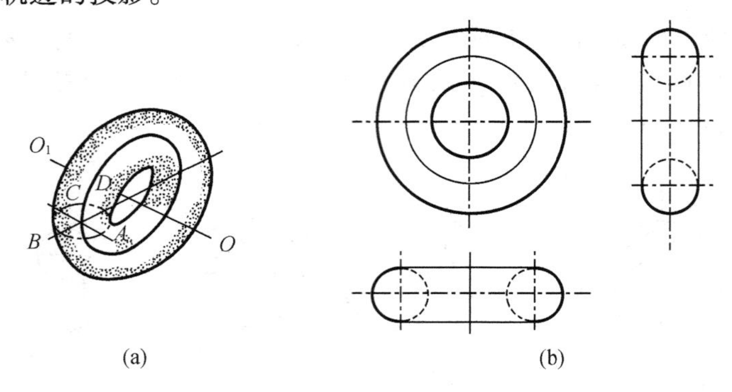

(a) (b)

图3－17 圆环的投影

水平投影的两个小圆是圆环面最左、最右素线圆的水平投影,由于内环面从上往下看为不可见,所以靠近轴线的两个半圆画成虚线。与两个小圆相切的轮廓线,表示内外环面分界圆的投影。

侧面投影请读者自行分析。

【引导知识】

3.2 基本体的截交线

在机件上常常见到平面与立体、立体与立体相交而产生的交线:平面与立体相交而产生的交线,称为截交线,如图3－18(a)、(b)所示;两立体相交而产生的交线,称为相贯线,如图3－18(c)所示。本节主要介绍截交线的性质和作图方法。

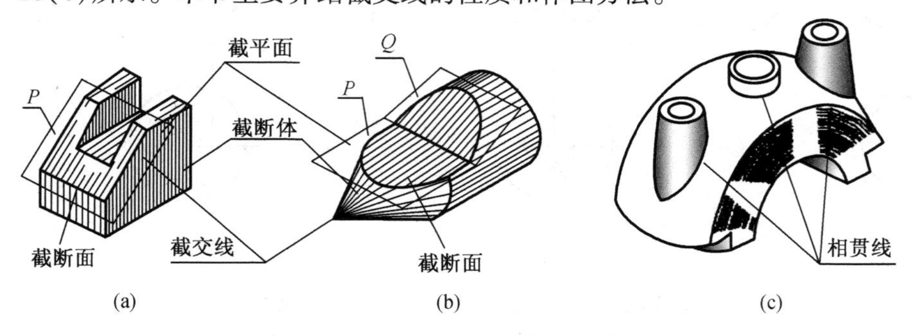

(a) (b) (c)

图3－18 机件表面交线实例

立体被平面截切后的形体称截断体。该平面称为截平面,截平面与立体表面的交线称为截交线,由截交线所围成的平面称为截断面,如图3－18(a)、(b)所示。

截交线的形状和大小取决于被截的立体形状和截平面与立体的相对位置,但任何截交线都具有下列两个基本性质:

(1)任何截交线都是一个封闭的平面图形(平面折线、平面曲线或两者的组合)。

(2)截交线是截平面与立体表面共有线,是共有点的集合。

因此,求作截交线就是求出截平面与立体表面一系列的共有点的集合,然后将共有点的同面投影连线并判断可见性。求作共有点方法应用立体表面求点法。

3.2.1 平面体的截交线

平面立体的截交线是平面多边形,多边形的各边是平面立体的棱面与截平面的交线,多边形各顶点是截平面与棱线(或底边)的交点,如图3-19(a)所示。因此,其作图方法应用棱面或棱线的求点法。

1. 棱柱的截交线

[例3-6] 求作图3-19(a)所示切角四棱柱三视图。

分析:四棱柱被正垂面 P 切去一角,截交线为五边形 $ABCDE$。截交线的正面投影积聚在斜线上,反映切口特征;截交线的水平投影和侧面投影是五边形的类似形,见图3-19(a)及图3-19(b)截断面(五边形)的投影分析。

作图:先画完整四棱柱三视图,再画出主视图斜线及俯视图线 cd,然后利用棱线求点法求得侧面投影点 $a''b''c''d''e''$,并顺序连成五边形;擦去被切去棱线及判断棱线的可见性,见图3-19(c)、(d)。

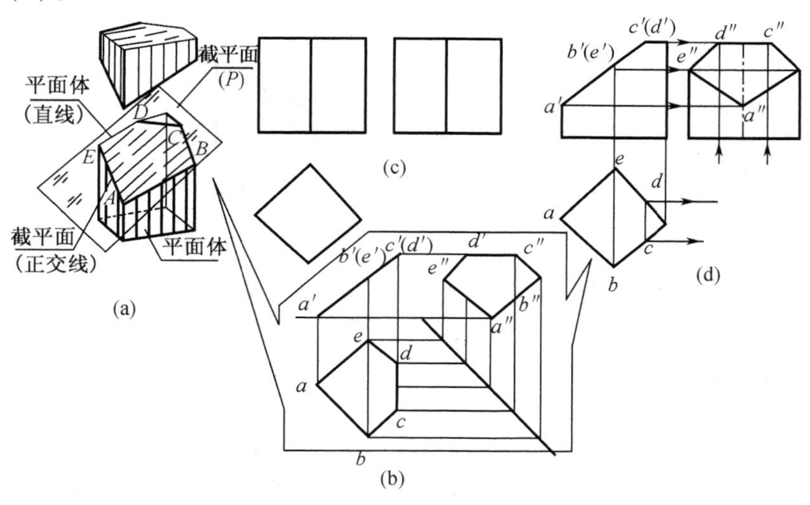

图3-19 切口四棱柱

2. 棱锥的截交线

[例3-7] 如图3-20(a)所示,一带切口的正三棱锥,已知它的正面投影,求其他另两面投影。

分析:该正三棱锥的切口是由两个相交的截平面切割而形成。两个截平面一个是水平面,一个是正垂面,它们都垂直于正面,因此切口的正面投影具有积聚性。水平截面与三棱锥的底面平行,因此它与棱面 $ASAB$ 和 $ASAC$ 的交线 DE、DF 必分别平行于底边 AB、AC,水平截面的侧面投影积聚成一条直线。正垂截面分别与棱面△SAB 和△SAC 交于直线 GE、GF。由于两个截平面都垂直于正面,所以两截平面的交线一定是正垂线,作出以上交线的投影即可得出所求投影,具体作图过程如图3-20(b)(c)(d)所示。

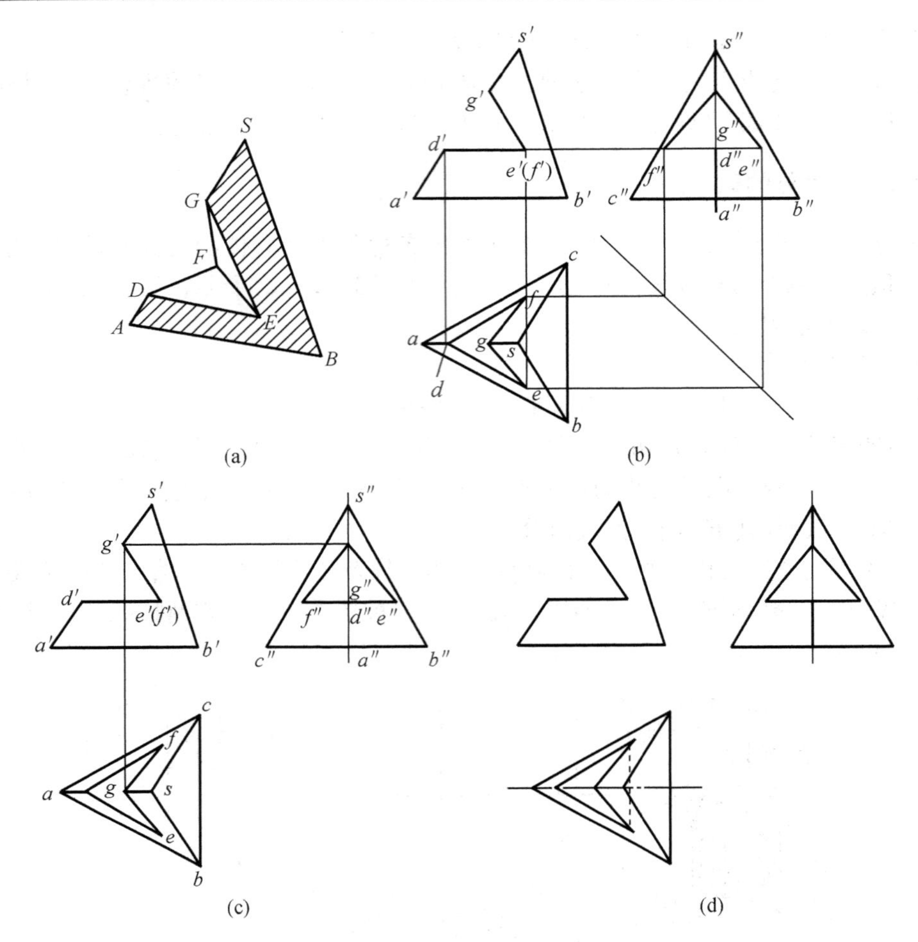

图 3-20　带切口正三棱锥的投影

3.2.2　回转体的截交线

回转体截交线一般是封闭的平面曲线,特殊情况是直线,见图 3-18(b)。截交线上任一点都可看作是截平面与回转面素线(直线或曲线)的交点。因此,作图时在回转面上作出适当数量的辅助线(素线或纬线),并求出它们与截平面的交点的投影,然后依次光滑连成曲线,即得截交线。

在截交线上处于最左、最右、最前、最后、最高、最低及视图轮廓线上极限点称为特殊点。特殊点是限定截交线的范围、趋势及判断可见性,作相贯线的投影时应先求出。

1. 圆柱的截交线

截平面与圆柱轴线的相对位置不同,其截交线有三种不同的形状,见表 3-1。

表3-1　圆柱的截交线

截平面位置	与轴线平行	与轴线垂直	与轴线倾斜
截交线形状	矩形	圆	椭圆
轴侧图	P	P	P
投影图			

［**例3-8**］　求作图3-21(a)所示圆柱被正垂面截切后的截交线投影。

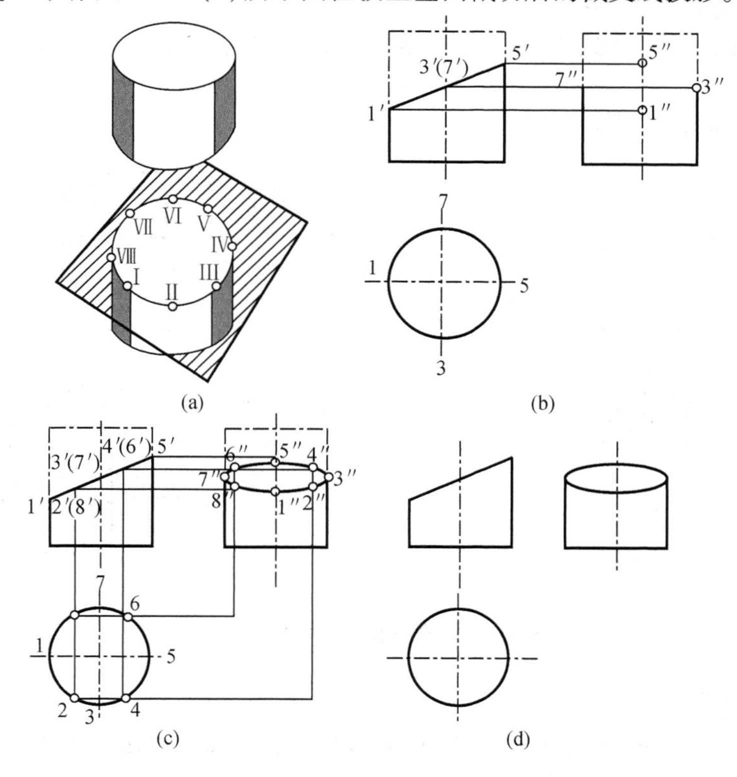

图3-21　圆柱的截交线

分析：截平面（正垂面）与圆柱的轴线倾斜，故截交线为椭圆。

此椭圆的正面投影积聚为直线。水平投影与圆柱面的积聚性投影圆相重合，侧面投影为椭圆类似形。由于截交线两个投影具有积聚性（已知投影），应用积聚性取点法，找出对应两个已知点的投影，再应用“二求三”求出相应第三点。这种作图方法称为积聚性取点法。

作图：

（1）求特殊点。椭圆的长轴两端点Ⅰ、Ⅴ是最低、最高和最左、最右点，其正面投影在左右轮廓线上；椭圆的短轴两端点Ⅲ、Ⅶ为最前、最后点，其正面投影在前后轮廓线上，这四个点都是椭圆交线上的特殊点。作图时，先定出其正面投影 1′,3′(7′),5′，并求得点 1″,3″,7″,5″。

（2）补充一般点。应用积聚性求点法求得。作图时，先在水平投影定出截交线上点 2,4,6,8（用等分圆得对称点），并求得点 2′(8′),4′(6′)，由“二求三”求得点 2″,4″,6″,8″。

（3）连成光滑曲线。按顺序把侧面投影的点 1″,2″,3″…连成光滑曲线，即得所求。在求出长、短轴的四个特殊点后，也可用四心椭圆画法近似画出椭圆。

[**例** 3－9]　如图 3－22(a)所示，已知圆柱的主、俯视图，求其左视图。

分析：如图 3－22(a)所示，圆柱被两个侧平面和两个水平面所切。两个侧平面与圆柱轴线相平行，截交线在左视图上的投影是矩形，两个水平面与圆柱轴线相垂直，截交线在左视图上的投影是直线。

作图：

（1）先画完整圆柱的左视图。

（2）左视图上矩形截交线的投影，a''、b''、c''、d''由 a'、(b')、d'(c')和 a(d)、b(c)求得。e''由e'求得。

（3）判断可见性并连线。

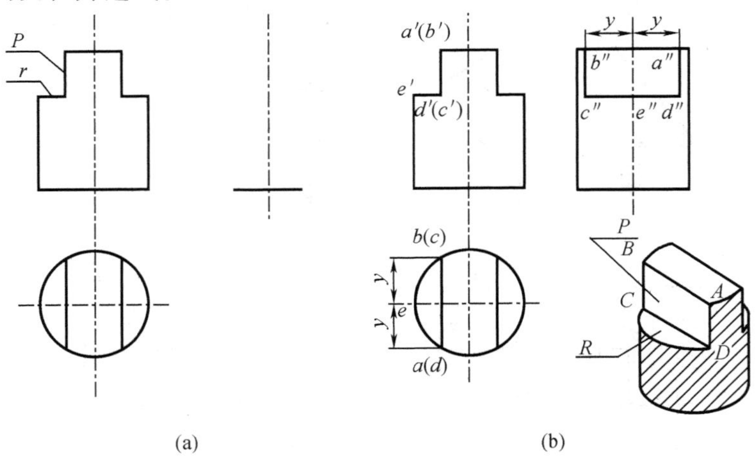

图 3－22　求作切口圆柱的左视图

2. 圆锥的截交线

截平面与圆柱锥轴线的相对位置不同，其截交线有五种不同的形状，见表 3－2。

表3-2 圆锥面的截交线

截平面位置	截交线形状	立体图	投影图
垂直于轴线	圆	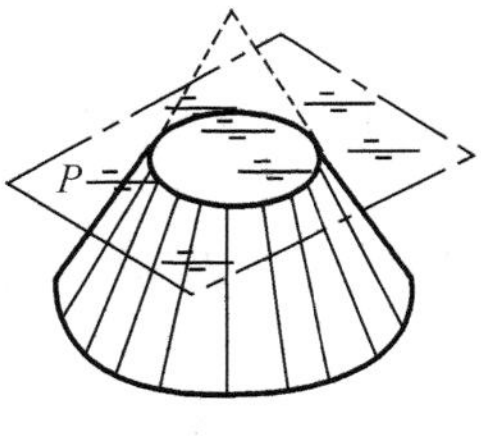	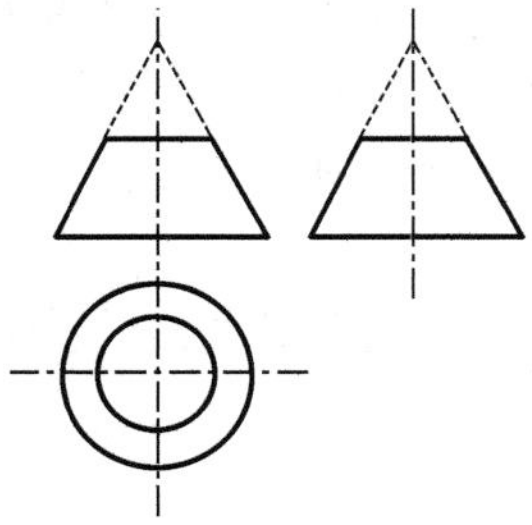
倾斜于轴线	椭圆	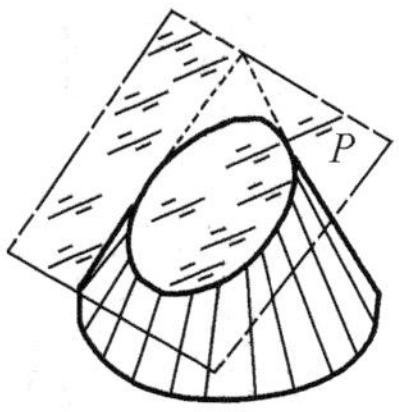	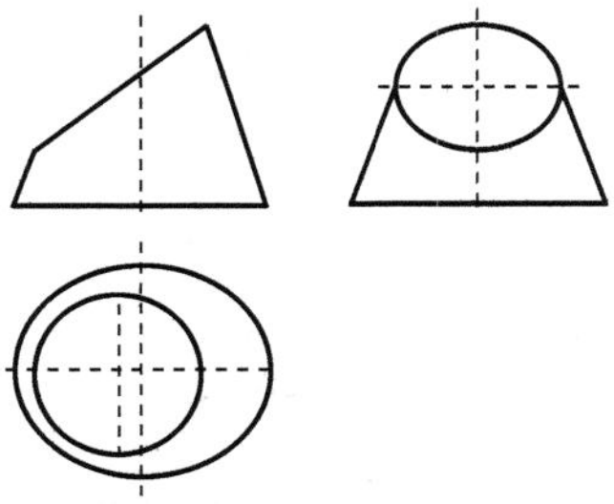
平行于一条素线	抛物线	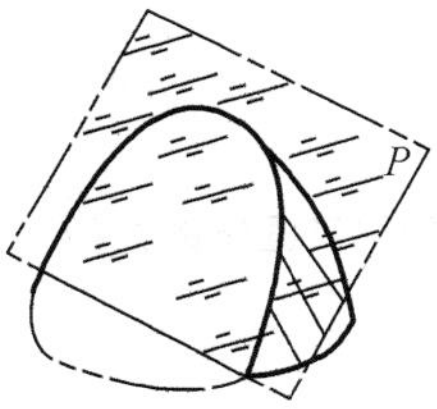	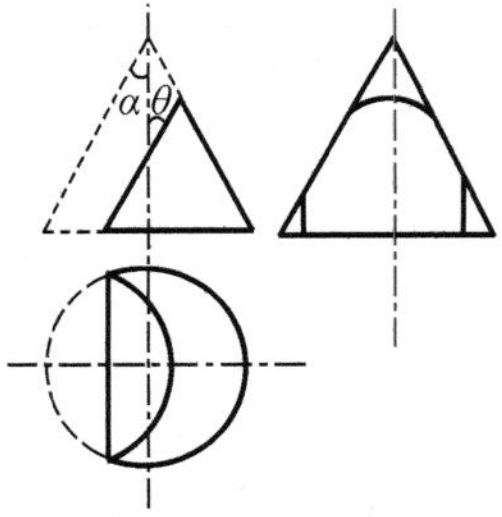
平行于轴线	双曲线	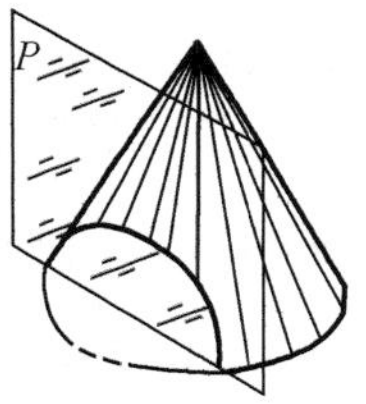	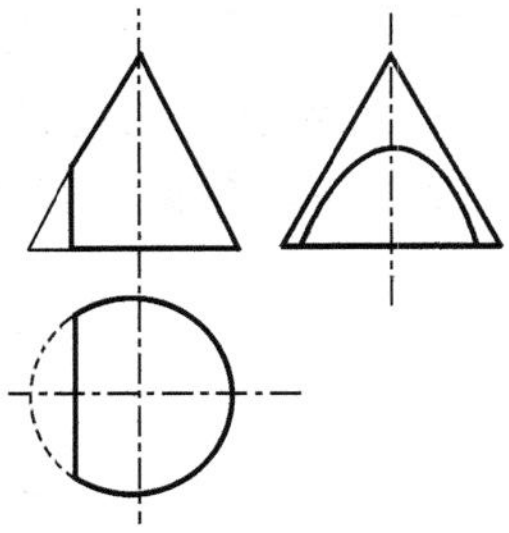
过锥顶	两相交直线	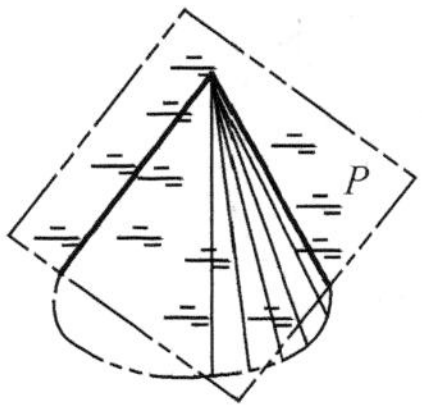	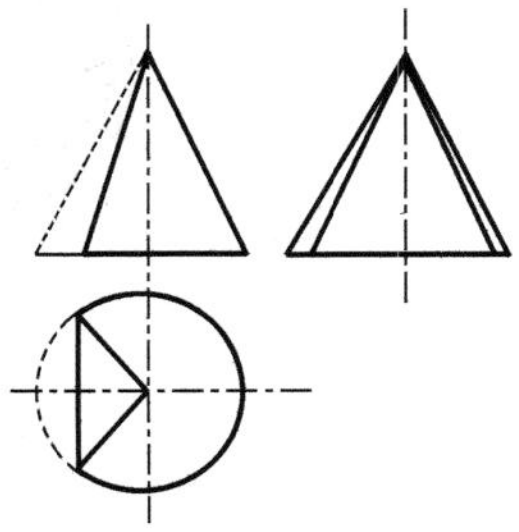

[例3-10] 如图3-23所示圆锥被正平面 P 截切,求作其截交线的投影。

分析:圆锥面被平行于轴线(两条素线)的截平面 P 截切,截交线为双曲线,其水平面和侧面投影分别积聚为直线，正面投影为双曲线（实形）。

作图方法：辅助圆法。

（1）求特殊点。点 A 是最高点，由点 a'' 求 a' 和 a，B、C 为最左、最右点，是底面和截平面 P 的交点，由点 b、c 求得点 b'、c'。

（2）求一般位置点。在水平投影上作辅助圆与截交线的已知投影交于 d、e，由 d、e 求点 d'、e'。

（3）连成光滑曲线。按顺序把正面投影的点 b'、d'、a'、e'、c'，连成光滑曲线，即得所求。

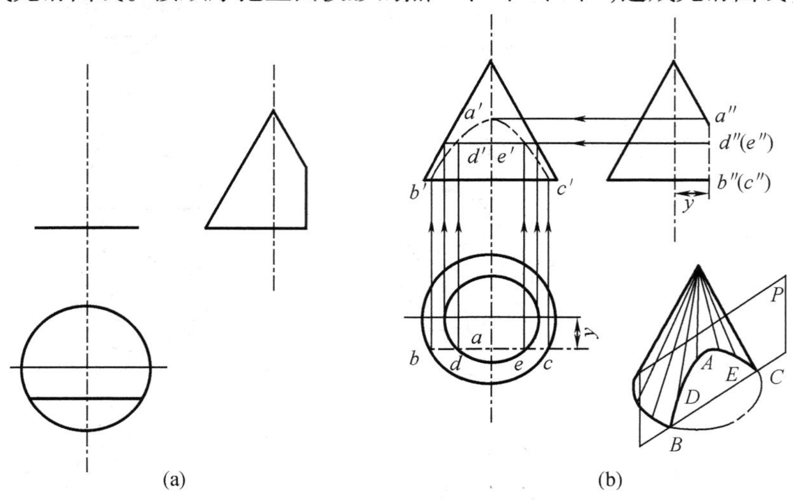

图 3－23　求作切口圆锥的主视图

3. 圆球的截交线

圆球被任意方向的平面截断，其截交线都是圆。圆的大小取决于截平面与球心的距离。当截平面平行于某一投影面时，截交线在该投影面上的投影为圆的实形，在其他两投影面上的投影都积聚为直线，其长度等于该圆的直径，见图 3－24。当截平面是投影的垂直面时，截交线在该投影面投影积聚为直线，其他两个投影均为椭圆。

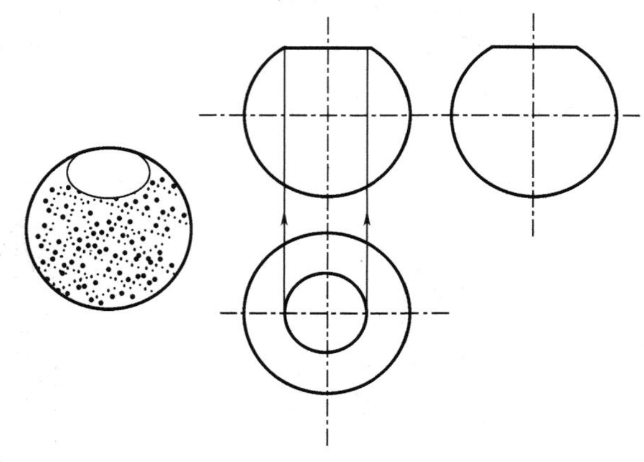

图 3－24　圆球被投影面平行面截切

［例 3－11］　求作图 3－25 所示正垂面截切圆球的截交线投影。

分析：截平面为正垂面，与球面的截交线为圆，其正面投影积聚为斜线（已知），水平投影和侧面投影都是椭圆，根据题意要求，在已知截交线投影的范围内，用投影面的平行面作辅助截平面，求得截交线上一系列的点（三面共点）。

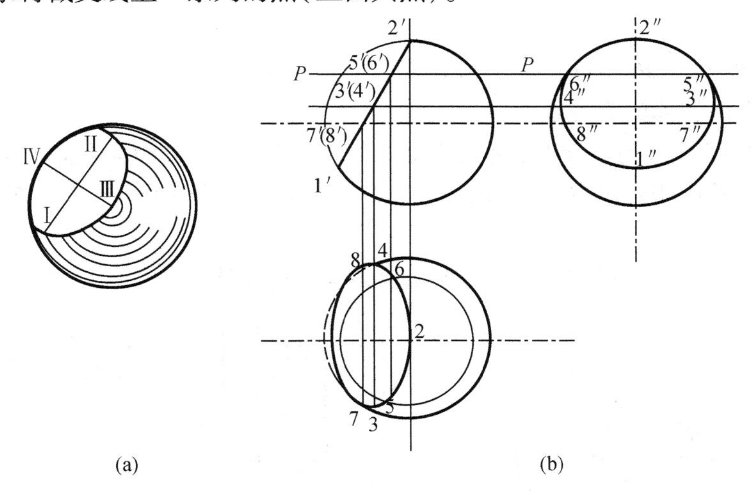

图3-25　正垂面截切圆球的截交线投影

作图：

(1)求作特殊点。求作椭圆长、短轴端点Ⅰ、Ⅱ、Ⅲ、Ⅳ的投影，由点1′,2′求得点1,2和1″,2″；过球心O'向直线1′2′引垂线，得垂足3′(4′)为椭圆短轴正面的积聚投影，过这点引水平和侧面投影连线，用交线圆的直径截取点3、4和3″、4″，得椭圆短轴端点两面投影，求做球面上下方向轮廓线上点Ⅶ、Ⅷ的投影，由点7′(8′)求得点7,8，再由点7,8求得点7″,8″。

(2)求一般点。在截交线范围内作辅助水平面P，求作辅助圆的水平投影，并由点5′(6′)引投影线和辅助圆交点5,6，由“二求三”求得点5″,6″，还可作一系列的点。

(3)将各点的同面投影依次光滑连接，即得截交线的水平投影和侧面投影。

[**例**3-12]　如图3-26所示，已知切槽半球的主视图，完成其俯、左视图。

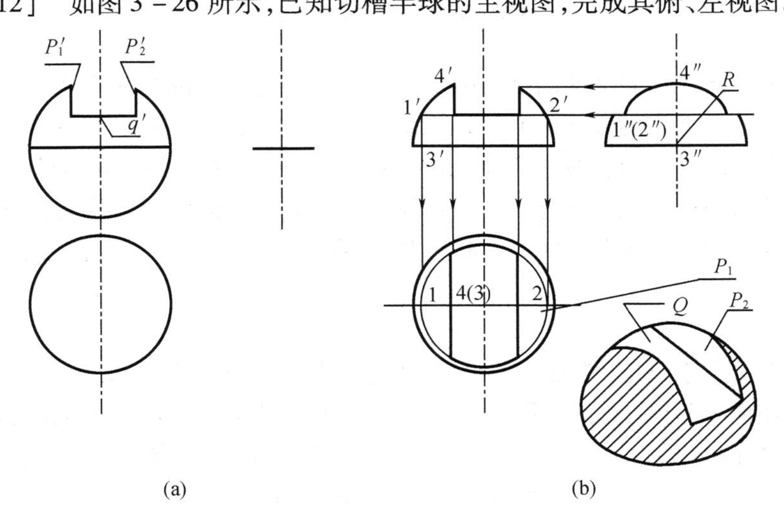

图3-26　半球切槽画法

分析：半球通槽是被两个对称侧平面P和一个水平面Q的组合平面截切而成。槽两侧与球面交线为两段平行于侧面的圆弧，侧面投影反映实形，正面和水平投影积聚为直线；槽底和球面交线为等径两段圆弧，平行于水平面，水平投影为实形，正面与侧面投影积聚为直线。

作图过程如图 3－26(b)所示；

4. 共轴复合回转体的截交线

画共轴复合回转体的截交线，应先分析该立体由哪些回转体所组成，然后分析截平面与每个被截切回转体相对位置、截交线的形状和投影特性，再逐个画出各回转体的截交线，并进行连接。

［**例** 3－13］ 如图 3－27(a)所示，求作顶尖头的截交线。

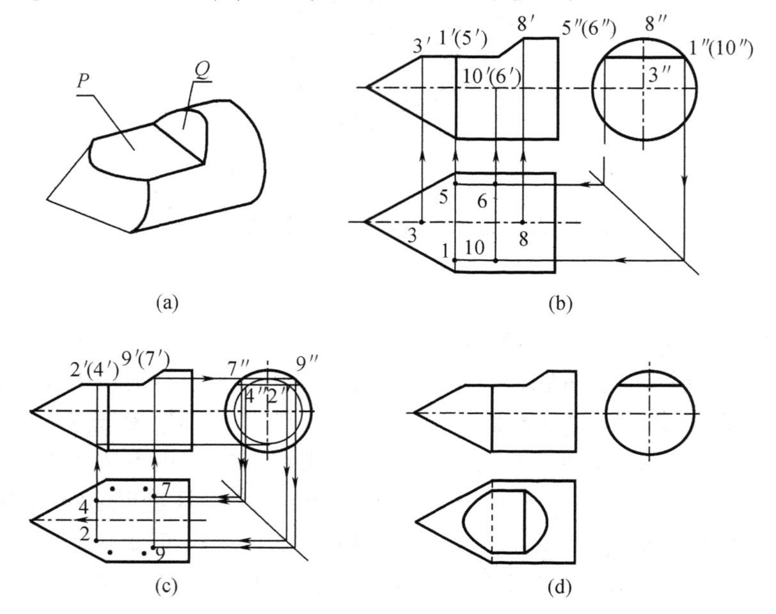

图 3－27 顶尖头的截交线

分析：顶尖头部是由同轴的圆锥与圆柱组合而成。它的上部被两个相互垂直的截平面 *P* 和 *Q* 切去一部分，在它的表面上共出现三组截交线和一条 *P* 与 *Q* 的交线。截平面 *P* 平行于轴线，所以它与圆锥面的交线为双曲线，与圆柱面的交线为两条平行直线。截平面 *Q* 与圆柱斜交，它截切圆柱的截交线是一段椭圆弧。三组截交线的侧面投影分别积聚在截平面 *P* 和圆柱面的投影上，正面投影分别积聚在 *P*、*Q* 两面的投影(直线)上，因此只需要求作三组截交线的水平投影。

作图：

(1)求特殊点。找出截平面与立体表面共有点在正面上的已知投影 3′，1′(5′)，10′(6′)，8′。据圆锥表面上的点的投影的求法，双曲线的最左点在俯视图上的投影 3 由 3′直接求得，由 1′(5′)先求出 1″，5″，再据“二求三”求得 1，5 点，同样由点 10′(6′)先求出 10″，6″再据“二求三”求得 10、6 点，点 8 由 8′直接求得，如图 3－27(b)所示。

(2)补充一般点。用辅助圆法求得 2′(4′)的侧面投影 2″，4″，再据“二求三”求得 2，4 点，由 9′(7′)先求出 9″，7″再据“二求三”求得 9，7 点，如图 3－27(c)所示。

(3)按各自截交线的形状依次将各点顺序连接，如图 3－27(d)所示。

特别注意:在截平面与截平面相交处有交线要画。

【引导知识】

3.3　两立体表面的相贯线

两立体相交后的形体称为相贯体。两立体表面的交线称为相贯线,见图3－18(b)轴承盖相贯线的实例。本节主要介绍常见回转体的相贯线。

两立体的形状、大小及相对位置不同,相贯线形状也不同,但所有相贯线都具有如下性质:

(1)相贯线是两相交立体表面的共有线,相贯线上点是两相交立体表面共有点。

(2)由于立体具有一定的范围,所以相贯线一般是封闭的空间曲线,特殊情况下是平面曲线或直线。

根据以上相贯线的性质,求作回转体相贯线的实质,就是求两回转体表面上一系列共有点,然后将求得的各点按顺序光滑连接起来,即得相贯线。常见的作图方法有利用积聚性求点法和辅助截平面取点法。

3.3.1　利用积聚性法求相贯线

当两圆柱轴线正交或垂直交叉,轴线分别垂直于两个投影面时,则圆柱面在投影面上的投影积聚成圆,相贯线的投影必积聚在该圆上,这样相贯线两个投影为已知,利用相贯线积聚性取点法,求作相贯线其他的投影。

相贯线与截交线一样,也有最左、最右、最前、最后、最高、最低及轮廓线上的点,这些点是相贯线的特殊点,作相贯线应先求得。

1. 求作两圆柱正交的相贯线

[**例**3－14]　如图3－28(a)所示,求正交两圆柱体的相贯线。

分析:两圆柱体的轴线正交,且分别垂直于水平面和侧面。相贯线在水平面上的投影积聚在小圆柱水平投影的圆周上,在侧面上的投影积聚在大圆柱侧面投影的圆周上,故只需要求作相贯线的正面投影。作图时,在相贯线的水平和侧面两积聚投影上取点,并找出相应的投影,用“二求三”的方法求得点的第三面投影。相贯线正面投影的前半部与后半部重合。

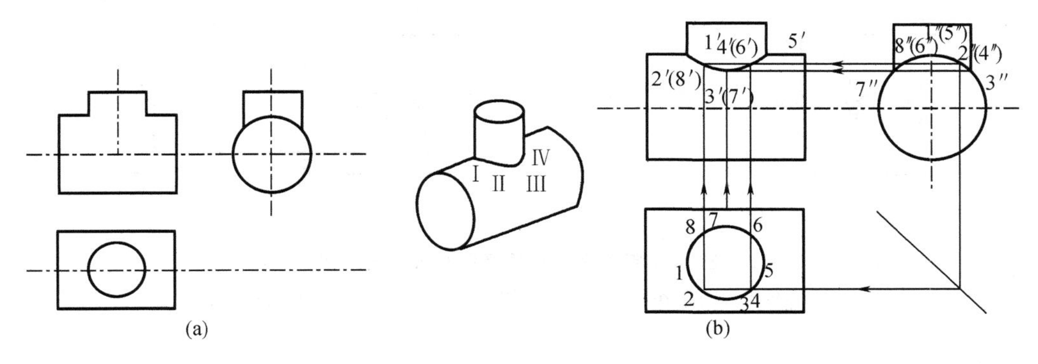

图3－28　利用积聚性法求作正交两圆柱的相贯线(一)

作图：

(1)求特殊点。最高点Ⅰ、Ⅴ也是最左、最右点及大、小圆柱轮廓线相交点，所以点1′，5′直接定出；最低点Ⅲ、Ⅶ也是最前、最后及小圆柱前、后轮廓线与大圆柱面相交点，由点3″，7″求得3(7)。

(2)求一般点。在相贯线水平投影任取2,4,6,8对称点(一般用圆周等分而得)，在侧面投影求得对应点2″(4″)，8″(6″)。

(3)把各点按顺序连成光滑曲线。

(4)判断可见性。判断相贯线可见性的原则是：两回转体表面在该投影面上投影均可见，相贯线为可见的(实线)，除此之外都是不可见的(虚线)；可见性的分界点一定在外形轮廓线上。

相贯线前后对称，前半部相贯线可见，后半部相贯线不可见，两者相重合。

2. 求作两圆柱偏交的相贯线

分析：两圆柱轴线垂直交叉且分别垂直于水平面及侧面，因此，相贯线与小圆柱的水平投影积聚在圆周上，相贯线的侧面投影积聚在大圆柱投影的圆周的一段圆弧上。只需求出相贯线的正面投影，用积聚性取点法作图。相贯线左右对称，前后不对称，见图3－29(a)。

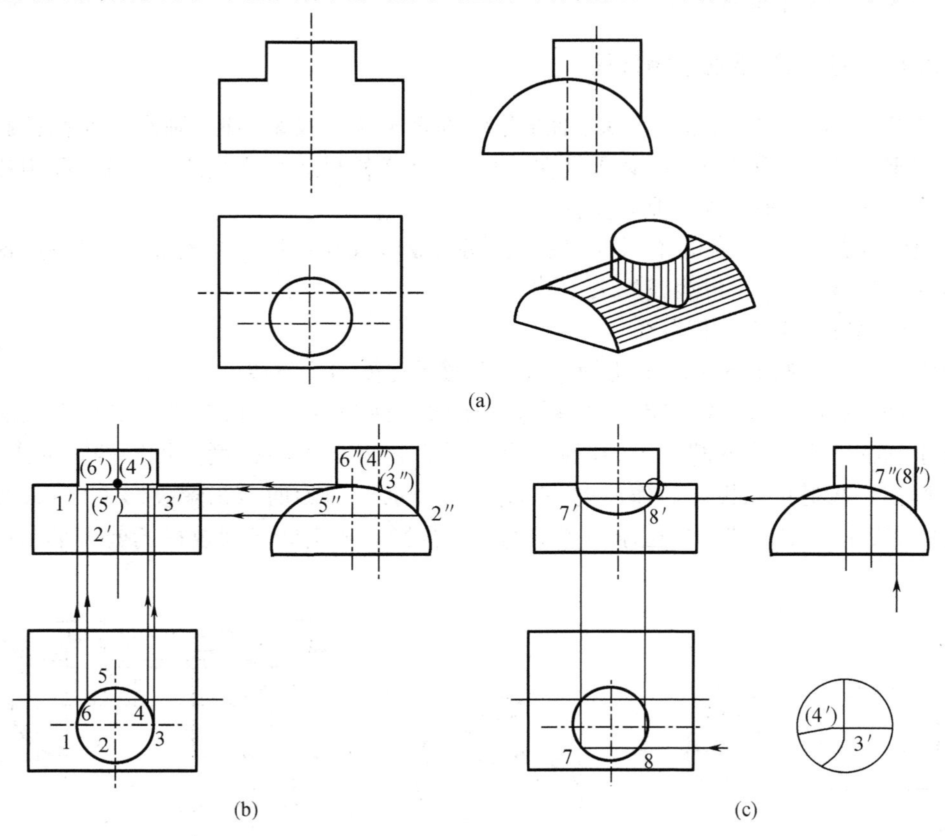

图3－29 利用积聚性求作两圆柱偏交相贯线(二)

(a)投影分析；(b)求作特殊点；(c)求作一般点，判断可见性，连成光滑曲线

作图：

(1)求特殊点。正面投影最前点2′和最后点(5′)、最左点1′和最右点3′由侧面投影2″

和5″,1″(3″)求得。正面投影的最高点(4′),(6′),由点4、6和6″(4″)求得,见图3－29(b)。

(2)求一般点。在相贯线的水平投影和侧面投影上定出点7,8和7″,(8″),再求出正面投影点7′、8′,见图3－29(c)。

(3)把各点按顺序连成光滑曲线及判断可见性。从水平投影可判断,点1′和3′是可见与不可见的分界点。按水平投影点的顺序将1′,7′,2′,8′,3′连成实线,3′,(4′),(5′),(6′),1′连成虚线,即得所求,见图3－29(c)。

具有相贯线上特殊点的轮廓线,其投影一定要画到该点的投影处,如图3－29中局部放大图中大圆柱上轮廓线应画到点(4′)。

3. 相贯线的形状、弯曲方向及三种形式

(1)当正交两圆柱直径大小变动时,其相贯线形状和弯曲方向也产生变化,如图3－30所示。

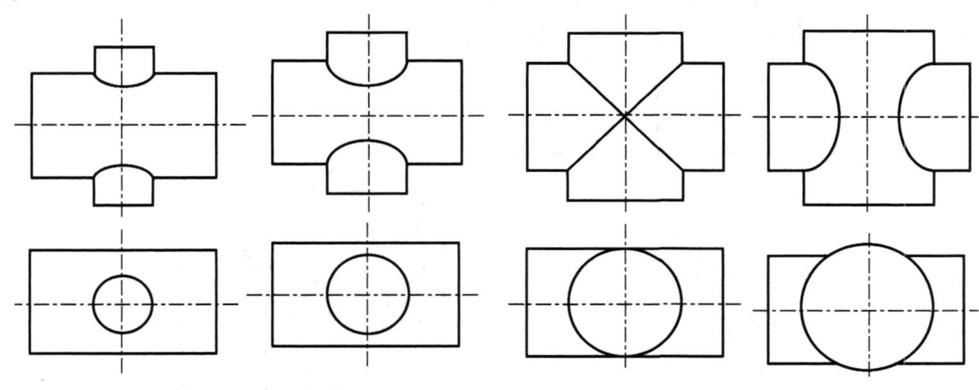

图3－30 相贯线的形状及弯曲方向

当两个直径不相等圆柱正交时,相贯线非积聚性投影的弯曲趋势总是向着大圆柱的轴线;当两个直径相等的圆柱正交时,相贯线为椭圆曲线,其非积聚性投影为45°斜线。

(2)相贯线包括三种形式:机件由两圆柱(外表面)相交,相贯线为外相贯线,见图3－31(a);外圆柱面与内圆柱面相交,其相贯线也是外相贯线,见图3－31(b);两圆柱内表面相交,相贯线为内相贯线,见图3－31(c)。

3.3.2 利用辅助平面法求相贯线

当已知相贯线只有一个投影有积聚性,或投影都没有积聚性,无法利用投影积聚性取点求作相贯线时,可用辅助平面求得,如图3－32(a)所示圆锥台与圆柱正交的相贯线。

辅助平面法就是用假想平面同时截切参与相交两回转体,得两组截交线的交点,即为相贯线上的点,如图3－32(b)所示。这种点既在辅助平面上,又在两回转表面上,是三面的共点。因此,利用三面共点原理可以作出相贯线一系列点的投影。

为了简化作图,使辅助截平面与回转体截交线的投影简单易画(如直线或圆)。应选用特殊位置平面作为辅助平面,其最为常见的是投影面平行面。

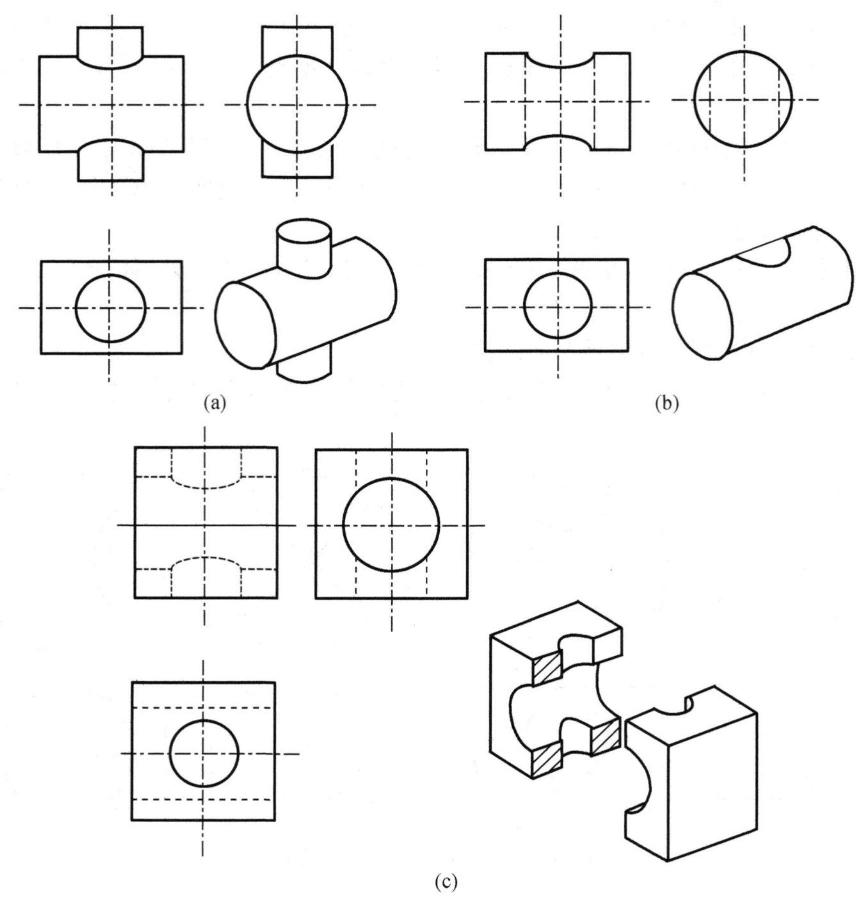

图 3-31　相贯线的三种形式

(a)两外圆柱面相交;(b)外圆柱面与内圆柱面相交;(c)两内圆柱面相交

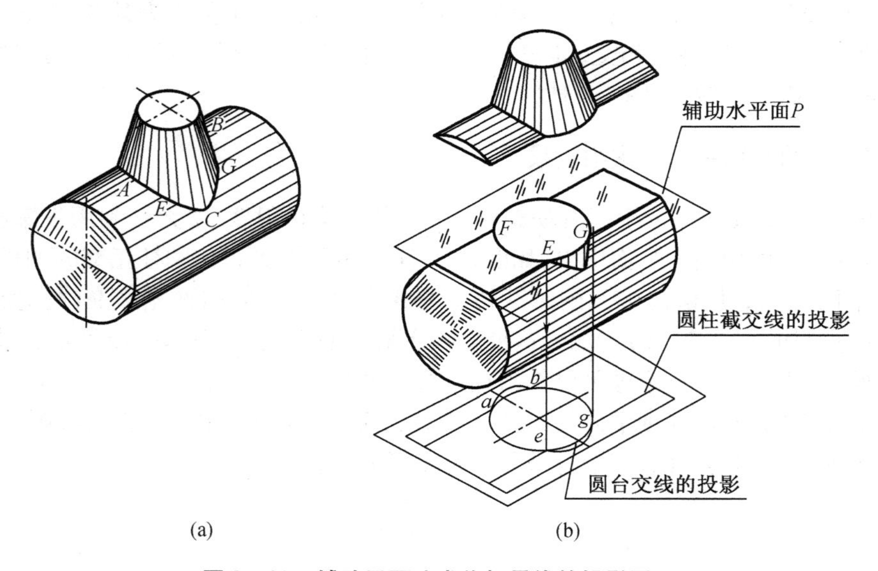

图 3-32　辅助平面法求作相贯线的投影原理

［例3－15］ 求作图3－33(a)所示圆锥台和圆柱正交相贯线。

分析:圆锥台和圆柱正交,其相贯线为左右、前后对称的封闭形空间曲线。由于圆柱轴线垂直于侧面,相贯线的侧面投影为已知,相贯线的水平投影和正面投影即为所求。见图3－33(a)。

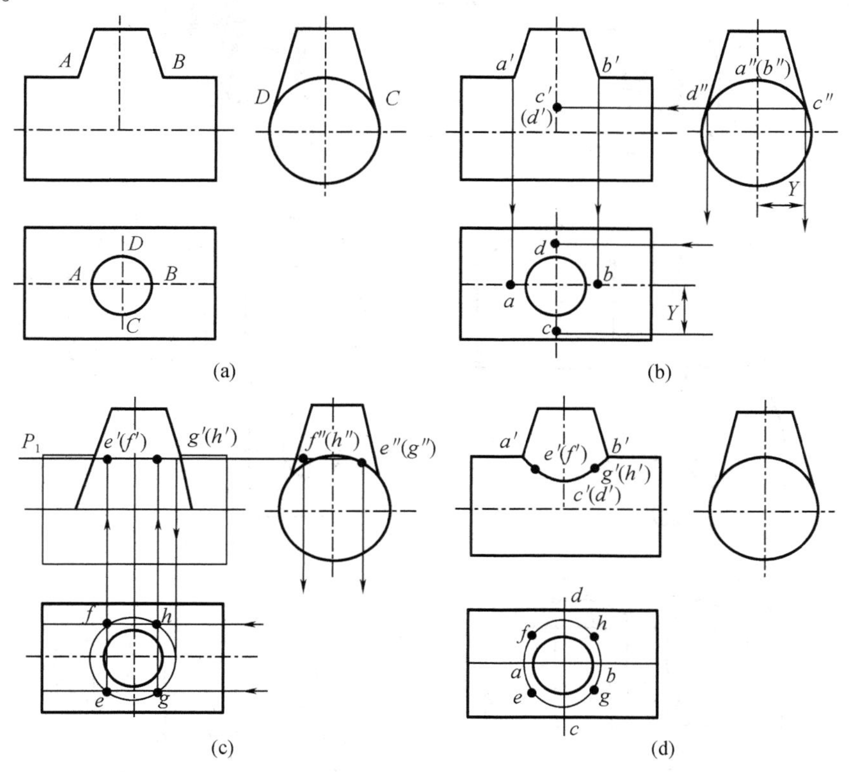

图3－33 利用辅助平面法求作圆锥台与圆柱正交相贯线

(a)已知视图;(b)求特殊点;(c)求一般点;(d)连成光滑曲线

作图:

(1)求特殊点。最左、最右(最高)点 A、B 是圆锥台与圆柱轮廓线的相交点,由点 a'、b',求得点 a、b;最前、最后(最低)点 C、D 是圆锥台前后轮廓线与圆柱面相交点,由点 c''、d'',求得点 $c'(d')$ 及 c、d,见图3－33(b)。

(2)求一般点。按图3－33(b)所示的方法,在水平面求得辅助交线(直线与圆)的交点 e、f、g、h,再求得点 e'、(f')、g'、(h'),见图3－33(c)。

(3)把各点顺序连成光滑曲线,并判断可见性。相贯线的正面和水平投影如图3－33(d)所示。

［例3－16］ 求作图3－34(a)所示圆锥台和部分圆球的相贯线的投影。

分析:由于圆锥台的轴线不通过球心,相贯体前后方向有公共对称面,所以相贯线是一条前后对称的封闭形空间曲线。由于球体和圆锥体的三个投影都没有积聚性(即相贯线没有已知投影),所以相贯线的三个投影均需求作,作图方法采用辅助平面法。

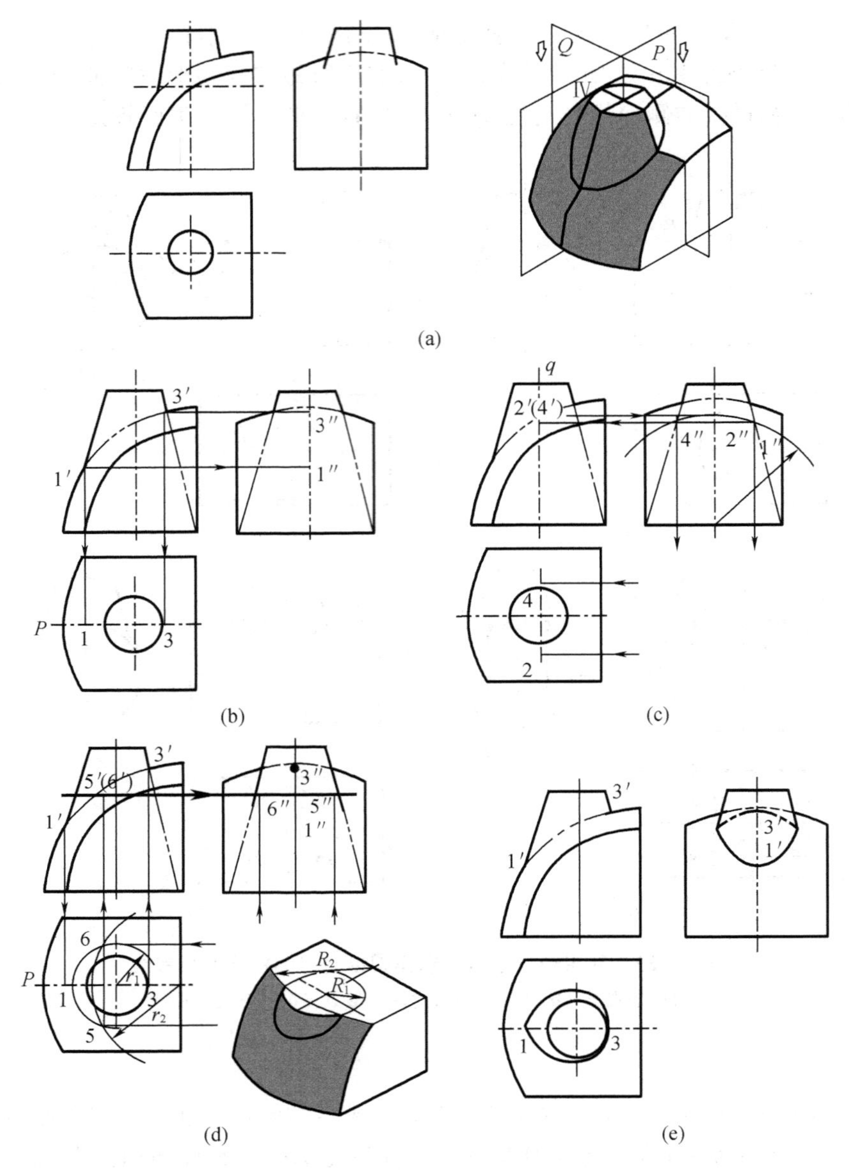

图 3－34　利用辅助平面法求作圆锥台与圆球相贯线

(a)投影分析;(b)利用辅助平面 P 求作正面轮廓线上的点;(c)利用辅助平面 Q 求作侧面轮廓线上的点;
(d)利用辅助平面求作一般点;(e)光滑连接曲线判断可见性,完成全图

作图:

(1)求作特殊点。正面投影的最左(最低)、最右(最高)点 1′、3 是圆锥和圆球的正面轮廓相交点Ⅰ、Ⅲ的投影,由它求得点 1、3 和 1″、3″,见图 3－34(b)。

通过圆锥面轴线作侧平面 Q,得圆锥台轮廓线和圆球面的交线一段圆弧(半径为 r_1)的侧面投影,得两线交点 2″、4″是最前、最后点Ⅱ、Ⅳ的侧面投影,由点 2″、4″求得点 2、4 和点 2′(4′),见图 3－34(c)。

(2)求一般点。在点Ⅰ与点Ⅲ之间,作辅助水平面,与圆锥面和球面相交线分别为两段圆弧(半径 r_1 和 r_2),得两圆弧的相交点Ⅴ、Ⅵ的水平投影 5、6,再求得点 5″、6″和点 5′(6′)。

如果需要还可改变辅助水平面的位置,求作一系列一般点,见图 3 - 34(d)。

(3)判断可见性。把各点同面投影按顺序连光滑曲线。相贯线的水平投影为可见;相贯线正面投影虽有可见和不可见部分,但两者重合;相贯线Ⅱ—Ⅰ—Ⅵ在圆锥面和圆球面左半部,侧面投影可见,点 2″、4″是可见与不可见分界点,所以 2″—1″—4″曲线为可见,画实线;2″—(3″)—4″曲线为不可见,画虚线,见图 3 - 34(e)。

3.3.3 相贯线的特殊情况

1. 两回转体相交,在特殊情况下为平面曲线或直线

(1)当两回转体具有公共轴线时,其相贯线为垂直轴线的圆。当其轴线平行于投影面时,圆在该投影面上的投影为垂直于轴线的直线,在与轴线相垂直的投影面上的投影为圆的实形,如图 3 - 35 所示。

(2)圆柱与圆柱、圆柱与圆锥的轴线相交,并公切于一圆球时,其相贯线为椭圆,在两相交轴线所平行投影面上的投影积聚为直线段,其他投影为类似形(圆或椭圆),如图 3 - 36 所示。

(3)两圆柱轴线平行或两圆锥轴线相交时,相贯线为直线,如图 3 - 37 所示。

2. 相贯线的近似画法

当正交两圆柱直径相差较大,对作图准确度要求不高时,其相贯线的投影采用圆弧代替曲线的近似画法。作图时以大圆柱半径为圆弧半径,其圆心在小圆柱的轴线上,如图 3 - 38 所示。

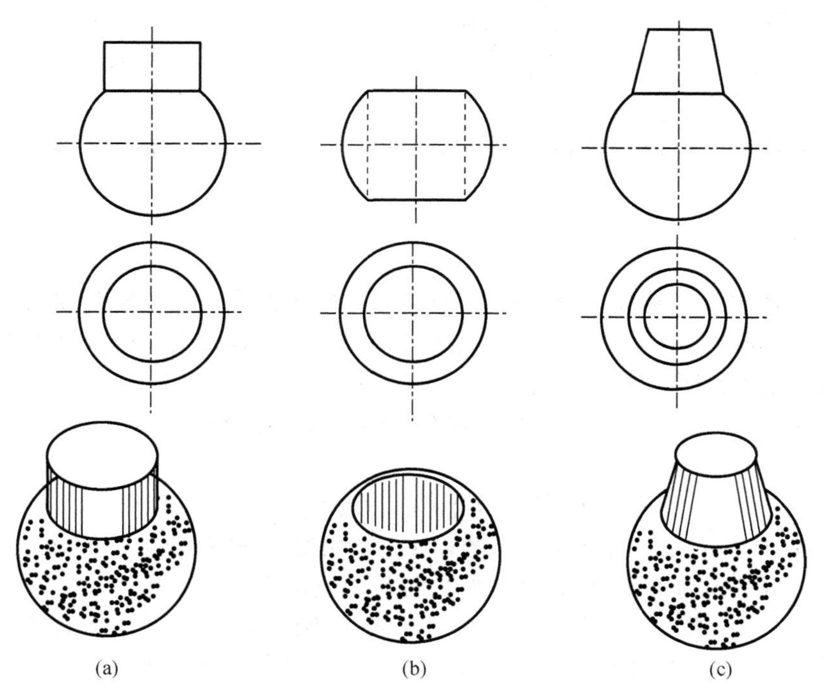

图 3 - 35 同轴回转体的相贯线

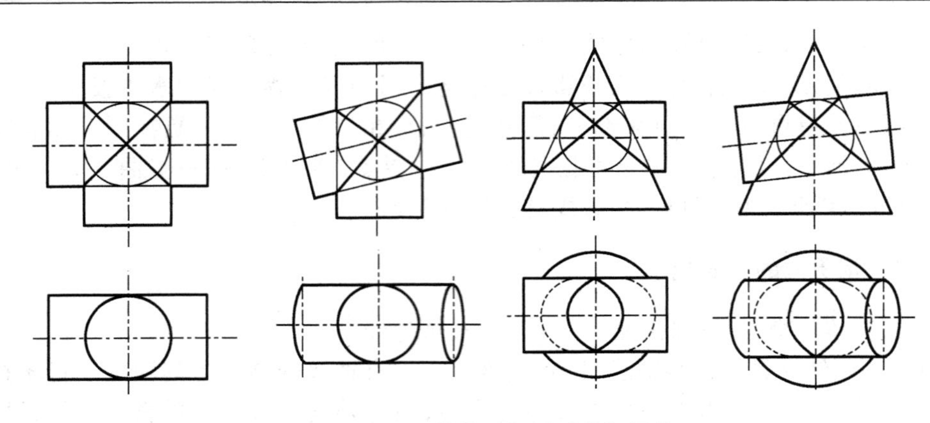

图 3-36 两回转体公切圆球的相贯线

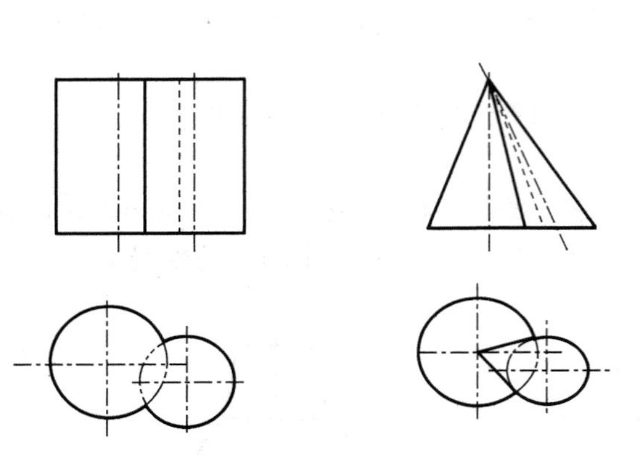

图 3-37 两圆柱轴线平行和两圆锥轴线相交的相贯线

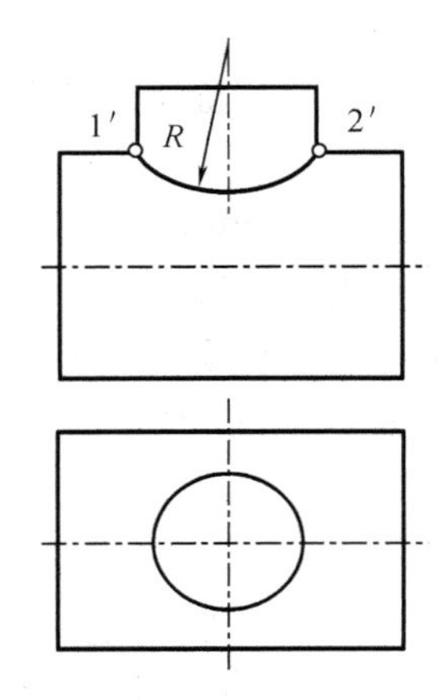

图 3-38 两圆柱正交相贯线近似画法

3.3.4 综合相交

有些组合体由多个基本几何体相交构成，它们的表面交线比较复杂，既有相贯线又有截交线，形成综合相交。画图时，必须注意形体分析，找出存在交线的各个表面，应用截交线和相贯线的基本作图方法，逐一作出各交线的投影。

[例 3-17] 完成图 3-39(a)所示组合体的正面投影及侧面投影。

分析：

(1)形体分析。由图 3-39 可知，组合体前后对称，由三个空心圆柱 A、B、C 组成，圆柱 A 和 B 同轴；圆柱 C 的轴线与圆柱 A、B 的轴线垂直相交；圆柱 B 的端面 P 与圆柱 C 截交；竖直圆柱孔 D 与水平圆柱孔 E 的轴线相交，如图 3-39(a)所示。

(2)投影分析。圆柱 A、C 的相贯线是空间曲线；圆柱 B、C 的相贯线也是空间曲线；圆柱 B 的端面 P 与圆柱 C 之间的截交线是两直线段。由于圆柱 C 的水平投影有积聚性，这些交线的水平投影都是已知的。

圆柱孔 D 与圆柱孔 E 的直径相同，轴线相交，交线为两个部分椭圆。由于圆柱孔 D 的水平投影和圆柱孔 E 的侧面投影都有积聚性，交线的水平投影和侧面投影都是已知的。

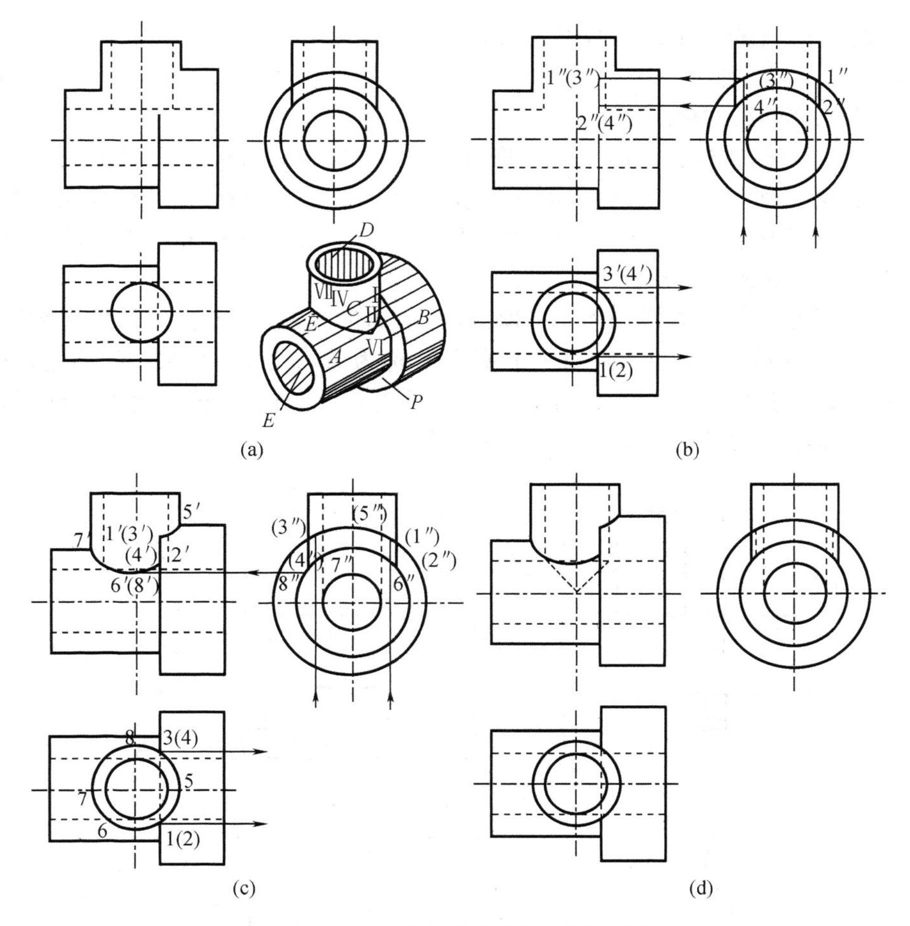

(a) (b)
(c) (d)

图3－39 立体综合相交的作图方法和步骤

(a)分析；(b)作端面 P 与圆柱 C 的截交线；(c)作圆柱 A、C 和 B、C 间的相贯线；(d)作圆柱孔 D、E 间的相贯线

作图：

(1)作端面 P 和圆柱孔 C 之间的截交线。端面 P 和圆柱孔 C 之间的截交线Ⅰ、Ⅱ和Ⅲ、Ⅳ是两条垂直于水平面的直线段，可根据水平投影1(2)，3(4)作出它们的侧面投影1″，2″，3″，4″和正面投影1′，2′，3′，4′，如图3－39(b)所示。

(2)作圆柱 A、C 和 B、C 间的相贯线。根据圆柱 C 的水平投影具有积聚性，可直接求出圆柱 A、C 和 B、C 间的相贯线的水平投影2，6，7，8，4和1，5，3，又根据柱 A、B 轴线垂直于侧面，它们的侧面投影具有积聚性，可直接求出圆柱 A、C 和 B、C 间的相贯线的侧面投影2″，6″，7″，8″，4″和1″，5″，3″，最后求出它们的正面投影2′，6′，7′，8′，4′和1′，5′，3，如图3－39(c)所示。

(3)作出内表面之间的相贯线。从以上分析可知，内表面之间的交线为两个部分椭圆，其水平投影和侧面投影都是已知的，其正面投影为两直线段，可直接求出，如图3－39(d)所示。

3.3.5 基本体的尺寸标注

视图只用来表达物体的形状，而物体的大小要由图样上标注的尺寸数值来确定。制造零件时是根据图样上标注的尺寸数值来加工的。

1. 基本体尺寸标注

(1)平面立体的尺寸标注

平面立体一般标注长、宽、高三个方向的尺寸,棱柱和棱锥应标注确定底面大小的尺寸,还应标注高度的尺寸。棱锥台除应标注确定上下底面大小的尺寸外,也应标注高度的尺寸。为了便于读图,确定底面形状的两个方向尺寸,一般应集中标注在反映实形的视图(即特征视图)上,如图 3-40 所示。

其中正方形的尺寸可采用如图 3-40(f)所示的形式注出,即在边长尺寸数字前加注"□"符号。图 3-40(d)、(g)中加"( )"的尺寸称为参考尺寸。底面为正多边形的棱柱、棱锥,根据需要可注外接圆直径,也可采用其他形式标注,如正六棱柱也可标注对边距离,正三棱锥标注边长。如图 3-40(d)、(g)所示。

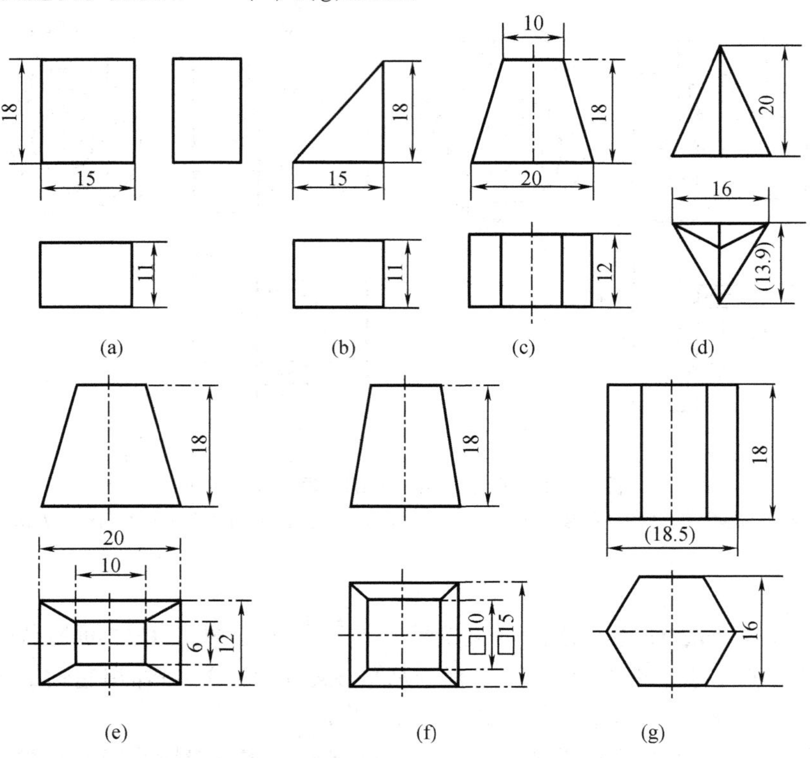

图 3-40 棱柱、棱锥、棱台的尺寸标注

(2)回转体的尺寸标注

圆柱和圆锥应注出底圆直径和高度尺寸,圆锥台还应加注顶圆的直径。直径尺寸应在其数字前加注符号"ϕ",一般注在非圆视图上。这种标注形式用一个视图就能确定其形状和大小,其他视图就可省略,如图 3-41(a)、(b)、(c)所示。

标注圆球的直径和半径时,应分别在"ϕ"前加注符号"S",如图 3-41(d)、(e)所示。

2. 截断体尺寸标注

标注截断体的尺寸,除了标注基本体的定形尺寸外,还应标注确定截断面的定位尺寸,并应把定位尺寸集中标注在反映切口、凹槽的特征视图上。

当截断面位置确定后，截交线随之确定，所以截交线上不能再标注尺寸，见图 3－42。

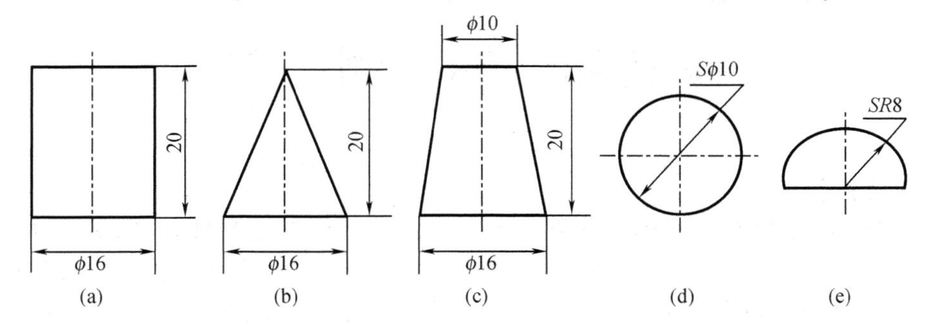

图 3－41　回转体的尺寸标注

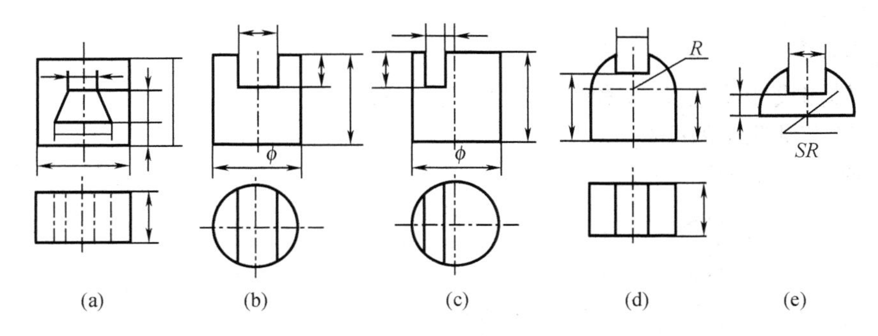

图 3－42　截断体的尺寸标注

3. 相贯体的尺寸标注

标注相贯体的尺寸时，除了标注两相交基本体的定形尺寸外，还应标注两个基本体的相对位置尺寸（定位尺寸），并把定位尺寸集中标注在反映两形体相对位置明显的特征视图上。

当两相交的基本体的形状、大小和相对位置确定之后，相贯线的形状、大小及位置自然确定，因此相贯线上不标注尺寸，见图 3－43。

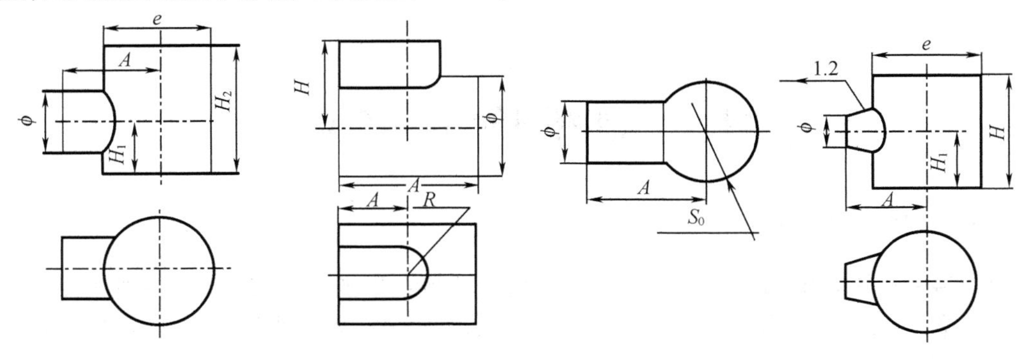

图 3－43　相贯体的尺寸标注

项目四　轴　测　图

【任务描述】

多面正投影图能完整、准确地反映物体的形状和大小，且度量性好、作图简单，但立体感不强，只有具备一定读图能力的人才能看懂，如图 4－1(a)所示。有时工程上还需采用一种立体感较强的图，如图 4－1(b)所示，这种能同时反映物体长、宽、高三个方向形状，富有立体感的图，称为轴测投影图，简称轴测图。那么如何才能绘制出正确的轴测图呢？应该采用什么方法绘制呢？

【任务目标】

1. 了解轴测投影原理、规律和工程常用轴测图种类。
2. 掌握正等轴测图的画法。
3. 掌握斜二等轴测图的画法。

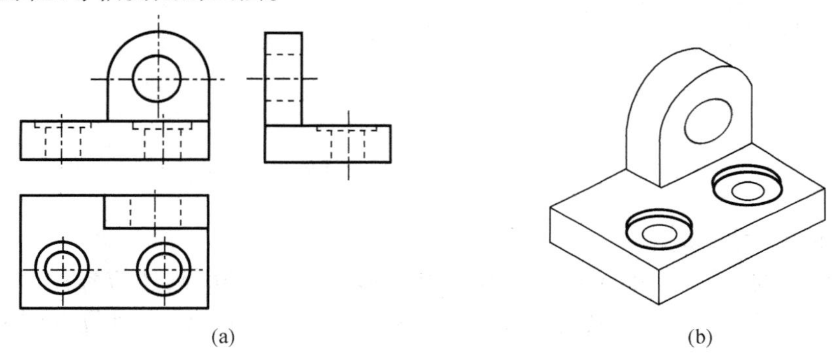

图 4－1　正投影图与轴测投影图的比较

(a)物体的三面投影图；(b)物体的轴测投影图

【引导知识】

4.1　轴测图的基本知识

4.1.1　轴测图的形成

在图 4－2 中，将长方体上彼此垂直的棱线分别与直角坐标系的三根坐标轴重合，该直角坐标系称为长方体的参考坐标系。在适当位置设置一个投影面 P，并选取不平行于任一坐标面的投射方向，在 P 面上作出长方体以及参考坐标系的平行投影，就得到一个能同时反映长方体长、宽、高三个方向尺度的投影图，该图称为轴测图。平面 P 称为轴测投影面。

由此可知，轴测图就是将物体连同其参考直角坐标系一起，沿不平行于任一坐标面的方向，用平行投影法将其平行投射在单一投影面上所得到的图形。

4.1.2 轴间角和轴向伸缩系数

在图4－2中坐标轴 OX、OY、OZ 的轴测投影 O_1X_1、O_1Y_1、O_1Z_1 称为轴测轴。相邻两轴测轴的夹角 $\angle X_1O_1Y_1$、$\angle X_1O_1Z_1$、$\angle Y_1O_1Z_1$ 称为轴间角。轴测轴上的线段与坐标轴上对应的线段长度比,为轴向伸缩系数。各轴的轴向伸缩系数如下所示:

$p=\frac{O_1A_1}{OA}$,称为 OX 轴向伸缩系数;

$q=\frac{O_1B_1}{OB}$,称为 OY 轴向伸缩系数;

$r=\frac{O_1C_1}{OC}$,称为 OZ 轴向伸缩系数。

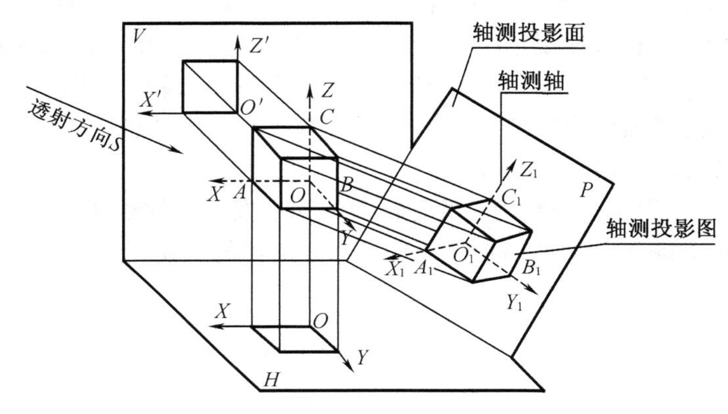

图4－2 轴测投影的形成

轴间角和轴向伸缩系数决定轴测图的形状和大小,是画轴测图的基本参数。

4.1.3 轴测图的分类

根据投射方向对轴测投影面的相对位置不同,轴测图可分为两大类:

(1)正轴测图。投射方向垂直于轴测投影面的轴测投影(即由正投影法得到的轴测投影)。

(2)斜投影图。投射方向倾斜于轴测投影面的轴测投影(即由斜投影法得到的轴测投影)。

根据三个轴的轴向伸缩系数是否相同,将两类轴测图又分为三种:

(1)正(或斜)等轴测图($p=q=r$);

(2)正(或斜)二轴测图($p=q\neq r$ 或 $r=p\neq q$);

(3)正(或斜)三轴测图($p\neq q\neq r$)。

国家标准《机械制图》推荐使用正等轴测图、正二轴测图和斜二轴测图。这里只介绍工程上用得较多的正等轴测图和斜二轴测图的画法。

4.1.4 轴测图的基本性质

由立体几何可知,与投射方向不平行的两平行线段,它们的平行投影仍然平行,且各线段的平行投影与原线段的长度比相等。由此可得出,在轴测图中,空间几何形体上的平行于坐标轴的线段,在轴测图中仍与相应的轴测轴平行,且该线段的轴测图中长度与原线段的长度比相等。

【引导知识】

4.2 正等轴测图

4.2.1 正等轴测图的形成、轴测角和轴向伸缩系数

1. 形成

当构成三面投影体三根坐标轴与轴测投影面的角度相同时,用正投影法得到投影图称为正等轴测图,简称正等测。

2. 轴测角和轴向变形系数

由于三根坐标轴与轴测投影面倾斜的角度相同,因此三根轴测轴之间的夹角相等,都等于120°。其中 O_1Z_1 轴应按规定画成垂直方向,如图4-3所示。三根轴的轴向伸缩系数也相等,即 $p=q=r$,经计算 $p=q=r=0.82$。为了作图方便,通常采用轴向伸缩系数为1来作图。这样画出的正等轴测图,三个轴向(实际上任一平行轴测轴的方向和轴向伸缩系数)上的尺寸放为投影尺寸的1/0.82≈1.22倍。

图4-4(b)、(c)所示是分别用这两种轴向伸缩系数画出的轴测图,看起来图4-4(c)明显比按原比例的轴测图大。图4-4(a)所示为该立体的三视图。

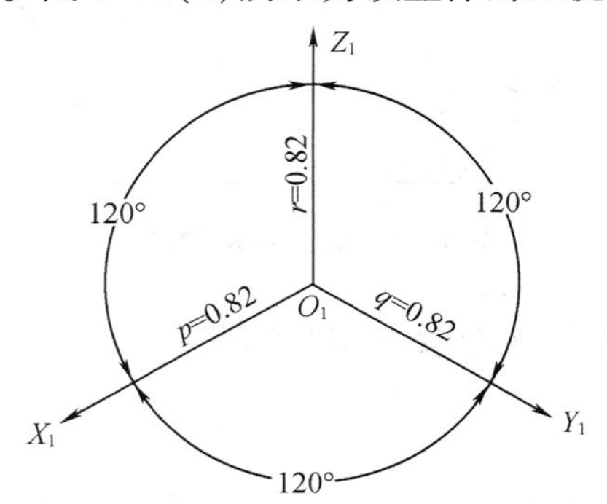

图4-3 正等轴测图的轴间角

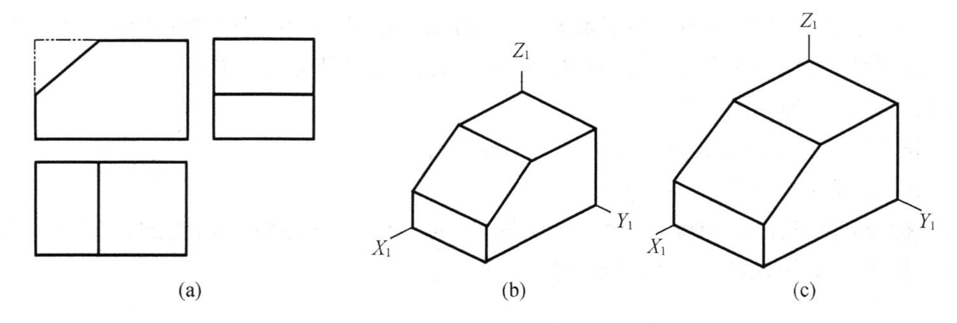

图4-4 两种轴向伸缩系数的轴测图的比较

4.2.2 平面立体正等轴测图的画法

1. 坐标定点法

绘制平面立体的正等轴测图,先应选好恰当的坐标轴,并画出相应的轴测轴,然后根据

其坐标画出平面立体的各个顶点、棱线和平面的轴侧投影，最后依次将它们连接即可。

［例4－1］　画长方体的正等轴测图（图4－5）。

根据长方体的特点，选择其中一个角顶作为空间坐标原点，并以过该角顶的三条棱线为坐标轴，先画出轴测轴，然后用各顶点的坐标分别定出长方体八个顶点的轴测投影，依次连接各顶点，即得长方体的正等轴测图，其作图方法及步骤如图4－5（b）、（c）、（d）、（e）、（f）所示。

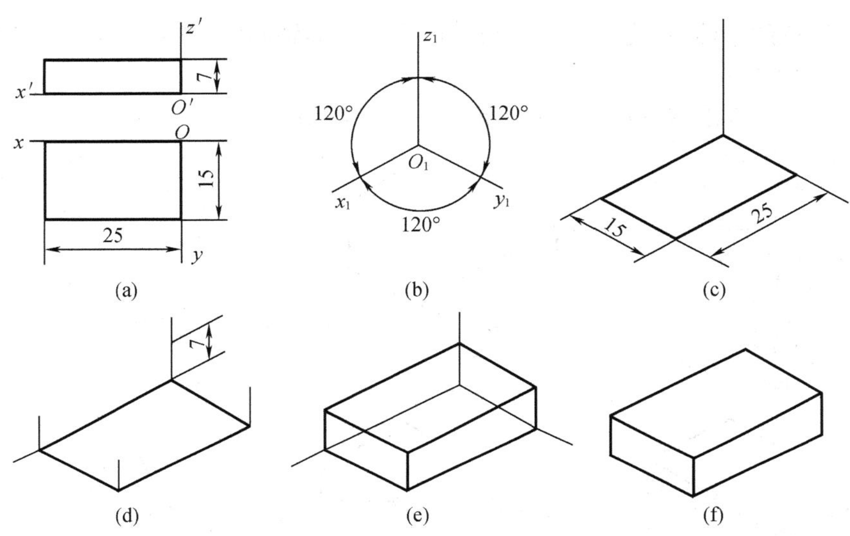

图4－5　长方体正等轴测图的画法

［例4－2］　绘制正六棱柱的正等轴测图（图4－6）。

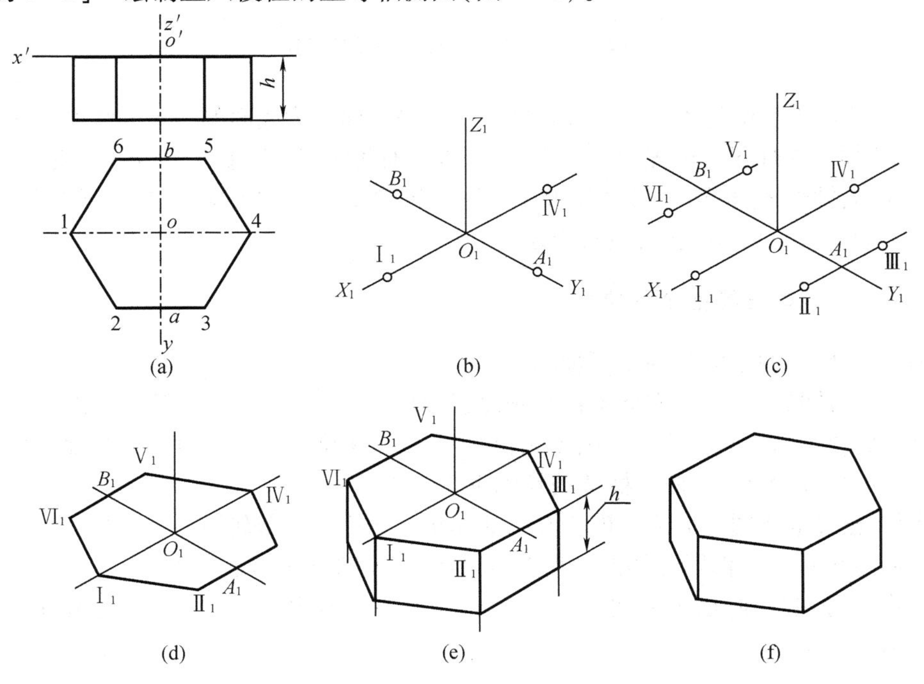

图4－6　正六棱往正等轴测图的画法

根据正六棱柱上下底面都是处于水平位置的正六边形，且前后左右均对称的特点，可取上下底面的对称中心 O 作为坐标原点，其坐标轴选取如图4－6(a)所示。作图时，先画出轴测轴，然后确定底面各顶点的轴测投影，并依次连接即得上底面的轴测图，再根据棱高，按轴测图的平行性质画出各棱线，并确定底面各顶点的轴测投影，最后依次连接各可见点，即可画出正六棱柱的正等轴测图，其作图方法和步骤如图4－6(b)、(c)、(d)、(e)所示。

2. 切割法

对于不完整的形体，可先按完整的形体画出其正等轴测图，然后用切割的方法画出其不完整部分的方法。

[**例**4－3]　绘制图4－7(a)所示切割体的正等轴测图。

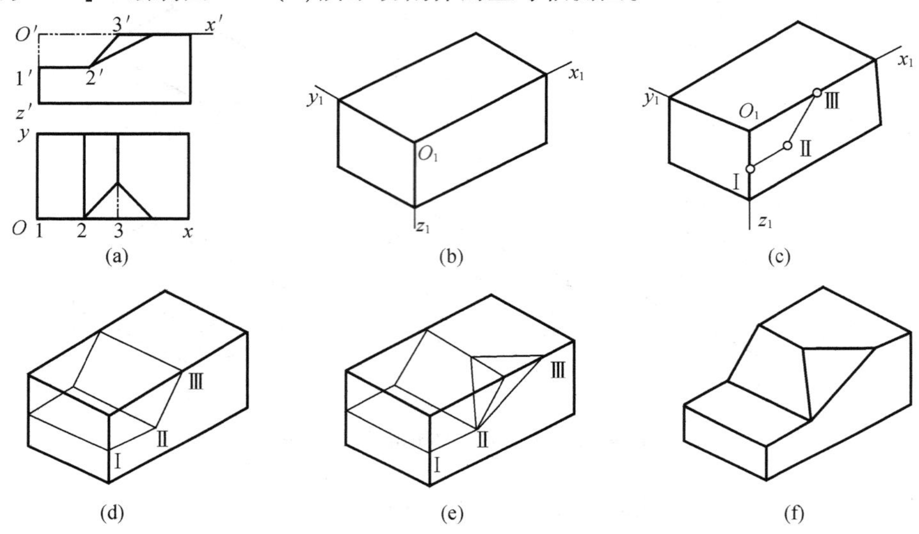

图4－7　切割体正等轴测图的画法

图4－7(a)所示切割体是由一长方体先后切去以梯形为底面的四棱柱和左前角的三棱锥形成的，因此，在画图时可先画出完整长方体的轴测图，然后逐一画出各切割部分，从而可得该立体的轴测图，再逐一画出各切割部分，从而可得该立体的轴测图，其作图方法和步骤如图4－7(b)、(c)、(d)、(e)、(f)所示。

4.2.3　回转体正等轴测图的画法

1. 平行于坐标面上的圆的正等轴测图

由于正等轴测图的三根坐标轴都与轴测投影面倾斜，所以平行于投影面的正等轴测图均为椭圆，如图4－8(b)所示。由图可见，$X_1O_1Y_1$ 面上椭圆的长轴垂直于轴；面上椭圆的长轴垂直于 O_1Z_1 轴；$X_1O_1Z_1$ 面上椭圆的长轴垂于 O_1Y_1 轴。

椭圆的正等轴测图一般采用四心圆弧法作出。水平圆正等轴测图的作图步骤如下：

(1)确定坐标轴并作圆外切四边形1234，与圆相切于 $abcd$ 四点，如图4－9(a)所示。

(2)作正等轴测轴，在 X_1Y_1 轴上截取 $O_1A_1=O_1C_1=O_1B_1=O_1D_1$ 得切点 A_1、B_1、C_1、D_1，如图4－9(b)所示。

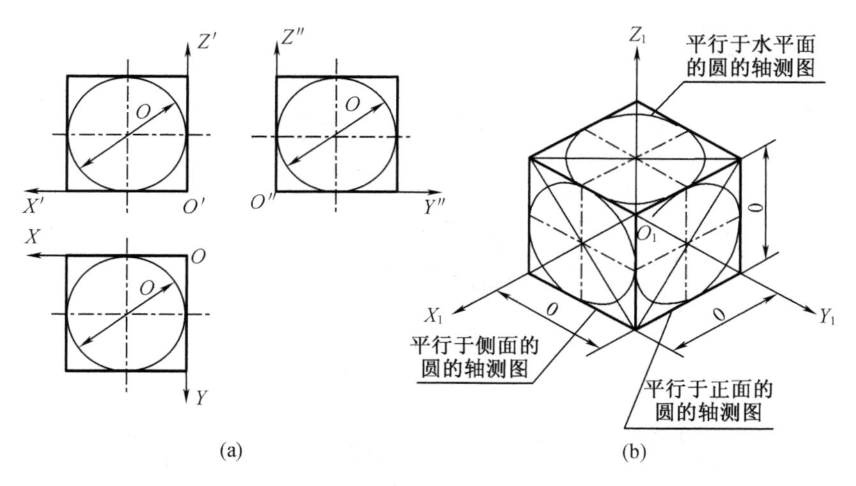

图 4 -8　平行于坐标面上的圆的正等轴测图

(3)过 A_1、B_1、C_1、D_1 四点分别作 X_1、Y_1 轴的平行线,得菱形 $Ⅰ_1Ⅱ_1Ⅲ_1Ⅳ_1$,如图 4 -9(d)所示。

(4) $Ⅰ_1C_1Ⅲ_1A_1$ 与 $Ⅱ_1Ⅳ_1$ 相交于 O_2、O_3,如图 4 -9(e)所示。

(5)分别以 $Ⅰ_1$、$Ⅲ_1$ 为圆心,$Ⅰ_1C_1$、$Ⅲ_1A_1$,为半径画圆弧 C_1D_1、A_1B_1。再分别以 O_2、O_3 为圆心,O_2C_1、O_3A_1 为半径作弧 B_1C_1 和 A_1D_1。描深即得由四段圆弧组成的近似椭圆,如图 4 -9(f)所示。

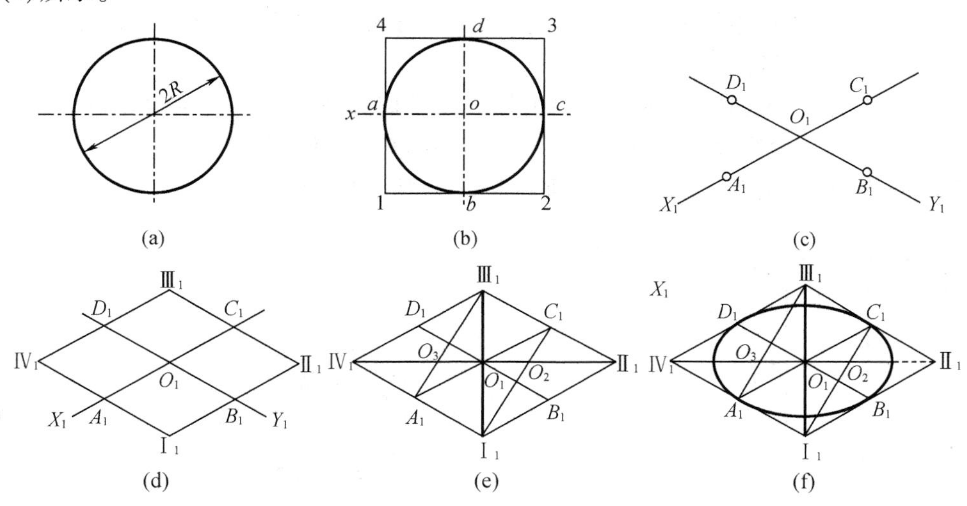

图 4 -9　椭圆正等轴测图的四心圆弧法

2. 圆角(1/4 圆)的正等轴轴测图

圆角是机械零件上出现概率最多的工艺结构之一,其画法具体步骤如下:

(1)图上定出圆弧切点 1,2,3,4 及圆弧半径 R,如图 4 -10(a)所示。

(2)先画平板的正等轴测图,在对应边上截取 R 得 $Ⅰ_1Ⅱ_1Ⅲ_1Ⅳ_1$ 如图 4 -10(b)所示。

(3)过 $Ⅰ_1Ⅱ_1Ⅲ_1Ⅳ_1$ 各点分别作该边垂线交于 O_1、O_2,如图 4 -10(c)所示。

(4)分别以 O_1、O_2 为圆心,$O_1Ⅰ_1$、$O_2Ⅲ_1$ 为半径画弧 $Ⅰ_1Ⅱ_1$ 及 $Ⅲ_1Ⅳ_1$,即得平板上底面圆角的正等轴测图,如图 4 -10(d)所示。

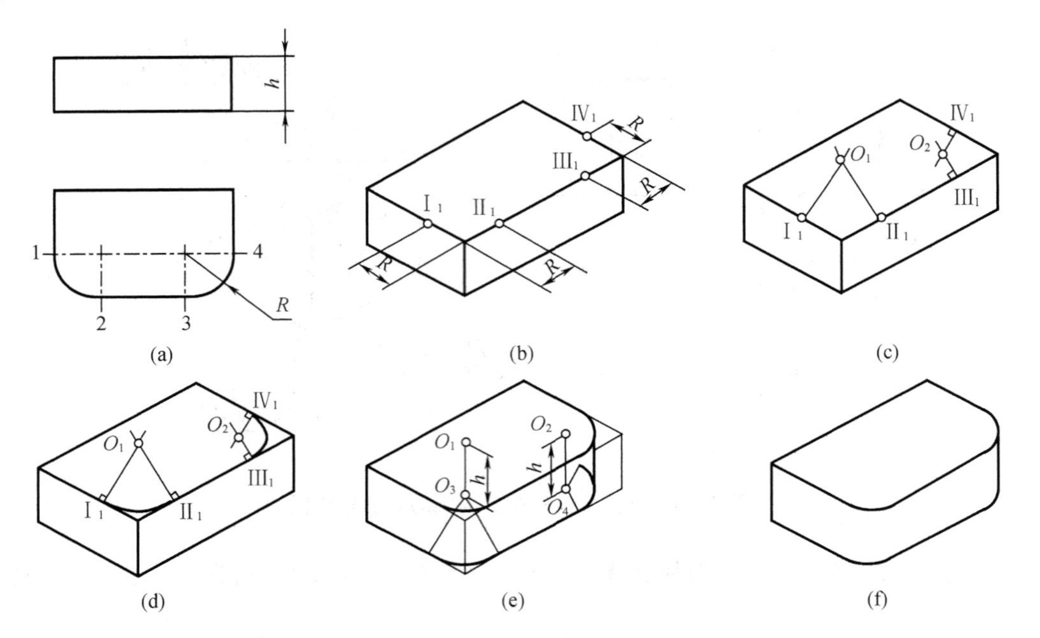

图 4-10 圆角(1/4 圆)的正等轴测图

(5)将圆心 O_1、O_2 下移平板的厚度 h,用半径 R 分别画圆弧,即得平板下底面圆角的正等轴测图,并画出右边上、下两圆角的公切线,如图 4-10(e)所示。

(6)擦去多余的作图线,描深即得带圆角的平板轴测图,如图 4-10(f)所示。

3. 圆柱体的正等轴测图

画回转体的正等轴测图时,应先用四心圆弧画出回转体上平行于坐标面的圆的正等轴测图,然后再画出其余部分。圆柱体的正等轴测图的画法步骤如下:

(1)在视图上定出坐标原点及坐标轴,如图 4-11(a)所示。

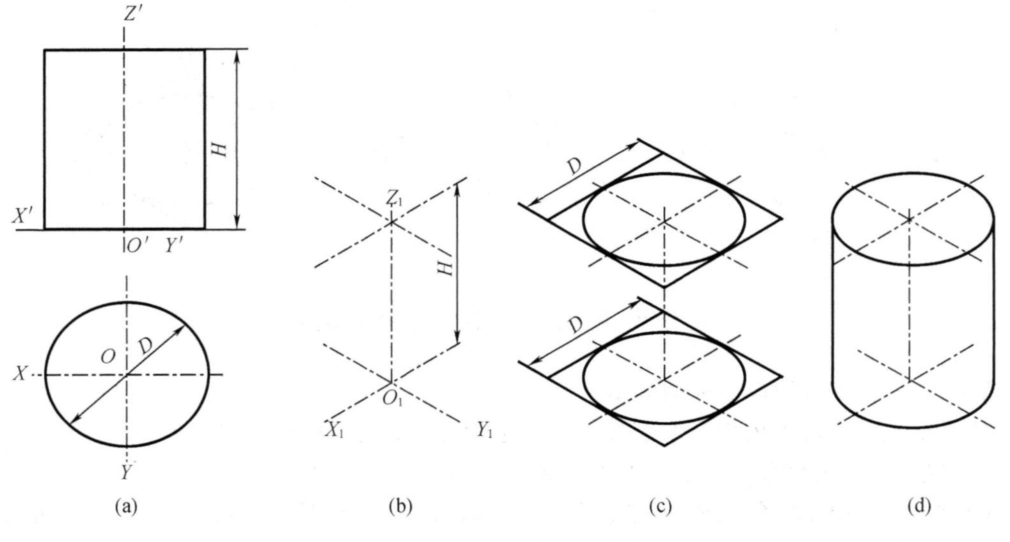

图 4-11 圆柱体的正等轴测图

(2)画轴测轴 O_1X_1、O_1Y_1、O_1Z_1,把中心 O_1 沿 Z_1 轴上移高 H,定出上底椭圆的中心,如

图 4－11(b)所示。

(3)用四心圆弧法以 O_1 为中心画出下底椭圆，再把中心上移画出上底椭圆，如图 4－11(c)所示。

(4)作上下底椭圆的公切线，擦去多余图线，描深即完成作图，如图 4－11(d)所示。

4.2.4　综合举例

[**例** 4－4]　如图 4－12(a)所示，作支架的正等轴测图。

分析：图 4－12(a)所示的支架是由底板、支承座及两个三角形里板组合而成的。底板为长方体，有两个圆及两个通孔；支承座的上半部为半圆柱面，下半部为长方体，中间挖切一通孔；左右两个三角形为三棱柱。画轴测图时，按组合法进行，底板及支承座先按长方体画出，并按其相对位置组合，然后再画圆孔、圆角等细节。该支架左右对称，三部分后表面共面，并均以底板的上底面为结合面，故坐标原点选在底板上底面与后端面交线的中点处，如图 4－12(a)所示。

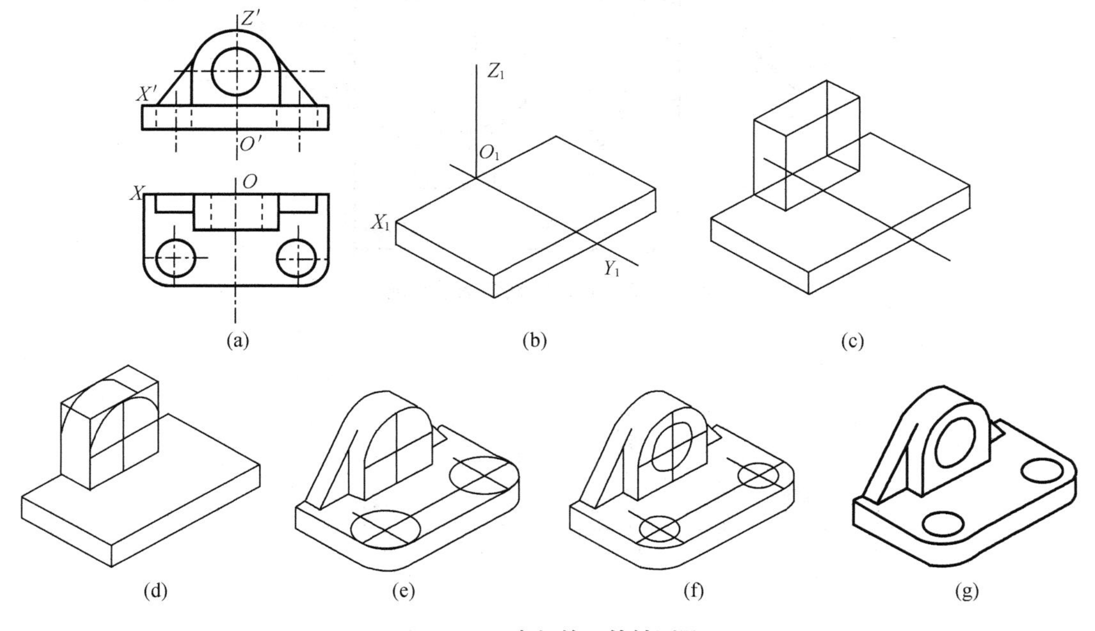

图 4－12　支架的正等轴测图

解　作图步骤：

(1)定坐标原点画轴测轴 O_1X_1、O_1Y_1、O_1Z_1，按完整的长方体画出底板的轴测图，如图 4－12(b)所示。

(2)按整体的长方体画出支承座的轴测图，如图 4－12(c)所示。

(3)画支承座上半部的圆柱面，先用四心圆弧法画出前表面上半个椭圆，再沿 Y_1 轴的方向向后移动圆心画出后表面的上半个椭圆，并作出两椭圆右侧的公切线，如图 4－12(d)所示。

(4)画三角形肋(三棱柱)、底板圆角的轴测图，如图 4－12(e)所示。

(5)画三个圆孔的轴测图，如图 4－12(f)所示。

(6)擦去多余图线，加深即完成支架的正等轴测图，如图 4－12(g)所示。

【引导知识】

4.3 斜二等轴测图

4.3.1 斜二等轴测图的形成

如图 4 – 13 所示，将物体上参考坐标系的 OZ 轴铅垂放置，并使坐标面 XOZ 平行于轴测投影面，当投射方向与三个坐标面都不平行时，形成正面斜轴测投影。在这种情况下，轴间角 $\angle X_1O_1Z_1 = 90°$，X、Z 轴向的伸缩系数 $p_1 = r_1 = 1$，而轴测轴 O_1Y_1 的方向和轴向的伸缩系数 q_1 可随着投影方向的改变而改变。这里取 $q_1 = 0.5$，$\angle Y_1O_1Z_1 = 135°$，就得到常用的正面斜二等轴测投影，又称斜二轴测图。

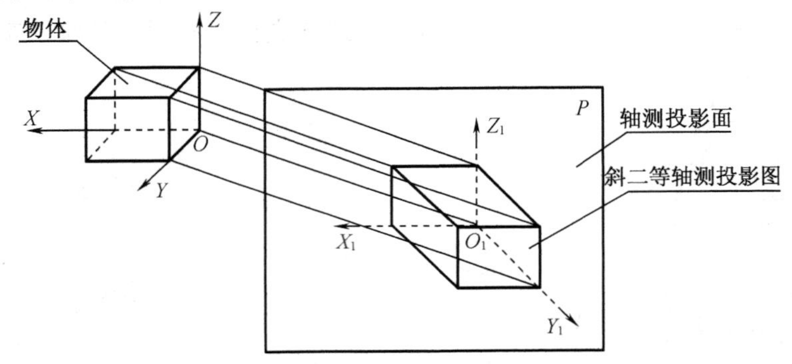

图 4 – 13 斜二等轴测图的形成

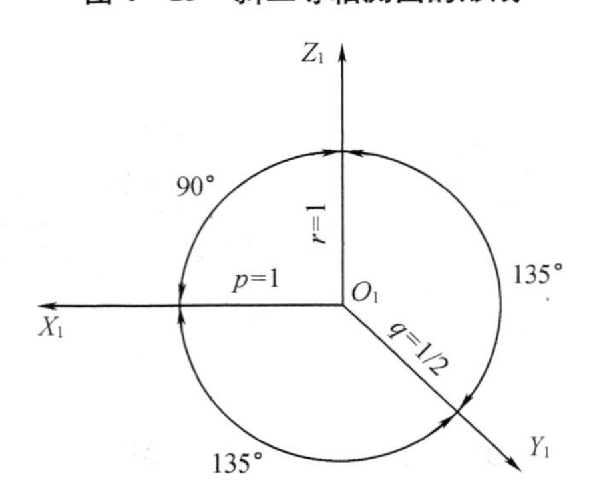

图 4 – 14 斜二等轴测图的画图参数

4.3.2 斜二等轴测图的画图参数

图 4 – 14 所示为斜二轴测图的轴间角和轴向伸缩系数：$\angle X_1O_1Z_1 = 90°$，$\angle X_1O_1Y_1 = \angle Y_1O_1Z_1 = 135°$，$p = r = 1$，$q = 0.5$。

4.3.3 斜二等轴测图的画法

1. 平行于各坐标面的圆的斜二等轴测图画法

如图 4 – 15 所示为立方体表面上的三个内切圆的斜二等轴测图。平行于坐标面 $X_1O_1Z_1$ 圆的斜二等轴测图，仍是大小相同的圆；平行于坐标面 $X_1O_1Y_1$ 和 $Y_1O_1Z_1$ 圆的斜二等轴测图是椭圆。各椭圆的长轴长度为 1.06d，短轴长度为 0.33d，其长轴分别与 O_1X_1 和 O_1Z_1 轴倾斜约 7°，短轴与长轴垂直。

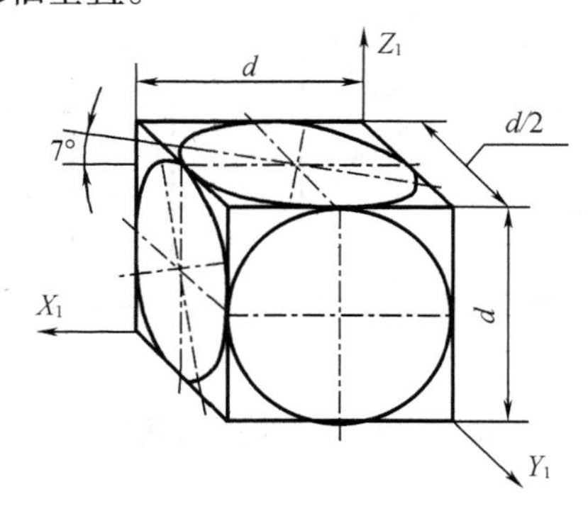

图 4－15　平行于各坐标面的圆的斜二等轴测图

2. 画法举例

因为物体上平行于坐标面 XOZ 的直线、曲线和平面图形在正面斜轴测中都反映实长和实形，所以在作轴测投影时，当物体上有比较多的平行于坐标面 XOZ 的圆或曲线时，选用斜二等轴测图作图比较方便。

［例 4－5］　作出图 4－16 所示带孔圆台的斜二等轴测图。

(1) 确定参考坐标系，如图 4－16 所示。

(2) 作斜二轴测图(图 4－17)：

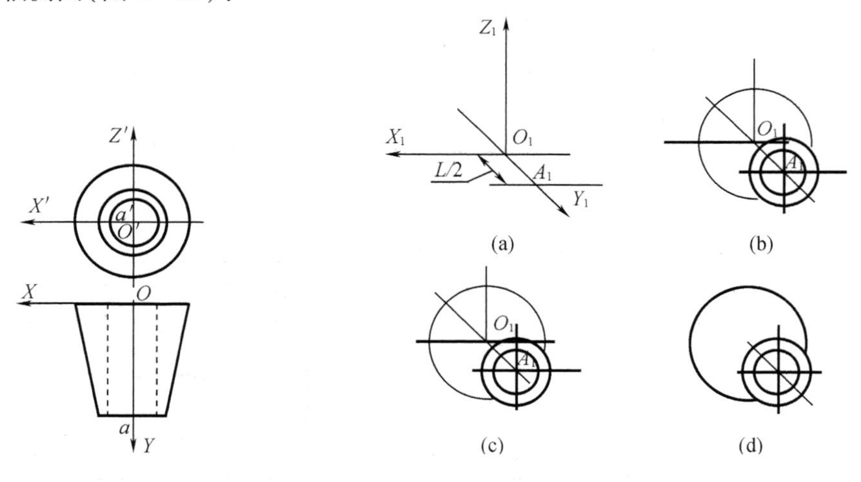

图 4－16　带孔圆台的两面投影　　　图 4－17　带孔圆台的斜二轴测图

①作轴测轴，并在 O_1Y_1 轴上量取 $L/2$，定出前端面圆的圆心 A_1，如图 4－17(a) 所示。

②画出前、后两个端面圆的斜二轴测图，仍为反映实形的圆，如图 4－17(b) 所示。

③作两端面圆的公切线及前、后孔口圆的可见部分，如图 4－17(c) 所示。

④整理并描深，便得到该圆台的斜二轴测图，如图 4－17(d) 所示。

［例 4－6］　作出图 4－18 所示物体的斜二轴测图。

确定参考坐标系，如图 4－18 所示。

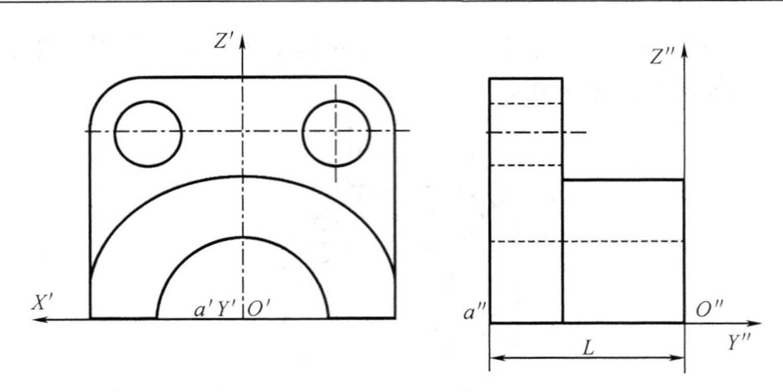

图 4-18 物体的两面投影

作斜二轴测图(图 4-19):

①画图轴测图及实心半圆柱,如图 4-19(a)所示;

②画竖板外形长方体,并画半圆柱槽(该槽深为 $L/2$),如图 4-19(b)所示;

③画竖板的圆角和小孔,如图 4-19(c)所示;

④整理并描深,完成零件的斜二轴测图,如图 4-19(d)所示。

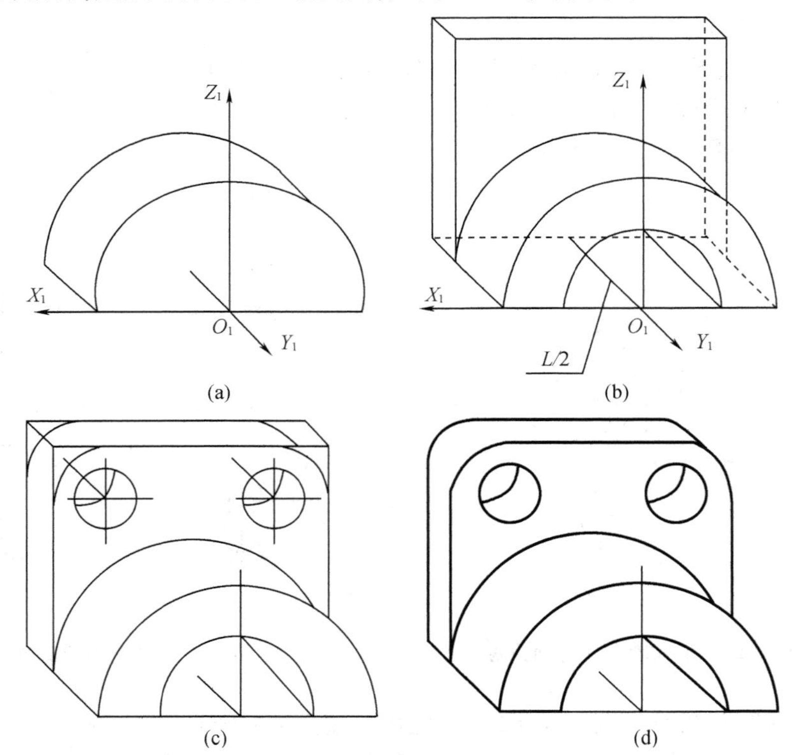

图 4-19 物体的斜二轴测图

项目5　组　合　体

【任务描述】

任何复杂的形体都可以看成是由一些基本的形体(简称基本体)按照一定的连接方式组合而成的。这些基本体包括棱柱、棱锥、圆柱、圆锥、圆球和圆环等。由基本体组成的复杂形体称为组合体,如图 5 - 1 所示。

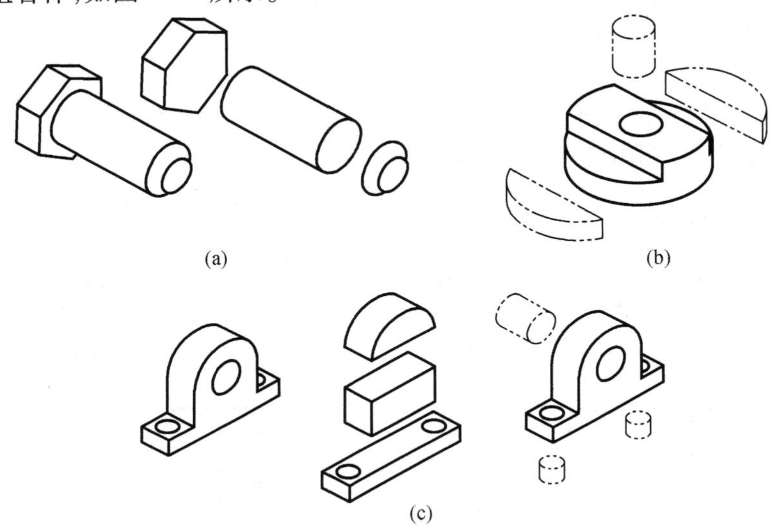

图 5 - 1　组合体的构成方式

(a)叠加;(b)切割;(c)综合

那么,绘制组合体应该采用哪些分析方法呢? 怎样才能表达出组合的结构呢?

【任务目标】

1. 理解组合体构成。
2. 掌握用形体分析法和线面分析法绘制和阅读组合形体的投影图。
3. 掌握组合体尺寸标注的方法。

【引导知识】

5.1　组合体的构成

5.1.1　组合体的构成方式

组合体的构成方式有叠加和切割两种基本形式,而常见的是这两种形式的综合。

1. 叠加

叠加是将若干个基本实体按一定方式堆积起来组成一个整体,如图 5 - 1(a)所示。

2. 切割

切割是由基本体经过切槽、钻孔等加工方式而形成的,如图 5 - 1(b)所示。

3. 综合

是前两种形式的综合,即整体上为叠加型,局部为切割型。常见的组合体多为此类型,如图 5-1(c)所示。

5.1.2 组合体的表面连接关系

从组合体的整体来看,构成组合体的各基本形体间都有一定的相对位置,并且相邻表面之间也存在一定的连接关系。其形式一般可分为平齐、不平齐、相切、相交等情况。

1. 平齐

两相邻基本体的前后表面处在同一平面上时称两基本体平齐,在其视图上两基本体之间无分界线,如图 5-2(a)所示。

2. 不平齐

两相邻基本体的前后表面处在不同平面上时称两基本体不平齐,在其视图上两基本体之间必须画出分界线,如图 5-2(b)所示。

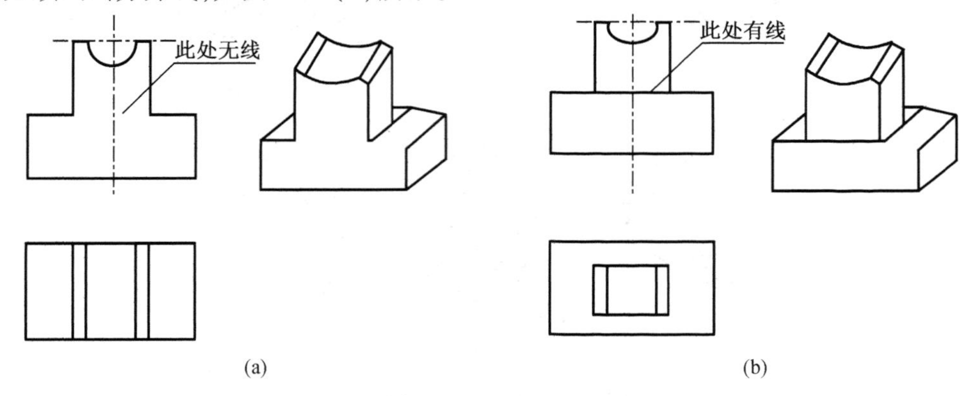

图 5-2 两平面平齐与不平齐

(a)平齐;(b)不平齐

3. 相切

两相邻基本体的表面光滑过渡时称两基本体相切,一般情况下,其视图在两表面相切处不应画出轮廓线,如图 5-3(a)所示。

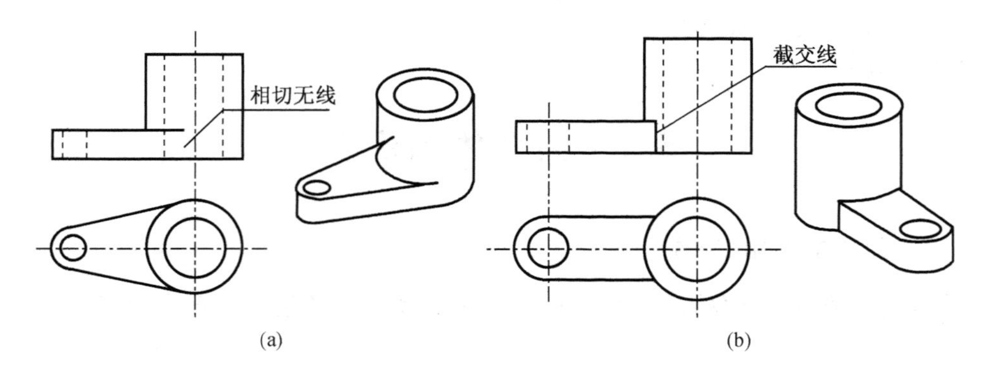

图 5-3 两平面相切与相交

(a)相切;(b)相交

4. 相交

两相邻基本形体的表面彼此相交时，相交处应画出交线（截交线或相贯线），如图5－3(b)所示，图中交线是由平面与圆柱曲面相交产生的，实质为截交线。

【引导知识】

5.2 组合体三视图的画法

5.2.1 绘制组合体视图的方法和步骤

1. 形体分析

绘制组合体的视图之前，应将被绘制的形体进行分析，看它由哪些基本体组成，分析它们的形状、尺寸以及相对位置。如图5－4所示，该组合体由四部分组成，其中：支撑板在底板的上面，后面平齐；肋板在支撑板前面、底板的上方；圆筒在支撑板和肋板上方；支撑板两斜面与圆筒相切，肋板与圆筒相交。

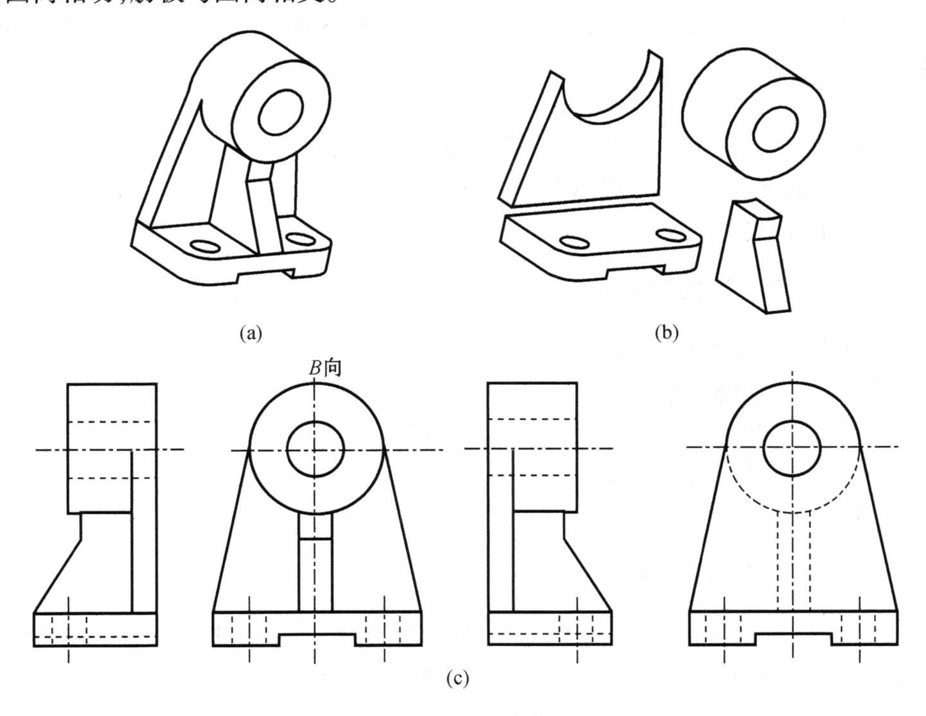

图5－4 组合体

(a)组合体；(b)分解立体图；(c)主视图的选择

2. 视图选择

选择视图首先要确定主视图。主视图方向确定后，其他视图的方向则随之确定。主视图的选择原则一般是：

(1)正放原则。将组合体的主要表面或主要轴线放置在与投影面平行或垂直的位置。

(2)形状特征原则。以最能反映该组合体各部分形状和相对位置特征的方向作为主视图方向。

(3)清晰性原则。使主视图和其他两个视图上的虚线尽量少一些。

(4)其他原则。例如尽量使画出的三视图的长大于宽,这样既符合习惯思维,也能突出主视图。

对比图 5-4(c)中所示的四个视图,*B* 向视图最能反映该组合体的形状特征、各基本组成部分的位置,且使其他视图虚线最少,因此,该组合体主视图选择 *B* 向。

3. 选择比例、布置视图

根据组合体的复杂程度和尺寸大小,应选择国家标准规定的比例和图纸幅面。在选择时,应充分考虑到视图、尺寸、技术要求及标题栏的大小和位置等。

4. 画底稿

按形体分析法逐个画出各基本形体。首先从反映形状特征明显的视图画起,然后画其他两个视图,三个视图配合进行。一般顺序是:先画整体,后画细节;先画主要部分,后画次要部分;先画大形体,后画小形体。

5. 检查

底稿画完以后,逐个仔细检查各基本形体表面的连接关系,纠正错误和补充遗漏。由于组合体内部各形体融合为一体,需检查是否画出了多余的图线。经认真修改并确定无误后,擦去多余的图线。

6. 描深

底稿经检查无误后,按"先描圆和圆弧,后描直线;先描水平方向直线,后描铅垂方向直线,最后描斜线"的顺序,根据国家标准规定线型,自上而下、从左到右描深图线。

7. 尺寸标注与填写标题栏。

5.2.2 叠加式组合体三视图画法

这类组合体的画法特点是逐块叠加,即按一定次序逐个画出组合体组成部分的三视图。支架形体的绘图过程如图 5-5 所示。画图步骤如下:

(1)运用形体分析,逐个绘出各部分基本形体。

(2)先画反映形状特征的视图。

(3)检查加深描粗。

5.2.3 切割型组合体三视图的画法

截切方式组合体的视图画法一般为面形分析法,即根据表面的投影特性来分析组合体表面的性质、形状和相对位置,然后进行画图,如图 5-6 所示。

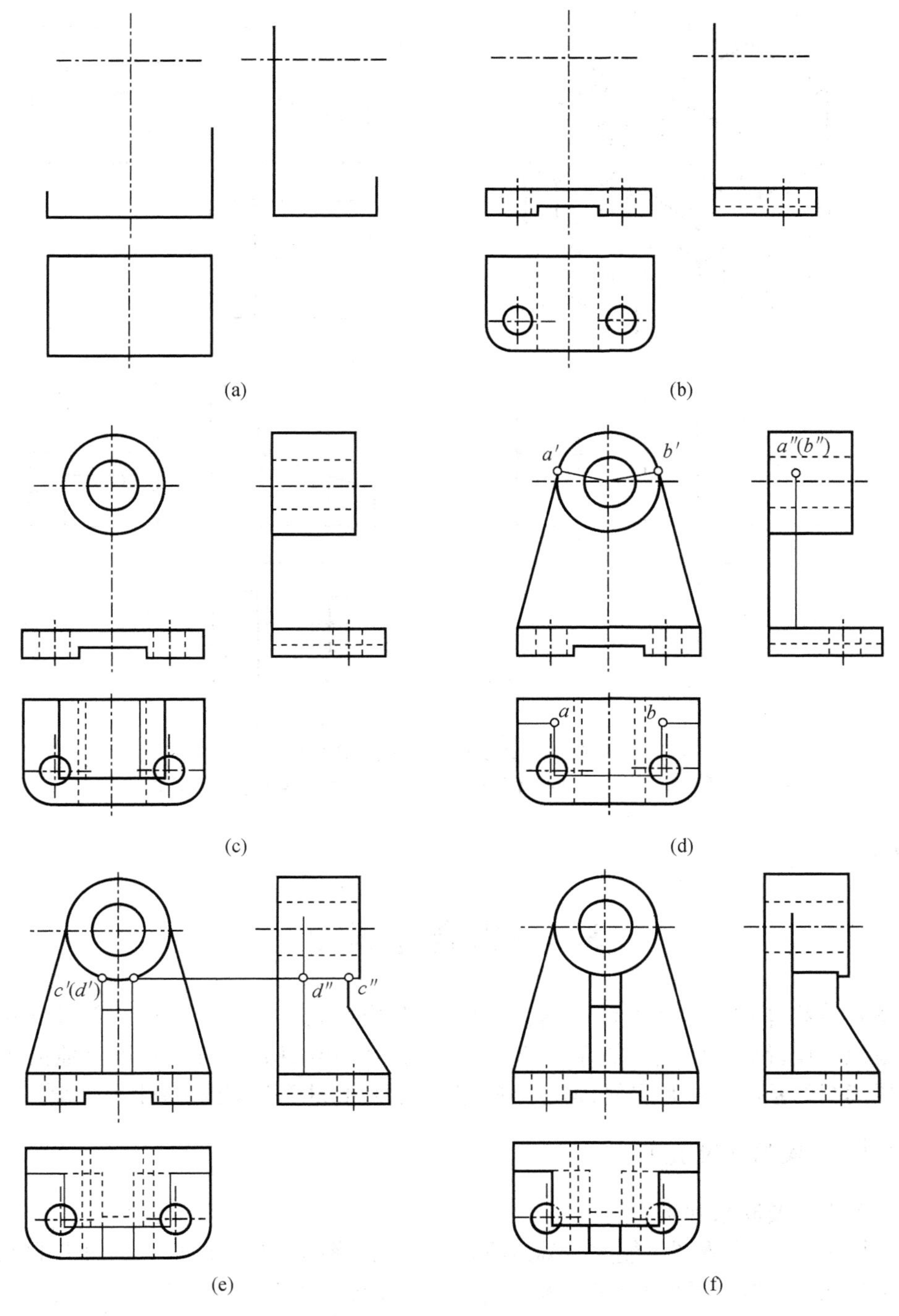

图5－5 支架形体的绘图过程

(a)画基准线;(b)画底板三视图;(c)画圆筒三视图;
(d)画支撑板三视图;(e)画肋板三视图;(f)检查、加深,完成三视图

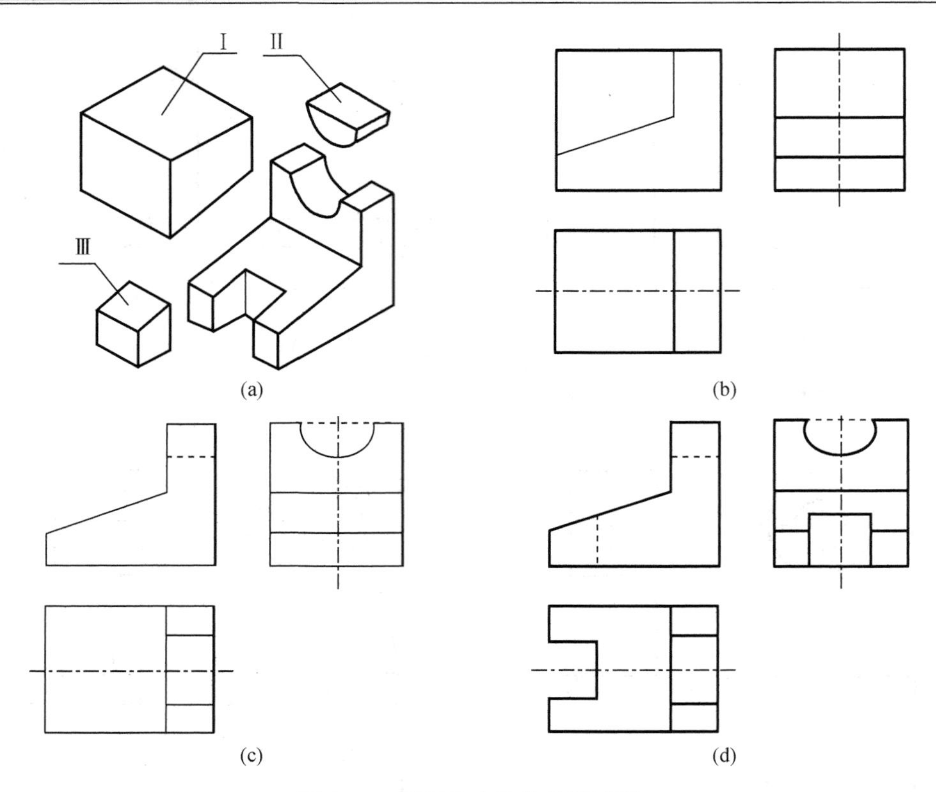

图 5-6 截切组合体的绘图过程

(a)截切方式组合体;(b)画基本结构和特征面;(c)画开槽结构;(d)检查加深

【引导知识】

5.3 组合体读图

画图是将物体按正投影方法表达在图纸上,将空间物体以平面图形的形式反映出来;读图则是根据投影规律由视图想象出物体的空间形状和结构。要正确、迅速地读懂视图,必须掌握读图的基本方法和步骤,培养空间想象能力,通过不断实践,逐步提高读图能力。

5.3.1 读图的一般原则

1. 几个视图要联系起来看

一般情况下,一个视图不能完全确定物体的形状。图 5-7 所示的三组视图,它们的主、俯视图都相同,但它们分别表示了三种不同形状的物体。由此可见,读图时,一般要将几个视图联系起来阅读、分析和构思,才能弄清物体的形状。

2. 抓住特征视图

所谓特征视图,就是把物体的形状特征及相对位置反映得最充分的那个视图。找到这个视图,再配合其他视图,就能较快地认清物体了。

但是,由于组合体的组成方式不同,物体的形状特征及相对位置并非总是集中在一个视图上,有时是分散于各个视图上。例如图 5-8 中的支架就是由四个形体叠加构成的。主

视图反映物体 A、B 的形状特征，俯、左视图反映 A、B 的位置特征；俯视图反映物体 D 的形状特征，主视图反映其位置特征。所以在读图时.要抓住反映物体特征较多的视图。

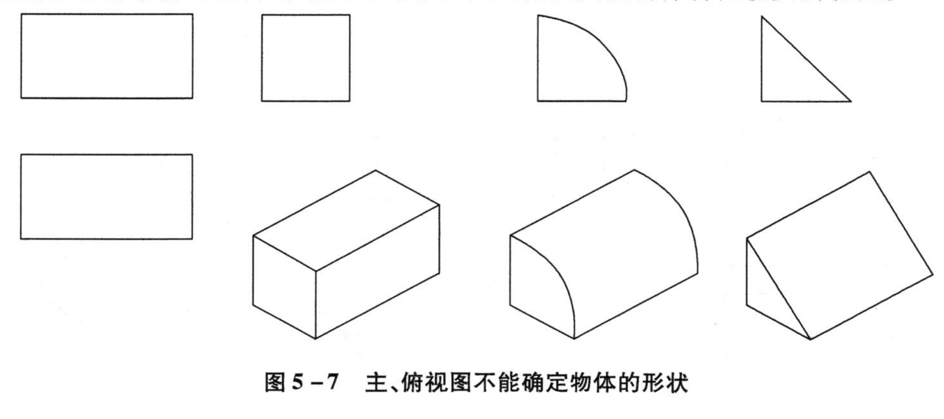

图 5-7　主、俯视图不能确定物体的形状

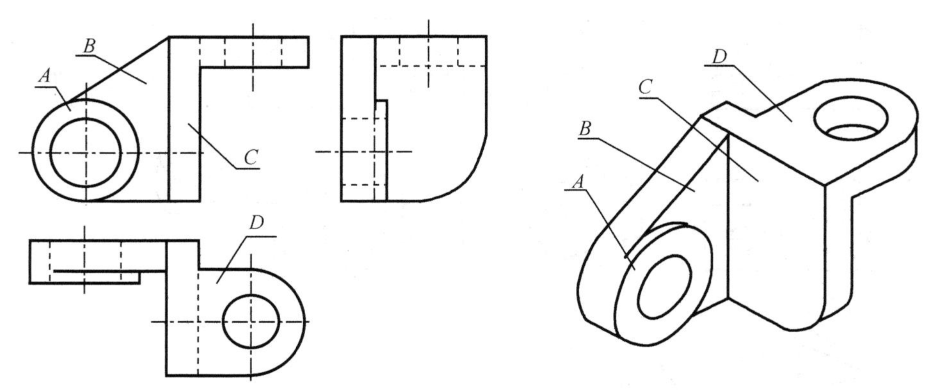

图 5-8　特征视图

5.3.2　组合体读图的基本方法

1. 形体分析法

形体分析法是读图的基本方法。一般是先从反映物体特征最多的主视图着手，对照其他视图，初步分析出该物体是由哪些基本形体以及通过什么连接关系形成的；然后按投影特性逐个找出各基本体在其他视图中的投影，以确定各基本体的形状和它们之间的相对位置；最后综合想象出物体的总体形状。下面以轴承座（见图 5-9）为例，说明如何运用形体分析法读图。

（1）从视图中分离出表示各基本形体的线框。将主视图分为四个线框。其中，线框 3 为左右两个完全相同的三角形，因此可归纳为三个线框。每个线框各代表一个基本形体，如图 5-9(a)所示。

（2）分别找出各线框对应的其他投影，并结合各自的特征视图逐一构思它们的形状。如图 5-9(b)～(d)所示，线框 1 的主、俯两视图是矩形，左视图是 L 形，可以想象出该形体是一块直角板，板上钻了两个圆孔；线框 2 的主视图是一个带有半圆的矩形，俯视图是一个中间带有两条直线的矩形，其左视图是一个矩形，矩形的中间有一条虚线，可以想象出它的形状是在一个长方体的中部挖了一个半圆槽；线框 3（两个）的俯、左两视图都是矩形，因此它们是两块三角形板，对称地分布在轴承座的左右两侧。

(3)根据各部分的形状和它们的相对位置综合想象出其整体形状，如图 5-9(e)、(f)所示。

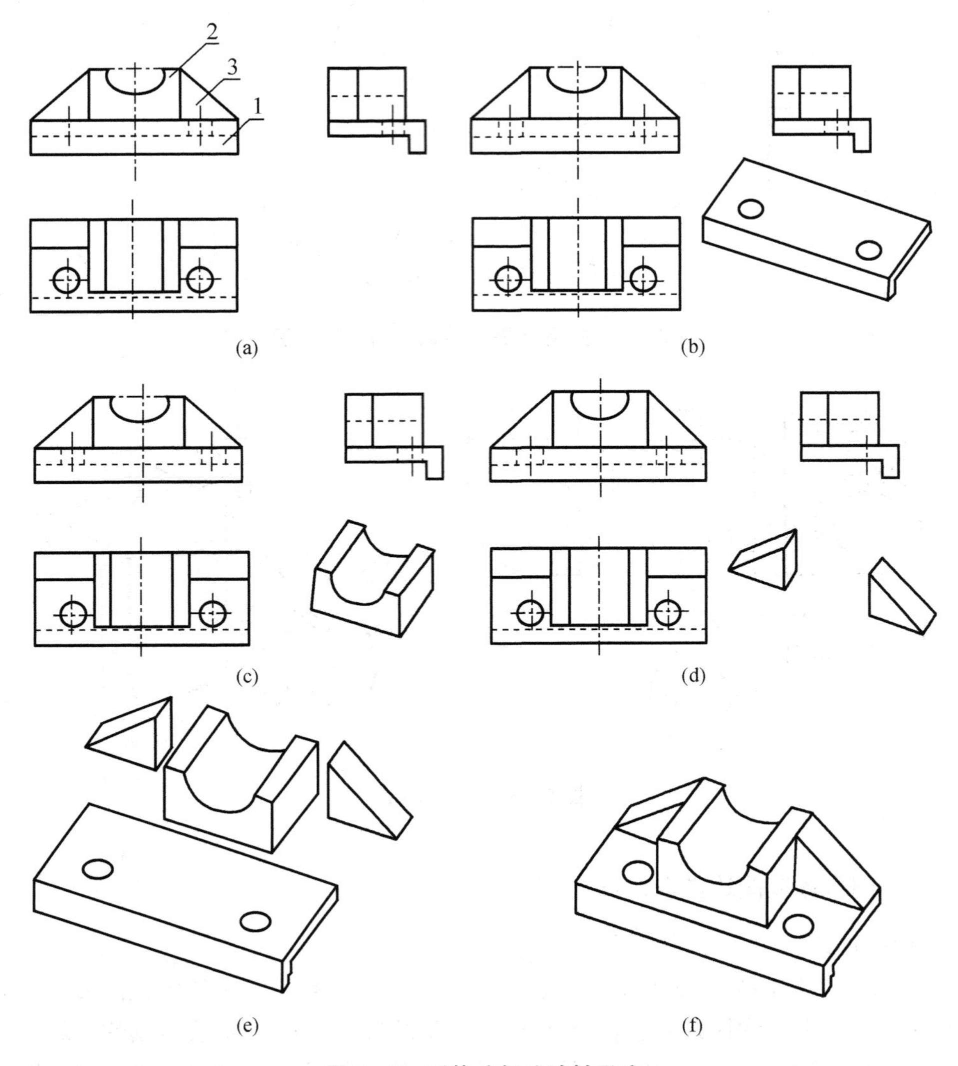

图 5-9 形体分析法读轴承座

2. 线面分析法

当形体被多个平面切割、形状不规则或在某视图中形体结构的投影关系重叠时，应用形体分析法往往难以读懂。此时，要运用线、面投影来分析物体的表面形状，面与面的相对位置以及面与面之间的表面交线，并借助立体的概念来想象物体的形状，这种方法称为线面分析法。

下面以图 5-10 所示的压块为例，说明线面分析的读图方法。

(1)确定物体的整体形状。根据图 5-10(a)可知，压块三视图的外形均是有缺角和缺口的矩形，可初步认定该物体是由长方体切割而成且中间有一个阶梯圆柱孔。

(2)确定切割面的位置和面的形状。首先看主视图，主视图中有三个可见的封闭线框。

先分析1′线框，如图5－10(b)所示，1′线框在俯视图中可找出与它对应的斜线1，由此可见Ⅰ面是铅垂面。长方体的左端就是由两个这样的平面切割而成的。平面Ⅰ对正面和侧面都处于倾斜位置，因而侧面投影1″也是类似的七边形线框。

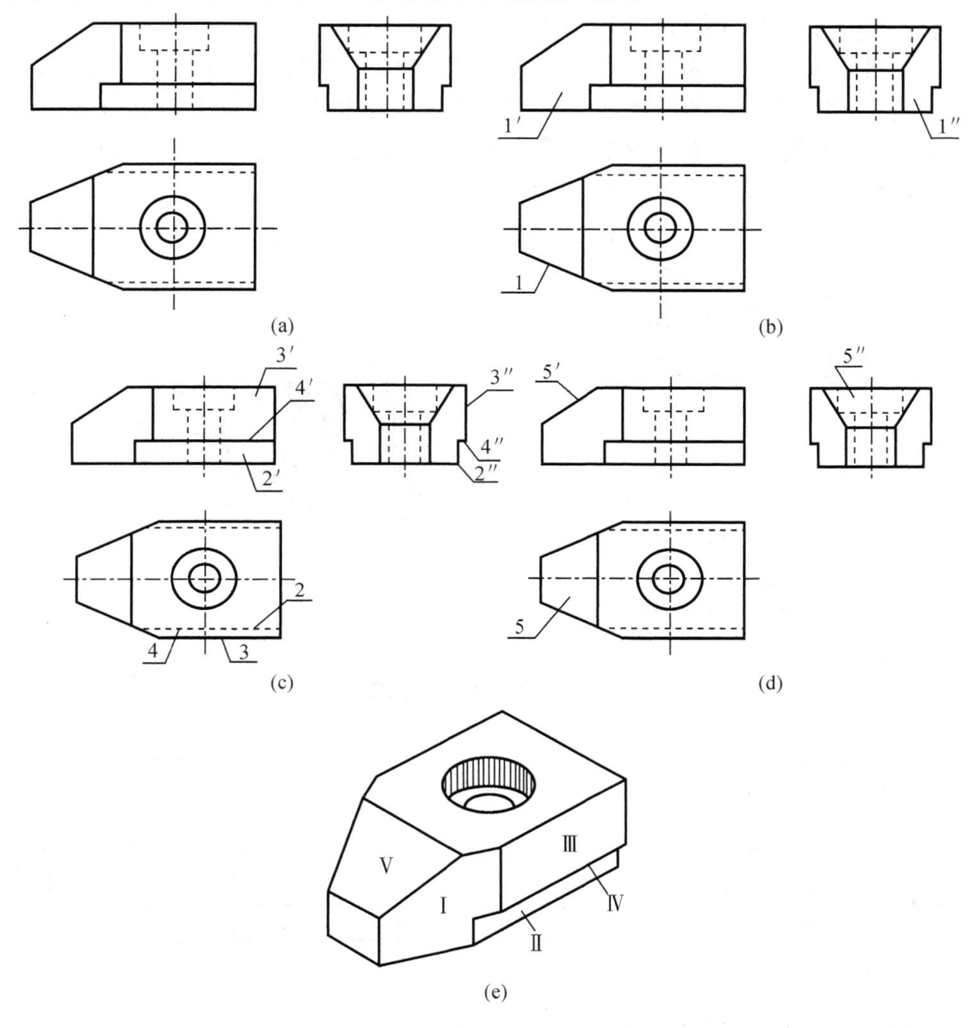

图5－10　线面分析法读压块

同理分析主视图中的2′和3′线框，可知它们是两个前后错开的矩形平面，2′和3′是它们的实形投影。分隔开这两个面的是Ⅳ面，它是一个水平面，如图5－10(c)所示。长方体的前后两个角被这三个面切去。

接着分析俯视图中的线框5，如图5－10(d)所示，可知是垂直于正面的梯形平面。长方体的左上角是由Ⅴ面切割而成的，平面Ⅴ对侧面和水平面都处于倾斜位置，所以它们的侧投影5和水平投影5″是类似图形，不反映Ⅴ面的真实形状。

(3)综合想象其整体形状。搞清楚各截切面的空间位置和形状后，根据基本形体形状、各截切面与基本形体的相对位置，并进一步分析视图中线、线框的含义，可以综合起来想象出其整体形状，如图5－10(e)所示。

读组合体的视图时，常常需要两种方法并用，以形体分析法为主，遇到难点时再借助线面分析法,这样才能较好地读懂视图。

5.3.3 补视图与补缺线

[**例** 5-1] 根据图 5-11(a)所示的两视图,补画左视图。

首先根据形体分析法,从主视图入手,联系俯视图,可以把整体分解为Ⅰ、Ⅱ、Ⅲ三个部分,然后分别构思每个部分的形状,可以看出Ⅰ为带方槽和圆孔的长方形板,Ⅱ为带半圆孔的长方形板,Ⅲ为带孔 U 形板。最后根据三者的相对位置关系构思出整体,如图 5-11(b)所示。补画左视图的步骤如图 5-12 所示。

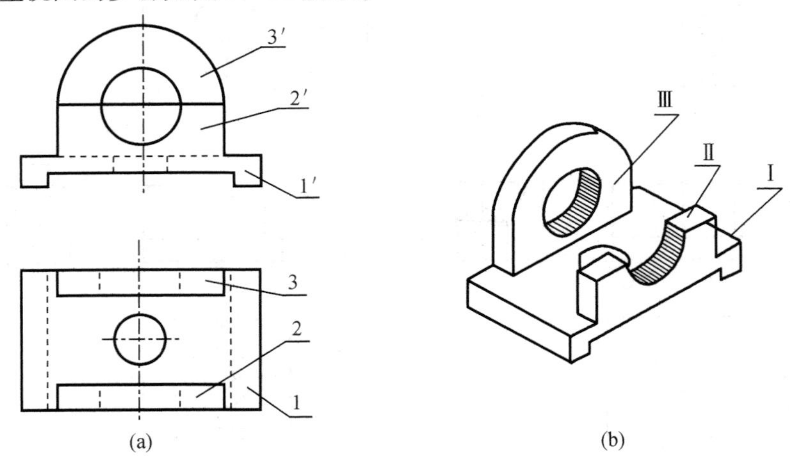

图 5-11 补画左视图

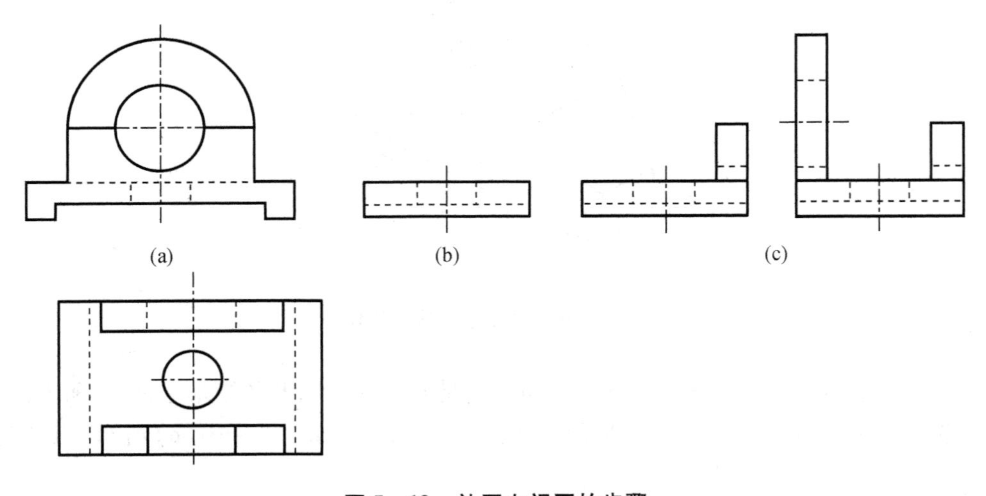

图 5-12 补画左视图的步骤

(a)画Ⅰ部分;(b)画Ⅱ部分;(c)画Ⅲ部分

[**例** 5-2] 根据图 5-13 所示的三视图,补画所缺图线。

分析可知,该物体由圆柱底板和一小圆柱叠加后,又经切割而成。首先是在圆柱底板的前后切两个方槽,然后在小圆柱的前后切两个缺口,最后在底板和小圆柱上共同穿孔。补画视图缺线的步骤如图 5-14(a)、(b)、(c)所示。

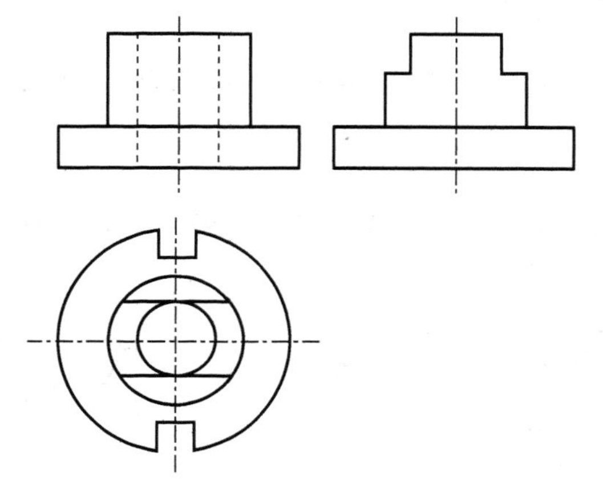

图5－13　已知三视图

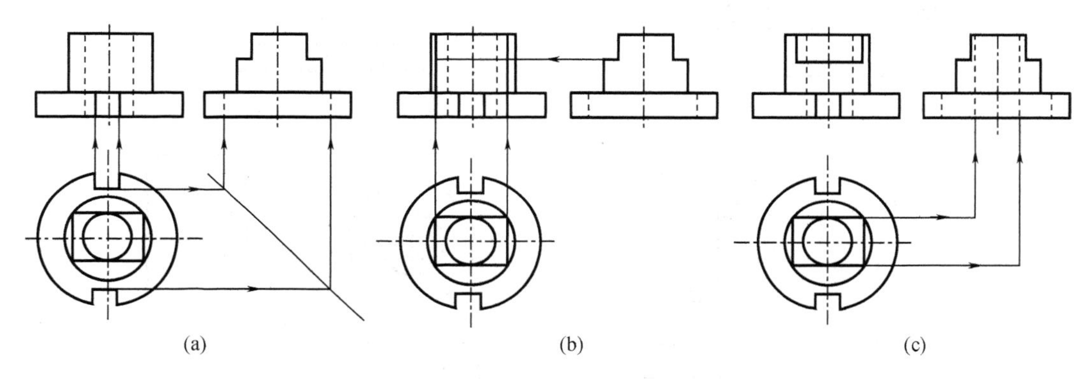

图5－14　补画视图缺线的步骤

【引导知识】

5.4　组合体的尺寸标注

5.4.1　尺寸标注的基本要求

组合体的视图表达了机件的形状，而机件的大小则要由视图上所标注的尺寸来确定。组合体尺寸标注要求做到：

1. 正确

尺寸标注要符合国家标准的基本规定。

2. 完整

尺寸标注要齐全，但也不能多余。

3. 清晰

尺寸布置要整齐、合理，便于读图。

5.4.2　尺寸类型

为了将尺寸标注得完整，在组合体的视图上，一般需标注下列几类尺寸：

1. 定形尺寸

用来确定组合体各组成部分形状大小的尺寸，如图 5 - 15 所示的组合体各组成部分的尺寸大多为定形尺寸。

2. 定位尺寸

用来确定组合体各组成部分相对位置的尺寸，如图 5 - 15(a)中反映底板上两个孔的位置的尺寸 58 和 60 即为定位尺寸。

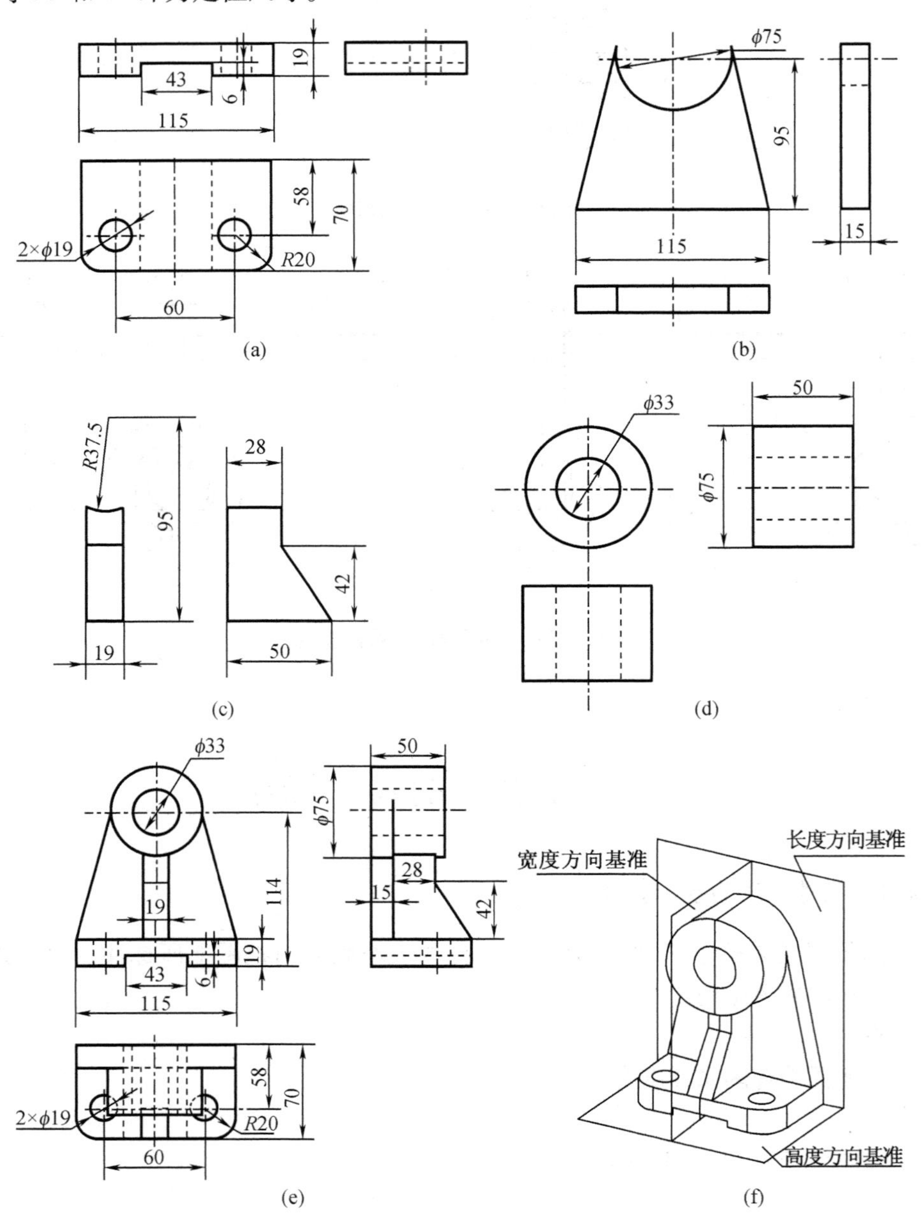

图 5 - 15

(a)底板的尺寸标注；(b)支撑板的尺寸标注；(c)肋板的尺寸标注；

(d)圆筒的尺寸标注；(e)组合体的尺寸标注；(d)确定各个方向的基准

3. 总体尺寸

表示组合体外形大小的总长、总宽、总高等尺寸。如图 5－15(e)所示的尺寸 70 和 115 即为总体尺寸。

5.4.3 尺寸标注方法

1. 进行形体分析,选择尺寸基准

在明确了视图中应标注哪些尺寸的同时,还需要考虑尺寸基准的问题。所谓尺寸基准,就是标注尺寸时所选择的起点,即确定尺寸位置的几何元素——点、线、面。

基准一般可选组合体的对称平面、底面、重要端面以及回转体的轴线等。如图 5－15(f)所示支架的尺寸基准是:以左右对称面作为宽度方向的基准;以底板和支承板的后表面作为长度方向的基准;以底板的底面作为高度方向的基准。

2. 标注确定各部分的定形、定位尺寸

如图 5－15(a)～(d)所示。

3. 标注确定各部分之间相对位置的定位尺寸。为了确定各部分之间的空间相对位置,一般应注出左右、上下、前后三个方向的定位尺寸,表面重合、平齐、对称时可以省略某个方向的定位尺寸。如图 5－15(e)所示,支承板与底板叠加时,支承板下表面与底板上表面重合,则上下方向不需要标注定位尺寸;两者后表面平齐,则前后不需要标注定位尺寸;肋板所在位置左右对称,则左右也不需要标注定位尺寸。

4. 标注总体尺寸

为了表示组合体的总长、总宽、总高,一般应标注出相应的总体尺寸,如图 5－15(e)所示的尺寸 70 和 115 即为总体尺寸。

5. 检查、修改、调整尺寸

按上述步骤进行后,尺寸虽然已经标注完整,但考虑总体尺寸后,为了避免重复,还应做适当调整。如肋板在长度方向一面与支承板重合,另一面的边线与底板重合,则其本身的长度尺寸 50(图 5－15(c))应该省略,否则尺寸会重复;支承板的半圆孔与圆筒外圆在组合体中完全重合,即两者直径相等,故在组合体中两者直径必须去除一个,只保留其中的一个(图 5－15(c))。另外,考虑到高度方向基准为底板底平面,为使基准一致,在组合体中去除肋板的高度尺寸 95(图 5－15(b)),增加从底板底平面至圆筒中心的尺寸 114(图 5－15(e))。

还应注意,当组合体某个视图中以圆弧为轮廓线时,为明确圆弧中心的确切位置,一般不标注总体尺寸而是标注出圆心的定位尺寸和圆弧的半径或直径,如图 5－16(c)、(d)所示。当圆弧只是作为圆角时,既要标注出圆角半径,也要标注出总长、总宽等尺寸,如图 5－16(a)所示。图 5－16 是一些常见结构的尺寸标注法,图中,尺寸线上标"×"的尺寸为错误标注法。

6. 尺寸标注要清晰

标注尺寸时,除了要求正确、完整外,为了便于读图,还要求标注清晰。为保证尺寸的清晰性,应注意以下几点:

(1) 各基本形体的定形尺寸和相关联的定位尺寸应尽量集中标注,并且应标注在反映形体特征和明显反映相对位置关系的视图中。如图 5－17 所示,垂直板的尺寸 17,27,10,ϕ4,28 应集中标注在左视图中;三角形肋板的尺寸 12,7 应集中注在主视图中;底板的尺寸

43,35,34,18,$R8$,$2\times\phi8$ 应集中标注在俯视图中。底板与三角形肋板的定位尺寸 5 则应标注在反映位置关系明显的主视图中。

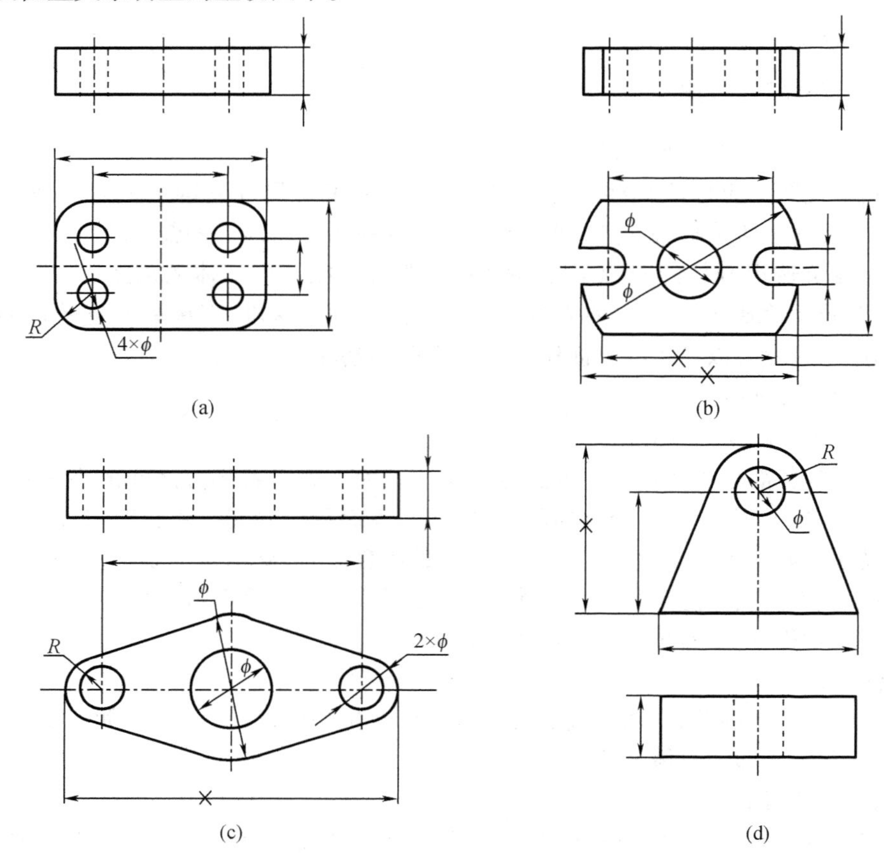

图 5－16　常见结构的尺寸标注法

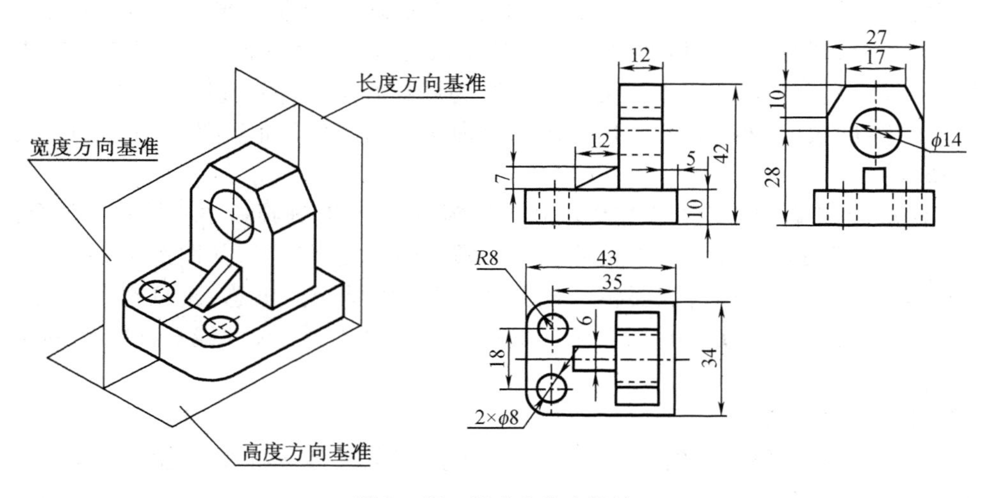

图 5－17　尺寸应集中标注

(2)尺寸应尽量标注在视图的外侧,以保持图形的清晰。同一方向上的几个连续尺寸应尽量放在同一条线上,平行尺寸则应“小尺寸在内,大尺寸在外”,如图 5－17 所示。

（3）回转体的直径尺寸应尽量标注在非圆视图上，而圆弧的半径尺寸则必须标注在投影为圆弧的视图上，如图 5－18 所示。

（4）尽量避免在虚线上标注尺寸，如图 5－18 所示。

（5）内形尺寸与外形尺寸最好分别标注在视图的两侧。

在标注尺寸时，有时会出现不能兼顾以上各点的情况，这时必须在保证尺寸标注正确、完整的前提下，灵活掌握，力求清晰。

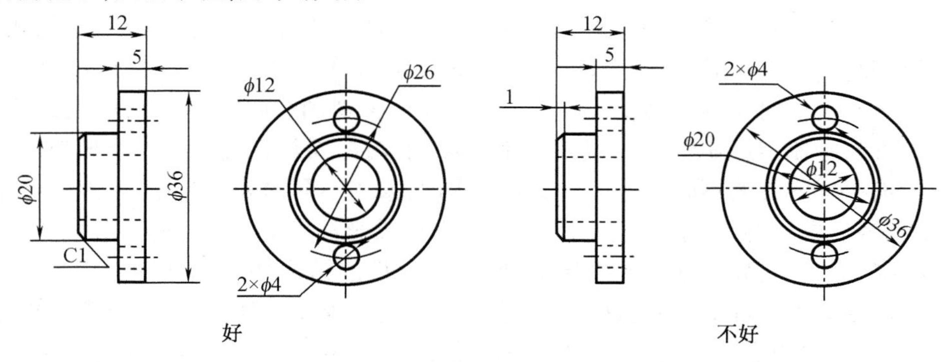

图 5－18　回转体的直径标注

项目6　图 样 画 法

【任务描述】

在生产实践中，各种零件的结构形状不同，可以用三视图来表达物体的形状和大小。有些简单的物体，往往只需要一个或两个图形表达并标注尺寸，便能清楚地反映物体的形状、结构和大小。而对于某些较为复杂的零件，仅用三视图往往不能将它们表达清楚、易懂。因此，在机械制造产业中，对于那些形状复杂的零件，要想正确、完整、清晰地表达其形状结构，只有根据零件的不同结构特点及复杂程度，采用不同的表达方法，才能满足零件表达方法的需要。国家标准规定，技术图样应采用正投影法绘制，并优先采用第一种画法。绘制技术图样时，应首先考虑的是看图方便，根据机件的结构特点，选用适当的表达方法。在完整、清晰地表达机件形状的前提下，力求制图简便。视图选择的原则：通常将机件按工作位置或加工位置或安装位置摆放，表达机件信息量最多的那个视图应作为主视图，当需要其他视图时，应按下述原则选取：

(1)在明确表达机件的前提下，使视图的数量为最少；

(2)尽量避免使用虚线表达机件的轮廓及棱线；

(3)避免不必要的细节重复。

为此，国家标准《机械制图图样画法》(GB/T 4458.1—2002 和 GB/T 4458.6—2002)及《技术制图简化表示法》(GB/T 16675.1—1996)中规定视图、剖视、断面、局部放大图、简化画法和其他规定画法等表达方法，供画图时选用。下面分别介绍一些常用的表达方法。

根据中华人民共和国国家标准的有关规定，用正投影法所绘制出的物体图形，称为视图。视图主要用于表达物体的可见部分，必要时才画出其不可见部分。视图通常有基本视图、向视图、局部视图和斜视图。

【任务目标】

1. 理解机件的各种表达方法的基本概念和应用。

2. 掌握视图、剖视图、断面图的画法。

3. 了解常用的简化画法和其他规定画法。

【引导知识】

6.1　视　　图

6.1.1　基本视图

1. 六个基本视图的形成及投影面的展开

物体向基本投影面投射所得的视图称为基本视图。

当物体的形状比较复杂时，为了清晰地表达其各面的形状，国家标准规定，在原有三个投影面的基础上，再增加三个投影面，构成一个正六面体，如图 6－1(a)所示。这六个投影面规定为基本投影面，将物体放置在六面投影体系中，分别用正投影的方法向这六个投影面投射,即得到六个基本视图。

六个基本投影面展开的方法如图6-1(b)所示,即正面保持不动,其他投影面按箭头所示方向旋转到与正面处在同一平面上。

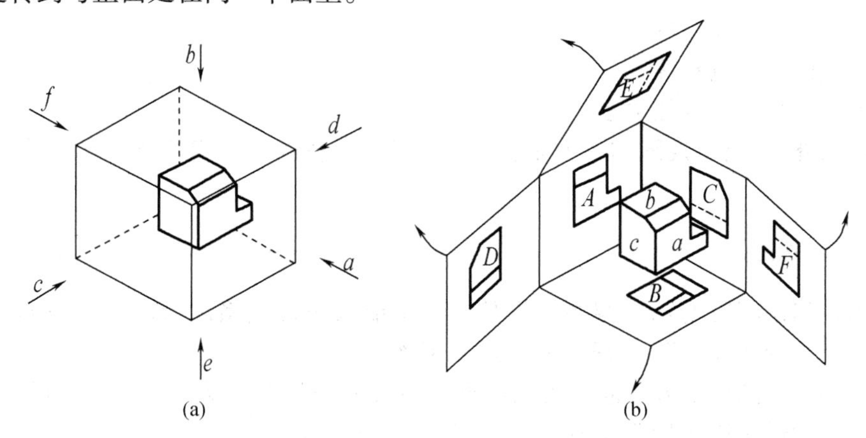

图6-1 六个基本视图的形成及展开

2. 六个基本视图的名称及其配置

在机械图样中,六个基本视图的名称和配置关系如图6-2所示。符合图6-2的配置规定时,图样中一律不标注视图名称。

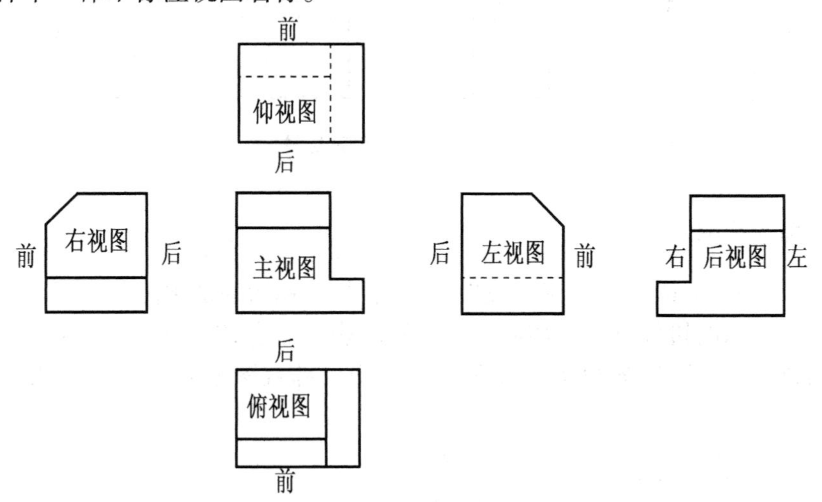

图6-2 六个基本视图的名称、配置及方位关系

机件的六个基本投射方向及视图名称见表6-1。

表6-1 基本投射方向及视图名称

方向代号	a	b	c	d	e	f
投射方向	由前向后	由上向下	由左向右	由右向左	由下向上	由后向前
视图名称	主视图	俯视图	左视图	右视图	仰视图	后视图

3. 六个基本视图的投影规律

六个基本视图之间，仍然保持着与三视图相同的投影规律，即

①主、俯、仰、后：长对正；

②主、左、右、后：高平齐；

③俯、左、仰、右：宽相等。

4. 六个基本视图的方位关系

除后视图外，远离主视图的一方是物体的前面（后视图中远离主视图的一方是物体的左方）。

6.1.2 向视图

向视图是移位配置的基本视图。当某视图不能按投影关系配置时，可按向视图绘制，如图 6－3 中的"向视图 *D*""向视图 *E*""向视图 *F*"。

向视图必须在图形上方中间位置处注出视图名称"X"（"X"为大写拉丁字母，下同），并在相应的视图附近用箭头指明投射方向，注上相应的字母。

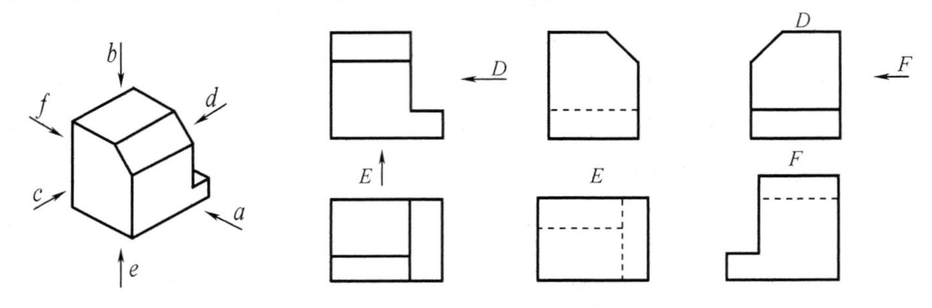

图 6－3 向视图及其标注

6.1.3 局部视图

将物体的某一部分向基本投影面投射所得的视图，称为局部视图。

如图 6－4 所示的机件，用主、俯两个基本视图表达了主体形状，但左侧有一个凸台，如用左视图和右视图表达，则显得烦琐和重复。采用局部视图来表达凸台形状，既简练又突出重点。

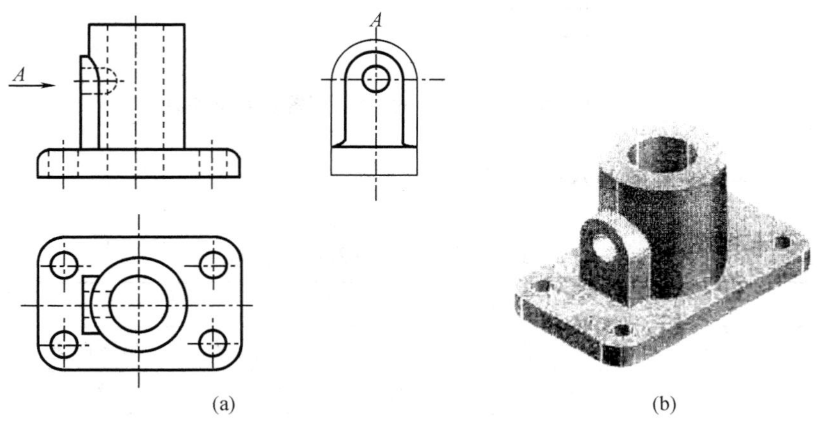

图 6－4 局部视图

局部视图的配置、标注及画法：

（1）局部视图可按基本视图配置的形式配置，中间若没有其他图形隔开，则不必标注，如图6－4中的局部视图A。

（2）局部视图也可按向视图的配置形式配置在适当位置，如图6－4中的局部视图B。

（3）局部视图的断裂边界用波浪线或双折线表示，如图6－4中的局部视图A。但当所表示的局部结构是完整的，其图形的外轮廓线封闭时，波浪线可省略不画，如图6－4中的局部视图B。

（4）对称机件的视图可只画一半或四分之一，并在对称中心线的两端画两条与其垂直的平行细实线，如图6－5所示。这种简化画法用细点画线代替波浪线作为断裂边界线，是局部视图的一种特殊画法。

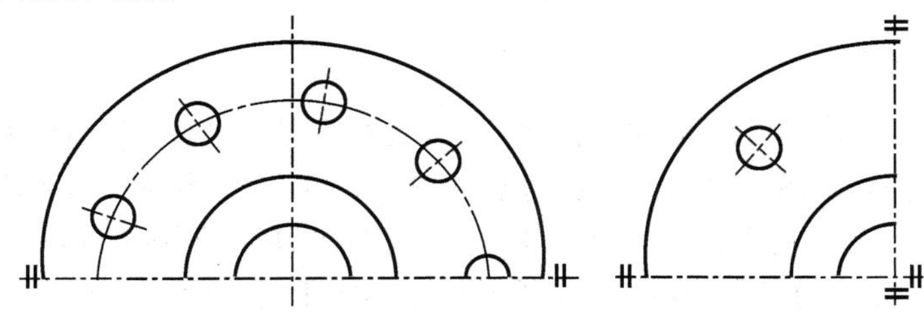

图6－5　对称物体的视图

6.1.4　斜视图

将机件向不平行于任何基本投影面的投影面进行投影，所得到的视图称为斜视图。

当机件上的倾斜部分在基本视图中不能反映出真实形状时，可重新设立一个与机件倾斜部分平行的辅助投影面（辅助投影面又必须与某一基本投影面垂直）。将机件的倾斜部分向辅助投影面进行投影，即可得到机件倾斜部分在辅助投影面上反映实形的投影——斜视图，如图6－6所示。

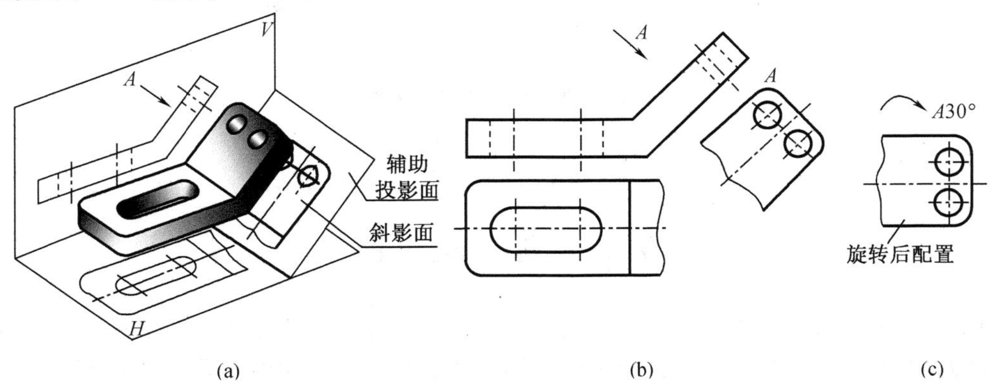

(a)　(b)　(c)

图6－6　斜视图的形成

斜视图的画法：

（1）斜视图的画法与标注基本上与局部视图相同，在不致引起误解时，可不按投影关系配置；还可将图形旋转摆正，此时的斜视图名称要加旋转符号，并且大写拉丁字母要放在靠近旋转符号的箭头端（见图6－6（c）），也允许将角度标注在字母之后，如“↷30°”。旋转符号的方向应与实际旋转方向一致。旋转符号的画法如图 6－7 所示。

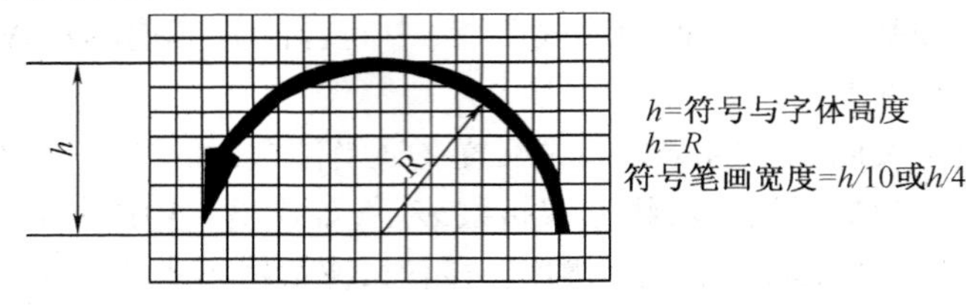

图 6－7 旋转符号

(2)斜视图一般只要求表达出机件倾斜部分的局部形状。因此在画出它的实形后,对机件的其他部分应断去不画,在断开处用波浪线表示,如图 6－6 所示。

6.1.5 应用举例

图 6－8(a)所示为压紧杆的三视图。由于压紧杆左端耳板是倾斜的,所以俯视图和左视图都不能反映实形,画图比较困难,表达不清楚。为了清晰表达倾斜结构,可按图 6－8(b)所示在平行于耳板的正垂面上作出耳板的斜视图,以反映耳板的实形。因为斜视图只是表达压紧杆倾斜结构的局部形状,所以画出耳板的实形后,用波浪线断开,其余部分的轮廓线不必画出。图 6－8(c)所示为压紧杆的轴测图。

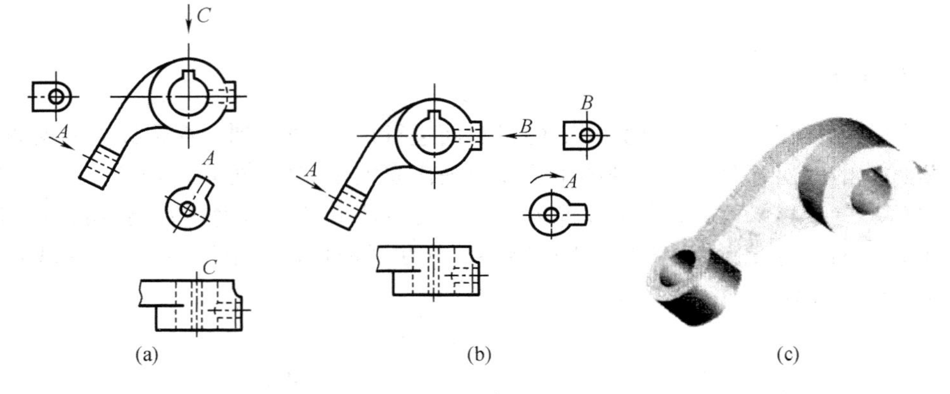

图 6－8 压紧杆的三视图

【引导知识】

6.2 剖 视 图

基本视图、向视图、局部视图和斜视图,在实际画图时,并不是每个机件的表达方案中都有这四种视图,而应根据表达需要灵活选用。要表达物体内部结构形状或同时要表达外部形状与内部形状时,通常采用剖视图。

6.2.1 剖视图的概念

1. 剖视图、剖切面、剖面区域、剖切线及剖切符号的概念

为了清楚地表达物体的内部结构和形状,如图 6－9 所示,可假想用剖切面剖开物体,将处在观察者和剖切面之间的部分移去,而将其余部分向投影面投射所得的图形称为剖视

图。剖视图可简称剖视。

用来剖切被表达物体的假想平面或曲面，称作剖切面。

假想用剖切面剖开物体，剖切面与物体的接触部分，称作剖面区域。

指示剖切面位置的线（点画线），称作剖切线。

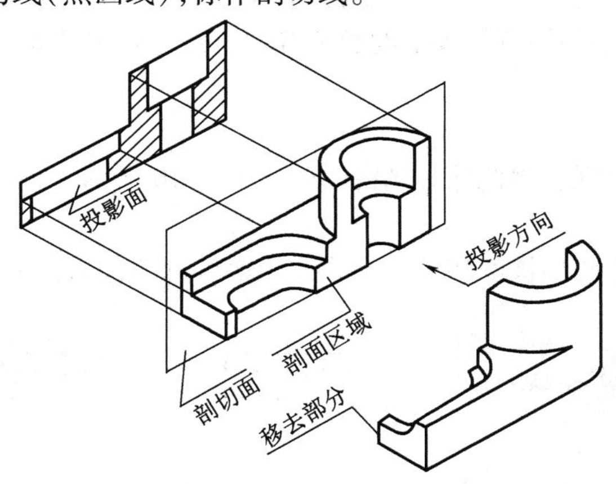

图6-9　剖视图的形成

指示剖切面起、末和转折位置（用粗短画表示）及投射方向（用箭头或粗短画表示）的符号，称为剖切符号。

2. 画剖视图的方法、步骤

下面以图6-9为例，说明画剖视图的方法、步骤：

（1）确定剖切面的位置

为了使剖视图能反映机件内部结构的实形，应使假想剖切面平行于基本投影面，并通过孔、槽等内部结构的轴线，或与机件的对称面重合，将机件剖开。图中假想剖切面为正平面，且通过机件的对称平面，如图6-9所示。

（2）画剖视图

移去位于观察者和剖切面之间的部分，将剖面区域以及机件的整个后半部分向 V 面投射，由俯视图按投影关系画出主视图，如图6-10所示。这时由于机件内部的孔、槽等被显示出来，致使原来不可见的虚线成为可见而画成实线。

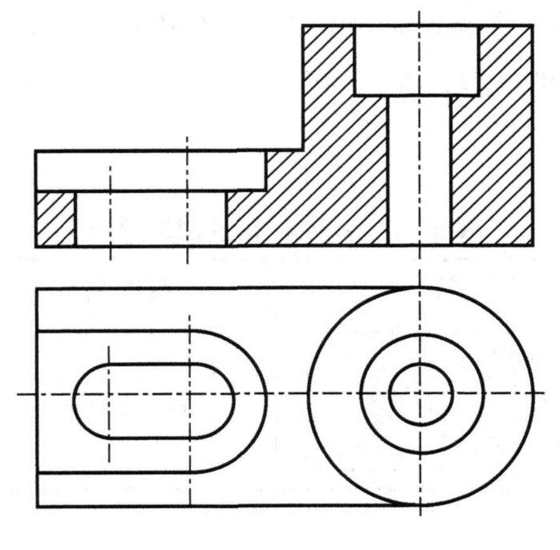

图6-10　剖视图

(3)画剖面符号

为了表示剖面区域,应按国标 GB/T17453—1980 的规定画出剖面符号。

(4)标注剖切面位置和剖视图名称

采用剖视方法,一般应标注剖视图的名称“*X*—*X*”(“*X*”为大写拉丁字母或阿拉伯数字)。在相应的视图上用剖切符号表示剖切位置和投射方向,并标注相同的字母如图 6－10 所示。

3. 画剖视图的注意事项

(1)由于剖切是假想的,因此除画剖视图(如图 6－10 所示)外,其余视图仍应按完整的画出。

(2)在剖视图中,应画出被剖切后所剩物体全部可见部分的投影,如图 6－11 所示。

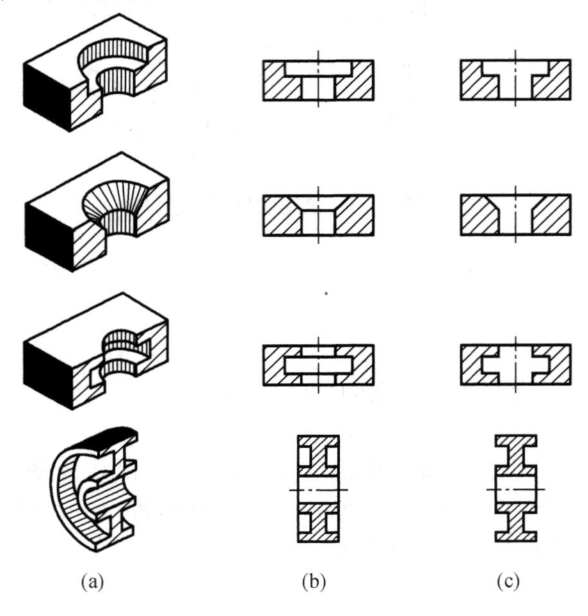

图 6－11 剖视图中漏画线图例

(a)剖视图;(b)正确图例;(c)错误图例

(3)物体与剖切面接触部分的投影,应按 GB/T 17453—1998 有关规定,画出剖面符号(剖面线)。金属材料的剖面符号用间隔均匀的细实线画出,常见材料的剖面符号见表 6－2。

表 6－2 常见材料的剖面符号

材料名称	剖面符号	材料名称	剖面符号
金属材料 (已有规定符号者除外)		线圈绕组元件	

表 6－2(续)

材料名称		剖面符号	材料名称	剖面符号
非金属材料 (已有规定符号者除外)			转子、变压器 等叠钢片	
型砂、粉末冶金、 陶瓷、硬质合金等			玻璃及其他透明材料	
木质胶合板(不分层数)			格网(筛网、过滤网等)	
木材	纵剖面		液体	
	横剖面			

(4)当不需要在剖面区域中表示材料的类别时,可采用通用剖面线表示。通用剖面线应以适当角度的细实线绘制,最好与主要轮廓或剖面区域的对称线成 45°,如图 6－12 所示。

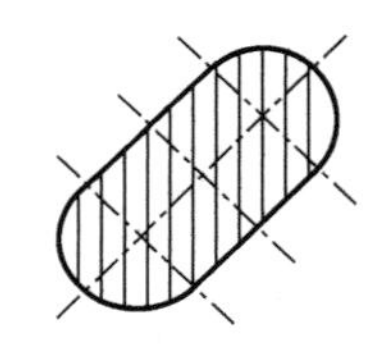
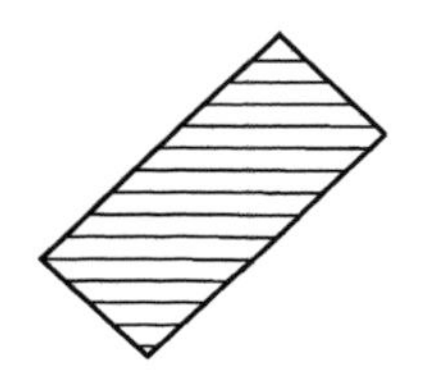
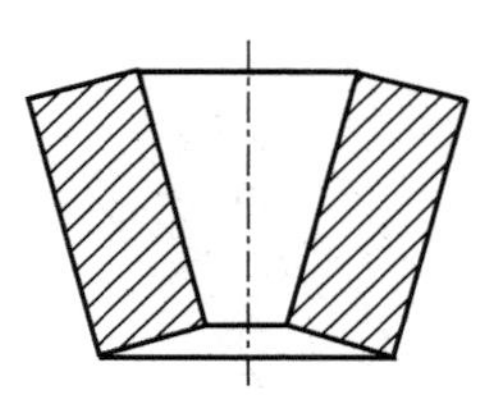
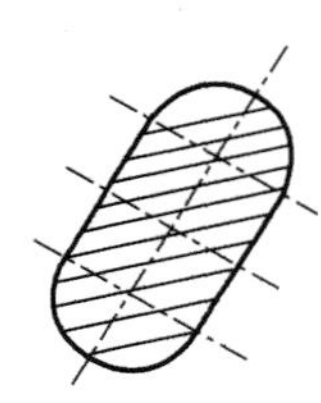

图 6－12　剖面线的方向

(5)当图形中的主要轮廓线与水平成 45°时,该图形的剖面线应画成与水平成 30°或 60°的平行线,其倾斜的方向仍与其他图形的剖面线方向一致,如图 6－13 所示。

(6)同一物体的各个剖面区域,其剖面线画法应一致(即在同一图样中,剖面线方向相同、间隔相等)。在保证最小间隙(GB/T 17450—1988)要求的前提下,剖面线间隔应按剖面区域的大小选择。

(7)在完整地表达机件结构形状的前提下(含标注尺寸后),为使图形清晰,剖视图上一般不画虚线。当画少量虚线可减少图形的数量时,才画虚线,如图 6－14 所示。

(8)剖视图应尽量配置在基本视图位置,也可以按投影关系配置在与剖切符号相对应的位置,必要时也可以配置在其他适当位置。

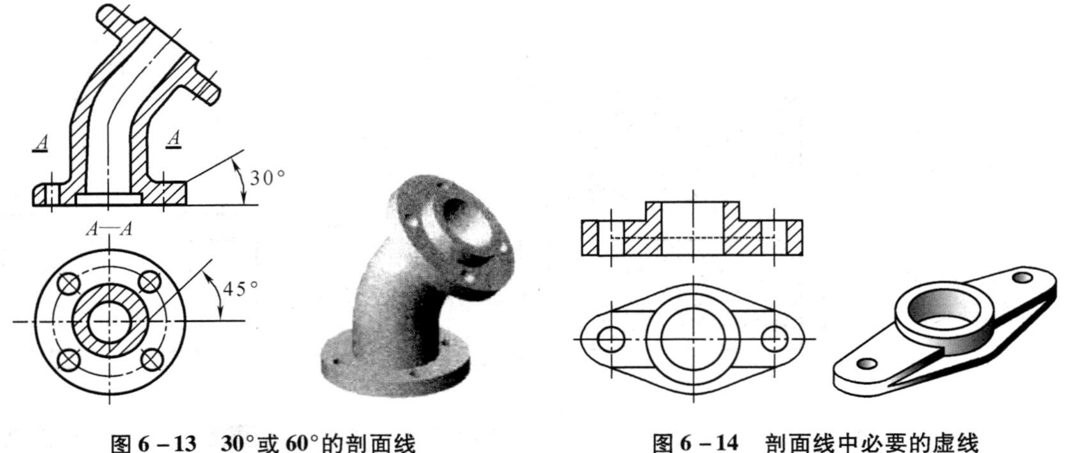

图 6-13 30°或 60°的剖面线

图 6-14 剖面线中必要的虚线

6.2.2 剖切面的种类

由于机件内部结构形状多种多样，剖切方法也就不同。剖切面可以是单一的平面，也可以是相交的平面或圆柱面。

1. 单一剖切面

当机件的内部结构位于一个剖切面上时，可选用单一剖切面。单一剖切面包括主剖切平面或柱面，应用最多的是单一剖切平面。单一剖切平面一般为投影面的平行面。如图 6-10、图 6-13、图 6-14 所示。

当机件需要表达具有倾斜结构的内部形状时，如图 6-15 所示，可以用一个与倾斜部分的主要平面平行且垂直于某一基本投影面的单一剖切平面剖切，再投射到与剖切平面平行面上，即可得到该部分内部结构的实形，如图 6-15 中的剖视图。必要时允许将图形转正，并加注旋转符号。

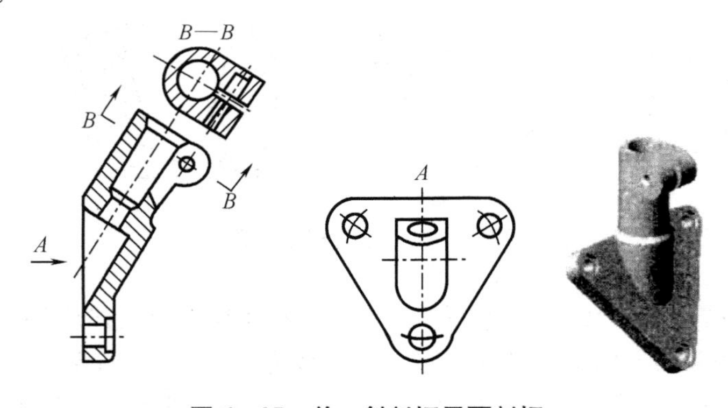

图 6-15 单一斜剖切平面剖切

单一剖切面还包括单一圆柱剖切面，如图 6-16 所示。采用柱面剖切时，机件的剖视图应按展开方式绘制。

2. 几个平行的剖切平面（又称阶梯剖）

几个平行的剖切平面，通常指两个或两个以上平行的剖切平面，并且各剖切平面的转折处必须是直角，如图 6-17 所示的物体，是采用两个平行的剖切平面剖切所获得的剖视图。

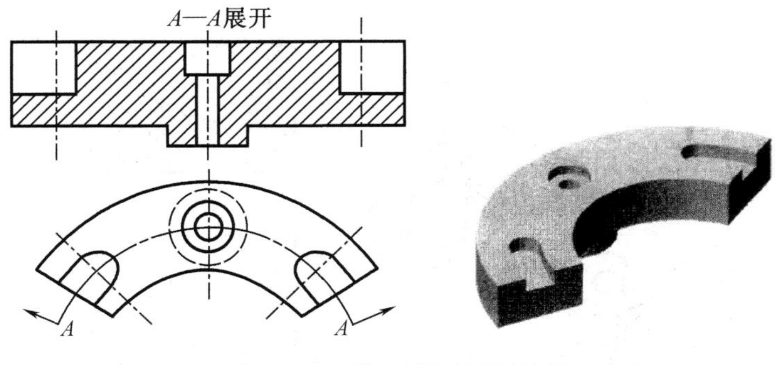

图6-16　单一剖切柱面剖切

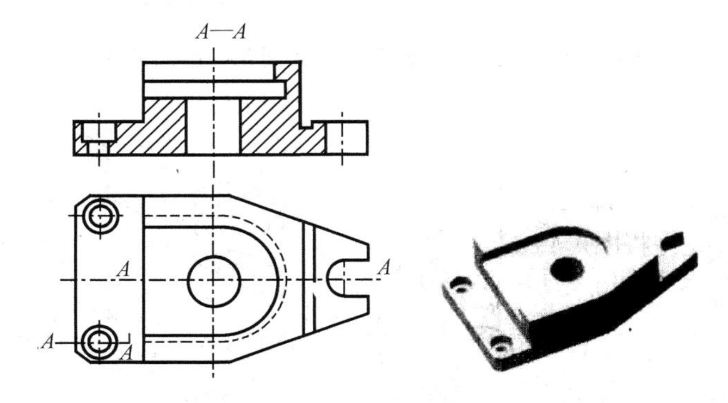

图6-17　几个平行的剖切平面剖切的剖视图

注意事项：

(1)当物体的内部结构分布在几个平行的平面上时，采用几个平行的剖切平面剖切。

(2)由于剖切是假想的，在剖视图中不画剖切平面转折处的投影，如图6-18所示。

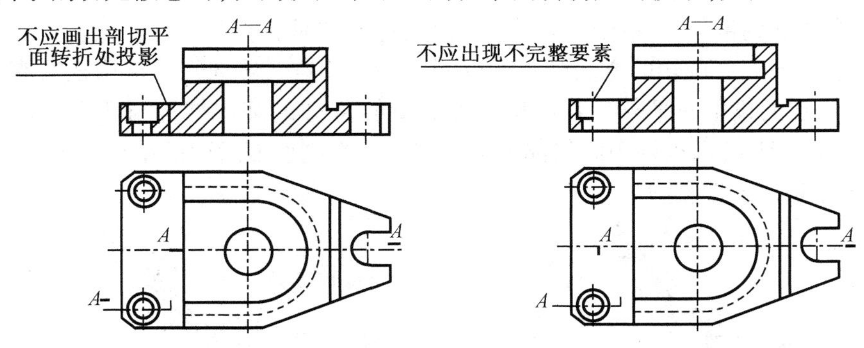

图6-18　剖视图中的错误画法

(3)在图形内不应出现不完整的要素，仅当两个要素在图形上具有公共对称中心线时，可以各画一半，此时应以对称中心线或轴线为界，如图6-19所示。

3. 几个相交的剖切面(交线垂直于某一投影面，又称旋转剖)

当机件的内部结构形状用单一剖切面不能完整表达时，可采用两个(或两个以上)相交的剖切面剖开机件，如图6-20所示，并将与投影面倾斜的剖切面剖开的结构及有关部分旋转到与投影面平行后再进行投射。

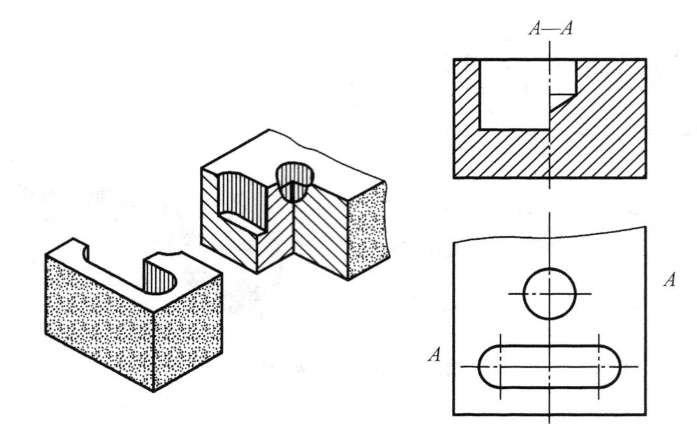

图 6－19　具有公共对称中心线时剖视图的画法

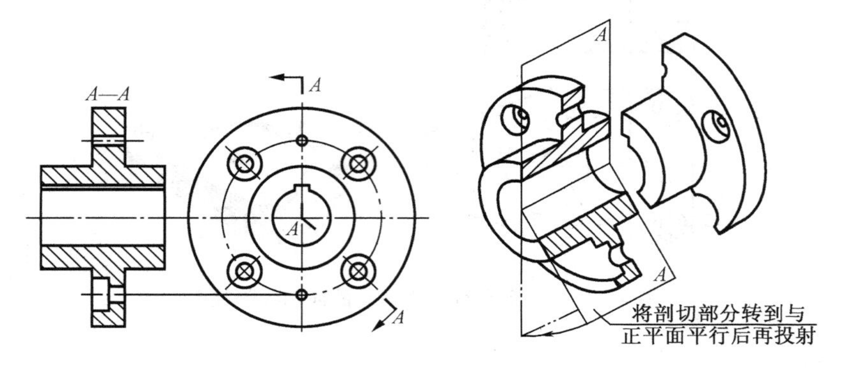

图 6－20　用两个相交的剖切平面剖切(一)

采用这种剖切面画剖视图时应注意：

(1)几个相交的剖切平面的交线(一般为轴线)必须垂直于某一投影面。

(2)应按先剖切后旋转的方法绘制剖视图(图 6－20)。使剖开的结构及其有关部分旋转至与某一选定的投影面平行后再投射。此时旋转部分的某些结构与原图形不再保持投影关系，如图 6－21 所示机件中倾斜部分的剖视图。在剖切面后面的结构(如图 6－21 中的油孔)，仍按原来的位置投射。

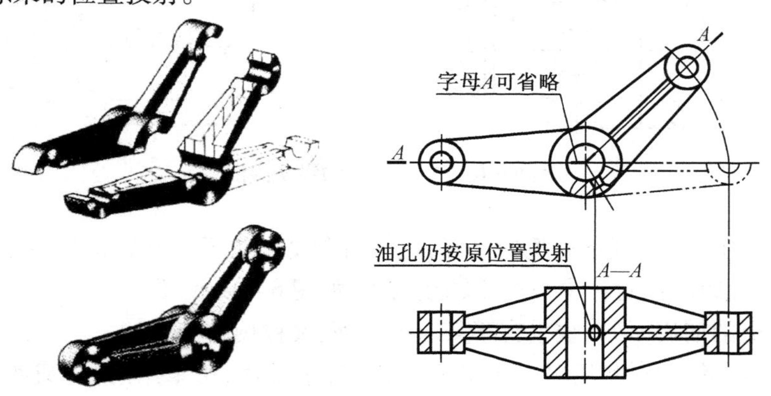

图 6－21　用两个相交的剖切平面剖切(二)

(3)采用这种剖切面剖切后,应对剖视图加以标注,标注方法如图 6 -20、图 6 -21 所示。

图 6 -22 所示是用三个相交的剖切面剖开机件来表达内部结构的实例。

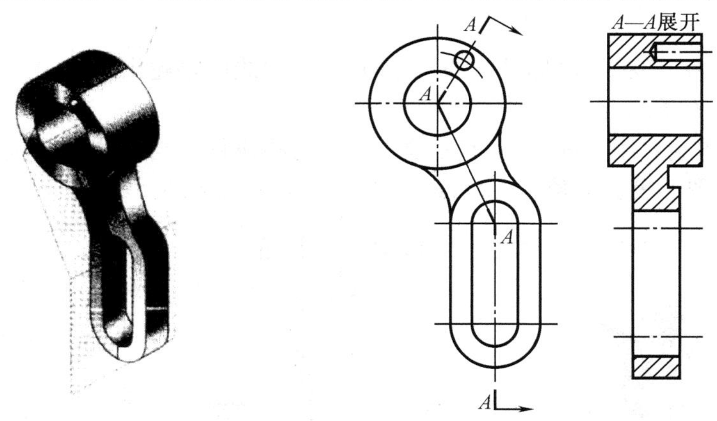

图 6 -22 用三个相交的剖切面剖切时的剖视图

6.2.3 剖视图的种类

按照剖切面不同程度地剖开机件的情况,剖视图可分为全剖视图、半剖视图和局部剖视图。

1. 全剖视图

用剖切平面(可以是单一平面或是相交两平面,或是一组相平行的平面,或是柱面)来完全剖开机件,所得的剖视图,称为全剖视图。例如图 6 -10、图 6 -13、图 6 -14、图 6 -16、图 6 -17、图 6 -19 ~ 图 6 -23 中的视图为全剖视图。全剖视图一般用于表达外部形状比较简单,内部结构比较复杂的机件。

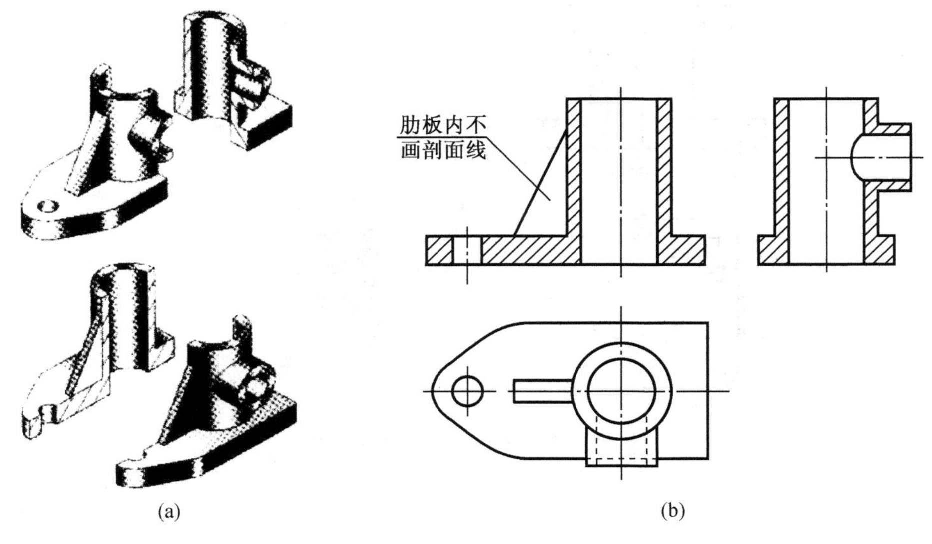

图 6 -23 全剖视图

2. 半剖视图

当物体具有对称平面时,向垂直于对称平面的投影面上投射所得的图形,以对称中心线为界,一半画成剖视图,另一半画成视图,这样的图形称为半剖视图,如图 6 - 24 所示。

注意事项:

(1)在半剖视图中标注对称结构的尺寸时,其尺寸线应略超出对称中心线,且只在一端画箭头,如图 6 - 25 所示。

(2)半剖视图主要用于内、外形状都要表达的对称机件。当物体的形状接近对称,且不对称部分已另有图形表达清楚时,也可以画成半剖视图,如图 6 - 26 所示。

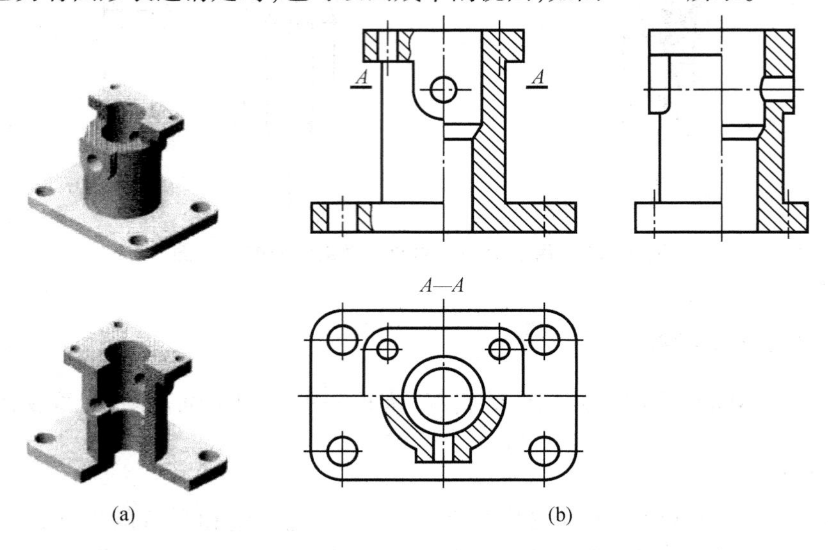

图 6 - 24　半剖视图

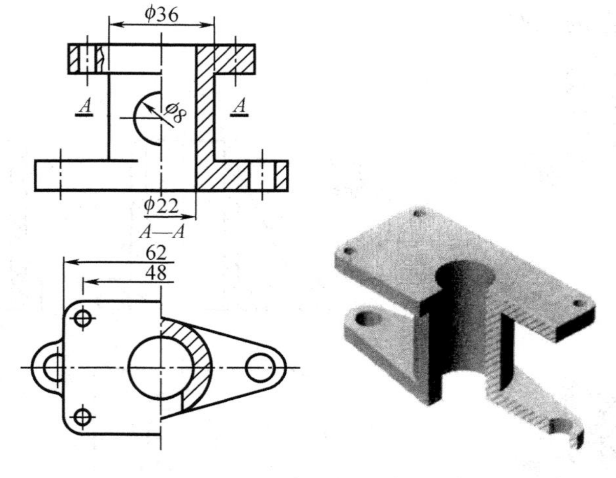

图 6 - 25　半剖视图的尺寸标注

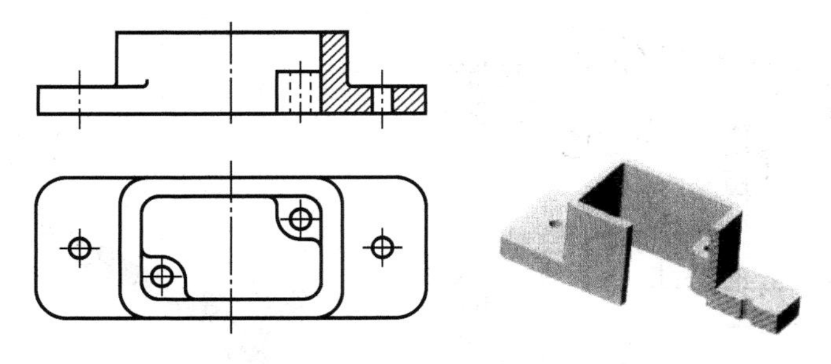

图6－26 基本对称机件的半剖视图

(3)半个剖视图与半个视图的分界线应是细点画线。

(4)在半个剖视图中已表达清楚的物体内部结构时,在另外半个视图中该结构的投影为虚线时可以不画,但对于孔或槽等结构,应用细点画线表示其中心位置。

对在半剖视图中没有表达清楚的结构(如图6－24中底板上的孔),可在半个视图中用局部剖视的方法补充表达,如图6－24所示。

(5)在半个剖视图中,剖视部分的位置通常可按以下原则配置:

①在主视图中位于对称线的右侧;

②在俯视图中位于对称线的下方;

③在左视图中位于对称线的右侧。

3.局部剖视图

当机件尚有部分内部结构形状未表达清楚,但又没有必要作全剖视或不适合作半剖视时,可用剖切平面局部地剖开机件,所得的剖视图称为局部剖视图。

如图6－27所示的箱体,其顶部有一矩形孔,底板上有四个安装孔,箱体的左右、上下、前后都不对称。为了兼顾内外结构形状的表达,将主视图画成两个不同剖切位置的局部剖视图。在俯视图上,为了保留顶部的外形,采用*A*—*A*剖切位置的局部剖视图。

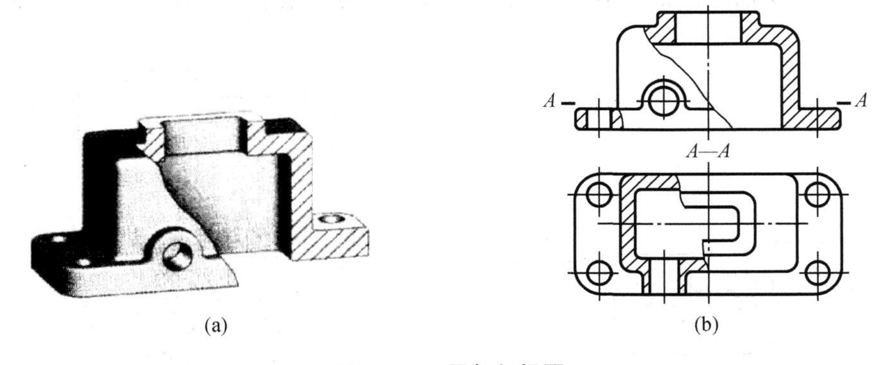

图6－27 局部剖视图

局部剖视图的标注与全剖视图相同,当剖切位置明确时,局部剖视图不必标注。局部剖视图的剖切位置和剖切范围根据需要而定,是一种比较灵活的表达方法,运用得当,可使图形表达得简洁而清晰。局部剖视图通常用于下列情况:

(1)当不对称机件的内、外形状均需要表达,或者只有局部结构的内形需剖切表示,而又不宜采用全剖视时,如图6－27所示。

(2)当对称机件的轮廓线与中心线重合,不宜采用半剖视时(图6－28、图6－29)。

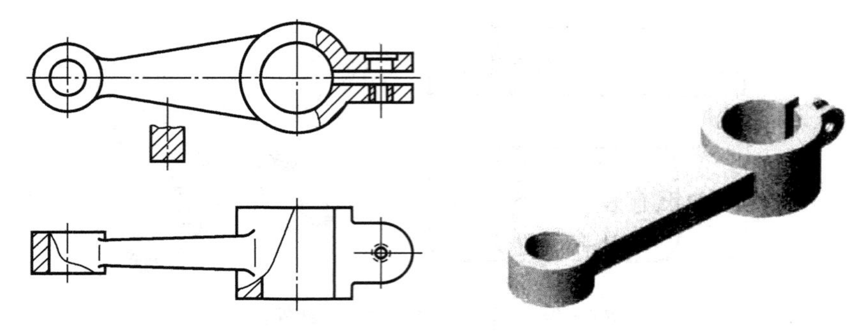

图 6－28 不宜采用全剖视图的图例(一)

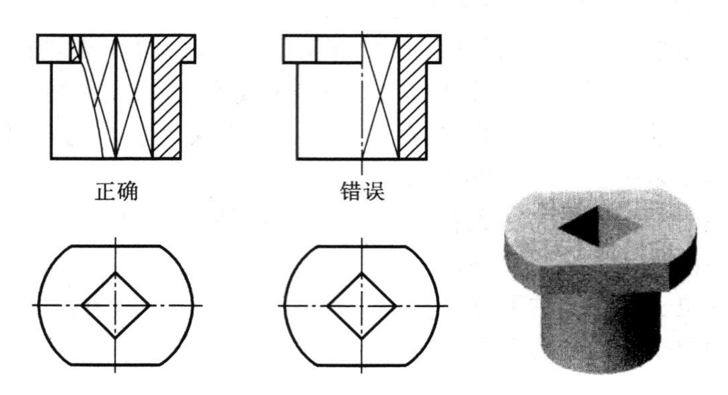

图 6－29 不宜采用全剖视图的图例(二)

(3)当实心机件(如轴、杆等)上面的孔或槽等局部结构需剖开表达时(图 6－30)。

画局部剖视图时应注意以下几点：

(1)当被剖的局部结构为回转体时，允许将该结构的中心线作为局部剖视图与视图的分界线，如图 6－31 所示。而图 6－29 所示的方孔部分，只能用波浪线(断裂边界线)作为分界线。

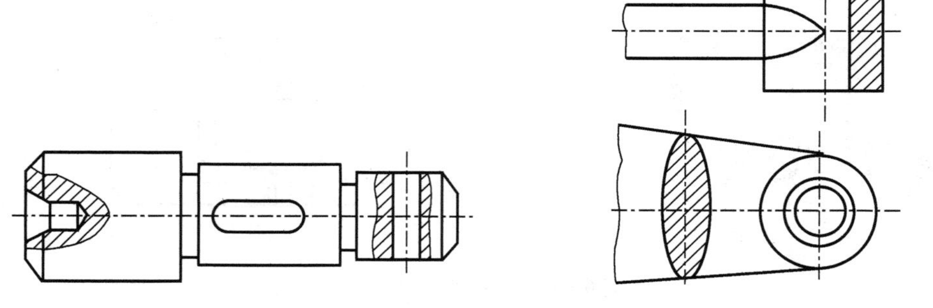

图 6－30 轴、杆的剖视图表达图例　　图 6－31 用中心线作为分界线的图例

(2)剖切位置与范围根据需要而定，剖开部分和原视图之间用波浪线分界。波浪线应画在机件的实体部分，不能超出视图的轮廓线或与图样上其他图线重合，如图 6－32 所示。

(3)局部剖视图是一种比较灵活的表达方法，哪里需要哪里剖。但在同一个视图中，使用局部剖这种表示方法的次数不宜过多，否则会显得零乱而影响清晰度。

(4)局部剖视图的标注方法与全剖视相同。当单一剖切平面的剖切位置明显时，局部剖视的标注可省略。局部剖视图的剖切范围也可以用双折线代替波浪线分界。

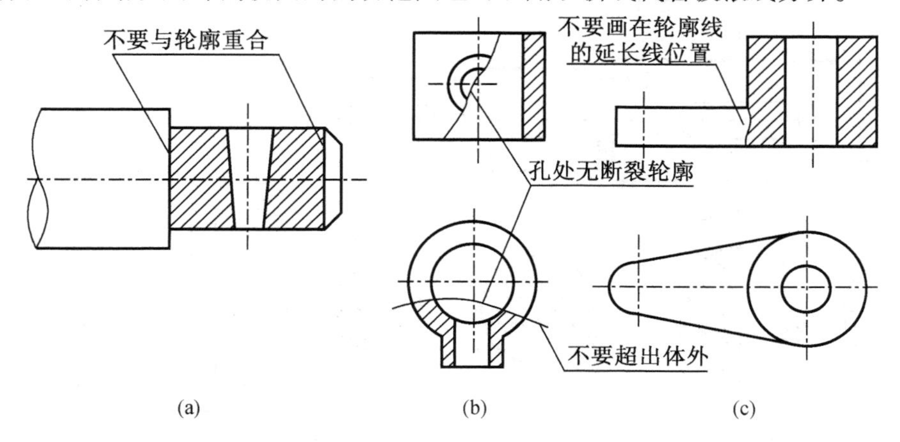

图6－32　局部剖视图中波浪线的画法

【引导知识】

6.3　断　面　图

假想用剖切平面将机件的某处切断，仅画出断面的图形称为断面图，简称断面。断面图通常不画剖切平面后的轮廓投影，仅画出断面的形状，如图6－33(a)所示。断面图可分为移出断面图和重合断面图。

断面图仅画出机件断面的图形，而剖视图则要画出剖切平面以后的所有部分的投影，如图6－33(b)所示。

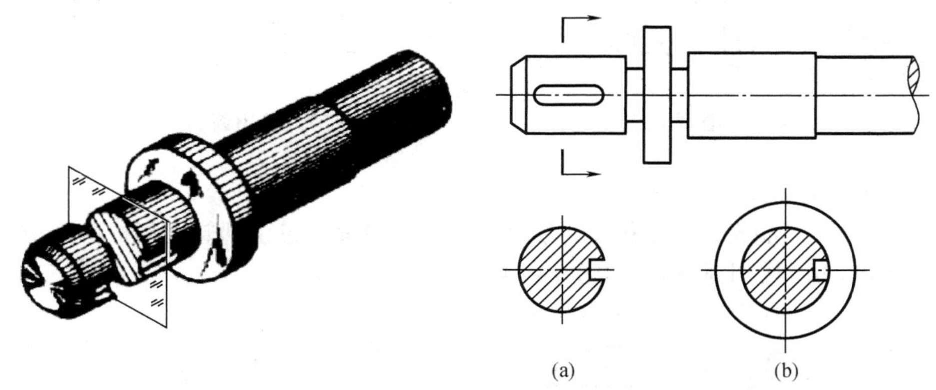

图6－33　轴的断面图与剖视图

(a)断面图；(b)剖视图

6.3.1　移出断面图

把断面图画在机件图形之外，这种断面图为移出断面图。

1. 移出断面图的配置

(1)移出断面图通常配置在剖切符号或剖切线的延长线上，如图6－34(b)、(c)和图

6 - 35 所示。必要时也可配置在其他适当位置，如图 6 - 34 中的 *A*—*A* 和 *B*—*B* 所示。

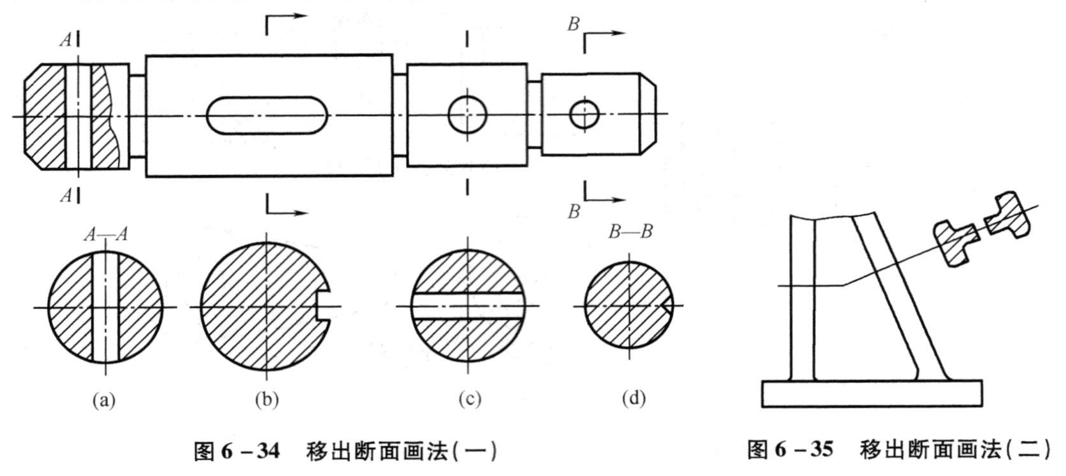

图 6 - 34　移出断面画法(一)

图 6 - 35　移出断面画法(二)

(2)当断面图形对称时，移出断面图可配置在视图的中断处，如图 6 - 36 所示。

(3)在不致引起误解时，允许将图形旋转，如图 6 - 37 中的 *A*—*A*。

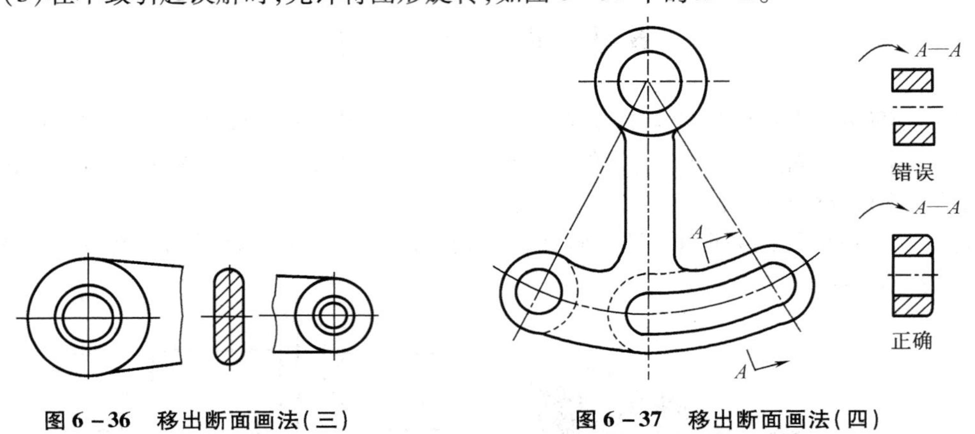

图 6 - 36　移出断面画法(三)

图 6 - 37　移出断面画法(四)

2. 移出断面图的画法

(1)移出断面图的轮廓线用粗实线绘制。当剖切平面通过由回转面形成的孔或凹坑的轴线时，这些结构应按剖视绘制，如图 6 - 34 和图 6 - 38 所示。

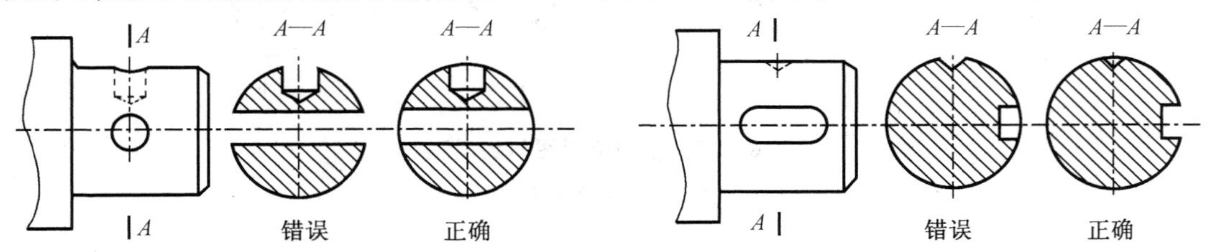

图 6 - 38　移出断面图画法正误对比

(2)当剖切平面通过非圆孔，会出现完全分离的两个断面时，这些结构也应按剖视图绘制，如图 6 - 37 所示。

(3)剖切平面应与被剖切部分的主要轮廓线垂直。由两个或多个相交的剖切平面剖切所得到的移出断面图，中间应断开，如图6－35所示。

3. 移出断面图的标注

画出移出断面图后，应按国标规定进行标注。剖视图标注的三要素同样适用于移出断面图。移出断面图的配置及标注方法见表6－3。

表6－3 移出断面图的配置与标注

配置 断面类型	对称的移除断面	不对称的移除断面
在剖切平面迹线的延长线上	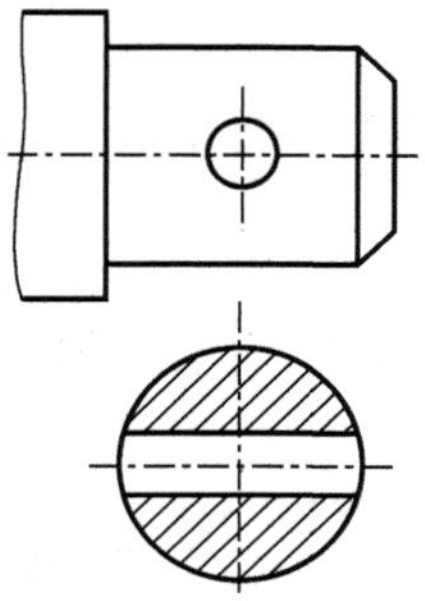 省略标注	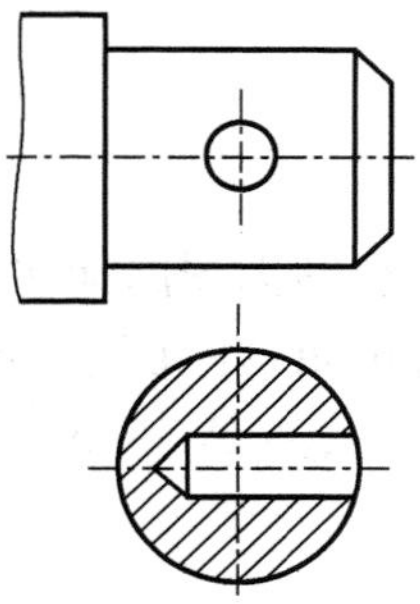 省略标注
按基本视图的位置配置	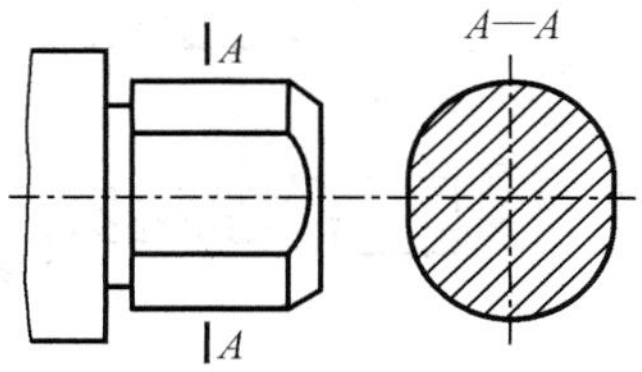 省略箭头	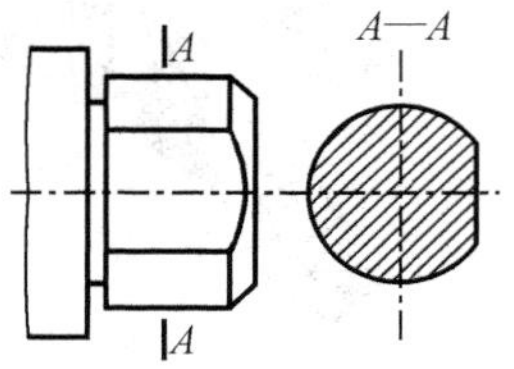 省略箭头
其他位置	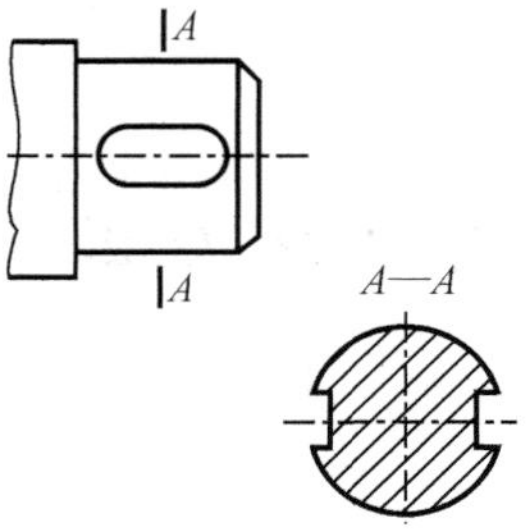 省略箭头	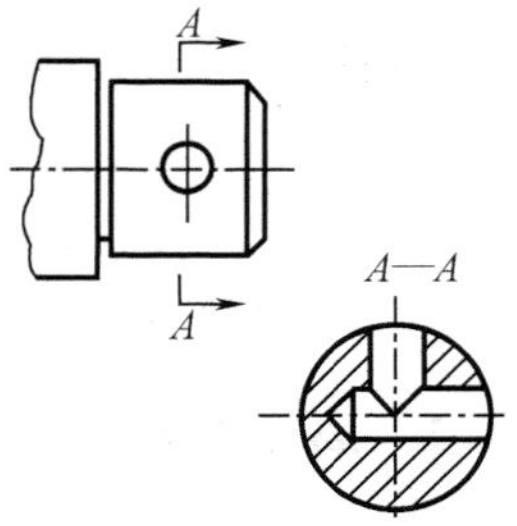 不能省略

6.3.2 重合断面图

将断面图画在物体图形之内，这种断面图称为重合断面图。

1. 重合断面图的画法

重合断面图的图形应画在视图之内，断面轮廓线用细实线绘出。当视图中的轮廓线与重合断面的轮廓线重叠时，视图中的轮廓线仍应连续画出，不可间断，如图6－39、图6－40所示。

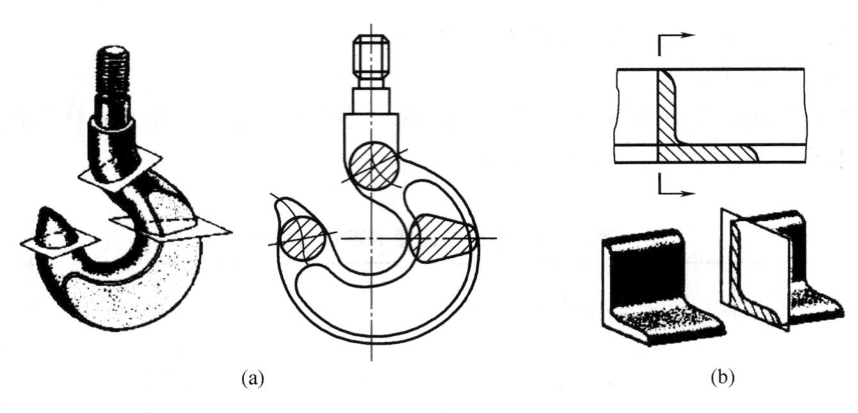

图 6－39 重合断面图(一)

2. 重合断面图的标注

对称的重合断面不必标注,如图 6－39(a)所示;不对称的重合断面,在不致引起误解时可省略标注,如图 6－39(b)所示。

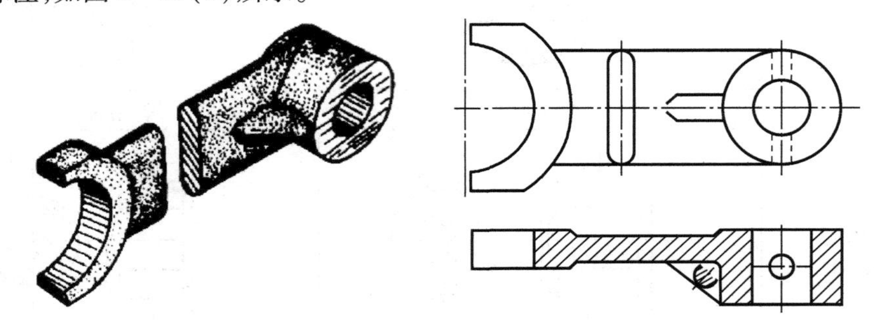

图 6－40 重合断面图(二)

【自学知识】

6.4 其他表达方法

6.4.1 局部放大图

当机件上某些小结构,在图中显示不清楚,或者不便于注写尺寸时,可用大于原图形所采用的比例,将这部分结构单独画出,这种图形称为局部放大图,如图 6－41 所示。

1. 局部放大图的画法

(1)局部放大图与被放大部分的表达方法无关,它可画成视图、剖视图或断面图,如图 6－41 所示。

(2)局部放大图应尽量配置在被放大部位附近;局部放大图的投影方向应与被放大部分的投影方向一致;与整体联系的部分用波浪线画出;画成剖视和断面时,其剖面符号的方向和距离应与原图中有关的剖面符号相同,如图 6－41、图 6－42 所示。

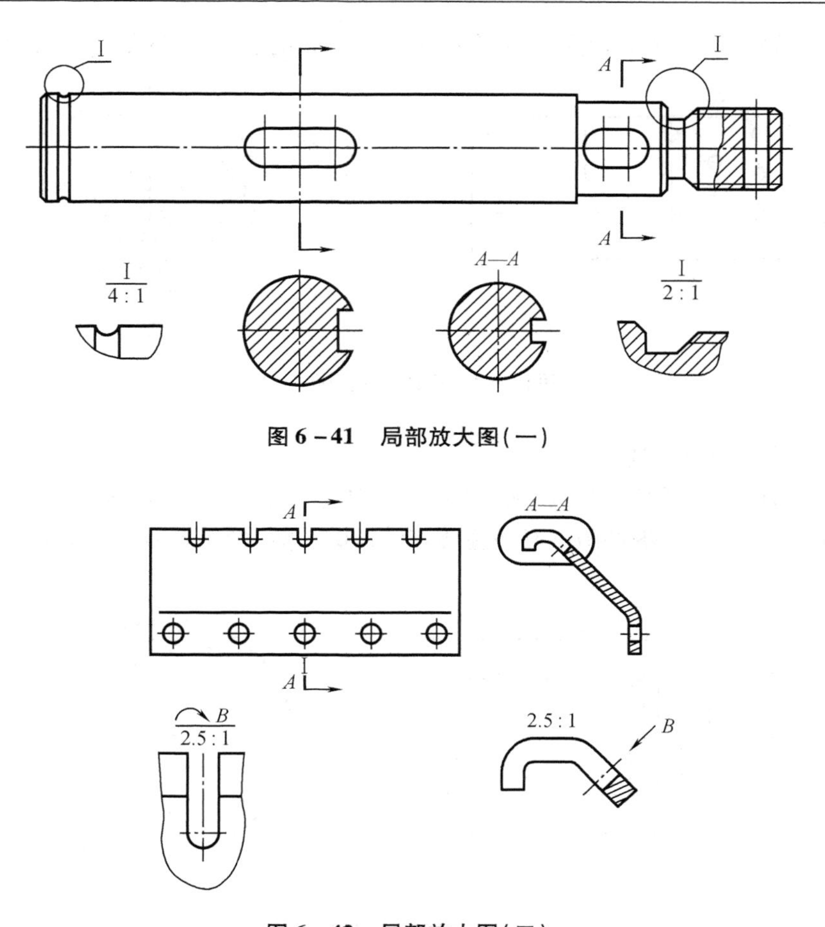

图 6 - 41　局部放大图(一)

图 6 - 42　局部放大图(二)

(3)必要时,可采用几个视图来表达同一个被放大部分的结构,如图 6 - 42 所示。

2. 局部放大图的标注

(1)画局部放大图时,应用细实线(圆或长圆形)圈出被放大部位,如图 6 - 41、图 6 - 42 所示。

(2)当机件上有几个被放大部位时,必须用罗马数字和指引线依次标明被放大的部位;并在局部放大图上方正中位置注出相应的罗马数字和采用的比例(罗马数字和比例之间的横线用细实线画出,前者写在横线之上,后者写在横线之下),如图 6 - 41 所示。

(3)当机件上仅有一个需要放大的部位时,不必编号,只需在被放大的部位画圈,并在局部放大图的上方正中位置注明所采用的比例,如图 6 - 42 所示。

6.4.2　简化画法及其他表达方法

由必要的主要结构要素和几何参数按比例表示图形的方法称为简化表示法。简化表示法是机件表达方法的一个重要内容,是提高绘图效率和经济效益的有效途径之一。

1. 相同结构要素的简化画法

(1)相同孔的简化画法

若干个直径相同并按规律分布的孔(圆孔、沉孔、螺孔等),可仅画出一个或几个孔,其余只需用细点画线表明其中心位置,但在图中应注明孔的总数,如图 6 - 43 所示。

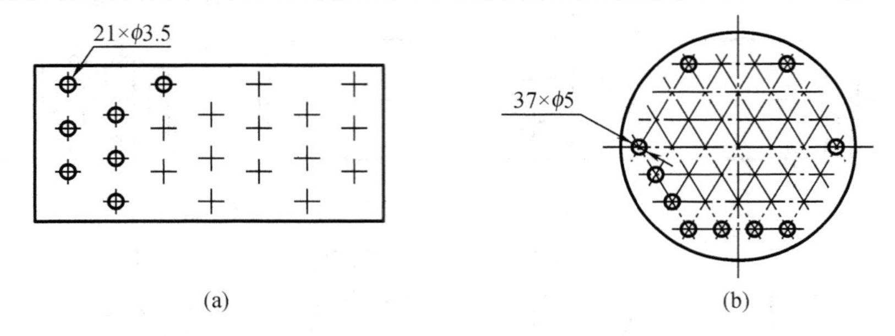

图 6 - 43 相同孔的简化画法

(2)相同结构的简化画法

当机件具有若干相同结构(齿、槽等)并按一定规律分布时,只需画出几个完整的结构,其余用细实线连接,但在零件图中必须注明该结构的总数,如图 6 - 44 所示。

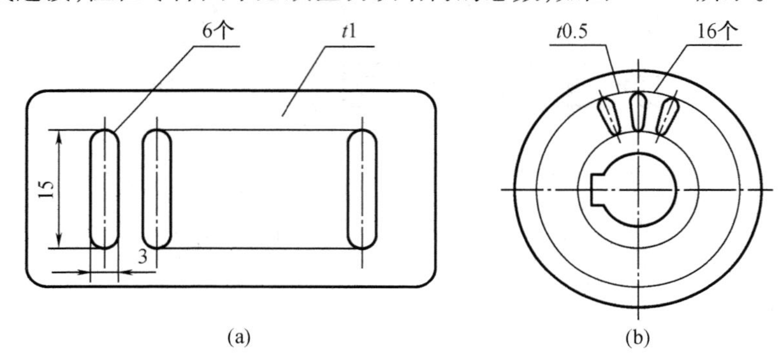

图 6 - 44 相同结构的简化画法

2. 网状物及滚花的示意画法

网状物、编织物及机件上的滚花部分,可在轮廓线附近用粗实线示意画出,并在零件图上或技术要求中注明这些结构的具体要求,如图 6 - 45 所示。

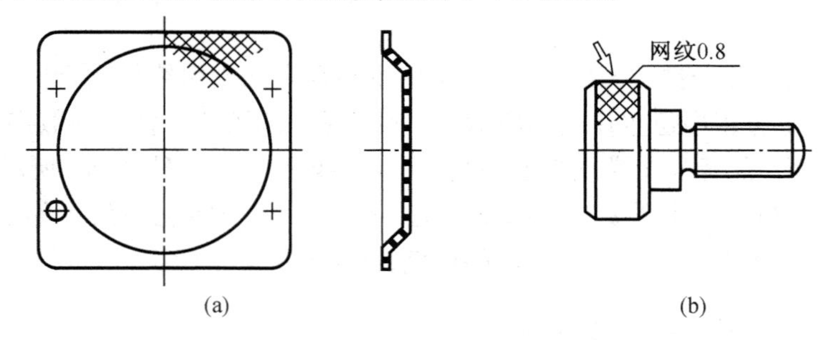

图 6 - 45 网状物及滚花的示意画法

3. 较小结构的简化画法

对机件上较小的结构,若在一个图形中可以表达清楚时,其他图形可简化或省略,如图 6 - 46 所示。

4. 平面的表示法

当回转体零件上的平面在图形中不能充分表达时，可用两条相交的细实线表示这些平面，如图6－47所示。

5. 断裂画法

较长的机件（轴、杆、型材、连杆等）沿长度方向的形状一致或按一定规律变化时，可将其断开后绘制，如图6－48所示。

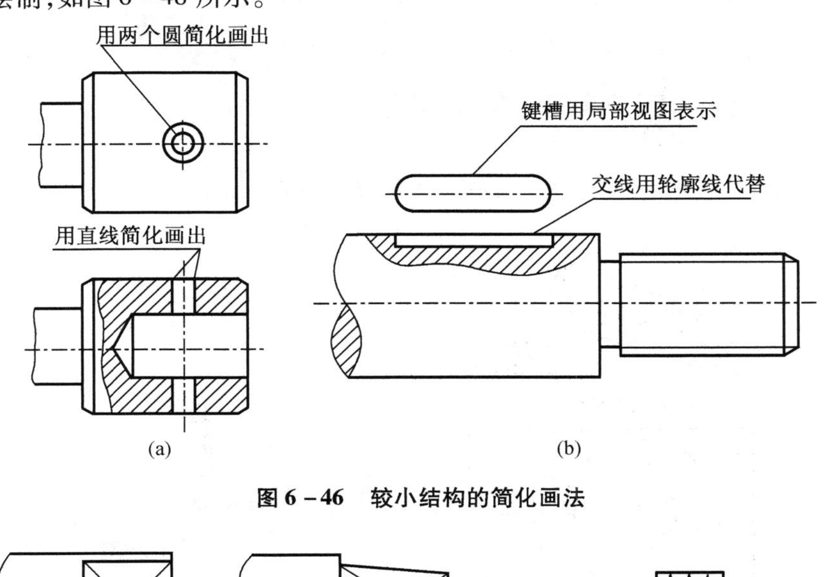

图6－46 较小结构的简化画法

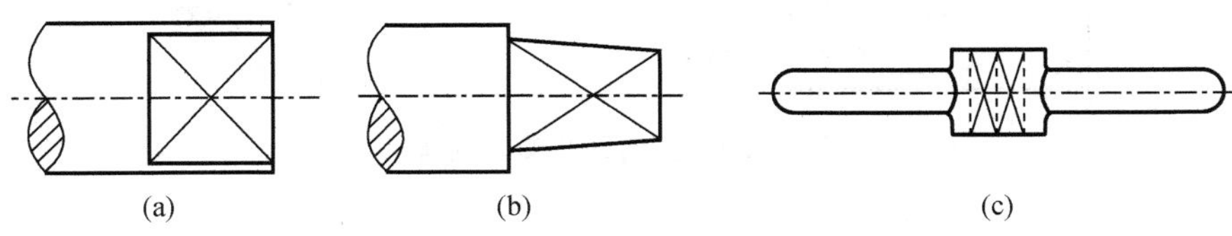

图6－47 平面的表示法

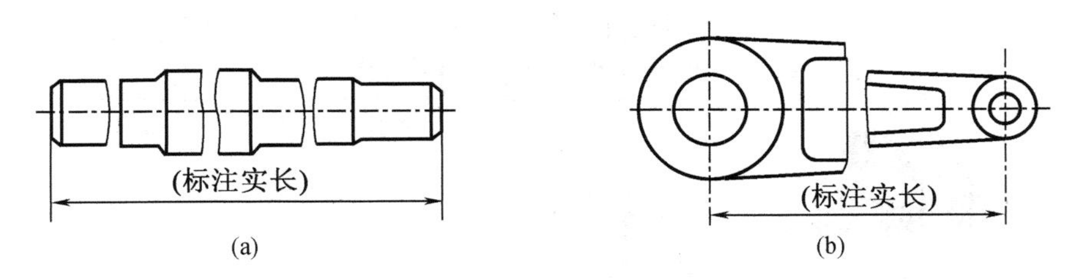

图6－48 断裂画法

6. 圆柱形法兰孔的简化画法

圆柱形法兰和类似零件上均匀分布的孔，可按图6－49所示的方法表示（由机件外向该法兰端面方向投射）。

7. 倾斜圆的简化画法

与投影面倾斜角度小于或等于30°的圆或圆弧，其投影可用圆或圆弧代替，如图6－50所示。

8. 肋、轮辐及薄壁的剖切规定画法

对于机件的肋、轮辐及薄壁，如按纵向剖切，这些结构都不画剖面符号，且用粗实线将它与其邻接部分分开，如图 6－51 所示。

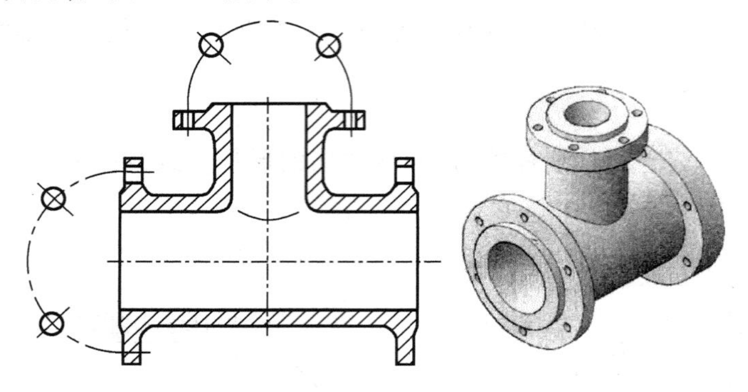

图 6－49 圆柱法兰均布孔的简化画法

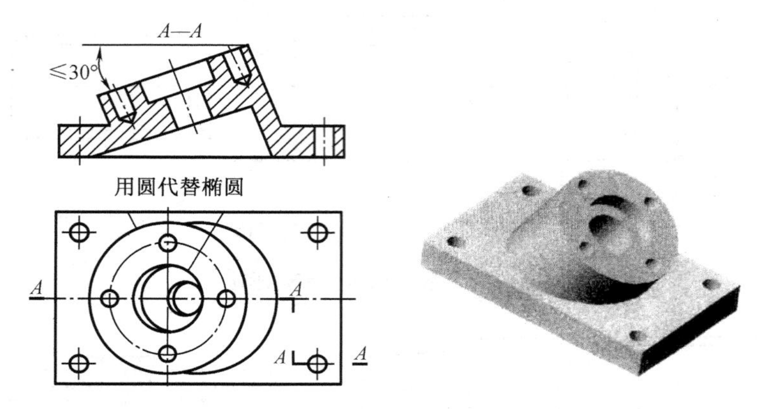

图 6－50 倾斜圆的简化画法

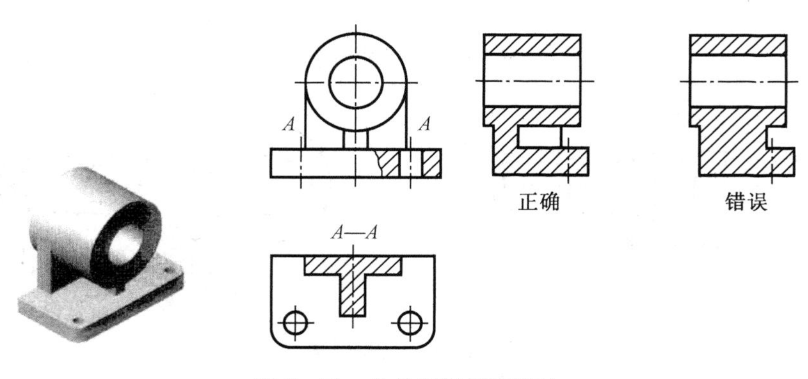

图 6－51 肋的剖切规定画法

9. 回转体上均匀分布的肋、轮辐及孔的剖切画法

当零件回转体上均匀分布的肋、轮辐及孔等结构不处于剖切平面上时，可将这些结构旋转到剖切平面上画出，如图 6－52 所示。

10. 剖面符号的省略画法

在不致引起误解的情况下，剖面符号可省略，如图 6－53(a)所示；也可以用涂黑表示，如图 6－53(b)所示；或用点阵代替通用剖面线，但点的间隔应按剖面区域的大小进行选择，如图 6－53(c)所示。

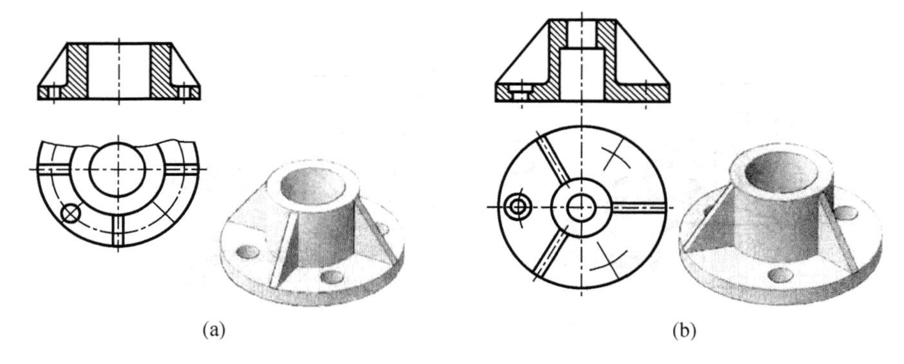

图 6－52　回转体上均匀分布的肋、轮辐及孔的剖切画法

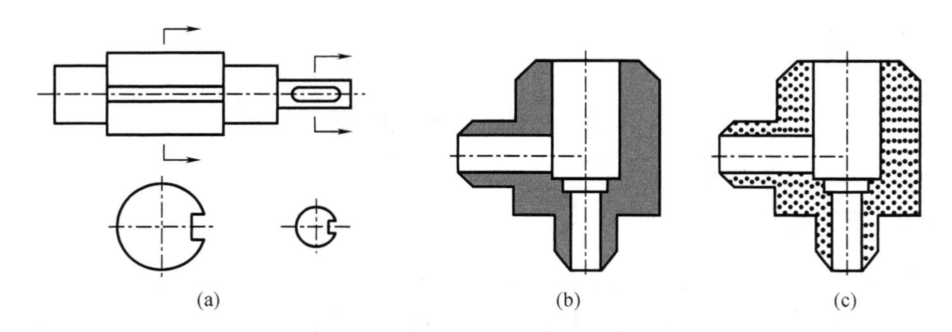

图 6－53　剖面符号的省略注法

(a)省略剖面符号;(b)涂黑;(c)点阵

11. 相贯线的省略画法

在不致引起误解时,图形中的过渡线、相贯线的投影可以简化,例如用圆弧或直线代替非圆曲线,如图 6－54(b)所示。也可采用模糊画法表示相贯线的投影,如图 6－54(d)所示。

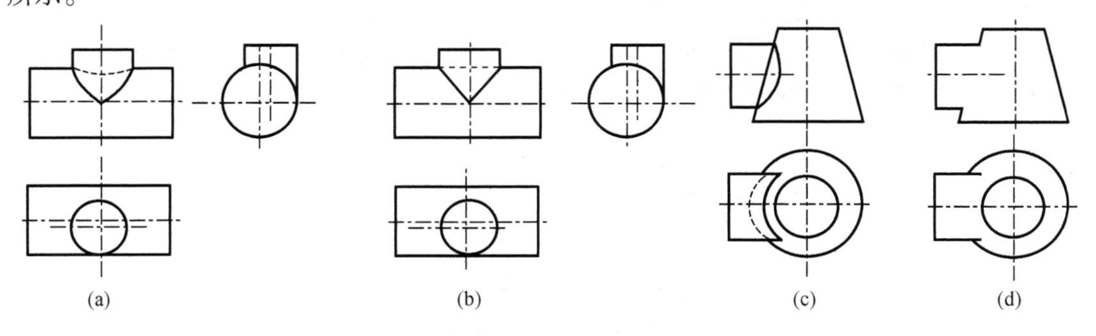

图 6－54　相贯线的省略注法

(a)简化前;(b)简化后;(c)简化前;(d)简化后

12. 复杂曲面的规定画法

用一系列断面表示机件上较为复杂的曲面时,可只画出断面轮廓,并可配置在同一个位置上,如图 6－55 所示。

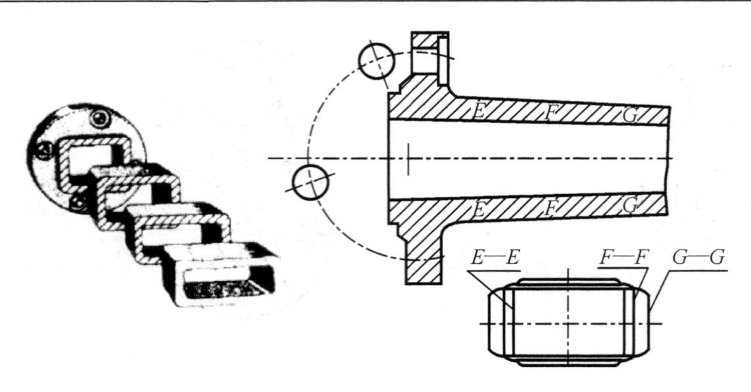

图 6-55　复杂曲面的规定画法

【自学知识】

6.5　第三角画法

6.5.1　第三角画法

根据国际标准化组织(ISO)规定,第一分角和第三分角等效使用。随着国际技术交流日益增加,若工程技术人员对第三角画法的原理、特点及表达方法不熟悉或不习惯,将会直接影响技术交流和贸易活动的效果和速度。为了适应国际技术交流而采用第三分角绘制的机械图样的需要,使之在生产实际中遇到第三角画法所表达的技术图样时不会显得束手无策,GB/T 14692—1993 将第三角画法列入标准中,供工程技术人员参考。目前,中国、英国、德国等采用第一分角画法,简称 E 法或欧洲的方法;美国和日本等国采用第三角画法,简称 A 法或美国的方法。我国标准规定“必要时(如按合同规定等),才允许使用第三角画法”。为适应国际科学技术交流的需要,我们应当了解第三角画法。

设三个相互垂直相交的平面将空间划分为八个分角。分别称为第一分角、第二分角、第三分角……第八分角,如图 6-56 所示。将机件置于第三分角内进行投影的方法称为第三角投影法,这种表达机件的方法称为第三角画法。

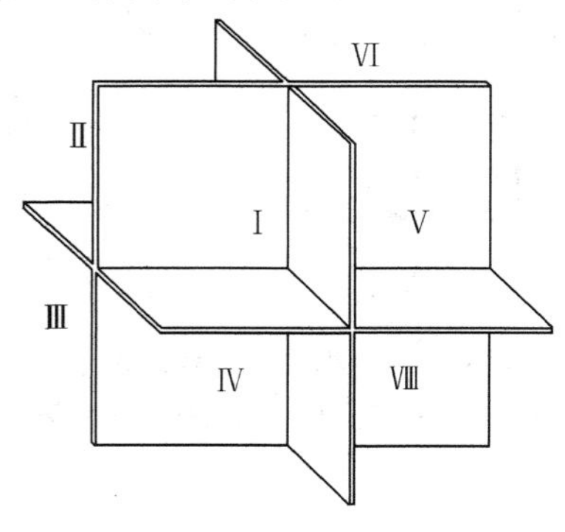

图 6-56　八个分角

6.5.2　第三角画法的特点

第一角画法是将物体置于第一角内,使其处于观察者与投影面之间(即保持人 - 物 - 面的位置关系)而得到正投影的方法。

第三角画法是将物体置于第三角内,使投影面处于观察者与物体之间(假设投影面是透明的,并保持人 - 面 - 物的位置关系)而得到正投影的方法,如图 6 - 57(a)所示。投影面展开后所得的三视图如图 6 - 57(b)所示。

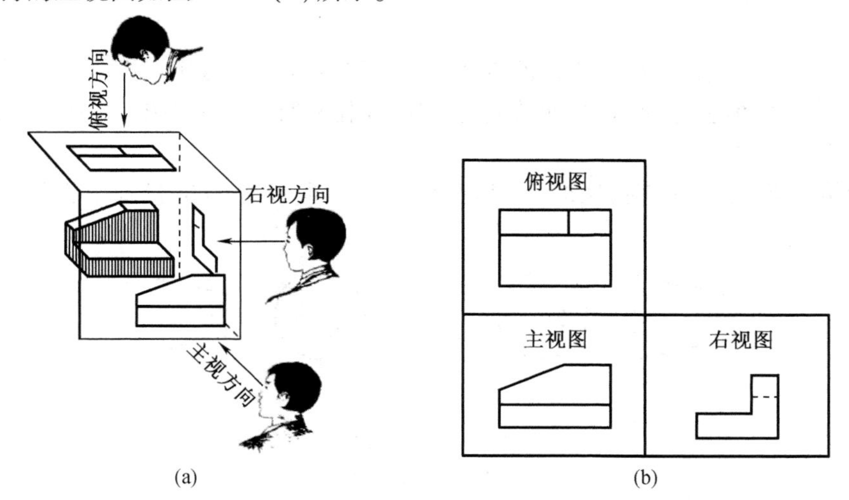

图 6 - 57　第三分角三视图画法与展开

第一角画法和第三角画法的投影面展开方式及六个基本视图配置如图 6 - 58 所示。

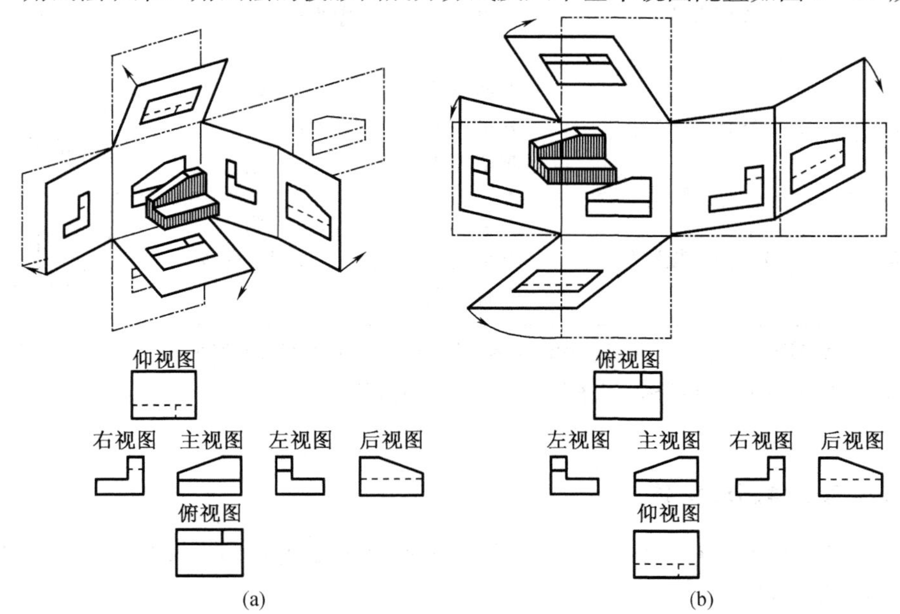

图 6 - 58　投影面展开及六个视图的配置

(a)第一分角;(b)第三分角

采用第一角画法和第三角画法所得的视图具有相同之处,也有不同之处,可归纳如下。

1. 相同之处

(1)采用的都是正投影法;

(2)视图的名称相同;

(3)相应视图之间的对应关系相同,即“长对正、高平齐、宽相等”。

2. 主要区别

(1)由于投影面的展开方向不同,所以视图的配置关系不同(参看表 6 - 4 和图 6 - 59)。

(2)当今世界各国都采用正投影的方法来表达机件的结构形状。目前中国、英国、德国等国家采用第一角画法,简称 E 法或欧洲的方法;美国和日本仍采用第三角画法,简称 A 法或美国的方法。

(3)用第一角或第三角画法时,必须在标题栏中所设置的位置画出识别符号,如图 6 - 59 所示。

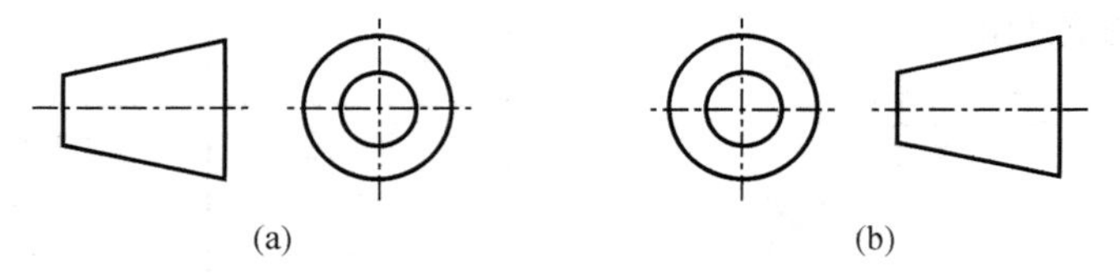

图 6 - 59 识别符

(a)第一角;(b)第三角

表 6 - 4 第一角和第三角投影的主要区别

内容 / 分角	投射方法	展开方法	视图名称及位置关系	方位关系
第一分角	人 - 物体 - 投影面	V 面不动 H 面朝下 W 面朝右	仰 右、主、左、后 俯	除后视图外,远离主视的是前面
第三分角	人 - 投影面 - 投影物体	V 面不动 H 面朝上 W 面朝前	俯 右、主、左、后 仰	除后视图外,远离主视的是后面

注:表中由第三角投影法获得的各视图名称的俗称:主视图称为前视图,俯视图称为顶视图,左视图称为左视图,右视图称为右视图,仰视图称为底视图,后视图称为背视图。

6.5.3 第三角画法举例

[**例** 6 - 1] 根据图 6 - 60 所示支座的直观图,画出支座的第一角以及第三角投影形成的主、俯、右三个视图。

图 6 - 60 是支座第三角投影形成的直观图;支座用主、俯、右三个图形表达内外形状,为表达机件前后对称平面上两个圆孔及右边方槽的内部结构,用单一剖切平面通过前后对称平面完全地剖开机件,将主视图画成全剖视图,俯视图采用局部剖表达了两个通孔的结构,

再配合右视图，则清晰、完整地表达了支座的整体结构形状，如图 6－61 所示。

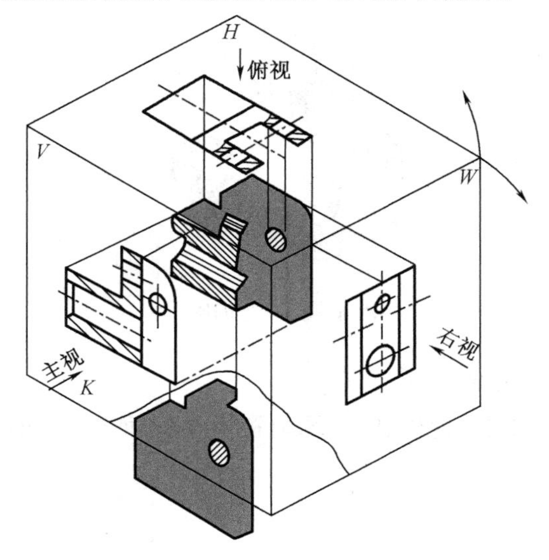

图 6－60 支座三角投影的形成

图 6－62 是支座的第一角投影图（图中虚线可以省略），读者可对照进行分析比较。

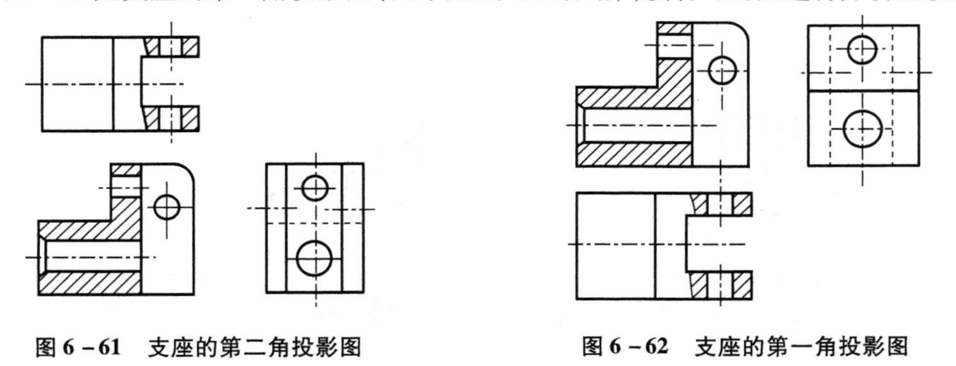

图 6－61 支座的第二角投影图

图 6－62 支座的第一角投影图

［**例** 6－2］ 根据轴测图，用第三角画法画出主视图、仰视图和右视图。

分析轴测图 6－63、图 6－65、图 6－67，不难看出：图 6－63 为切割型组合体，图 6－65 为叠加型组合体，图 6－67 为综合型组合体。画组合体三视图时，叠加型组合体可以应用形体分析法分析，切割型组合体可以应用线面分析法分析，综合型组合体可以应用形体分析法和线面分析法综合分析。选择最能反映其形状特征的方向作为主视图的投影方向，再确定其余视图，然后按投影关系，画出组合体的视图。现以图 6－63 为例介绍组合体三视图的画法。

（1）形体分析

图 6－63 所示为轴承座轴测图，对其形体分析，是由空心大圆柱、支承板、肋板、底板四部分叠加而成。

（2）确定主视图

将组合体放正，使其主要平面（或轴线）平行或垂直于投影面，选择最能反映组合体形状特征的视图作为主视图的投影面。如图 6－63 所示，选 *A* 向为主视图的投影方向。主视图确定后，其他两视图也随之确定。

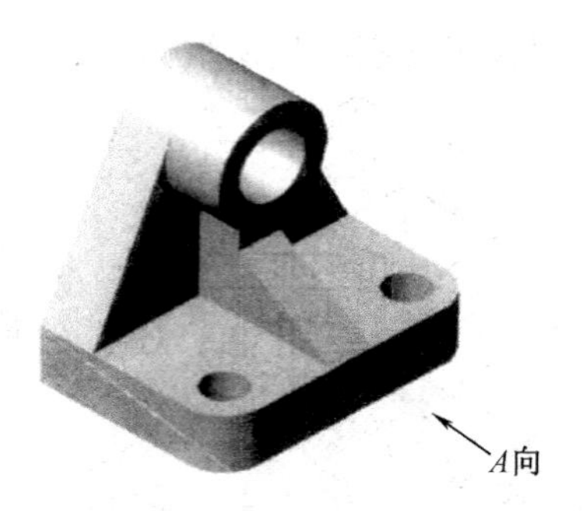

图 6－63 轴测图

(3)选比例、定图幅和布置视图

按照视图数量、大小、形状、比例、图幅均匀布置各图,如图 6－64(a)所示。

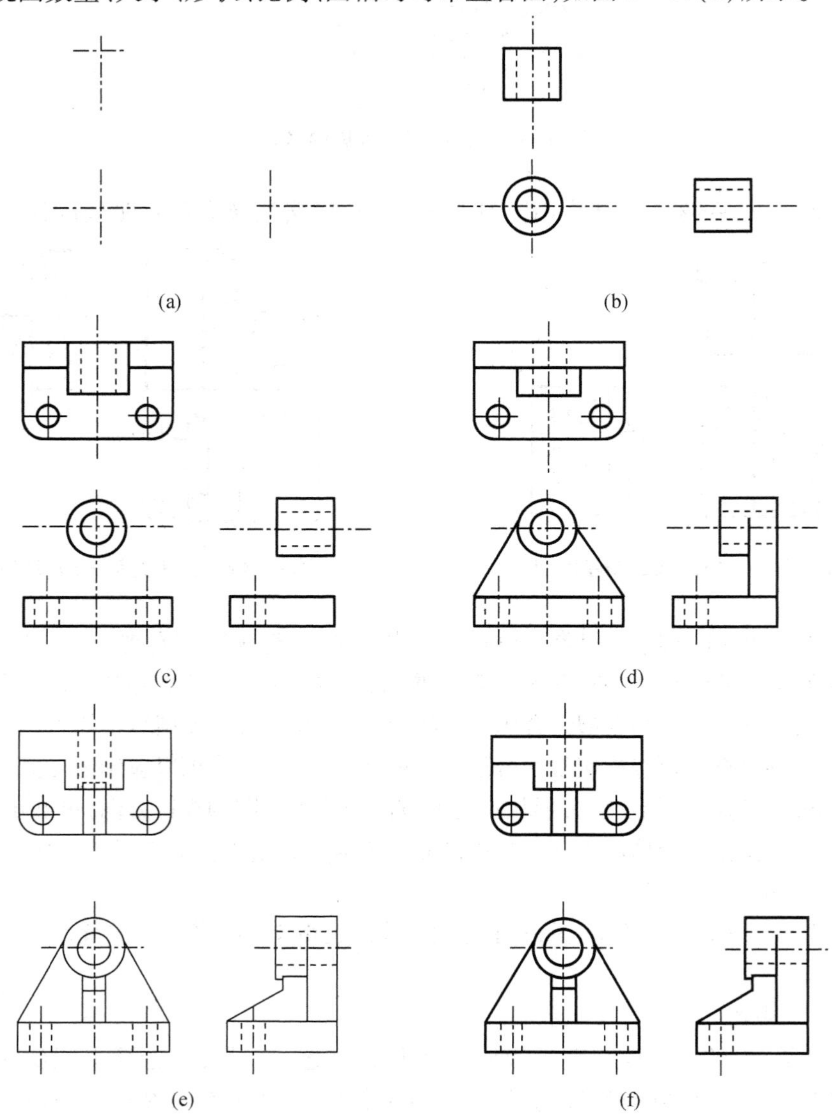

图 6－64 轴测图的三视图画图步骤

先确定各视图中的中心线、轴线等基准线，然后逐个画出各组合部分的视图，如图6－64(b)、(c)、(d)、(e)所示。底稿完成后，按原来的画图顺序仔细检查各基本形体的表面连接关系，纠正错误和补全遗漏处，确认无误后，擦去多余图线，按国家标准规定的图线描深，最后完成全图，如图6－64(f)所示。

图6－65、图6－67的三视图读者可以根据第一角画法中组合体三视图画法和上例自己分析作出。其三视图如图6－66、图6－68所示。

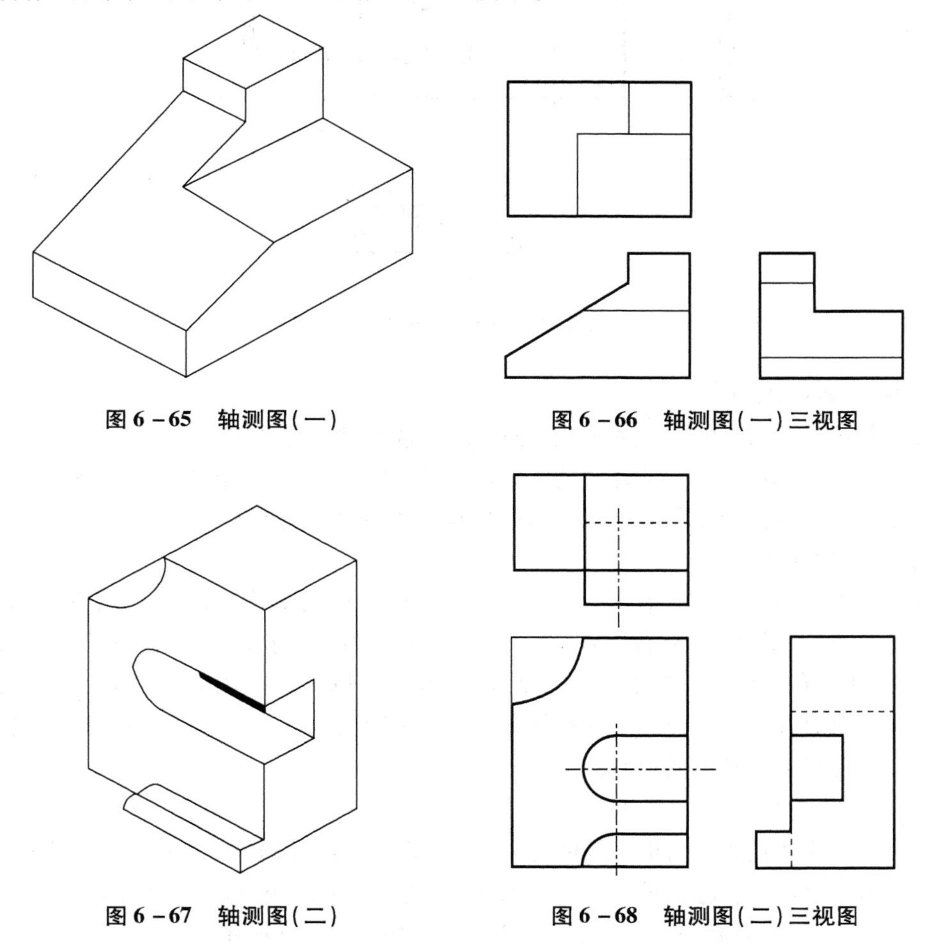

图6－65　轴测图(一)　　**图6－66　轴测图(一)三视图**

图6－67　轴测图(二)　　**图6－68　轴测图(二)三视图**

[例6－3]　根据图6－69所示剖视图，想象该形体形状。

运用形体分析法、线面分析法以及投影关系看图。第三角画法中看剖视图的方法与在第一角画法里看剖视图一样，看图步骤如下：

(1)分析视图抓特征

根据视图关系，明确剖切位置。如图6－69所示，箱盖的四个视图(主视图、左视图、右视图和仰视图)是按照规定的基本视图位置配置的。主视图是表达箱盖外形的视图。根据剖视图的标注，左视图、右视图是采用单一剖的方法得到的$A—A$、$B—B$全剖视图，仰视图则是采用阶梯剖的方法得到的全剖视图。

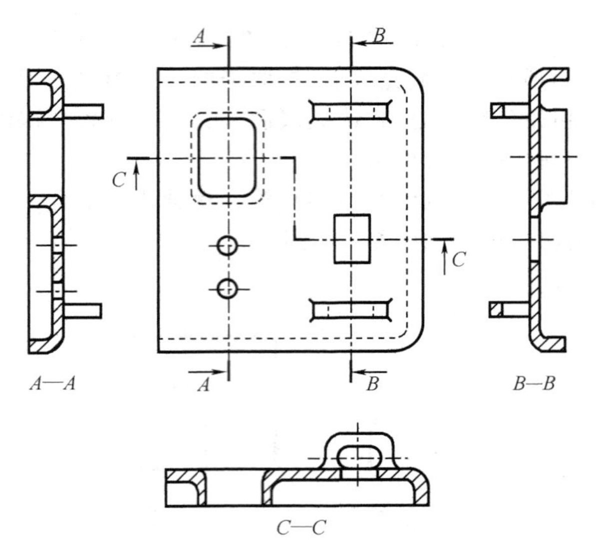

图 6-69　箱盖的剖视图

(2)按框划块分部分

根据视图看懂外部形状。根据形体分析法对箱盖进行分析,可知箱盖由一个凹形薄板、两块长圆形的凸耳和一个四棱柱组成。对照主、左视图,可看出薄板凹进去,上、下、右部有边,左面无边。两个凸耳在薄板的前面,四棱柱在薄板的后面。

(3)分析形体对投影

参照特征视图,分解形体,看清内部结构。对照主、左视图看,可知薄板上有两个小圆通孔。对照主、右视图看,薄板右下部有一个有圆角的矩形通孔。对照主、左视图看,薄板后面的四棱柱中,有一个矩形通孔。两个凸耳的形状可以从仰视图看出,两个凸耳的厚度可从主、左、右视图看出。两个凸耳的位置可从主视图上看出。从主、仰、右视图可以看出,两个凸耳中间有两个长圆形的通孔。

(4)综合起来想整体

箱盖为一个两面圆角的、凹进去的,且一方开了口的矩形碗状,其上有两个小圆通孔、一个有圆角的矩形通孔。箱盖前面有两个长圆形的凸耳,凸耳中间有长圆形的通孔。箱盖后面有一个四棱柱,中间有一个矩形通孔,其立体图如图 6-70 所示。

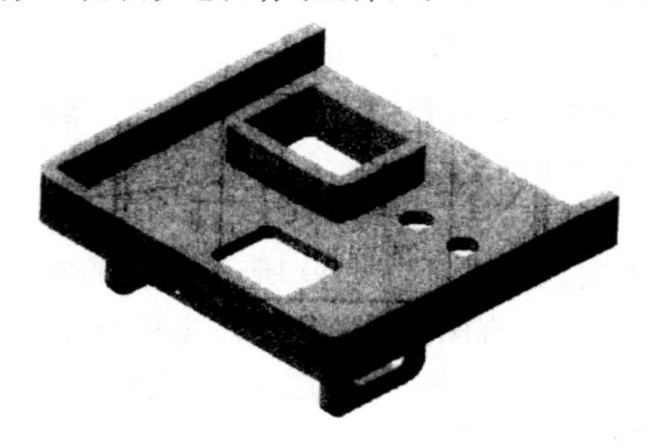

图 6-70　箱盖的立体图

[**例** 6-4]　看懂图 6-71 所示画线台装配图。

如图6－71所示，该画线台装配图是用第三角画法表示的。第三角画法看装配图的方法与第一角画法看装配图的方法是一样的，只是视图的位置发生了变化。现将看第三角画法所绘装配图的方法和步骤总结如下。

（1）概括了解

从标题栏和明细表中了解各零件的名称，各部件的名称、材料、数量、零件的大体装配情况以及联系生产实际情况和相关文字资料说明书了解装配体的结构、原理、用途。如图6－71所示画线台其用途为画线工具，由5个零件装配而成。零件的名称，各部件的名称、材料、数量等可以从明细表中查阅。

（2）分析表达方案

对图形进行分析，找出各个视图、剖视图、断面等配置的位置及投影方向，搞清各视图的表达重点。图6－71所示画线台采用一个主视图和一个左视图。由于画线台比较简单没有用剖切，主视图表达了主要零件底架3、支柱1、画线针2的结构，各零件之间的装配连接关系通过主视图和左视图也已看得很清楚。

（3）了解装配关系和配合原理

在概括了解和分析表达方案的基础上，分析装配图，弄清楚各零件之间的配合要求，以及零件之间的定位、连接方式、密封等问题，运动零件与非运动零件的相对运动关系。如图6－71所示，支柱1由下部的螺纹和底座上的螺孔相连接，画线针2由螺栓5和圆螺母4固定在支柱1上。由于画线针上有一个长圆形的通槽，松开圆螺母可以调节画线针的角度与画线的距离。

（4）分析零件的结构形状

以某一视图为中心，结合其他视图，从主要零件着手，弄清每个零件的结构形状及作用；对照明细表和图上编号，逐个了解各零件的结构形状。如图6－71所示，可以以主视图为中心，结合其他视图及明细表了解底架3、支柱1、画线针2的结构。

（5）归纳总结，想象整体形状

在以上各步的基础上，对技术要求和全部尺寸进行分析，并把部件的性能、结构、装配、操作、维修等方面联系起来归纳总结想象整体形状。比如结构有何特点、能否实现工作要求、拆装顺序如何、操作维修如何等，这样对部件就有了一个全面的认识和了解。

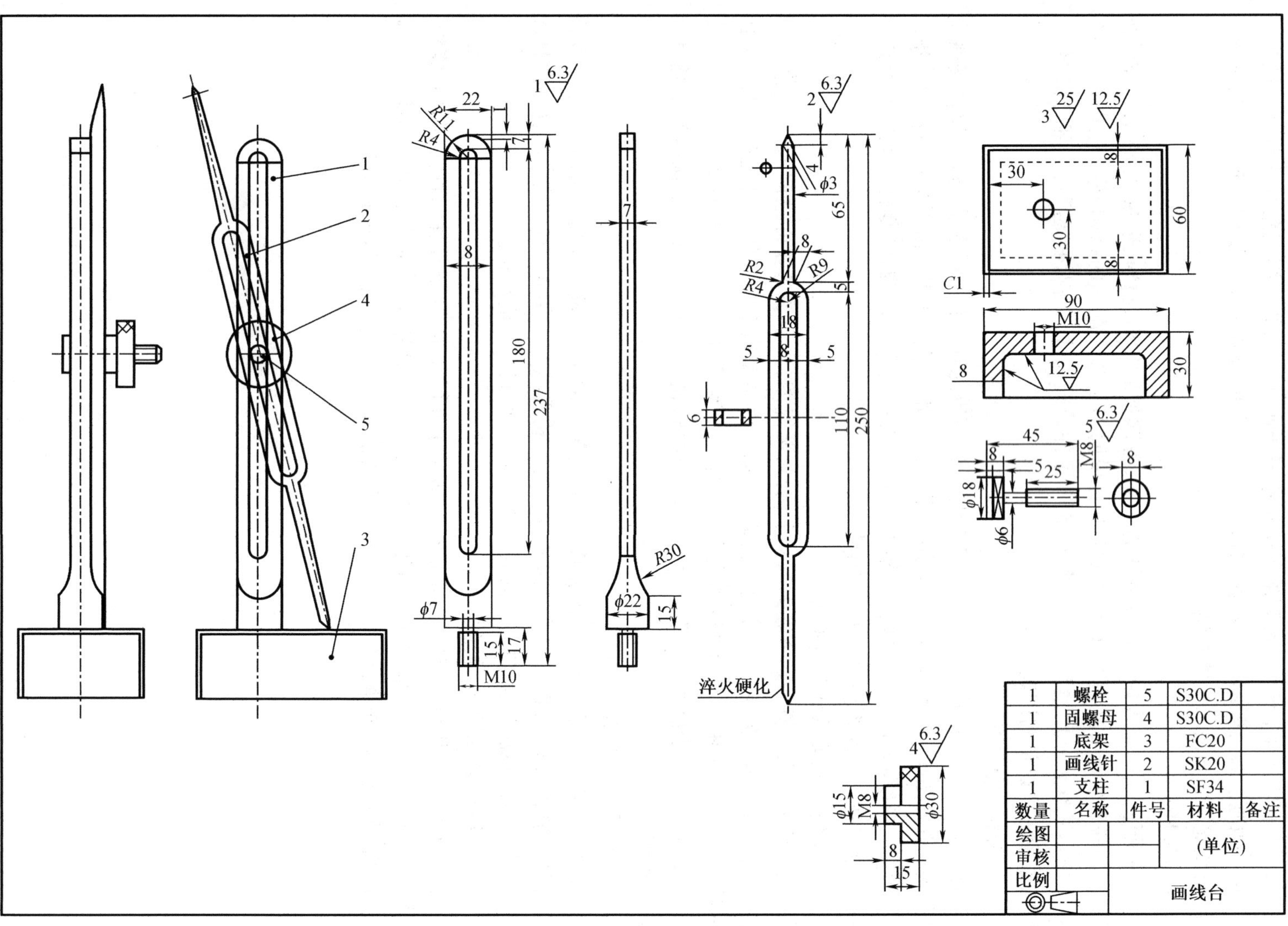

1 螺栓 5 S30C.D
1 固螺母 4 S30C.D
1 底架 3 FC20
1 画线针 2 SK20
1 支柱 1 SF34
数量 名称 件号 材料 备注
绘图
审核
比例
(单位)
画线台
淬火硬化

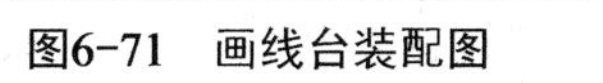
图6-71 画线台装配图

项目7　标准件和常用件

【任务描述】

在各种机械设备中,经常会用一些通用零件,如螺栓、螺母、垫圈、键、销、轴承等。这些零件用量很大,需要成批大量生产,为了便于制造和选用,它们的结构和尺寸参数都已经标准化。这些零件都称为标准件。还有一些零件,它们的部分结构也已经标准化了,如齿轮的齿形等,这种零件称为常用件。为了设计和绘制图纸的简便,对标准件和常用件的画法也做了规定。

【任务目标】

1. 掌握螺纹、常用螺纹紧固件及其连接的规定画法,并能按已知条件进行标注。
2. 理解圆柱齿轮及其啮合的画法。
3. 了解键、销、弹簧和滚动轴承的表示方法。

【引导知识】

7.1　螺　　纹

7.1.1　螺纹的形成

在圆柱或圆锥表面上,沿着螺旋线所形成的具有规定牙型的连续凸起称为螺纹,如图7－1所示。在圆柱(或圆锥)外表面上形成的螺纹称为外螺纹;在圆柱(或圆锥)内表面上形成的螺纹称为内螺纹,如图7－2所示。

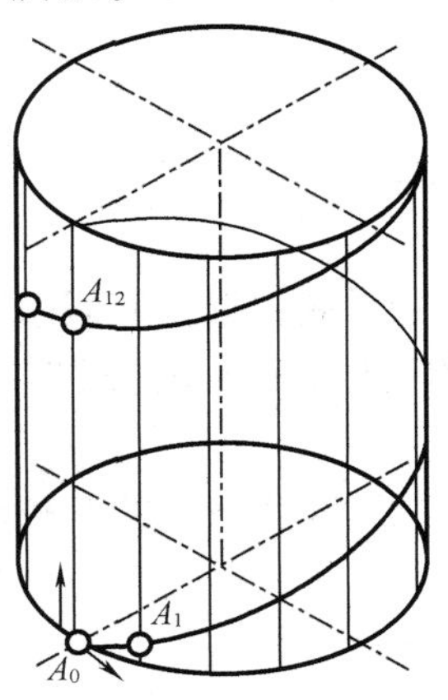

图7－1　圆柱螺旋线

螺纹的加工方法很多,主要有车制、碾压及用丝锥、板牙工具加工。图7－2表示在车床上加工螺纹的方法:工件作等角速旋转,车刀沿工件轴线方向作等速移动,切入工件一定深度的刀尖便在工件上车出螺纹来。内螺纹可以在车床上加工,也可以先在工件上钻孔,再用丝锥攻制而成。

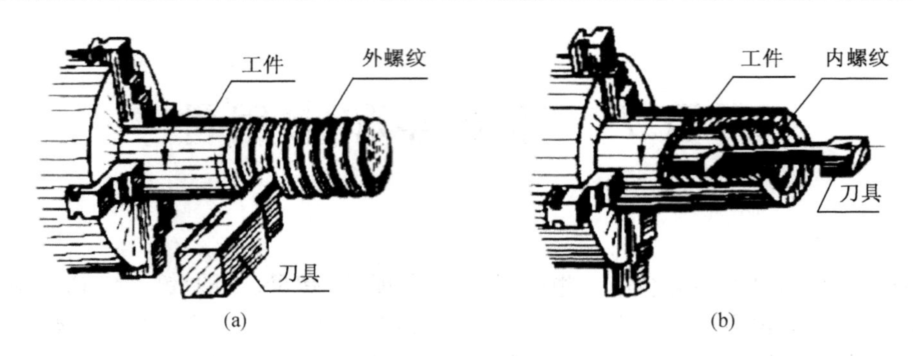

图 7-2 车削螺纹

(a)外螺纹;(b)内螺纹

7.1.2 螺纹的结构要素

1. 螺纹牙型

在通过螺纹轴线的剖面上,螺纹的轮廓形状称为螺纹牙型,它包括牙顶、牙底、牙侧等部分,如图 7-3 所示。常见的牙型有三角形、梯形、锯齿形等。

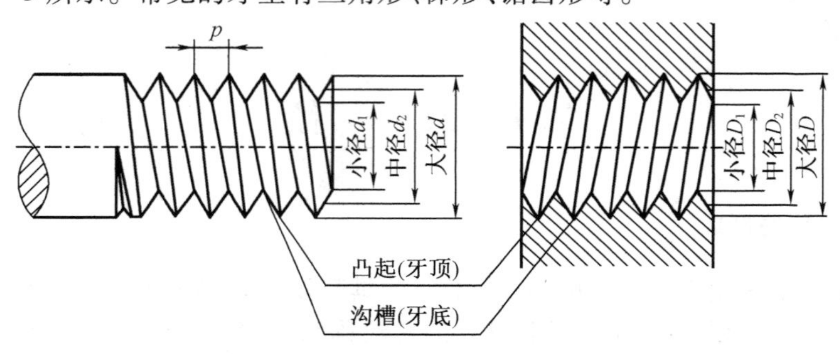

图 7-3 螺纹的大径、小径和中径

2. 螺纹的直径

螺纹的各种直径如图 7-3 所示。

(1)大径

一个与外螺纹的牙顶或内螺纹的牙底相重合的假想圆柱面的直径称为大径。内、外螺纹的大径分别用 D、d 表示。一般称大径为螺纹的公称直径。

(2)小径

一个与外螺纹的牙底或内螺纹的牙顶相重合的假想圆柱面的直径称为小径。内、外螺纹小径分别用 D_1、d_1 表示。

(3)中径

一个假想圆柱的直径,其母线通过牙型上的沟槽和凸起宽度相等的假想圆柱面的直径称为中径。内、外螺纹的中径分别用 D_2、d_2 表示。

螺纹有单线和多线之分:沿一条螺旋线形成的螺纹称为单线螺纹;沿两条或两条以上螺旋线形成的螺纹称为多线螺纹,如图 7-4(a)所示。螺纹的线数用 n 表示。

3. 螺距和导程

相邻两牙在中径线上对应两点间的轴向距离称为螺距,用 P 表示。同一条螺旋线上的相邻两牙在中径线上对应两点间的轴向距离称为导程,用 Ph 表示,且 $Ph = nP$,如图 7－4(b)所示。

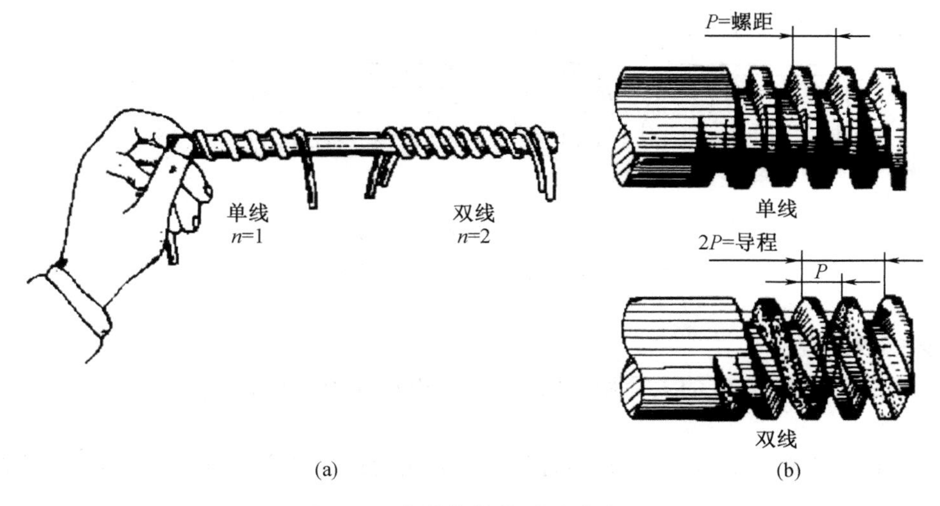

图 7－4　螺纹的线数、导程与螺距

(a)螺纹的线数;(b)螺距和导程

4. 旋向

螺纹分右旋和左旋两种。顺时针旋转时旋入的螺纹称为右旋螺纹,其可见螺旋线表现为左低右高的特征,如图 7－5(b)所示;逆时针旋转时旋入的螺纹称为左旋螺纹,其可见螺旋线表现为左高右低的特征,如图 7－5(a)所示。

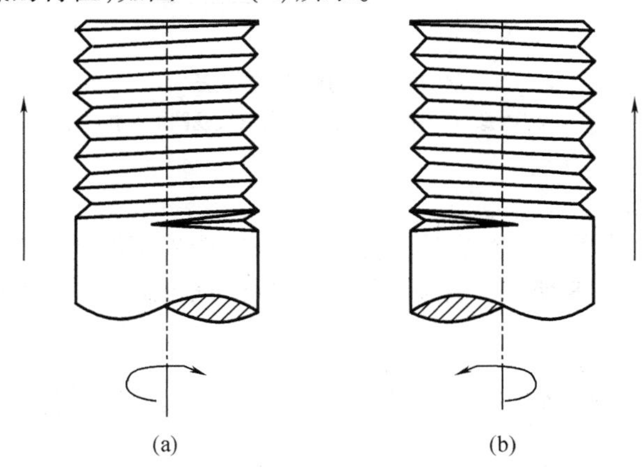

图 7－5　螺纹的旋转方向

(a)左旋;(b)右旋

7.1.3　螺纹的规定画法

1. 外螺纹的画法

(1)螺纹的大径用粗实线表示,小径用细实线表示;在螺杆的倒角或倒圆部分也应画出。绘图时,$d_1 \approx 0.85d$。

(2)垂直于螺纹轴线的投影面的视图中,表示小径的细实线圆只画约 3/4 圈,轴端倒角圆不应画出，如图 7－6(a)所示。

(3)螺纹终止线用粗实线表示；在剖视图中，螺纹终止线只画出大径和小径之间的部分，剖面线应画到粗实线处，如图 7－6(b)所示。

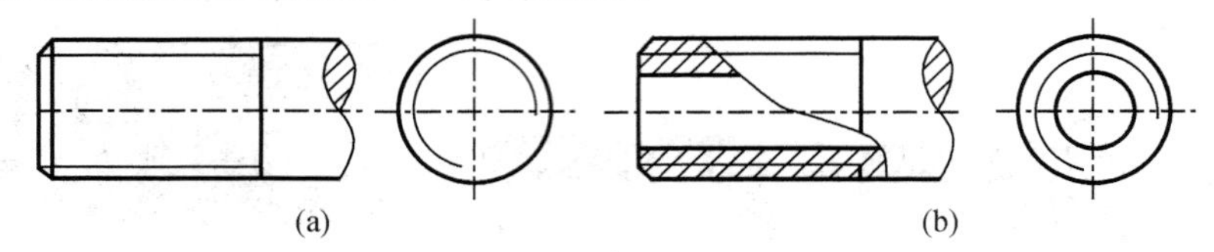

图 7－6　外螺纹的画法

(a)外螺纹视图的画法；(b)外螺纹剖视图的画法

2. 内螺纹的画法

(1)在剖视图中，螺纹的大径用细实线表示，小径和螺纹终止线用粗实线表示，剖面线应画粗实线。

(2)在垂直于螺纹轴线的投影面的视图中，表示大径的细实线圆只画 3/4 圈，孔口倒角圆不画。

(3)绘制不穿通的螺纹时，应分别画出钻孔深度和螺纹部分的深度，如图 7－7(a)所示。

(4)不可见螺纹的所有图线均用虚线绘制，如图 7－7(b)所示。

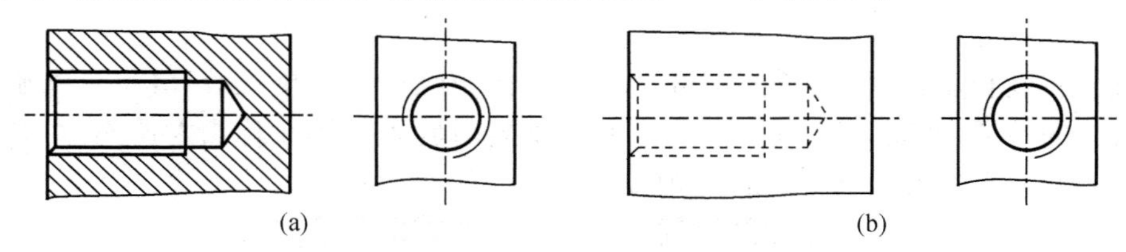

图 7－7　内螺纹的画法

(a)内螺纹剖视的画法；(b)内螺纹视图的画法

3. 螺纹连接的画法

用剖视图表示内、外螺纹的连接时，其旋合部分应按外螺纹的画法绘制，其余部分仍按各自的画法表示，如图 7－8 所示。注意：当沿外螺纹的轴线剖开时，螺杆作为实心零件按不剖绘制。

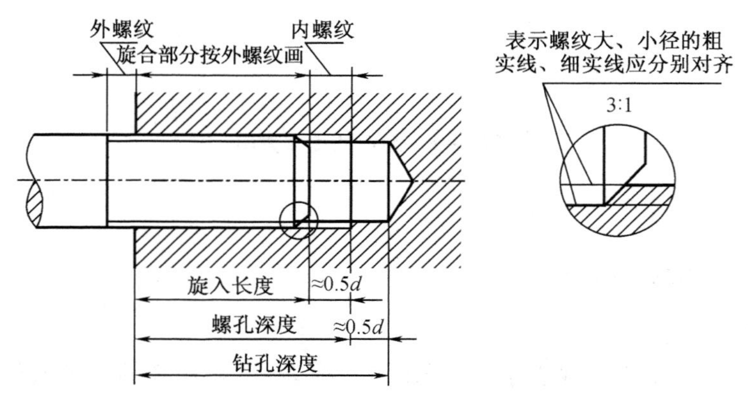

图 7－8　内、外螺纹旋合的画法

7.1.4 螺纹的种类与标注方法

1. 螺纹的种类

螺纹按用途分为连接螺纹和传动螺纹。连接螺纹主要有粗牙普通螺纹、细牙普通螺纹、圆柱管螺纹和圆锥管螺纹。传动螺纹有梯形螺纹、锯齿螺纹和方牙螺纹。

2. 螺纹的标注

(1)普通螺纹

普通螺纹在大径处按尺寸标注的形式进行标注,普通螺纹的标注由螺纹代号、螺纹公差带代号和螺纹旋合长度代号组成。

螺纹代号包括特征代号“M”、螺距和旋向。公称直径为螺纹大径;粗牙普通螺纹不标注螺距,细牙普通螺纹必须标注螺距,例如 M16×1.5;右旋螺纹的旋向省略不注,左旋标注代号“LH”,例如 M16×1.5LH。

公差带代号由数字和字母组成,一般中径和顶径的公差带代号都要标注。内螺纹用大写字母,外螺纹用小写字母,当中径和顶径的公差带代号相同时,可注写一个代号,例如:M10×1-6H。

螺纹旋合长度代号用字母 S、N、L 表示,分别代表螺纹旋合长度为短、中、长三种。当旋合长度为中等时可省略不注。

(2)管螺纹

管螺纹的标注一律注在引出线上,引出线从大径处引出。管螺纹的标注由螺纹特征代号、尺寸代号和旋向代号三部分组成,例如 G1/2-LH。

管螺纹分为螺纹密封的管螺纹和非螺纹密封的管螺纹两种。螺纹密封的管螺纹的代号为“R”,非螺纹密封的管螺纹的代号为“G”。管螺纹的尺寸代号是指管子的内径,单位为英寸。管螺纹的公差等级只有一种,一般不标注,但当非螺纹密封的管螺纹为外螺纹时,其中径公差等级分 A、B 两种,A 级必须标注。当管螺纹旋向为左旋时,需加注“LH”,右旋不标注旋向代号。

(3)梯形螺纹

梯形螺纹的标注方法与普通螺纹相同,其特征代号为“Tr”,多线螺纹螺距必须标注成公称直径×导程(P 螺距),旋合长度只分为 N、L,N 可省略不注,例如 Tr40×14(P7)LH-7e。

(4)锯齿形螺纹

锯齿形螺纹的标记及标注形式与梯形螺纹相同,其特征代号为“B”。矩形螺纹为非标准螺纹,无特征代号,但必须标注螺纹牙型尺寸。

【引导知识】

7.2 常用螺纹紧固件

常用的螺纹紧固件有螺栓、双头螺柱、螺钉、螺母、垫圈等。螺栓用于被连接零件允许钻成通孔的情况;双头螺柱用于被连接零件之一较厚或不允许钻成通孔的情况;螺钉则用于上述两种情况,且常用在不经常拆卸和受力较小的连接中,按用途不同可分为连接螺钉和紧定螺钉。

7.2.1　螺栓连接

螺栓连接所用的连接件有螺栓、螺母、垫圈等。螺纹连接图一般用比例画法绘制，即以螺纹公称直径（d、D）为基准，其余各部分结构尺寸均按与公称直径成一定比例关系绘制，如图7－9所示。

画螺栓连接图时，应遵守下列基本规定：

（1）当剖切平面通过螺栓、螺母、垫圈等标准件的轴线时，其标准件应按未剖切绘制，即只画出其外形。

（2）在剖视图中，两相邻零件的剖面线倾斜方向应当相反，或方向相同、间距不同。但同一零件在各个剖视图中，其剖面线的倾斜方向和间距应当一致。

（3）两零件的接触面应画成一条线，不接触的表面表示其间隙，画两条线。

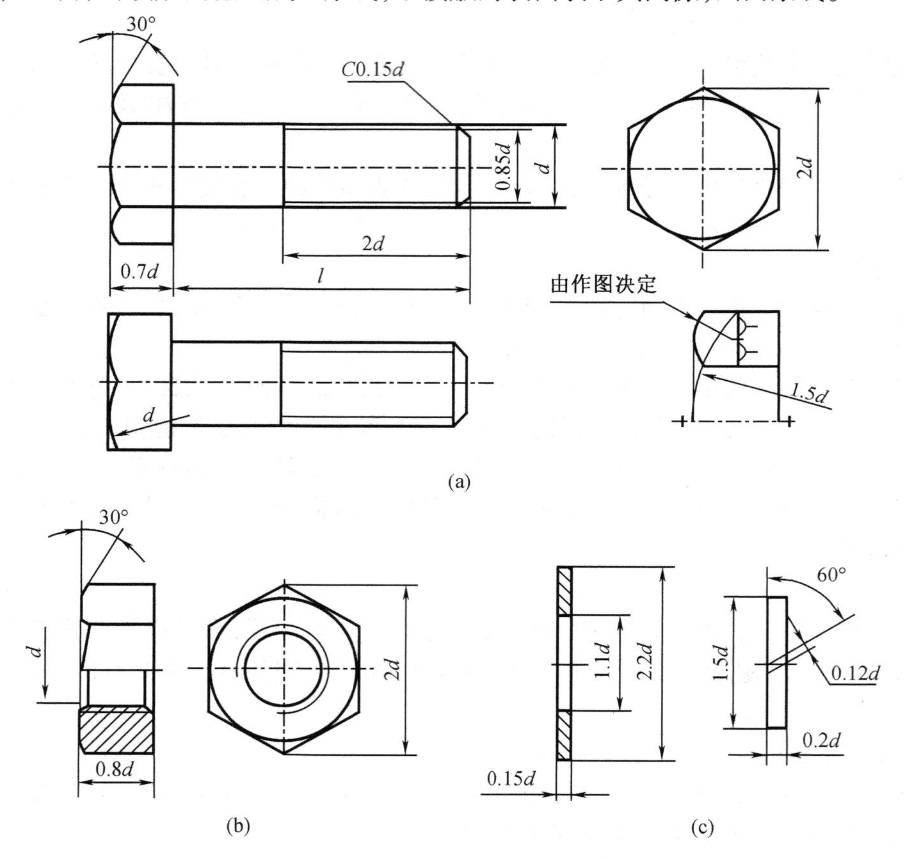

图7－9　螺栓、螺母、垫圈的比例画法

（a）六角头螺栓的比例画法；（b）六角头螺母的比例画法；（c）垫圈的比例画法

（4）螺栓的公称长度应按下式估算，然后查表选取与估算值相近的标准值。

$$l \geqslant \delta_1 + \delta_2 + h + m + a$$

式中　δ_1、δ_2——被连接零件的厚度；

m——螺母厚度；

h——垫圈厚度；

a——螺栓末端伸出螺母长度(一般取 $0.2d \sim 0.3d$)。

图7－10为螺栓连接画法。

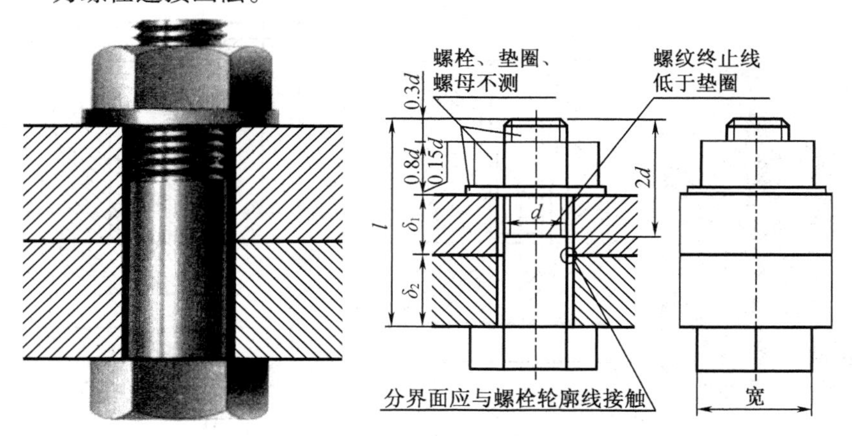

图7－10　螺栓连接画法

7.2.2　螺柱连接

螺柱连接件常用双头螺柱、螺母和弹簧垫圈,适用于一薄一厚的两块零件连接。双头螺柱的连接图一般用比例画法绘制,如图7－11所示。注意螺纹终止线的位置。弹簧垫圈槽左斜60°,或用二倍宽的粗线绘制。

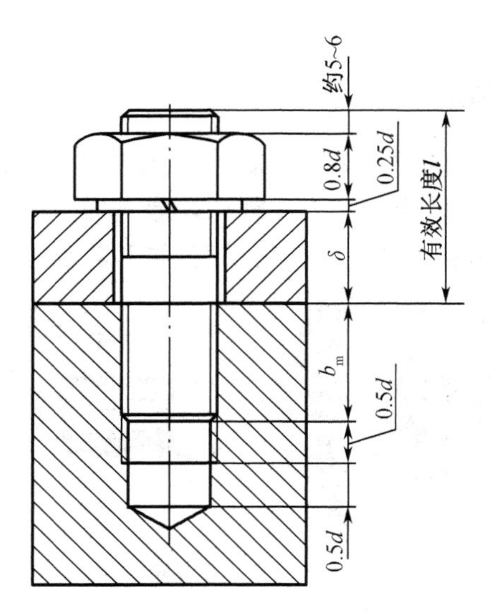

图7－11　螺柱连接比例画法

7.2.3　螺钉连接

螺钉连接适用于一薄一厚的两块零件连接,厚的零件上加工螺孔,薄的零件上加工光孔,用在受力较小,且不经常拆卸的地方。螺钉连接图的比例画法如图7－12所示。画图时注意螺纹终止线在两零件连接线上方,螺钉头部的槽线在端视图上画成与水平成45°。

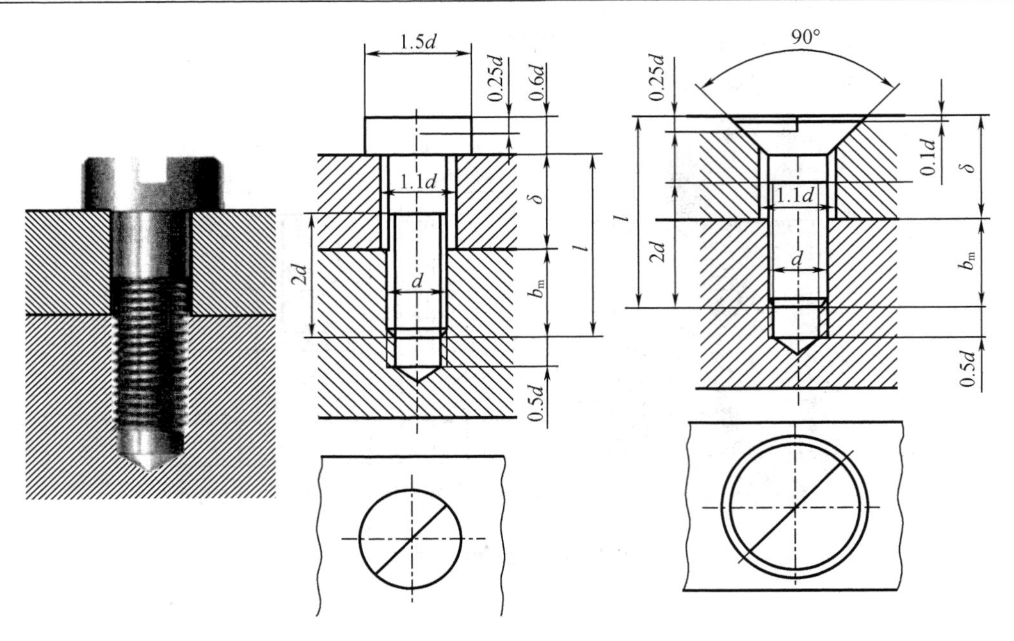

图 7-12 螺钉连接比例画法

【引导知识】

7.3 键 与 销

7.3.1 键及其连接的画法

键主要用来连接轴及轴上的传动零件(如齿轮、皮带轮等),周向固定以传递扭矩。如图 7-13 所示是一种用键连接的形式。先在轴和轮毂上加工出键槽,装配时,将键嵌入轴的键槽内,然后将带有键槽的轮装配到轴上。传动时,轴和轮通过键连接便可一起传动。

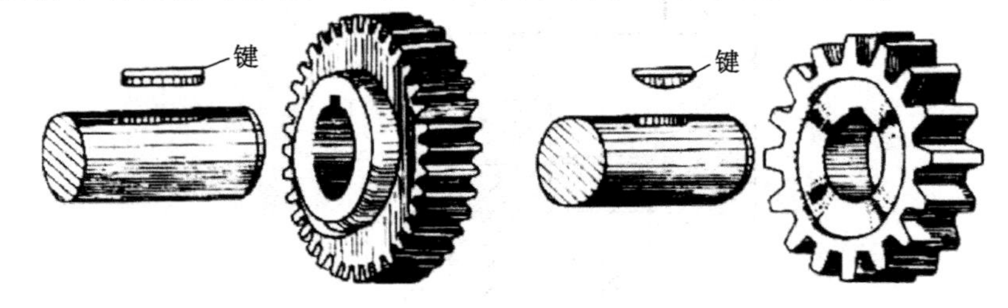

图 7-13 键连接

键的种类很多,常用的有普通平键、圆键及钩头楔键等三种,普通平键又有 A 型(圆头)、B 型(平头)和 C 型(单圆头)三种,如图 7-14 所示。它们都是标准件,结构尺寸均已标准化。普通平键和圆键的标准编号、画法和标记如表 7-1 所列。

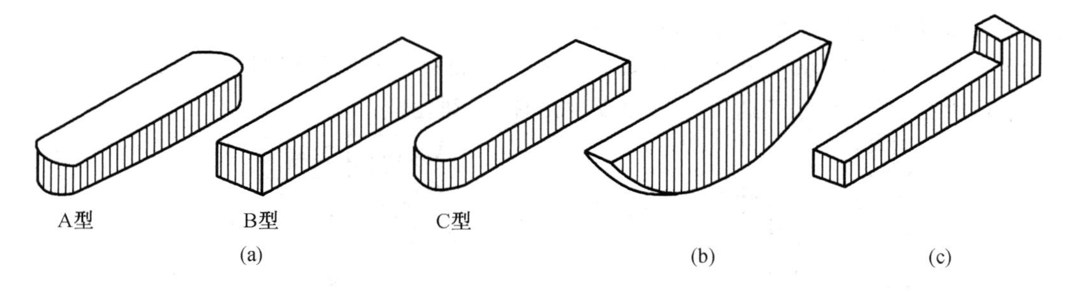

图 7－14　常用键的形式

(a)普通平键;(b)半圆键;(c)钩头楔键

表 7－1　普通平键与半圆键及其标记示例

名称及标准编号	简图	标记及说明
普通平键 GB/T 1096	c×45°或r　$R=b/2$	$b=10,h=8,L=28$ 的普通平键(A 型):键 10×28 GB/T 1096—1979
半圆键 GB/T 1099—1979	L　b　r　d_1　h　r≈0.1 b	$b=6,h=10,L=24.5$ 的普通平键(A 型):键 6×25 GB/T 1096—1979

被连接的轴和传动零件的轮毂上均开有键槽,键嵌在槽中达到连接目的。键及键槽的尺寸均已标准化。使用时可根据被连接的轴径,在相应标准中查得相应的尺寸、结构及标记。

图 7－15 是普通平键连接的画法;图 7－16 是半圆键连接的画法。它们的共同点是:以侧面为工作面,顶面为非工作面。因此在连接画法中,键与键槽两侧为接触面,分别画一条线;而键和键槽间顶部应留有间隙。

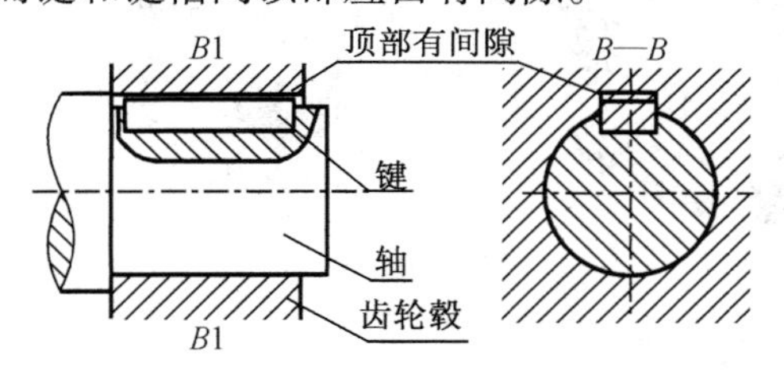

图 7－15　普通平键连接的画法

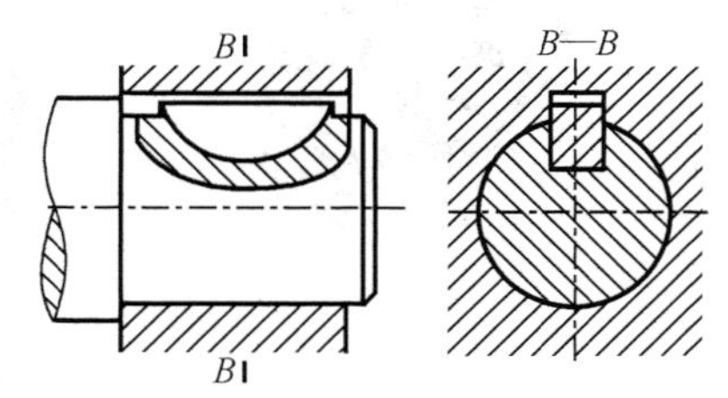

图 7－16　半圆键连接的画法

7.3.2　销及其连接画法

常用的销有圆柱销、圆锥销和开口销等。圆柱销和圆锥销用作零件间的连接或定位;

开口销用来防止连接螺母松动或固定其他零件。

销为标准件,其规格、尺寸可从标准中查得。圆柱销和圆锥销的连接画法如图 7-17(a)、(b)所示,当剖切平面通过销的轴线时,销按不剖处理。

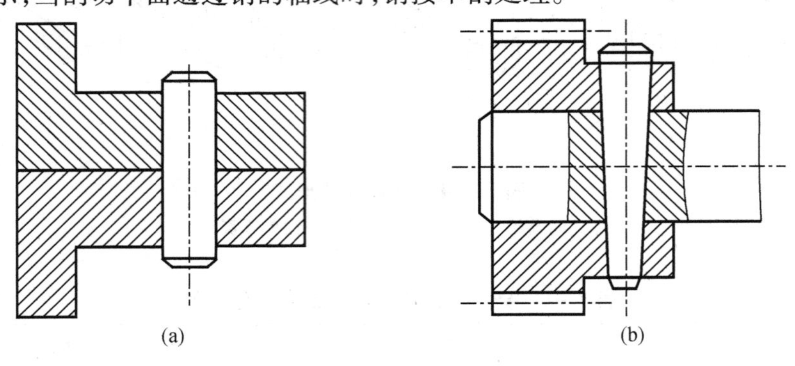

(a) (b)

图 7-17 销连接

(a)圆柱销;(b)圆锥半销

圆锥销的公称直径指小端直径;开口销直径指销孔的直径。圆柱销的标记形式为:销 GB/T 119.1—2000;A$d \times l$ 圆锥销的标记形式为:销 GB/T 117—2000 A$d \times l$,其中 A 表示销为 A 型,d 为销的直径,l 为销的长度。

【引导知识】

7.4 齿 轮

齿轮是传动零件,它能将一根轴的动力及旋转运动传递给另一根轴,也可改变转速和旋转方向。常用的齿轮按两轴的相对位置分为圆柱齿轮、圆锥齿轮、蜗轮与蜗杆三种,如图 7-18 所示。圆柱齿轮用于平行两轴间的传动;圆锥齿轮用于垂直相交两轴间的传动;蜗轮与蜗杆用于垂直交错两轴间的传动。

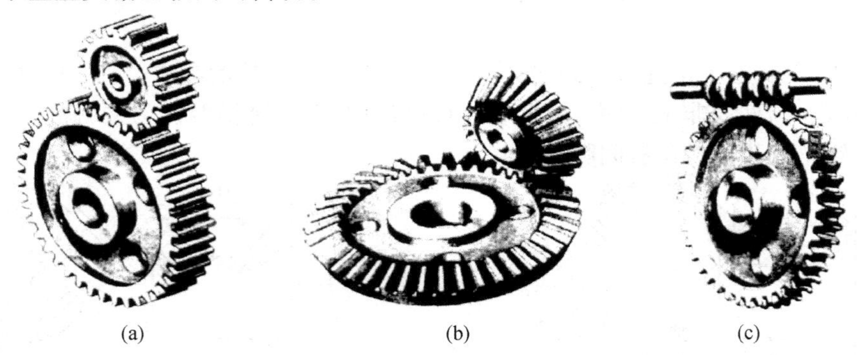

(a) (b) (c)

图 7-18 齿轮传动

(a)圆柱齿轮传动;(b)圆锥齿轮传动;(c)蜗轮与蜗杆传动

7.4.1 直齿圆柱齿轮

1. 各部分名称与代号

图 7-19 为相互啮合的两直齿圆柱齿轮,各部分的名称与代号如图中所示。

(1)齿顶圆

通过齿轮轮齿顶端的圆称为齿顶圆,其直径用 d_a 表示。

(2)齿根圆

通过齿轮轮齿根部的圆称为齿根圆,其直径用 d_f 表示。

(3)分度圆

在齿轮上有一个用来在设计和加工时计算尺寸的基准圆,即分度圆。它是一个假想圆,在该圆上,齿厚与齿槽宽相等。分度圆直径用 d 表示。

(4)节圆

在两齿轮啮合时,齿廓的接触点将齿轮的连心线分为两段,即分别以 O_1、O_2 为圆心,以到切点的距离为半径所画的圆,称为节圆。齿轮的传动就可以假想成这两个圆在做无滑动的纯滚动。正确安装的标准齿轮,其分度圆和节圆相等。

(5)齿顶高

分度圆到齿顶圆之间的径向距离,称为齿顶高,用 h_a 表示。

(6)齿根高

分度圆到齿根圆之间的径向距离,称为齿根高,用 h_f 表示。

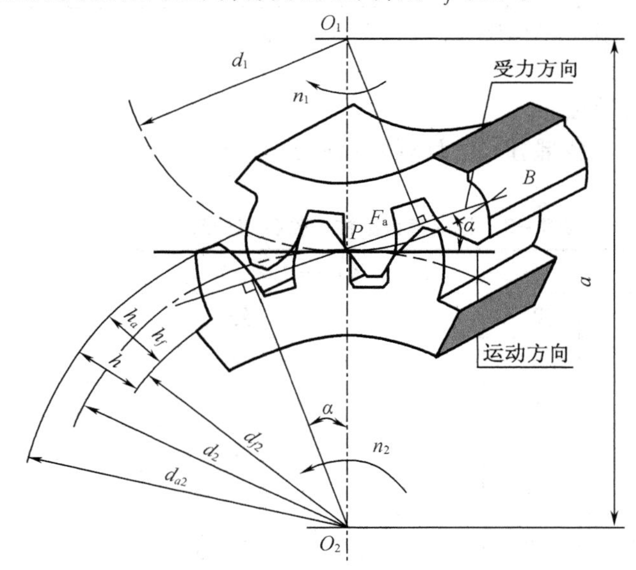

图7-19 直齿圆柱齿轮的名称及代号

(7)齿高

齿顶圆到齿根圆之间的径向距离,称为齿高,用 h 表示。

(8)齿厚

在分度圆上,同一齿两侧齿廓之间的弧长,称为齿厚,用 S 表示。

(9)齿槽宽

在分度圆上,齿槽宽度的弧长,称为齿槽宽。

(10)齿距

在分度圆上,相邻两齿同侧齿廓之间的弧长,称为齿距,用 P 表示。

(11)中心距

两齿轮回转中心的连线称为中心距,用 a 表示。

(12)齿数

齿轮轮齿个数称为齿数,用 z 表示。

(13)压力角

相啮合的两轮齿齿廓在 P 点的公法线与两节圆的公切线所形成的锐角称为压力角,用 α 表示。

(14)模数

如图 7-18 所示,分度圆大小与齿距 p 和齿数 z 有关,即 $\pi d = pz$,故 $d = pz/\pi$。令 $m = p/\pi$,则有 $d = mz$。m 称为齿轮的模数,它反映了轮齿尺寸的大小和齿轮的承载能力。国家标准化模数系列值如表 7-2 所示。

表 7-2 国家标准化模数系列值

第一系列	1	1.25	1.5	2	2.5	3	4	5	6	8	10	12	16	20	25	32	40	50
第二系列	1.75	2.25	2.75	(3.25)	3.5	(3.75)	4.5	5.5	(6.5)	7	9	(11)	14	18	22	28	36	45

注:优先选用第一系列,括号内的模数尽可能不用,本表未摘录小于 1 的模数。

2. 各部分尺寸计算公式

标准直齿圆柱齿轮各部分尺寸计算公式见表 7-3。

表 7-3 标准直齿圆柱齿轮各部分尺寸计算公式

基本参数:$m=2, Z=20$				
序号	名称	代号	计算公式	计算举例
1	齿顶高	h_a	$h_a = m$	$h_a = 2$
2	齿根高	h_f	$h_f = 1.25m$	$h_f = 2.5$
3	齿高	h	$h = 2.25m$	$h = 4.5$
4	分度圆直径	d	$d = mZ$	$d = 40$
5	齿顶圆直径	d_a	$d_a = m(Z+2)$	$d_a = 44$
6	齿根圆直径	d_f	d_f	$d_f = 35$
7	中心距	a	$a = (d_1 + d_2)/2 = m(Z_1 + Z_2)/2$	

3. 齿轮的规定画法

(1)单个齿轮的画法

①齿顶线和齿顶圆用粗实线绘制。

②分度线和分度圆用点画线绘制。

③在剖视图中,当剖切平面通过齿轮的轴线时,轮齿一律按不剖处理,齿根线用粗实线绘制,如图 7-20(a)所示;齿根线和齿根圆在视图中用细实线绘制,也可省略不画,如图 7-20(b)所示。

④斜齿圆柱齿轮的画法与直齿圆柱齿轮的画法基本相同,只是为了表示轮齿的方向,

常将其画成半剖视图，并在非圆外形图上用三条平行的细实线表示轮齿方向，如图 7-20(c)所示。

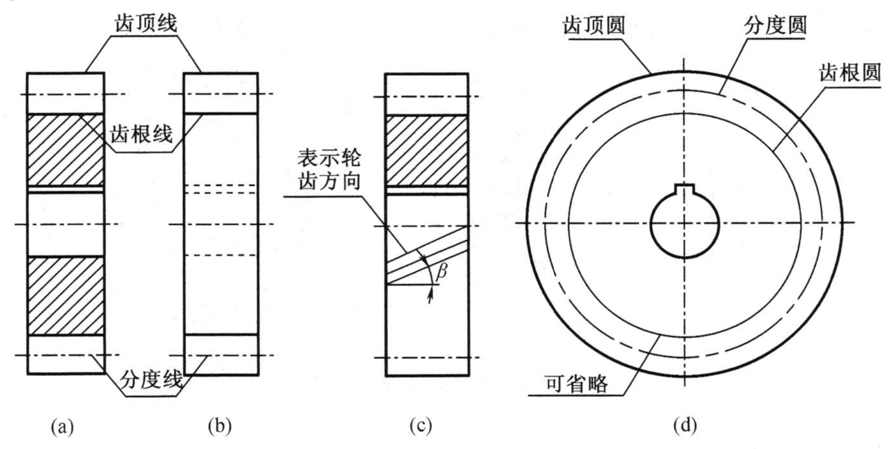

图 7-20 单个齿轮画法

(2)齿轮啮合画法

非啮合区：按单个齿轮的画法绘制。

啮合区内：

①在投影为圆的视图中，两分度圆相切，啮合区内的齿顶圆均用粗实线绘制，如图 7-20(a)的左视图所示，其省略画法如图 7-21(b)所示；齿根圆用细实线绘制，一般省略不画。

②在平行于齿轮轴线的投影面的视图（非圆视图）中，若取剖视，一个齿轮的轮齿用粗实线绘制，另一个齿轮的轮齿被遮挡部分用虚线绘制，如图 7-21(a)的主视图所示（也可省略不画）。当不采用剖视而用外形视图表示时，啮合区内的齿顶线无须画出，分度线用粗实线绘制，如图 7-21(c)、(d)所示。

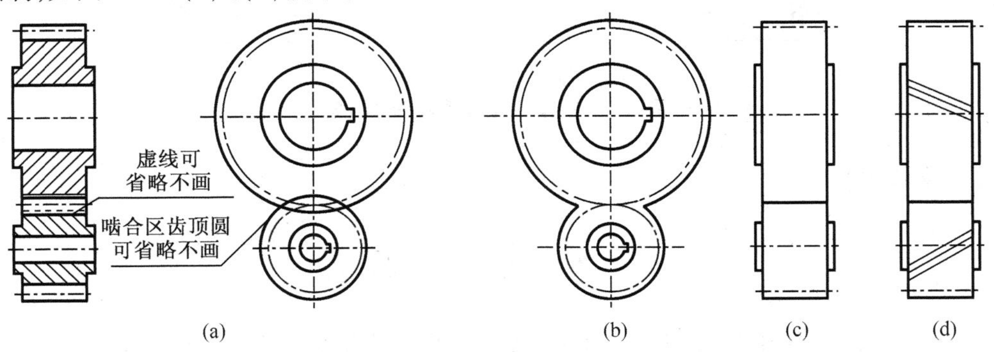

图 7-21 啮合齿轮画法

7.4.2 直齿圆锥齿轮

圆锥齿轮又称伞齿轮。圆锥齿轮可分为直齿、斜齿和螺旋齿。圆锥齿轮规定以大端模数为标准来计算其基本尺寸，并且直齿圆柱齿轮各尺寸计算公式仍适用于直齿圆锥齿轮大端的法向参数计算。

1. 单个直齿圆锥齿轮的画法

(1)在反映其轴线的视图中一般采用全剖。齿顶线和齿根线用粗实线表示，轮齿按不剖处理,分度线用细点画线表示。齿顶线、齿根线和分度线的延长线交于轴线。

(2)在端视图中,大端和小端齿顶圆用粗实线表示,大端齿根圆和小端齿根圆不必画,大端分度圆用细点画线表示,小端分度圆不画。图 7-22 所示为单个锥齿轮的画法。

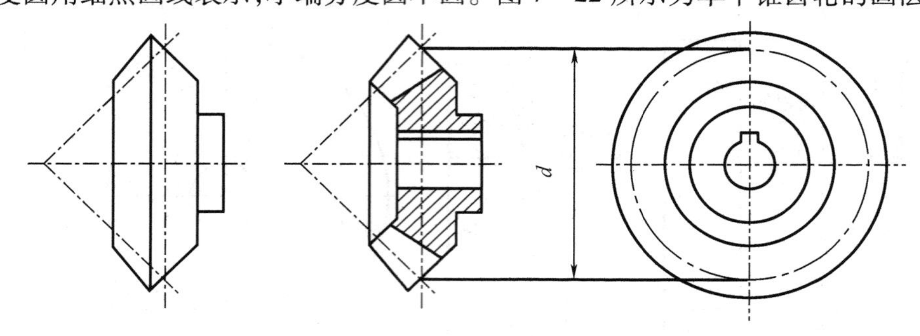

图 7-22 单个锥齿轮的画法

2. 圆锥齿轮啮合画法

圆锥齿轮啮合时,两分度圆锥相切,锥顶相交于一点,齿轮轮齿部分和啮合区的画法与直齿圆柱齿轮啮合画法相同。图 7-23 所示为圆锥齿轮啮合的画法。

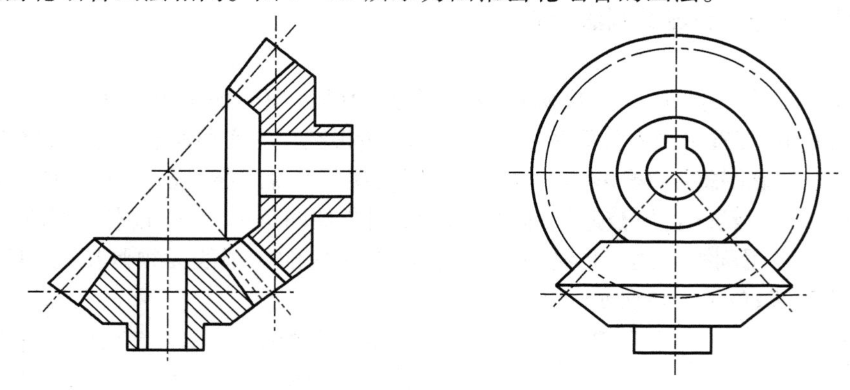

图 7-23 圆锥齿轮啮合的画法

【自学知识】

7.5 弹 簧

弹簧是常用件,用于减振、夹紧、承受冲击、储能和测力等。其主要特点是除去外力后,可立即恢复原状。

弹簧的种类很多,以圆柱螺旋弹簧最为常见。在圆柱螺旋弹簧中,按其受力形式又分为压缩弹簧、拉伸弹簧和扭转弹簧,如图 7-24 所示。

7.5.1 圆柱螺旋压缩弹簧各部分的名称及尺寸关系

图 7-25 所示为圆柱螺旋压缩弹簧各部分的名称及尺寸关系。

(1)簧丝直径 d,制造弹簧的钢丝直径。

(2)弹簧外径 D,弹簧的最大直径。

(3)弹簧内径 D_1,$D_1 = D - 2d$。

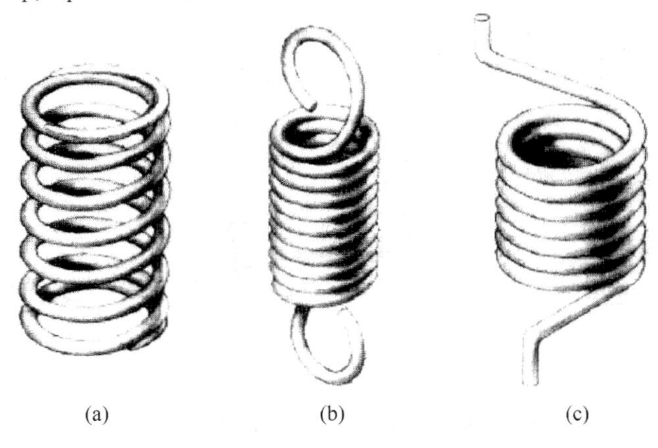

图 7－24　圆柱螺旋弹簧

(a)压缩弹簧;(b)拉伸弹簧;(c)扭转弹簧

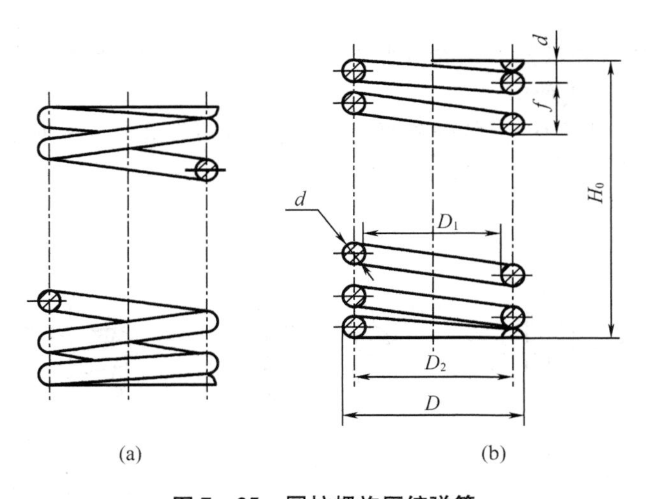

图 7－25　圆柱螺旋压缩弹簧

(a)外形的画法;(b)剖视的画法

(4)弹簧中径 D_2,$D_2 = D - A$。

(5)节距 t_0 除两端支承外圈外,相邻两圈的轴向距离。

(6)支承圈数 n_2、有效圈数 n。支承圈数为两端并紧磨平的圈数,一般为 1.5、2 和 2.5;有效圈数为中间节距相等的圈数。

(7)自由高度 H_0,没有外力作用时弹簧的高度,$H_0 = nt + (n_2 - 0.5)d$。

(8)展开长度 L(坯料长度),$L \approx n_1 \sqrt{(\pi D_2)^2 + t^2}$。

(9)旋向。分为右旋和左旋,常用右旋。

7.5.2　圆柱螺旋压缩弹簧的规定画法

1. 基本规定

(1)在平行于螺旋弹簧轴线的投影面的视图中,其各圈轮廓线应画成直线,如图 7－26 所示。

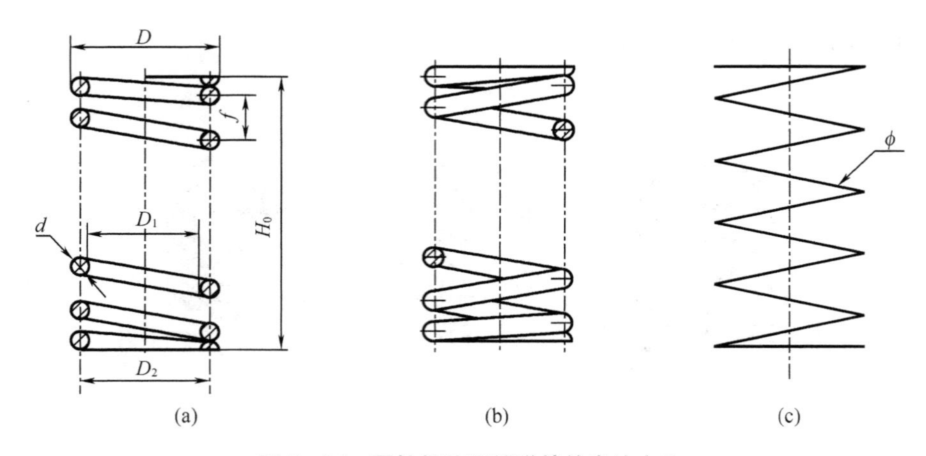

图 7－26 圆柱螺旋压缩弹簧的表达方法

(a)剖视图;(b)视图;(c)示意图

(2)螺旋弹簧均可画成右旋,但左旋弹簧不论画成左旋或右旋,一律要注出旋向“左”字。

(3)螺旋压缩弹簧如果要求两端并紧磨平,则不论支承圈多少、末端并紧情况如何,均按支承圈为 2.5 圈的形式画出。

(4)对于有效圈在四圈以上的螺旋弹簧,中间部分可以省略。中间部分省略后,允许适当缩短图形的长度,但尺寸应按原长度标注。

2. 绘图步骤

绘图步骤如图 7－27 所示。

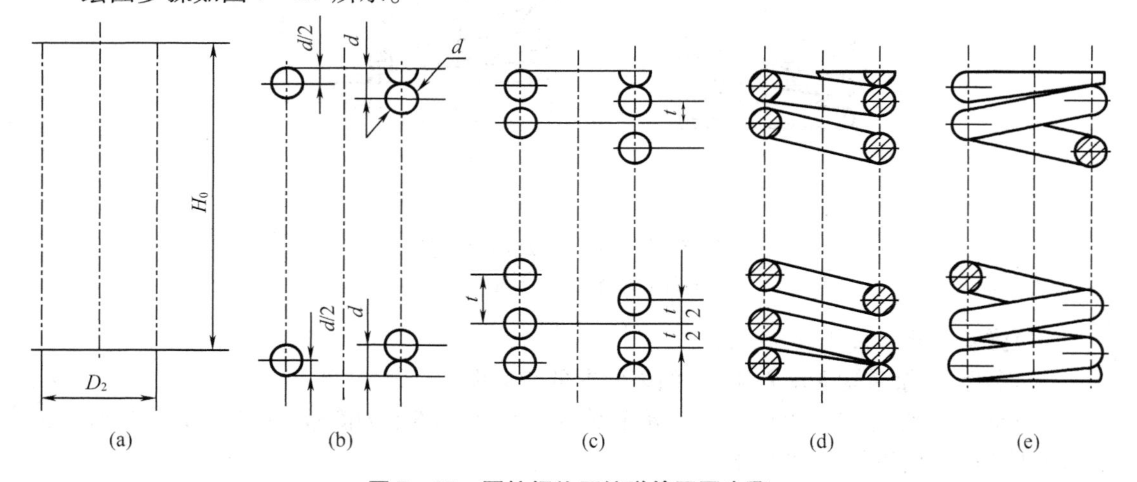

图 7－27 圆柱螺旋压缩弹簧画图步骤

(1)计算 D_2、H_0。

(2)作矩形 $ABCD$。

(3)作与支承圆部分直径和簧丝直径相等的圆和半圆。

(4)画出与有效圆部分与簧丝直径相等的圆。

(5)按旋向方向作出相应圆的公切线及剖面线。

3. 在装配图中弹簧的规定画法

(1)被弹簧挡住的结构一般不画,可见部分应从弹簧外轮廓线或弹簧钢丝剖面的中心线画起，如图 7－28(a)所示。

(2)当弹簧被剖切时，若弹簧直径在图形上等于或小于 2 mm，则其断面可用涂黑表示，如图 7－28(b)所示；也允许用示意图绘制，如图 7－28(c)所示。

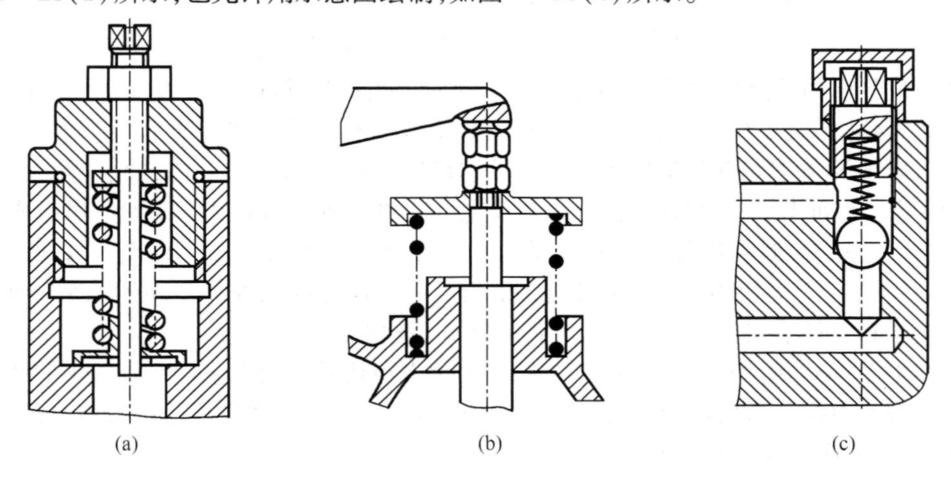

(a)　(b)　(c)

图 7－28　装配图中螺旋弹簧的规定画法

【自学知识】

7.6　滚动轴承

7.6.1　滚动轴承的分类与结构

按可承受载荷的方向，滚动轴承分为向心轴承、推力轴承、向心推力轴承三类。如图 7－29 所示，向心轴承主要承受径向载荷，如深沟球轴承；推力轴承只承受轴向载荷，如圆锥滚子轴承；向心推力轴承可同时承受径向和轴向载荷，如平底推力球轴承。但它们的结构大致相似，一般由外圈、内圈、滚动体和保持架所组成，如图 7－29 所示。其外圈装在机座的孔内，内圈套在转动的轴上。一般情况下，外圈固定不动，而内圈随轴转动。

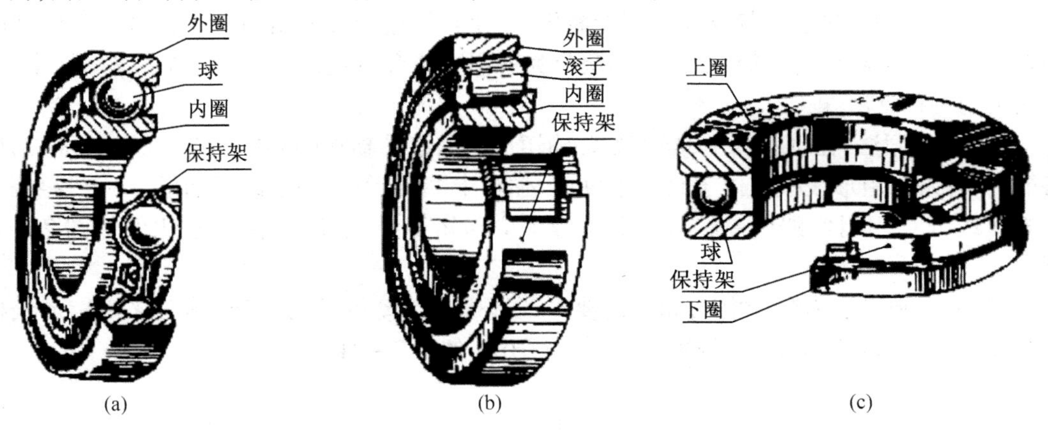

(a)　(b)　(c)

图 7－29　滚动轴承

(a)深沟球轴承；(b)圆锥滚子轴承；(c)推力球轴承

7.6.2 轴承的代号

轴承的代号由基本代号、前置代号和后置代号三部分组成，其排列顺序如下：

前置代号　基本代号　后置代号

基本代号由轴承类型代号、尺寸系列代号和内径代号构成，这是轴承代号的基础。

(1)滚动轴承类型代号：轴承类型代号用数字或字母表示。如 3 表示圆锥滚子轴承，5 表示推力球轴承，6 表示深沟球轴承。轴承类型代号具体含义请查阅有关轴承标准。

(2)尺寸系列代号：尺寸系列代号由轴承宽(高)度系列代号和直径系列代号组成，一般用两位数字表示(有时省略其中一位)。左边的一位数字为宽(高)度系列代号，右边的一位数字为直径系列代号。它的主要作用是区别内径相同而宽度和外径不同的轴承。宽(高)度系列代号和直径系列代号的具体含义请查阅有关轴承标准。

(3)内径代号：用两位数字表示。常见的轴承内径代号如表 7－4 所示；其中表内未列入的轴承公称内径 d 为 0.6～10 或 $d=22$、28、32 或 $d\geqslant 500$ 时，内径代号用公称内径毫米数直接表示，这时内径与尺寸系列代号之间用"/"分开。

表 7－4 常见的轴承内径代号

内径代号	00	01	02	03	04～96
轴承内径/mm	10	12	15	17	代号数字×5

2. 前置代号和后置代号

前置、后置代号是轴承在结构形状、尺寸、公差、技术要求等有改变时，在其基本代号左、右添加的补充代号。前置代号用字母表示；后置代号用字母或数字表示。具体内容可查阅有关的国家标准(GB/T 272—1993)。

7.6.3 滚动轴承画法

1. 简化画法

滚动轴承的外轮廓形状及大小不能简化，以使它能正确反映出与其相配合零件的装配关系。它的内部结构可以简化，简化画法分为通用画法和特征画法，但在同一张图样中，一般只采用一种画法。

(1)通用画法：在剖视图中，当不需要确切地表示滚动轴承的外形轮廓、载荷特征、结构特征时，可采用矩形线框及位于线框中央正立的"十"字形符号表示滚动轴承。"十"字符号和矩形线框均用粗实线绘制，"十"字符号不应与矩形线框接触，其尺寸比例如图 7－30 所示。

(2)特征画法：在剖视图中，如果需要形象地表示滚动轴承的特征，则可采用矩形线框及在线框内画出其滚动轴承结构要素符号的画法，如图 7－31 所示。

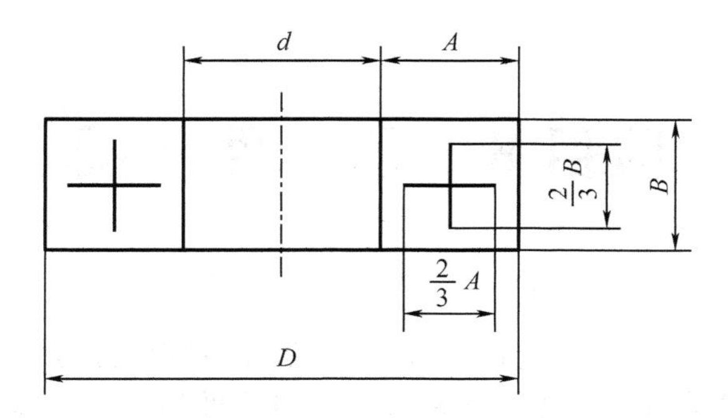

图7－30　轴承的通用画法

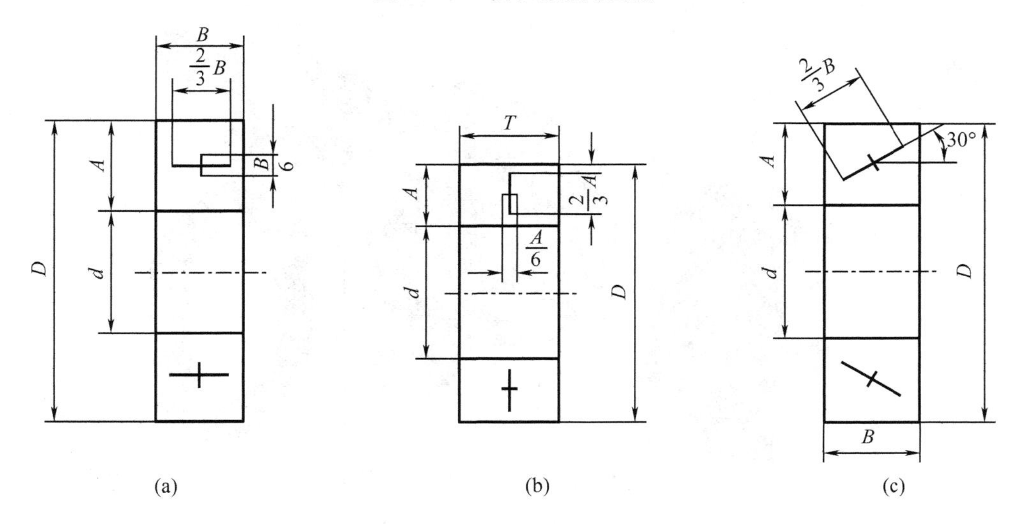

图7－31　轴承的特征画法

(a)深沟球轴承(GB/T 276—1994);(b)推力球轴承(GB/T 276—1995);(c)圆锥滚子轴承(GB/T 297—1994)

2. 规定画法

必要时，在滚动轴承的产品图样、产品样品和产品标准中采用规定画法。在装配图中，规定画法一般采用剖视图绘制在轴的一侧，另一侧按通用画法绘制。如图7－32所示，图中的尺寸除A是计算的，其余尺寸都可按所选轴承类型尺寸查阅国家标准确定其值。

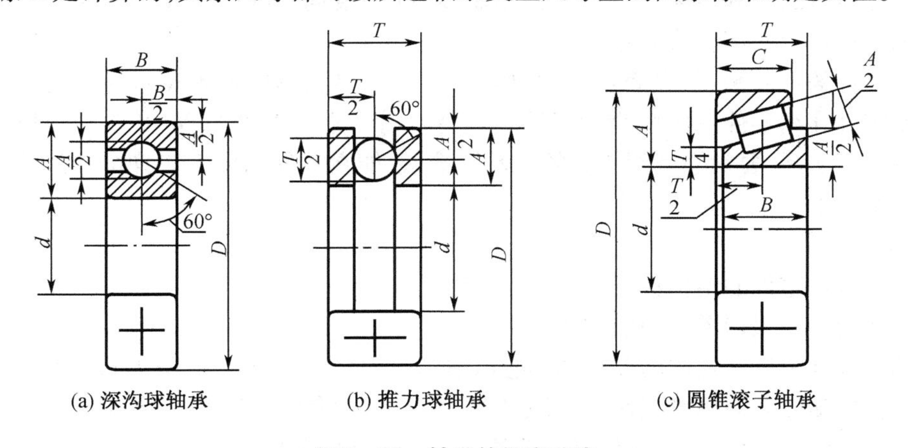

图7－32　轴承的规定画法

(a)深沟球轴承;(b)推力球轴承;(c)圆锥滚子轴承

项目8　零　件　图

【任务描述】

零件是组成机器或部件的基本单位。每一台机器或部件都是由许多零件按一定的装配关系和技术要求装配起来的。零件分为标准件、常用件和专用件,如图 8 -1 所示。

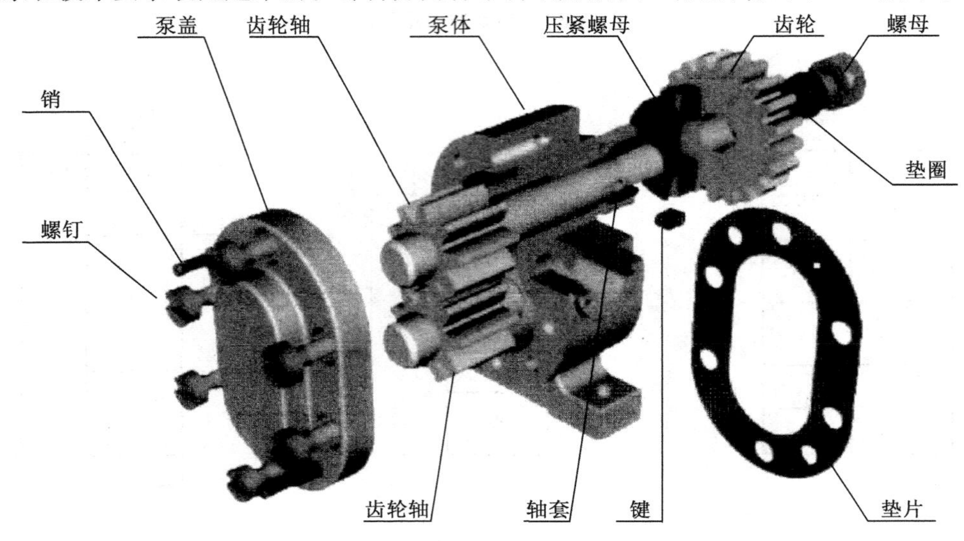

图 8 -1　齿轮泵结构示意图

(1)标准件:结构和尺寸均已标准化,如螺纹紧固件、键、销、滚动轴承等。

(2)常用件:部分结构、参数已标准化,如齿轮、弹簧等。

(3)专用件:根据机器或部件需要而设计的零件,如泵盖、泵体、垫片、齿轮轴等。

要生产出合格的机器或部件,必须首先制造出合格的零件,而零件又是根据零件图来进行制造和检验的。其中标准件不需要绘制零件图,根据标准件的标记或代号来购置,而常用件和专用件一般需要绘制零件图。

机械零件的尺寸精度、表面粗糙度、形位公差、材料和热处理等技术要求的确定方法,结合典型零件介绍零件图的内容和视图表达特点等。在学习的过程中,要结合所学内容,紧密联系生产实际,要学会查阅有关的技术标准,并能在零件图样上正确标注尺寸公差、粗糙度等技术要求。

【任务目标】

1. 了解常用零件的结构特点。
2. 掌握绘制和阅读零件图的方法。
3. 理解零件图尺寸标注的要求,能完全、清晰、符合国家标准、合理的标注尺寸。
4. 掌握已知的表面粗糙度代号,尺寸公差代号的注写要求和国家标准规定。
5. 了解极限与配合、形状与位置公差的注写要求和国家标准规定。

【引导知识】

8.1　零件图概述

8.1.1　零件图的作用

零件是组成部件或机器的最小单元。表达零件结构形状、尺寸和技术要求的图样，称为零件图。在生产实际中，不管零件形状结构简单与否，要制造它，必须要有零件图。因此，零件图是制造和检查零件的依据，也是使用和维修中的主要技术文件之一。

8.1.2　零件图的内容

零件图是生产中指导制造和检验该零件的主要图样，它不仅仅是把零件的内、外结构形状和大小表达清楚，还需要对零件的材料、加工、检验、测量提出必要的技术要求。因此，一张完整的零件图一般应包括以下内容（如图 8－2 所示）。

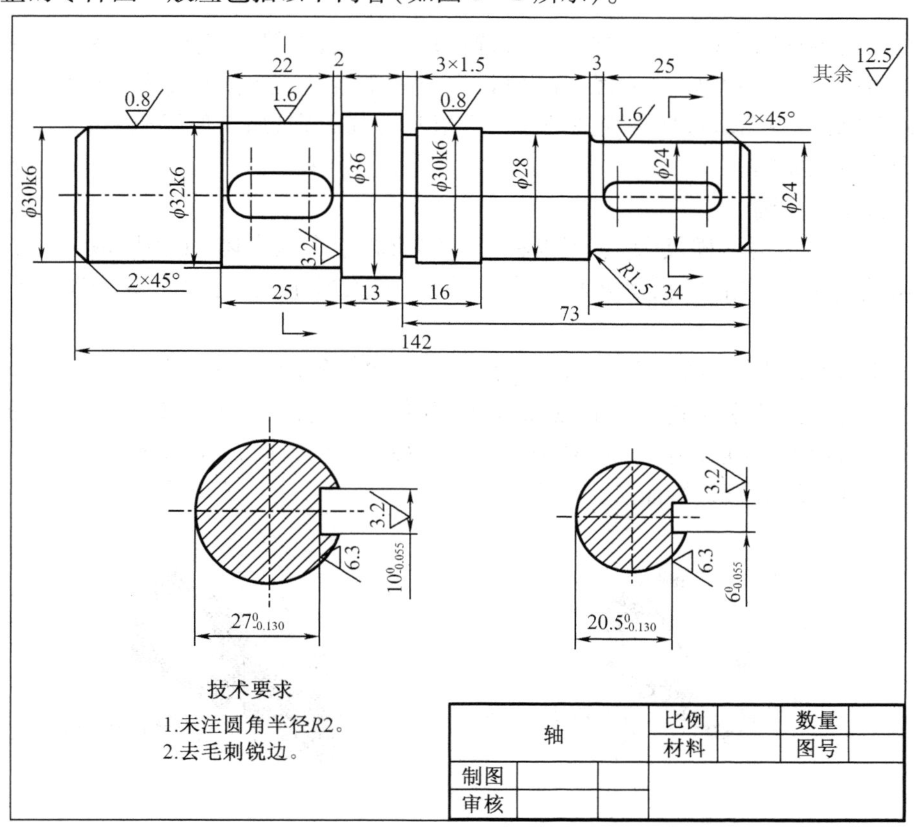

图 8－2　轴零件图

1. 一组图形

用于正确、完整、清晰和简便地表达出零件内外形状的图形。

2. 完整的尺寸

零件图中应正确、完整、清晰、合理注出制造零件所需的全部尺寸。

3. 技术要求

零件图中必须用规定的代号、数字、字母和文字注解说明制造和检验零件时在技术指标上应达到的要求,如表面粗糙度,尺寸公差,形位公差,材料和热处理,检验方法以及其他特殊要求等。技术要求的文字一般注写在标题栏上方图纸空白处。

4. 标题栏

标题栏应配置在图框的右下角。填写的内容主要有零件的名称、材料、数量、比例、图样代号以及设计、审核、批准者的姓名、日期等。标题栏的尺寸和格式已经标准化,可参见有关标准。

【引导知识】

8.2 零件图视图的选择

8.2.1 主视图的选择

主视图是零件图中最重要的视图。其选择是否合理,不但直接关系到零件的结构形状表达清楚与否,而且关系到其他视图的数量和位置的确定,影响到读图和画图的便捷性。因此,必须选好主视图。选择主视图的原则有形状特征原则、加工位置原则、工作位置原则和自然安放位置原则。

1. 形状特征原则

无论零件的结构怎样复杂,总可以将它分解成若干个基本体,主视图应较明显或较多地反映出这些基本体的形状及其相对位置关系,使人看了主视图后,就能抓住它的主要特征。

如图 8 -3(a)所示的轴承座,大体上可分上、下两部分,上部分是带长方形凸台的套筒,下部分是支持套筒的座和底板。显然,从正面方向投射得出来的视图,最能显示这两部分的形状和相对位置;同理,图 8 -3(b)中座体的主视图投射方向,能清晰地反映出左、右两部分相对位置和右端的形状特征。

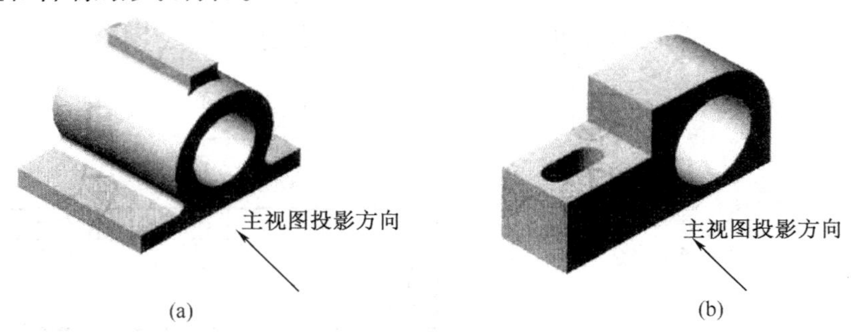

图 8 -3 反映形状特征原则

(a)轴承座;(b)座体

由上述可知,根据"反映形状特征的原则"来选择主视图,就是将最能反映零件结构形状和相对位置的方向作为主视图的投影方向。

2. 加工位置原则

选择主视图时,应尽量与零件的主要加工位置一致,如对在车床或磨床上加工的轴、套、轮、盘等零件如图 8 –4 所示。为方便看图,应将这些零件按轴线水平横向放置,如图 8 –4、图 8 –5 所示。

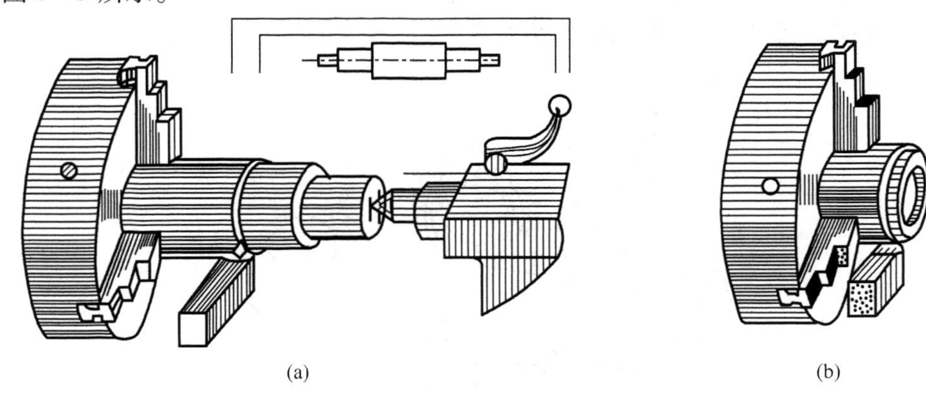

图 8 –4　轴和端盖在车床上的加工位置

3. 工作位置原则

零件主视图的位置应尽量与零件在机器或部件中的工作位置一致,如图 8 –6 所示吊钩的主视图,还应尽可能地和装配图中的位置保持一致,对画图和看图都较为方便。

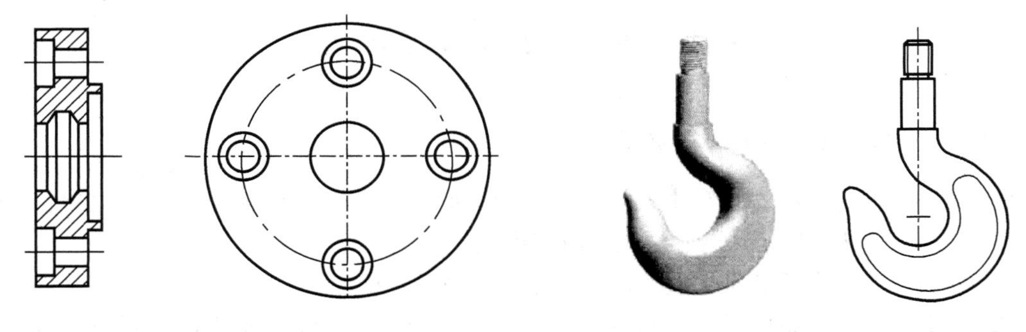

图 8 –5　端盖主视图符合加工位置　　**图 8 –6　吊钩主视图符合工作位置**

4. 自然安放位置原则

当加工位置各不相同,工作位置又不固定时,可按零件自然安放平稳的位置作为其主视图的位置。此外,还应兼顾其他视图的选择,考虑视图的合理布局,充分利用图幅。

8.2.2　其他视图的选择

主视图确定后,其他图形的选择原则是:在正确、完整、清晰地表达零件结构形状的前提下,所选用的视图数量要尽量少。

其他视图的选择,一般可按下述步骤进行。

(1)首先应考虑零件主要形体的表达,除主视图外,还需要几个必要的基本视图和其他图形。

(2)根据零件的内部结构,选择适当的剖视和断面图。

(3)对尚未表达清楚的局部和细小结构,采用一些局部视图和局部放大图。

(4)考虑是否可以省略、简化或取舍一些图形,对总体方案做进一步修改。每增加一个图形,都应有其存在的意义。

图8-7是拨叉的视图表达方案。主视图以表达外形为主,俯视图表达各部分在宽度方向的相对位置,并取全剖视图表示左右两部分内外形状和肋板连接关系。为表达凸台形状,采用了A向局部视图。选择这样两个基本视图,拨叉的形状基本上表达清楚了。肋板的形状采用重合断面表示。

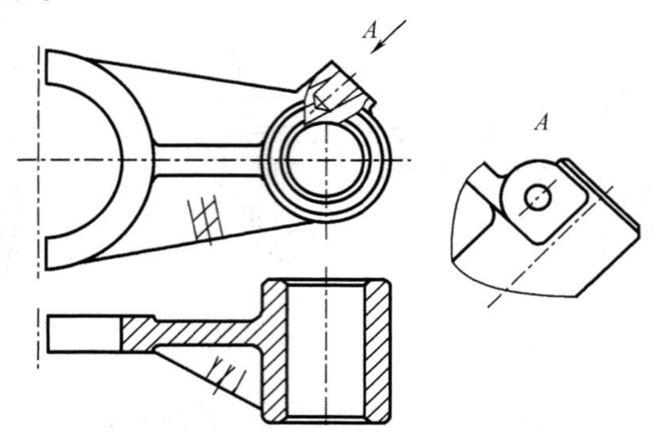

图8-7 拨叉的视图表达方案

【引导知识】

8.3 零件图的尺寸标注

8.3.1 零件图上标注尺寸的要求

零件图中的图形,表达出零件的形状和结构。而零件各部分的大小及相对位置,由图中所标注的尺寸来确定。因此,标注尺寸时应做到:

(1)准确——图中所有尺寸数字及公差数值都必须正确无误;

(2)清晰——尺寸布局要层次分明,尺寸线整齐,数字、代号清晰,而且必须符合国家标准;

(3)完整——零件结构形状的定形和定位尺寸必须标注完整,而且不重复;

(4)合理——尺寸的标注既要满足设计要求,又要考虑方便制造和测量。注:合理的尺寸标注,主要在于选择恰当的尺寸基准和直接注出重要尺寸。

8.3.2 合理标注尺寸的初步知识

1.尺寸基准

(1)尺寸基准的概念

任何零件都有长、宽、高三个方向的尺寸,每个方向至少要选择一个尺寸基准。一般常选择零件结构的对称面、回转轴线、主要加工面、重要支承面或结合面作为尺寸基准。

①设计基准

根据设计要求用以确定零件结构的位置所选定的基准,称为设计基准。如图8-8所示的轴承座,选择底面为高度方向的设计基准,对称平面为长度方向设计基准。由于一根轴通常要由两个轴承支撑,两者的轴孔应在同一轴线上,所以在标注高度方向尺寸时,应以底面为基准,以保证两轴孔到底面的距离相等;在标注长度方向尺寸时,应以对称平面为基准,以保证底板上两个安装孔之间的中心距及其与轴孔的对称关系,实现两轴承座安装后同轴。

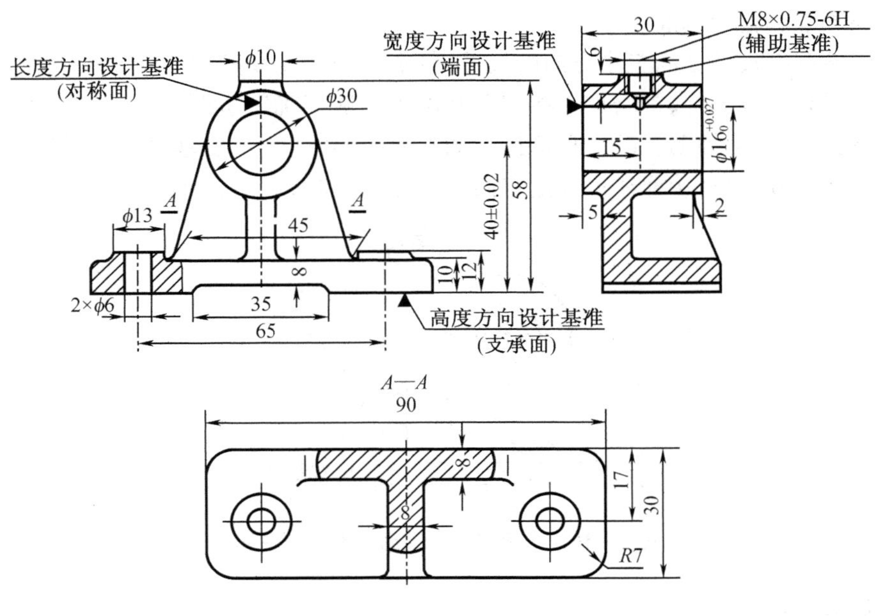

图 8-8 轴承座的尺寸标注

②工艺基准

为便于零件加工和测量所选定的基准,称为工艺基准。如图 8-9(a)所示阶梯轴,E 面为轴向设计基准,因为工作时以其定位。但是,如果轴向尺寸均以 E 面为起点标注,对加工、测量都不方便。若以右端面为起点标注尺寸,则符合图 8-9(b)所示阶梯轴在车床上的加工情况,所以确定右端面为工艺基准,但在两基准之间必须标注一个联系尺寸(如 52)。

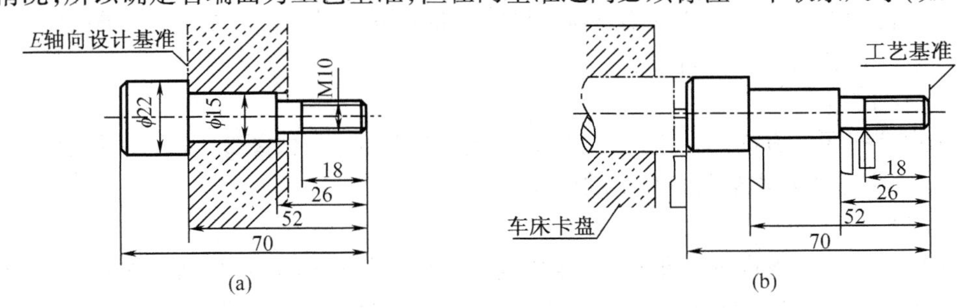

图 8-9 阶梯轴的工艺基准

在标注尺寸时,最好使设计基准和工艺基准重合,减少误差的积累,既满足设计要求,又保证工艺要求。例如图 8-8 所示轴承座,对于主体结构,底面是设计基准,也是工艺基准。对于顶面的局部结构,凸台顶面既是螺孔深度的设计基准,又是其加工测量时的工艺基准。

如图 8-8 所示,当同一方向不止一个尺寸基准时,根据基准作用的重要性分为主要基准和辅助基准。如以轴承座底面为起点标注的尺寸有:40 ±0.02(保证轴承座工作性能的重要尺寸)和三个一般尺寸 10、12、58。而以凸台顶面为起点标注的尺寸只有一个螺孔深度 6。因此,底面是高度方向主要基准,顶面是辅助基准。辅助基准与主要基准之间必须有直接的尺寸联系,如图 8-8 中的辅助基准是通过尺寸 58 与主要基准相联系的。

③主要基准和辅助基准

每个零件都有长、宽、高三个方向的尺寸,每个方向上至少应当选择一个尺寸基准。但有时考虑加工和测量方便,常增加一些辅助基准。一般把确定重要尺寸的基准称为主要基准,把附加的基准称为辅助基准。在选择辅助基准时,要注意主要基准和辅助基准之间、两辅助基准之间,都需要直接标注尺寸把它们联系起来,如图 8-10 所示。

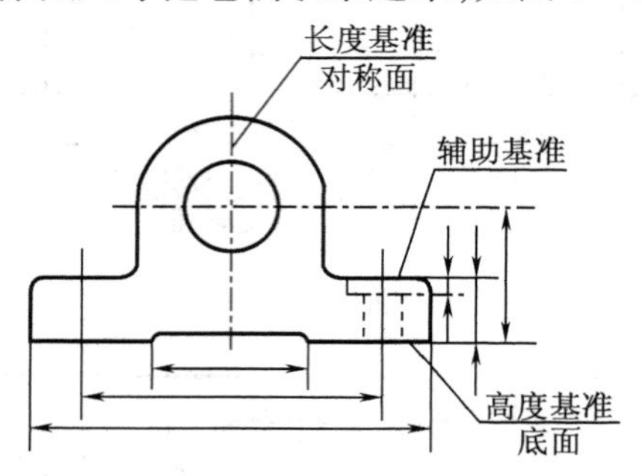

图 8-10 主要基准与辅助基准间的关系

(2)基准的选择

选择设计基准标注尺寸的优点是:能反映设计要求,保证设计的零件达到机器对该零件的工作要求,满足机器的工作性能。

选择工艺基准标注尺寸的优点是:能反映零件的工艺要求,使零件便于加工和测量。

由此可知,在标注尺寸时应尽可能地将设计基准和工艺基准重合,这样既可以满足设计要求,又可以满足工艺要求;若两基准不能重合,则应以保证设计要求为主。

2. 尺寸标注形式

由于零件设计要求和工艺方法不同,尺寸基准的选择也不同,因而零件图上尺寸标注的形式有坐标式、链状式和综合式。

(1)坐标式

坐标式是把同一方向的一组尺寸,从同一基准出发标注,如图 8-11(a)所示轴的轴向尺寸 A、B、C 都是以轴的左端面为基准标注的。

(2)链状式

链状式是把同一方向的一组尺寸,逐段连续标注,基准各不相同,前一个尺寸的终止处就是后一个尺寸的基准,如图 8-11(b)所示轴的轴向尺寸 A、D、E 即为链状式。

(3)综合式

综合式是上述两种尺寸标注形式的综合,如图 8-11(c)所示。这种尺寸标注形式最能满足零件设计与工艺要求。

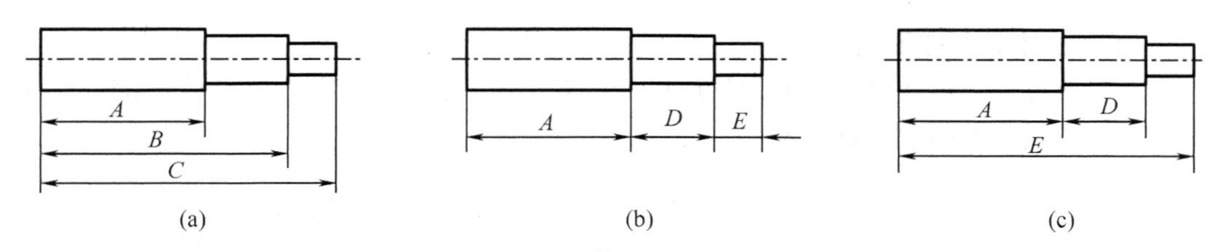

(a)　(b)　(c)

图8－11　尺寸标注的形式

(a)坐标式尺寸标注;(b)链状式尺寸标注;(c)综合式尺寸标注

8.3.3　清晰标注尺寸的要点

1.标注尺寸应考虑设计要求

(1)零件的主要尺寸应直接注出:主要尺寸是指零件上有配合要求或影响零件质量、保证机器(或部件)性能的尺寸。这种尺寸一般有较高的加工要求,直接标注出来,便于在加工时得到保证。如图8－12所示,尺寸a是影响中间滑轮与支架装配的尺寸,是主要尺寸,应当直接标注,以保证加工时容易达到尺寸要求,不受累积误差的影响。

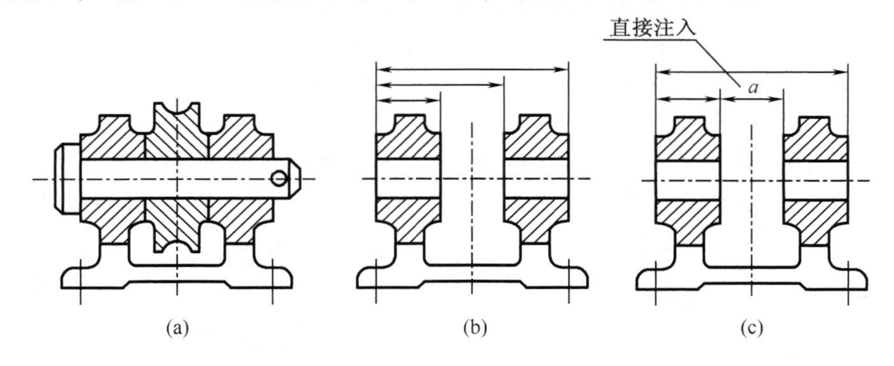

(a)　(b)　(c)

图8－12　主要尺寸的确定与标注

(a)滑轮与支架装配图;(b)不好;(c)好

(2)避免注成封闭的尺寸链:一组首尾相连的链状尺寸称为封闭尺寸链,如图8－13(b)所示。尺寸注成封闭尺寸链形式,有各段尺寸精度相互影响的缺点,很难同时保证图中4个尺寸的精度,给加工带来困难。因此,应在封闭尺寸链中选择最不重要的尺寸空出不注(称为开口环),如图8－13(a)所示。

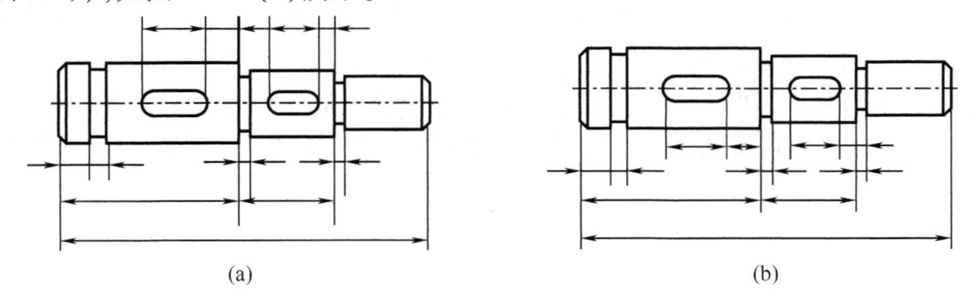
(a)　(b)

图8－13　尺寸不应注成封闭形式

2. 标注尺寸应考虑工艺要求

(1)按加工顺序标注尺寸:为了便于工人看图和加工,在满足零件设计要求的前提下,尽量按加工顺序标注尺寸,如图 8-14 所示。

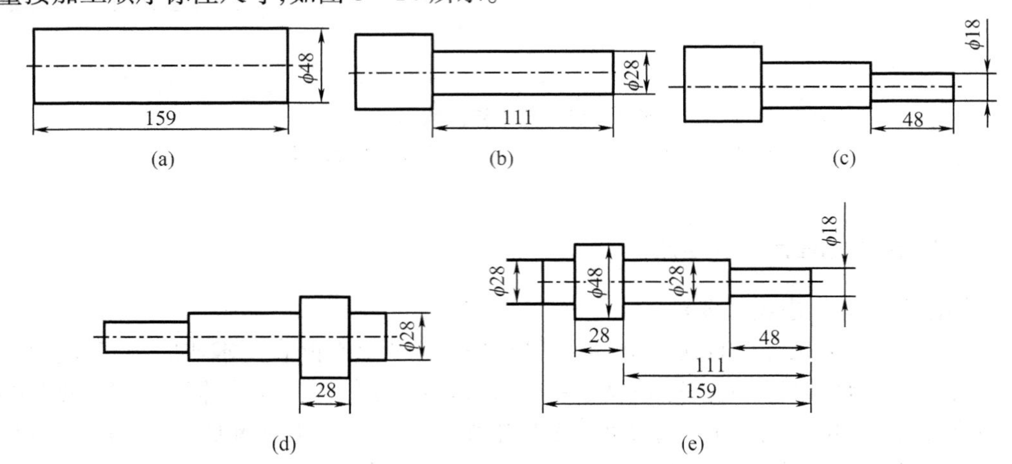

图 8-14 轴的加工顺序和尺寸标注

(a)车 $\phi48$,落料定 159;(b)车 $\phi28$,定 111;(c)车 $\phi18$,定 48;

(d)调头车 $\phi28$,留 28;(e)按加工顺序标注尺寸

(2)按加工方法的要求标注尺寸:如图 8-15(a)所示的轴衬是与上轴衬合起来加工的。因此,半圆尺寸应注直径 ϕ 而不注半径尺寸 R。同理,图 8-15(b)中也应注 ϕ。

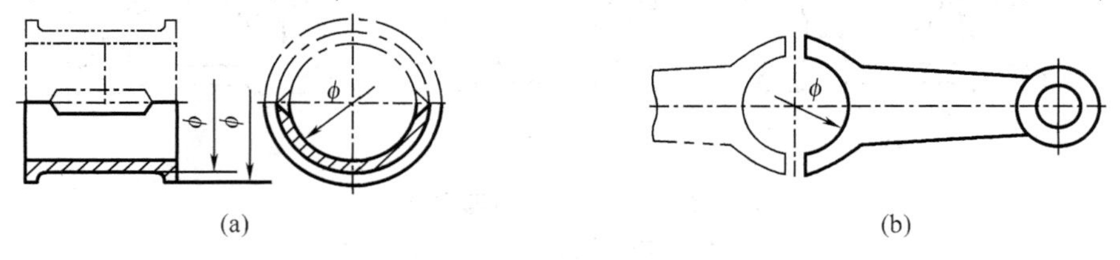

图 8-15 按加工要求标注尺寸

(3)按加工工序不同分别注出尺寸:如图 8-16 所示,键槽是在铣床上加工的,阶梯轴的外圆柱面是在车床上加工的。因此键槽尺寸集中标注在视图上方,而外圆柱面的长度尺寸集中标注在视图的下方,使尺寸布置清晰,便于不同工种的工人看图加工。

(4)标注尺寸还应考虑测量及检验的方便与可能,在剖视图中还应将零件外部和内部结构尺寸分别标注在视图两侧,如图 8-17 所示。

(5)加工面与非加工面的尺寸标注,零件上同一加工面与其他非加工面之间一般只能有一个联系尺寸,以免在切削加工面时其他尺寸同时改变,无法达到所注的尺寸要求,如图 8-18 所示。

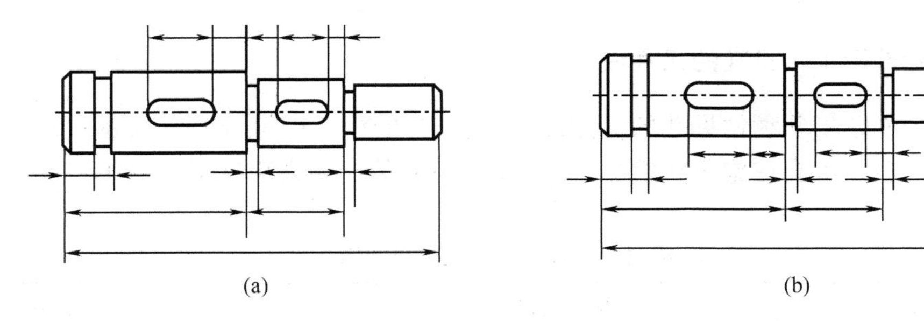

图8－16　按加工工序不同标注尺寸

(a)好;(b)不好

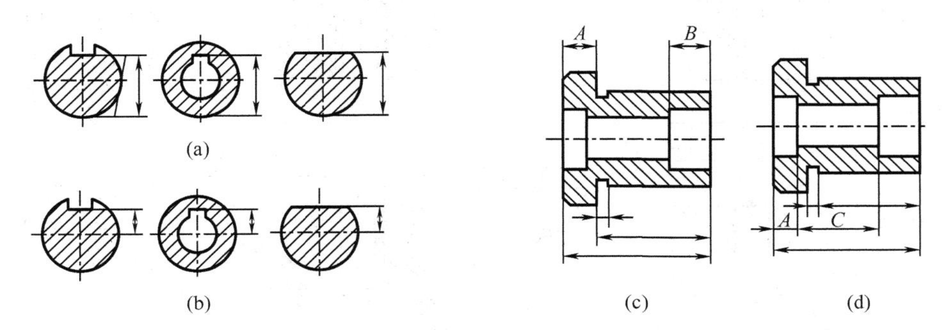

图8－17　考虑测量及检验的方便与可能标注尺寸

(a)正确;(b)错误;(c)正确;(d)错误

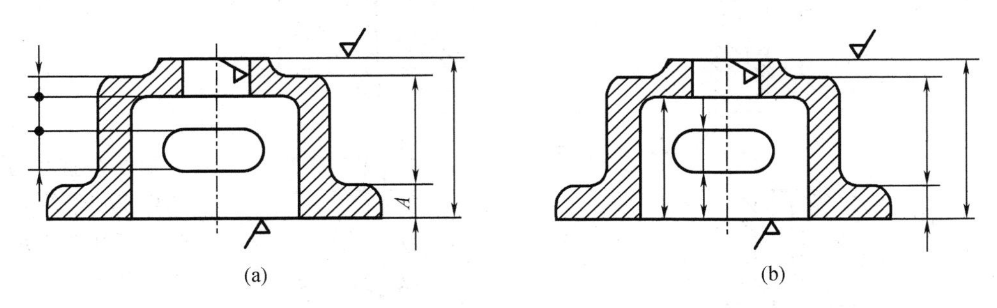

图8－18　非加工面与加工面的尺寸标注

(a)正确;(b)错误

(6)圆角过渡处的有关尺寸,应用细实线延长相交后引出标注,如图8－19所示。

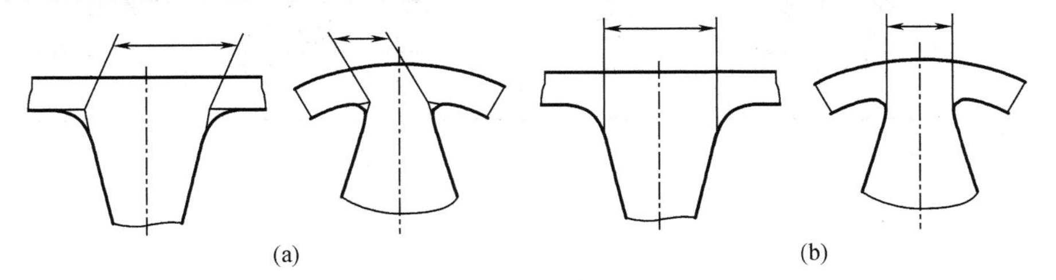

图8－19　圆角过渡处的尺寸标注

(a)正确;(b)错误

8.3.4 零件图上常见孔的尺寸注法

表 8－1 中介绍了几种常见孔的标注形式，其中孔的深度用符号“↧”表示；埋头孔的锥形部分用符号表示；沉孔或锪平用符号“u”表示。符号的比例画法见图 8－20。

表 8－1 零件上常见孔的尺寸标注

零件结构类型		标准方法	说明
螺孔	通孔	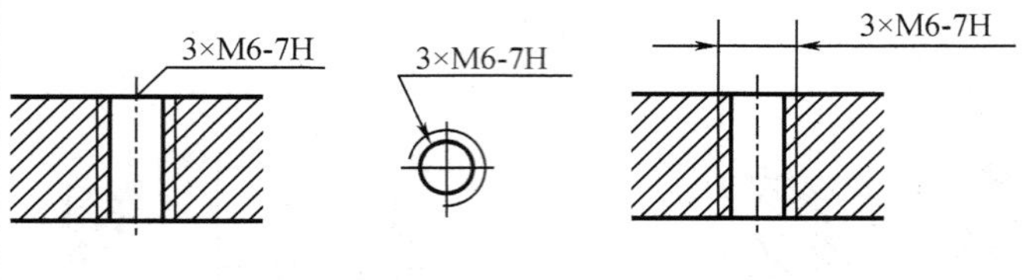 3×M6-7H　3×M6-7H　3×M6-7H	表示三个公称直径为 6，螺纹中径、顶径公差带为 7H，均匀分布的孔。可以旁注，也可以直接注出
	不通孔	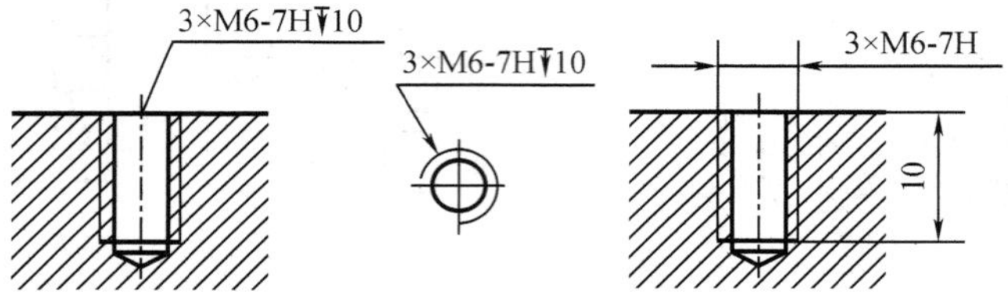 3×M6-7H↧10　3×M6-7H↧10　3×M6-7H　10	螺孔深度为 10，可与螺孔直径连注，也可分开标注
	不通孔	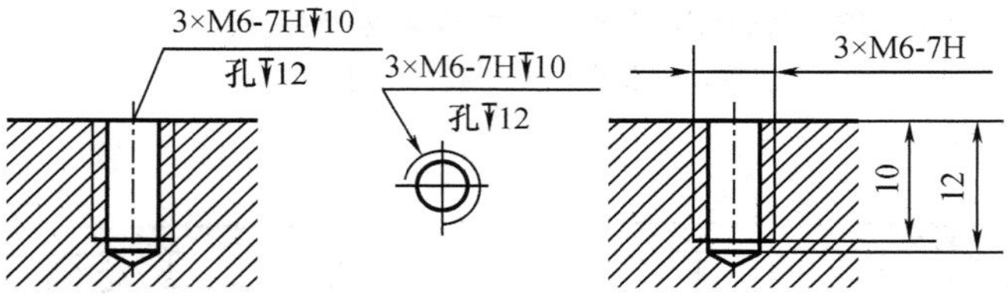 3×M6-7H↧10 孔↧12　3×M6-7H↧10 孔↧12　3×M6-7H　10　12	需要注出孔的深度时，应明确标注孔深尺寸。孔深为 12
光孔	一般孔	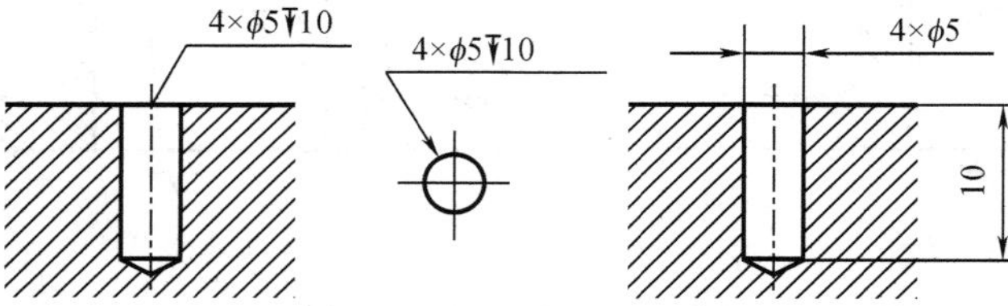 4×ϕ5↧10　4×ϕ5↧10　4×ϕ5　10	表示四个直径为 ϕ5 孔深为 10 的光孔。孔深与孔径可连注，也可以分开标注
	锥销孔	锥销孔ϕ6 配作　锥销孔ϕ6 配作　锥销孔ϕ6 配作	ϕ6 为与锥销孔相配的圆锥销小头直径。锥销孔通常是相邻两零件装在一起时加工，故应注明“配作”二字

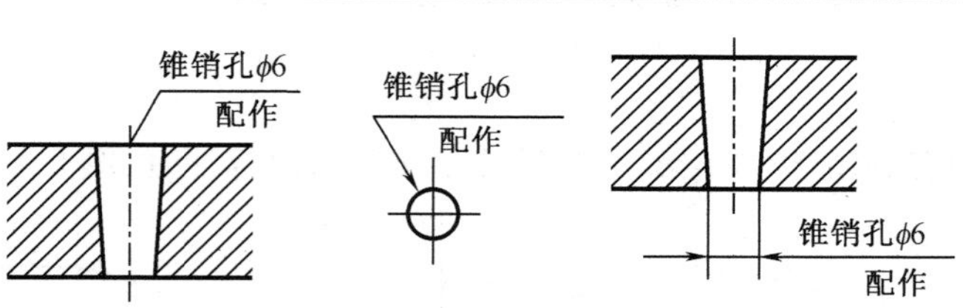

表 8－1(续)

零件结构类型		标准方法	说明
沉孔	锥形沉孔	6×ϕ7 ⌵ϕ13×90°；6×ϕ7 ⌵ϕ13×90°；90° 6×ϕ13 6×ϕ7	表示六个直径为7的均匀分布的孔。沉孔的直径为13,锥角为90°。锥形部分尺寸可以旁注,也可直接注出
	柱形沉孔	4×ϕ6.5 ⌴ϕ13↧4.5；4×ϕ6.5 ⌴ ϕ13↧4.5；4×ϕ13 4.5 4×ϕ6.5	表示有四个直径为6.5均匀分布的孔。沉孔的直径为3,深度为4.5
	锪平面	4×ϕ7 ⌴ϕ16；4×ϕ7 ⌴ϕ16；4×ϕ16 4×ϕ7	表示锪平面多ϕ16的深度无须标注,一般锪平到没有毛面为止

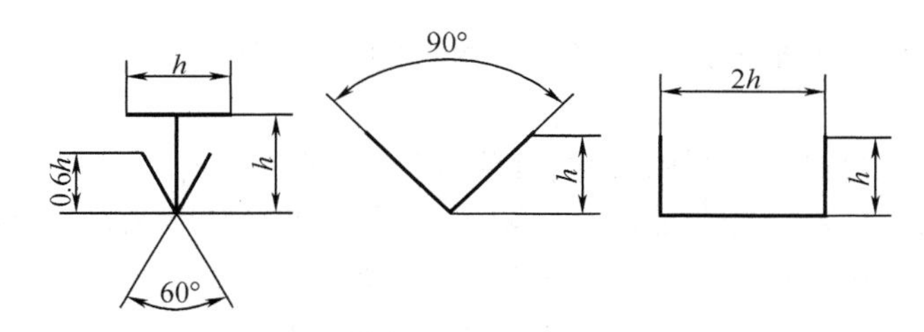

图 8－20 符号的比例画法

【引导知识】

8.4 零件图上的技术要求

8.4.1 零件图上技术要求的内容

机械图样中的技术要求主要是指零件几何精度方面的要求,如尺寸公差、形状和位置公差、表面粗糙度等。从广义上讲,技术要求还包括理化性能方面的要求,如对材料的热处理和表面处理等。技术要求通常是用符号、代号或标记标注在图形上,或者用简明的文字注写在标题栏附近。

8.4.2 极限与配合

设计零件的尺寸时,首先要保证部件的工作精度,要求能够确定零件在机器部件中的准确位置;其次所确定的配合连接关系要适当,并要保证所要求的互换性;再次是满足零件本身机械性能的要求,并便于加工制造。

1. 互换性

若从相同规格制造出的一批零件中,在装配时任取其中一个而不需经过修配就能保证装配性能合格的产品,零件具有的这种性质,称为互换性。零件具有互换性,就便于装配、维修,也是实现大规模生产的必需条件。

2. 极限的相关术语及定义

在零件的加工过程中,由于受到机床精度、刀具磨损、测量误差和操作技能等的影响,不可能也没必要把零件的尺寸做得绝对精确。为了保证零件间的互换性,必须将零件的尺寸控制在一个允许变动的范围内。我们把允许尺寸变动的两个极端称为极限。下面以图 8－21 为例说明极限的有关术语。

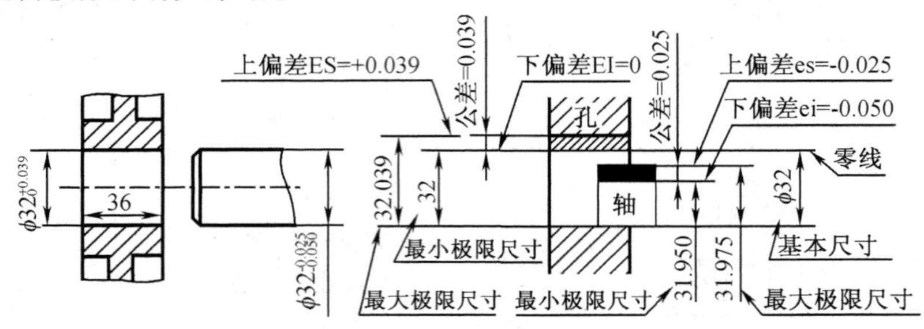

图 8－21 尺寸、公差、偏差的基本概念

(1)基本尺寸:设计时根据计算或经验所给定的尺寸;其代号为:孔 D,轴 d,如图 8－21 中的 $\phi32$。

(2)实际尺寸:通过测量所得的尺寸;其代号为:孔 D_a,轴 d_a。

(3)极限尺寸:允许尺寸变化的两个界限值,它是以基本尺寸为基数来确定的。

①最大极限尺寸——允许尺寸变化的最大界限值;其代号为:孔 D_{max},轴 d_{max}。

②最小极限尺寸——允许尺寸变化的最小界限值;其代号为:孔 D_{min},轴 d_{min}。

如图 8－21 中的孔,$D_{max} = \phi32.039$ mm;$D_{min} = \phi32$ mm。轴 $d_{max} = \phi31.975$ mm;$d_{min} =$ 31.950 mm。

(4)极限偏差:极限尺寸减其基本尺寸所得的代数差,包括上偏差与下偏差。

①上偏差:最大极限尺寸减基本尺寸所得的代数差;其代号为:孔 ES,轴 EI。

②下偏差:最小极限尺寸减基本尺寸所得的代数差;其代号为:孔 es。轴 ei。

对于孔:$\mathrm{ES} = D_{max} - D$;$\mathrm{EI} = D_{min} - D$

对于轴:$\mathrm{es} = d_{max} - d$;$\mathrm{ei} = d_{min} - d$

如图 8－21 所示孔,ES = 32.039 mm － 32 mm = 0.039 mm; EI = 32 mm － 32 mm = 0 mm。

如图 8－21 所示轴,es = 31.975 mm － 32 mm = －0.025 mm;ei = 31.950 mm － 32 mm = －0.050 mm。

(5)公差(尺寸公差):指允许实际尺寸的变动量,是实现零件互换性必须条件;就是最大极限尺寸与最小极限尺寸代数差的绝对值;或说上偏差与下偏差代数差的绝对值;其代号为:孔 T_h,轴 T_s。

对于孔:$T_h = D_{max} - D_{min} = \mathrm{ES} - \mathrm{EI}$。

对于轴:$T_s - d_{max} - d_{min} = \mathrm{es} - \mathrm{ei}$。

如图 8－21 所示孔，$T_h = 32.039 \text{ mm} - 32 \text{ mm} = 0.039 \text{ mm}$。

如图 8－21 所示轴，$T_s = 31.975 \text{ mm} - 31.950 \text{ mm} = 0.039 \text{ mm}$。

(6)零线：在公差带图中，确定偏差时的一条基准线。通常零线表示基本尺寸，零线之上偏差为正，零线之下偏差为负。

(7)标准公差：国家标准规定的用以确定公差带大小的任一公差。它是由基本尺寸大小和公差等级两个因素决定的。

根据零件使用性能的不同，对其尺寸的精度要求也不同，国家标准规定对于一定的基本尺寸，其标准公差共分 20 个等级（公差）。即 IT01，IT0，ITI，IT2，…，IT18，“IT”表示标准公差，后面的数字是公差等级代号。IT01 为最高一级（即精度最高，公差值最小），IT18 为最低一级（即精度最低，公差值最大）。IT01，…，IT11 常用于配合公差，而 IT12，…，IT18 用于自由尺寸公差，自由尺寸公差一般可在图上不予标注。见附录中附表 15。

(8)公差带：由代表上偏差与下偏差的两条直线所限定的区域。公差带越宽，精度越低。一般以画有 45°斜细实线的矩形表示孔的公差带，以画有细点的矩形表示轴的公差带。

(9)公差带图：在讨论尺寸公差时，人们常常采用公差带图这一简化形式，如图 8－22 所示。

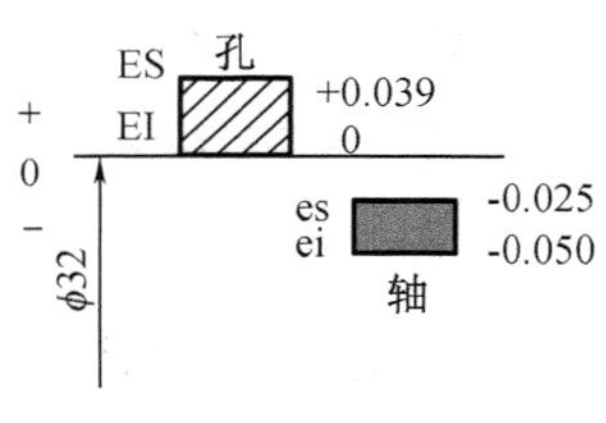

图 8－22　公差带图

用以确定公差带相对于零线位置的上偏差或下偏差，一般指其中最靠近零线的那个偏差为基本偏差。

按国家标准规定，基本偏差共有 28 个（如图 8－23 所示），均分别用不同的拉丁字母表示。且规定孔的基本偏差用大写字母，而轴的基本偏差用小写字母。孔与轴各有 28 个基本偏差，分别构成基本偏差系列，同画于一个图中；在基本偏差系列中由于只表示公差带相对于零线的各种位置，而不标注其公差大小，因此，该图中表示基本偏差的一端为封闭的而另一端则是开口的；其中孔的 JS 和轴的 js，由于它们的极限偏差取 ± IT/2，故无基本偏差，其两端也就均为开口。

从图 8－23 中可知：

(1)基本偏差用拉丁字母（一个或两个）表示，大写字母代表孔，小写字母代表轴。

(2)轴的基本偏差从 a ~ h 为上偏差，从 j ~ zc 为下偏差。js 的上下偏差分别为 + IT/2 和 − IT/2。

(3)孔的基本偏差从 A ~ H 为下偏差，从 J ~ ZC 为上偏差。JS 的上下偏差分别为 + IT/2 和 − IT/2。

(4)轴和孔的另一偏差怎样决定呢？它们根据轴和孔的基本偏差和标准公差，按以下代数式计算：

轴的另一偏差（上偏差或下偏差）：ei = es − IT 或 es = ei + IT；

孔的另一偏差（上偏差或下偏差）：ES = EI + IT 或 EI = ES − IT。

如果基本偏差和标准公差确定了，那么，孔和轴的公差带大小和位置就确定了。

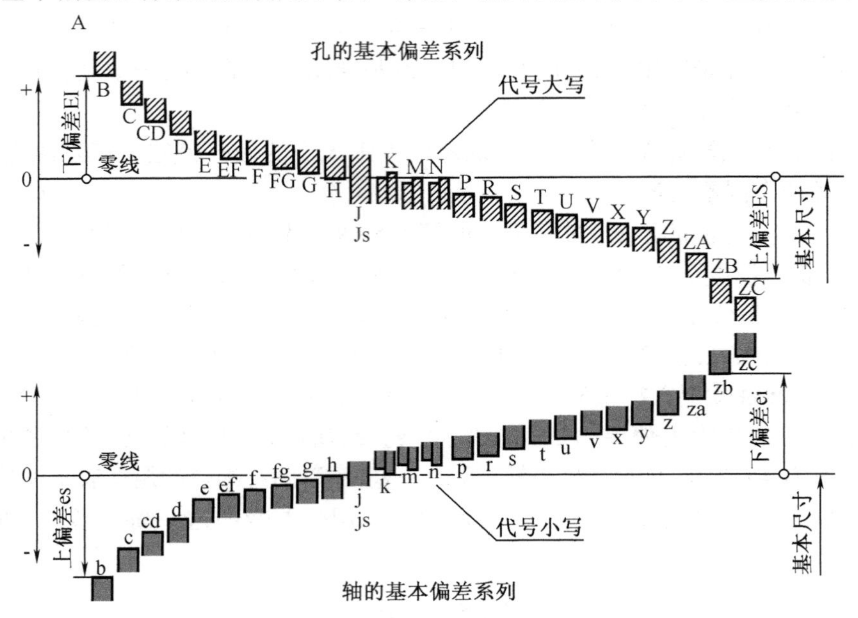

图 8-23 基本偏差系列

(5)公差带代号

孔、轴的尺寸公差可用公差带代号表示。公差带代号由基本偏差代号(字母)和标准公差等级代号(数字)组成。例如：

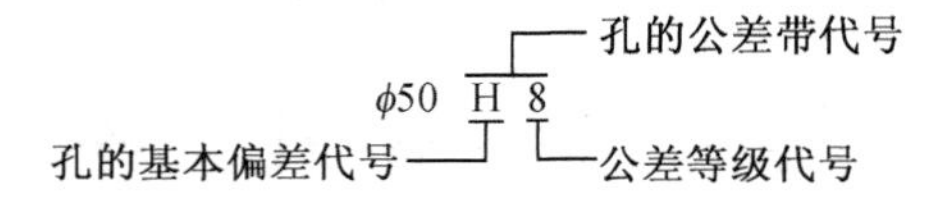

ϕ50H8 的含义：基本尺寸为 ϕ50，基本偏差为 H 的 8 级孔。

ϕ50f7 的含义：基本尺寸为 ϕ50，基本偏差为 f 的 7 级轴。

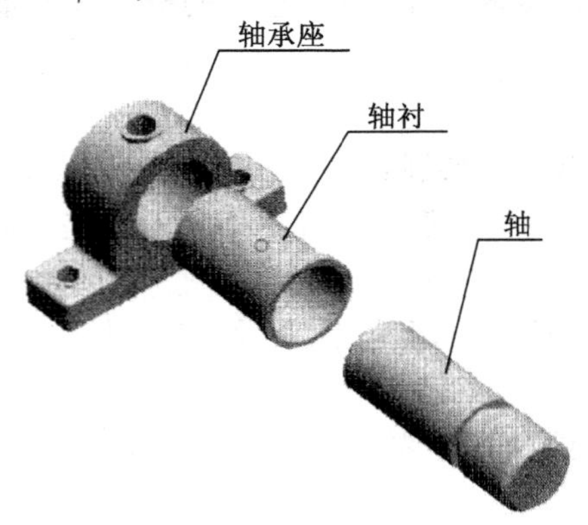

图 8-24 配合要求不同的示例

3. 配合的有关术语及定义

配合是指基本尺寸相同、互相配合的孔和轴公差带之间的关系。

如图 8－24 所示，轴衬与轴承座的配合要紧，使轴衬得到较好的定位；而轴与轴衬的配合要松，使轴能在轴衬内自由转动。因此，根据使用要求选定不同的配合种类。

（1）配合的种类

零件之间的配合性质，随使用要求不同而不同。根据生产的需要，国家标准把配合分为三类：间隙配合、过渡配合、过盈配合，如图 8－25 所示。

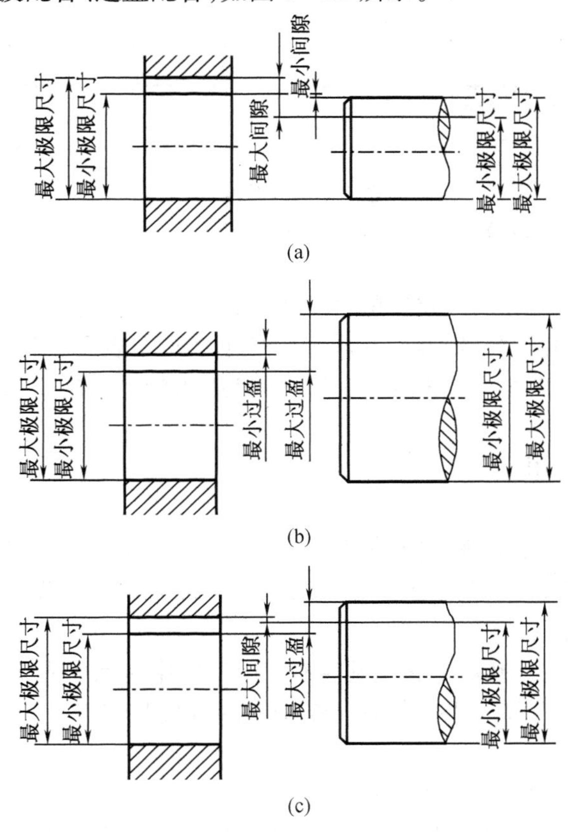

图 8－25　配合类别

（a）间隙配合；（b）过盈配合；（c）过渡配合

①间隙配合——具有间隙（包括最小间隙为零）的配合；此类配合适用于孔和轴在装配后，要求它们之间具有相对运动的情况。

②过盈配合——具有过盈的配合（包括最小过盈为零）；此类配合适用于孔与轴装配后，要求它们之间无相对运动的情况。

③过渡配合——可能有较小的间隙或较小的过盈的配合，即配合后松紧程度介于间隙配合与过盈配合之间的配合；过渡配合适用于孔与轴装配后，虽然要求它们之间无相对运动，但需经常拆卸的情况。

（2）基准制

在加工零件时，为减少刀具、量具的规格数量，国家标准对配合制定了基孔制和基轴制两种基准制。如图 8－26 所示。

①基孔制——基本偏差为一定孔的公差带,与不同基本偏差的轴的公差带所形成不同配合的一种制度,此时称孔为基准孔,并规定代号为大写 H 表示。基孔制特征是:基准孔的下偏差为零。并且此时轴的基本偏差在 a ~ h 之间为间隙配合,在 j ~ n 之间为过渡配合,在 P ~ ZC 之间为过盈配合。

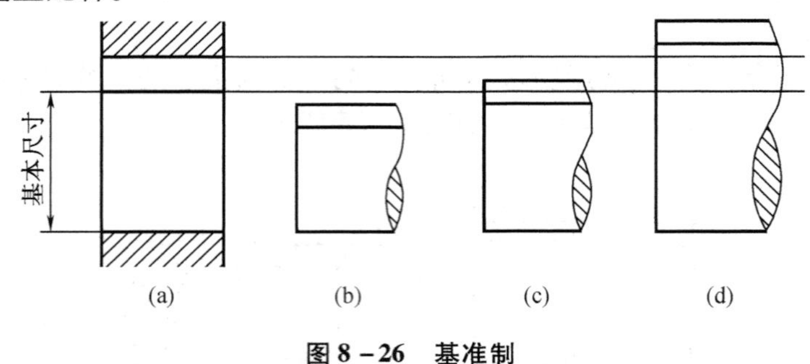

图 8-26 基准制

(a)基孔制;(b)间隙配合;(c)过渡配合;(d)过盈配合

②基轴制——基本偏差为一定轴的公差带,与不同基本偏差的孔的公差带所形成不同配合的一种制度,此时称轴为基准轴,并规定代号用小写 h 表示。基轴制特征:基准轴的上偏差为零。并且此时孔的基本偏差在 A ~ H 之间为间隙配合,在 J ~ N 之间为过渡配合,在 P ~ ZC 之间为过盈配合。

5. 极限与配合的选用

(1)常用和优先配合

由于标准公差有 20 个等级,基本偏差有 28 种,因而可以组成大量的配合。过多的配合既不能发挥标准的作用,也不利于生产,为此,国家标准规定了优先、常用和一般用途的孔、轴公差带和与之相应的优先和常用配合。

①基孔制优先配合:基孔制的常用配合有 59 种,其中包括优先配合 13 种。

间隙配合:H7/g6、H7/h6、H8/h7、H8/h7、H9/h9、H9/h9、Hll/c11、Hll/hll。

过渡配合:H7/k6。

过盈配合:H7/n6、H7/p6、H7/s6、H7/u6。

②基轴制优先配合:基轴制的常用配合有 47 种,其中优先配合也是 13 种。

间隙配合:G7/h6、H7/h6、F8/h7、H8/h7、D9/h9、H9/h9、Cll/hll、Hll/hll。

过渡配合:K7/h6。

过盈配合:N7/h6、P7/h6、S7/h6、U7/h6。

(2)优先采用基孔制

在选择配合时,优先采用基孔制,这样可以减少定值刀具、量具的规格数量。只有在具有明显经济效益和不适合采用基孔制的场合,才采用基轴制。例如,使用冷拔钢作轴与孔的配合;标准的滚动轴承的外圈与孔的配合,往往采用基轴制。

6. 极限与配合的标注

在标注配合的孔或轴的尺寸时,必须注写标准公差等级与基本偏差代号(或偏差值)。

标注的形式有以下几种。

(1)零件图上的标注形式

极限与配合在零件图上有三种标注形式。

①注公差带代号：在孔或轴的基本尺寸后面只标注公差带代号，如图 8－27(a)所示。此法适用于大批量生产。

②注极限偏差值：在孔或轴的基本尺寸后只标注极限偏差值，如图 8－27(b)所示。此法适用于单件小批量生产。

③同时注公差带代号和极限偏差值：在孔或轴的基本尺寸后面同时标注公差带代号和极限偏差值。此时，偏差值须加上括号，如图 8－27(c)所示。此法适用于产量不详时。

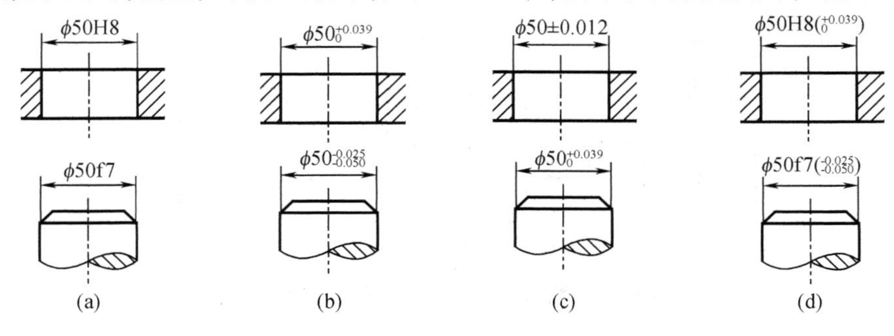

图 8－27

标注极限偏差值时应注意：

①上偏差注在基本尺寸的右上方，下偏差与基本尺寸注在同一底线上。

②偏差数字比基本尺寸数字小一号字。

③上、下偏差小数点须对齐，小数点后的位数须相同。若位数不同，则以数字“0”补齐。

④偏差为“零”时，用数字“0”标出，不可省略。

⑤若上、下偏差数值相同，则在基本尺寸的后面注上“±”符号，再注写一个与基本尺寸数字等高的偏差数，如图 8－28 所示。

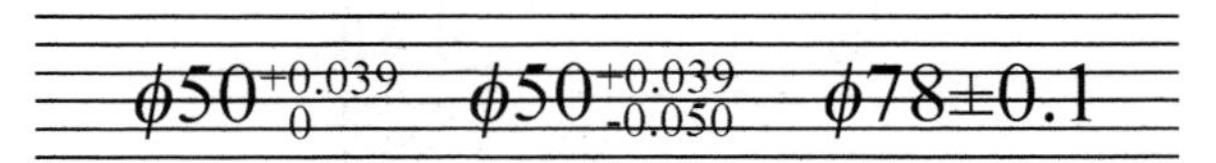

图 8－28 极限偏差值的注写方法

(2)装配图上的标注方法

采用组合的标注形式在装配图上标注。

①一般标注形式：在基本尺寸后面注出孔和轴的配合代号，如图 8－29 所示。其中孔的配合代号注在上边，轴的配合代号注在下边。

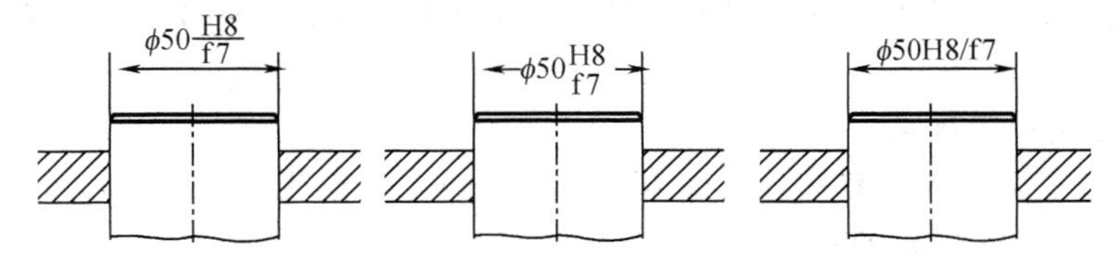

图 8－29 装配图上配合代号的标注

②标注极限偏差的形式：允许将孔和轴的极限偏差分别注在基本尺寸后面，如图 8－30(a)所示。

③同时注公差带代号和极限偏差值的形式：允许将孔和轴的配合代号和极限偏差值同

时标注在基本尺寸后面,如图 8－30(b)所示。

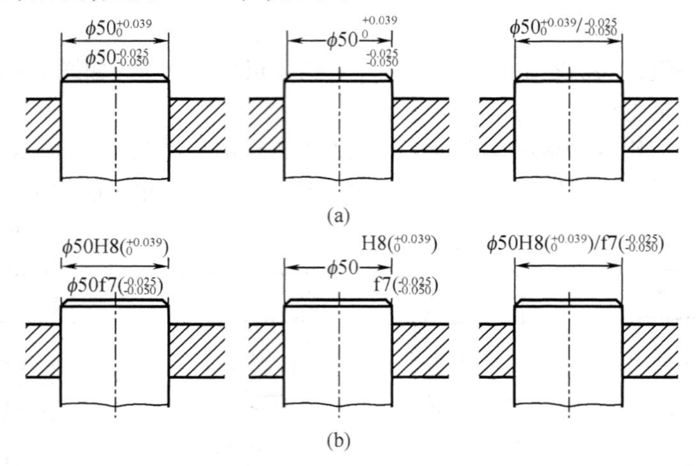

图 8－30 装配图上配合代号和极限偏差标注法

(3)特殊标注形式

与标准件和外购件相配合的孔和轴可以只标注该零件的公差代号,如图 8－31 所示。

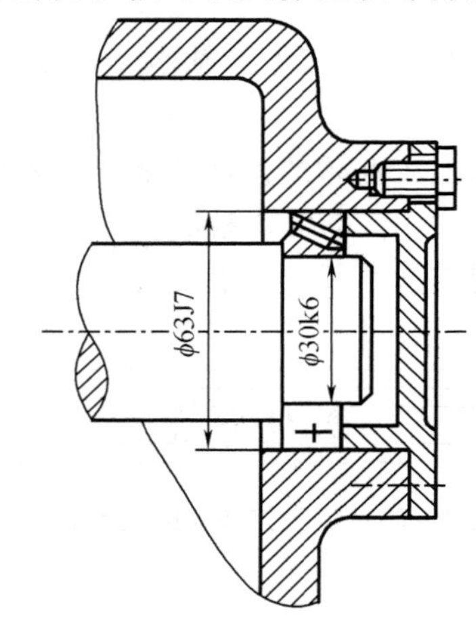

图 8－31 标准件、外购件与零件相配时注法

6. 极限与配合在图样上的识读

[**例** 8－1] 孔 ϕ30H8 和轴 ϕ30f7 配合,查出极限偏差值,画出公差带图,并写出在图样上的标注形式。

解 (1)孔代号的含义

ϕ30H8:ϕ 为直径符号;30 表示基本尺寸为 30 mm;H 为孔的基本偏差代号(基准孔);8 为公差等级代号(标准公差 IT8)。

读作:基本尺寸为 30 mm,公差等级为 8 级的基准孔。

(2)孔的极限偏差查表方法

查附表,得孔的极限偏差,下偏差为 0 μm,上偏差为 +33 μm,公差带图如图 8－32 所示。标注时写成 ϕ30H8 或 $\phi 30^{+0.033}_{0}$ 或 ϕ30H8 $\left(^{+0.033}_{0}\right)$。

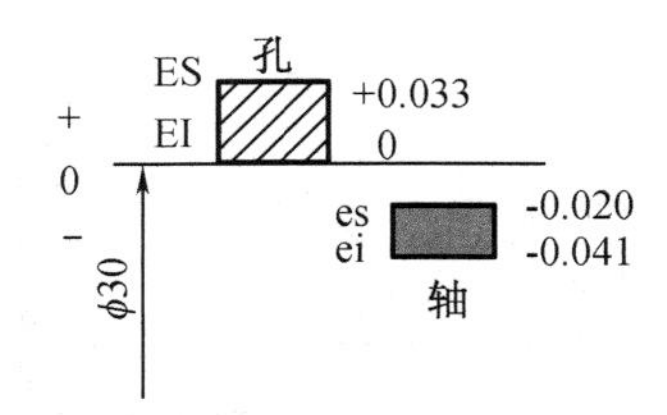

图 8－32　ϕ30H8/f7 公差带图

(3)轴代号的含义

ϕ30f7:ϕ 为直径符号;30 表示基本尺寸为 30 mm;f 为轴的基本偏差代号;7 为公差等级代号(标准公差 IT7)。

读作:基本尺寸为 30 mm,公差等级为 7 级,基本偏差代号为 f 的轴。

(4)轴的极限偏差查表方法

查附表,得轴的极限偏差,下偏差为 －41 μm,上偏差为 －20 μm,公差带图如图 8 －32 所示。标注时写成 ϕ30f7 或 $\phi30^{-0.020}_{-0.041}$或 $\phi30f7\left(^{-0.020}_{-0.041}\right)$。

(5)孔、轴配合的表示方法

该孔与轴在装配图上的标注形式为 ϕH8/f7。读作:基本尺寸为 30 mm,基孔制,8 级基准孔与公差等级为 7 级、基本偏差代号为 f 的轴的间隙配合。

7. 尺寸公差标注示例

[**例** 8 －2]　指出如图 8 －33 中所示的各零件之间的配合种类与配合制度。

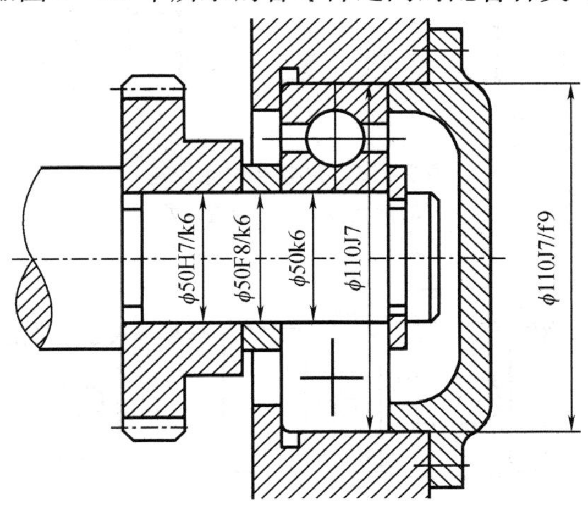

图 8 －33　尺寸公差标注示例

解　(1)齿轮与轴的配合尺寸为 ϕ50H7/k6,孔的公差带代号为 H7,故为基孔制;轴的公差带代号为 k6,在基本偏差系列示意图中,k 处于 j ~ n 之间,故属于过渡配合。

(2)滚动轴承与轴的配合尺寸为 ϕ50k6,由于滚动轴承是标准件,其孔是基准孔,故此配合为基孔制的过渡配合。

(3)挡圈与轴的配合尺寸为 ϕ50F8/k6,孔和轴的基本偏差代号分别为 F、k,为非基准制,通过查表计算得出:挡圈内孔的尺寸为 $\phi50^{+0.064}_{+0.025}$,轴的尺寸为 $\phi50^{+0.018}_{+0.002}$画出配合的公差带图可知,该配合属于非基准制的间隙配合,如图 8 －34 所示。

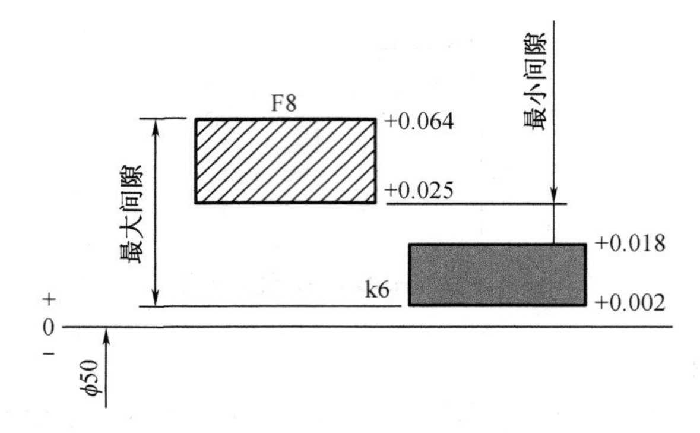

图 8-34 公差带图

8.4.3 形状和位置公差

1. 形状和位置公差的概念

零件加工时，不仅会产生尺寸误差，还会出现形状和位置的误差，如图 8-35 所示。形状和位置公差（简称形位公差）是被测零件的实际形状和位置相对于理想形状和位置的允许变动量。标注示例如图 8-36 所示。零件加工后，不仅尺寸公差需要得到保证，而且零件的几何形状及几何要素（点、线、面）的相对位置的准确度也应得到保证，这样才能满足零件的使用和装配要求，保证互换性。因此，形位公差也是评定产品质量的一项重要技术指标。

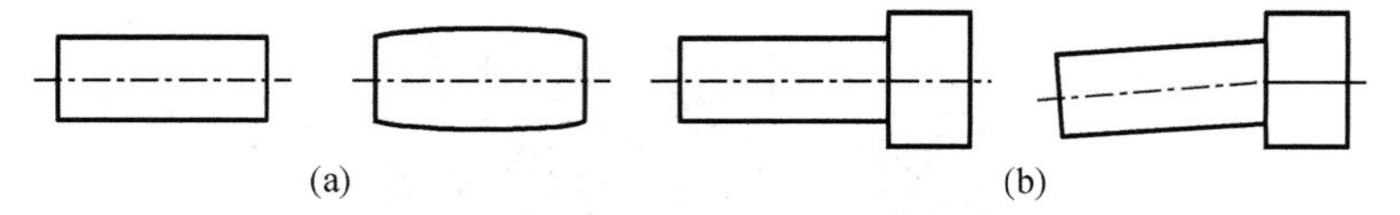

图 8-35 形状和位置误差

（a）形状误差；（b）位置误差

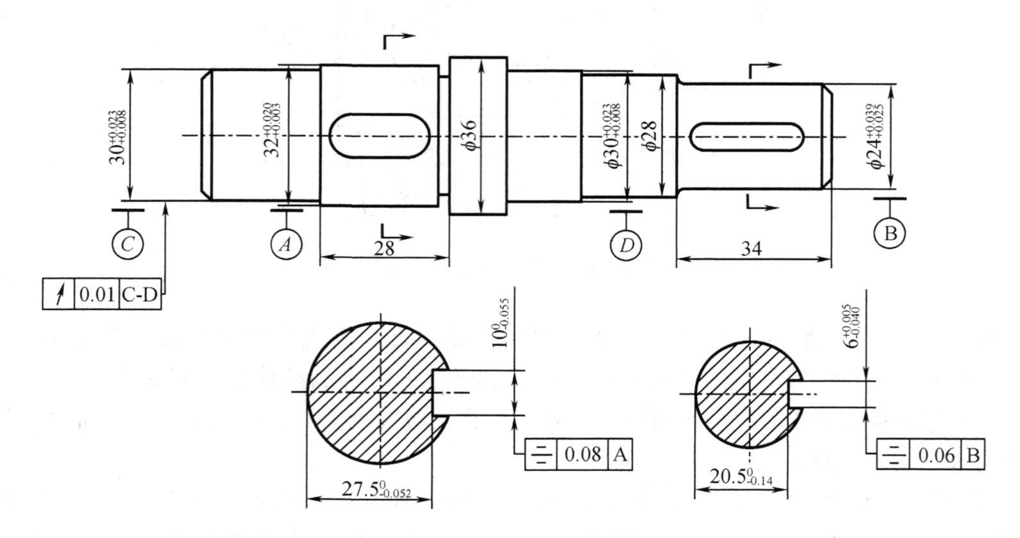

图 8-36 形位公差标注综合示例一

2.形位公差的基本知识

按国家标准规定，在图样中标注形位公差，应采用代号进行标注。

（1）形位公差代号

形位公差代号由公差项目符号、框格、指引线、公差数值及其他内容组成，如图8－37所示。框格、指引线均用细实线绘制，框格的高度为图样中字体高度的两倍，长度按需要确定，框格内的字母、数字高度与图样中的字体高度相同。

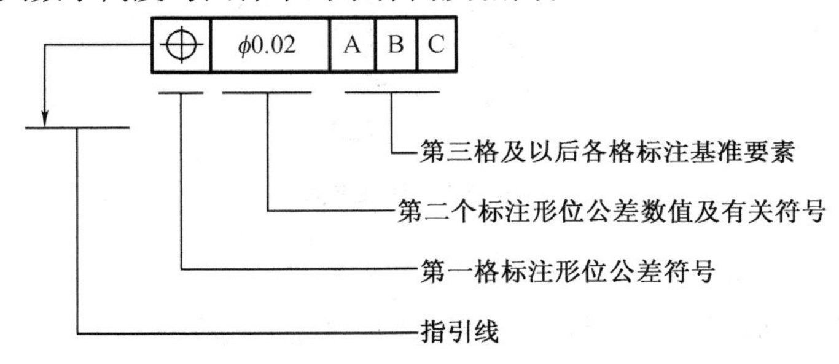

图8－37　公差框格

（2）形位公差的项目、符号形位公差共有14项，见表8－2所示。

表8－2　形位公差的项目和符号

公差		特征项目	符号	有或无基准要求
形状	形状	直线度	—	无
		平面度	⏥	无
		圆度	○	无
		圆柱度	⌭	无
形状或位置	轮廓	线轮廓度	⌒	有或无
		面轮廓度	⌓	有或无
	定向	平行度	//	有
		垂直度	⊥	有
		倾斜度	∠	有
	定位	位置度	⌖	有或无
		同轴（同心）度	◎	有
		对称度	⌯	有
	跳动	圆跳动	↗	有
		全跳动	⌰	有

(3)基准要素

决定被测要素的理想位置的理想形状。基准要素可以是点、线、面,其符号的画法如图8-38所示。

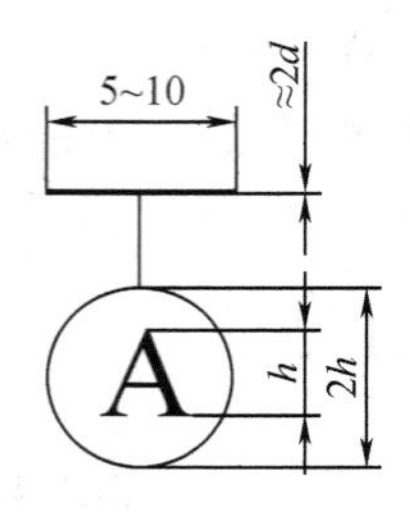

图8-38 基准要素

(4)被测要素

构成机器零件几何特征且有形位公差要求的一些点、线、面。

3.形位公差的标注原则

(1)用带箭头的指引线将框格与被测要素相连。一般情况,箭头与被测要素垂直,如图8-39所示。

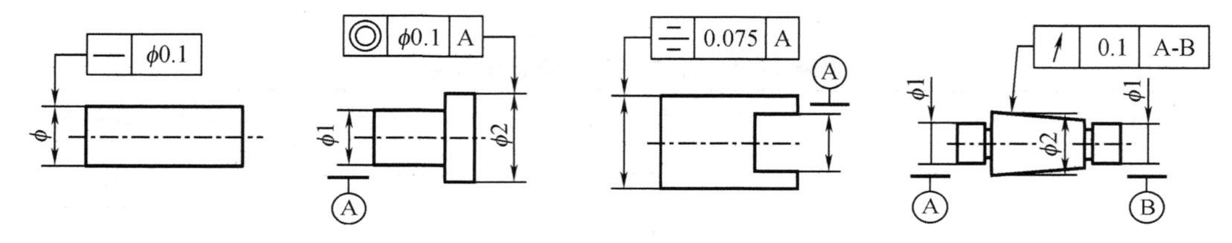

图8-39 形位公差标注原则一

(2)被测要素为轴线、球心或对称中心面等中心要素时,指引线的箭头应与相应的尺寸线对齐,如图8-40所示。当基准要素为轴线、球心或对称中心面等中心要素时,其符号的连线应与相应要素的尺寸线对齐,如图8-39、图8-41所示。

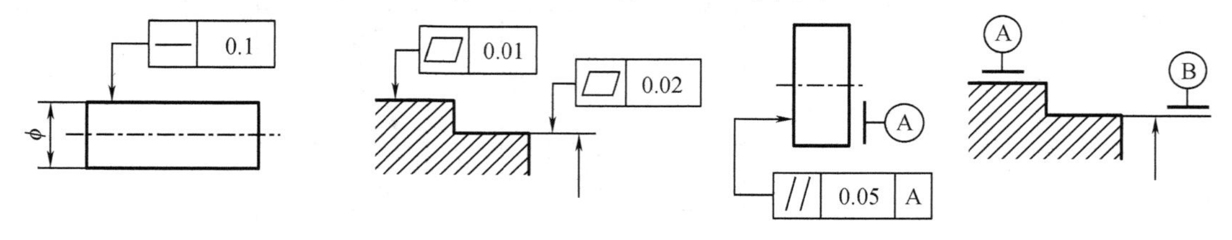

图8-40 形位公差标注原则二

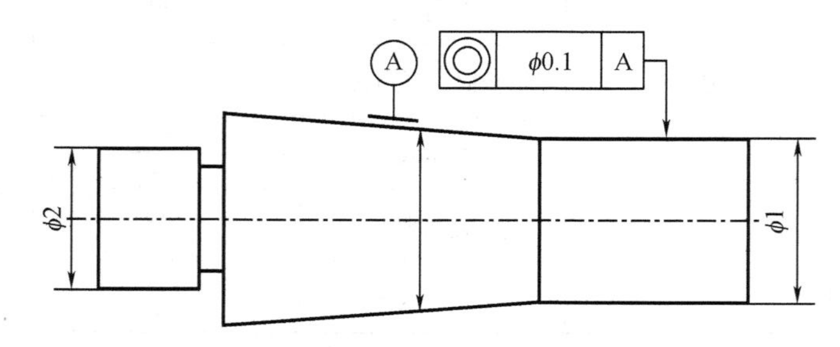

图8-41 形位公差标注原则三

(3)当被测要素为轮廓线或表面时,将箭头指到要素的轮廓线、表面或它们的延长线上,指引线的箭头应与尺寸线的箭头明显地错开,如图 8 - 40 所示。当基准要素为轮廓线时,基准要素应靠近该要素的轮廓线或延长线标注,基准符号的连线应与该要素尺寸线的箭头明显地错开,如图 8 - 40 所示。

(4)由两个要素组成的公共基准,在公差框格中标注为用横线隔开的两个大写字母。

(5)公差数值如无特殊说明,一般指被测要素全长上的公差值。如被测部位仅为被测要素的某一部分时,应采用细实线画出被测量的范围,并注出此范围的尺寸,如图 8 - 42 所示。

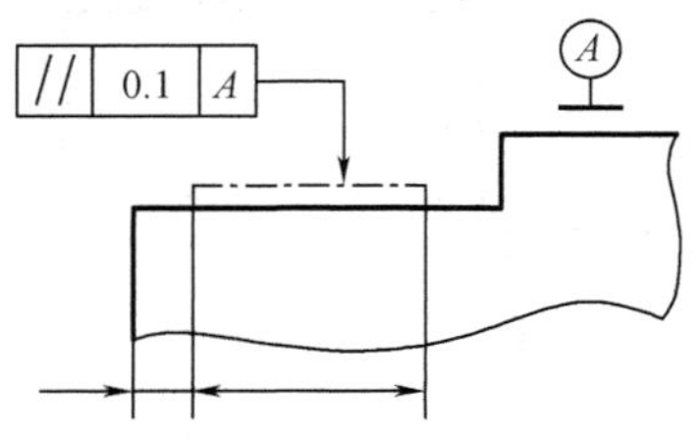

图 8 - 42 形位公差标注原则四

(6)为了不引起误解,字母 E、I、J、M、O、P、L、R、F 不用作基准字母。

4. 形位公差标注示例

[**例** 8 - 3] 识读图 8 - 43 齿轮图上所注的形位公差并解释其含义。

解 图中所注形位公差的含义如下。

[○|0.006]:ϕ88h9 外圆柱面的圆度公差为 0.006 mm。

[—|ϕ0.01]:ϕ24H7 孔的轴线的直线度公差为 ϕ0.01 mm。

[⌰|0.08|B]:ϕ88h9 外圆柱面对 ϕ24H7 孔的轴线的全跳动公差为 0.08 mm。

[⊥|0.05|B]:齿轮轮毂的右端面对 ϕ4H7 孔的轴线垂直度公差为 0.05 mm。

[//|0.08|A]:齿轮轮毂的右端面对左端面平行度公差为 0.08 mm。

[⌯|0.02|B]:槽宽为 8P9 的对称面对 ϕ4H7 孔的轴线的对称度公差为 0.02 mm。

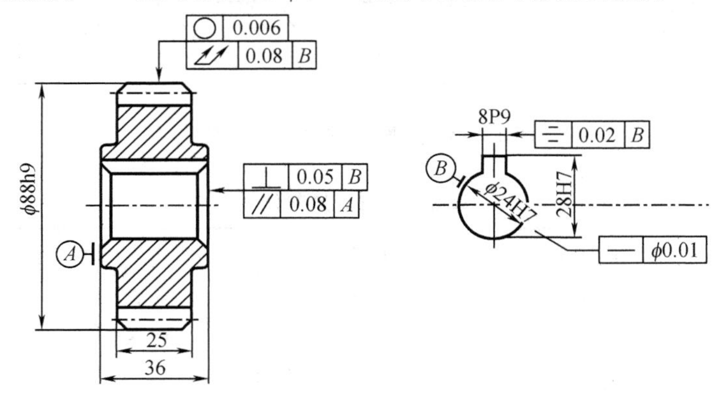

图 8 - 43 齿轮的形位公差识读

8.4.4 表面粗糙度

1. 表面粗糙度的概念

(1)表面粗糙度

零件的加工表面上具有的较小间距和峰谷所组成的微观几何形状误差,被称为表面粗糙度,用数值表现出来。如图 8－44 所示,在显微镜下观察到零件的已加工表面是粗糙不平的,它是由于加工方法、机床的振动和其他因素所形成的。

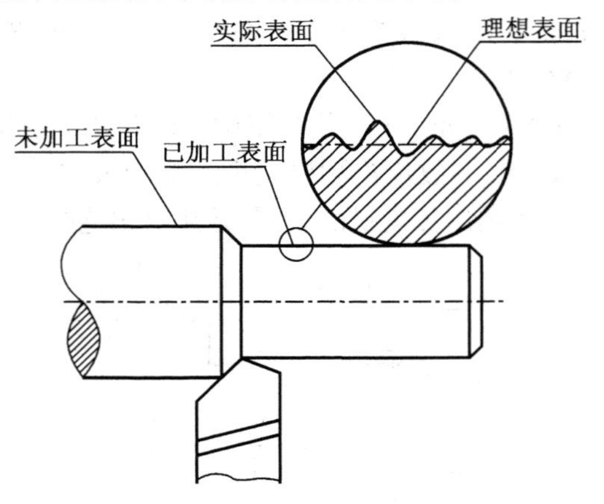

图 8－44 表面粗糙度的概念

表面粗糙度对零件的耐磨性、耐蚀性、抗疲劳的能力、零件之间的配合和外观质量等都有影响,它是评定零件表面质量的重要指标。

(2)表面粗糙度的参数评定

表面粗糙度的参数有轮廓算术、平均偏差、微观不平度十点高度和轮廓最大高度。其中轮廓算术平均偏差是最常用的评定参数。它是指在取样长度 1 内,轮廓偏距绝对值的算术平均值,用 Ra 来表示,如图 8－45 所示。Ra 值已经标准化,优先选用表 8－3 中的数值。

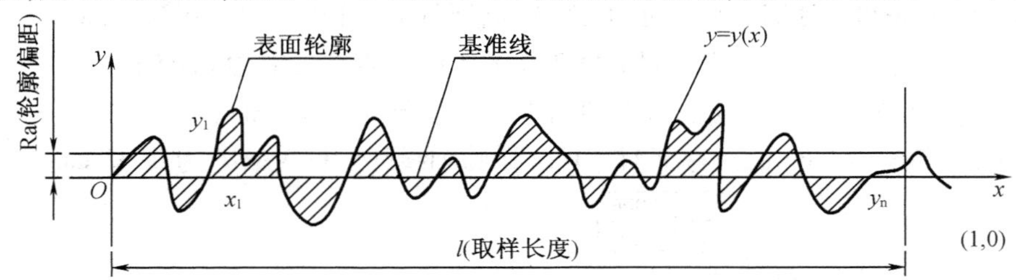

图 8－45 轮廓算术平均偏差 Ra

表 8－3 Ra 的数值

单位:μ/an

Ra	0.012	0.2	3.2	50
	0.025	0.4	6.3	100
	0.05	0.8	12.5	
	0.1	1.6	25	

Ra 值越小,意味着粗糙度要求越高,零件表面愈光滑。在选取 Ra 值时,一般应根据零件的表面功能要求和加工经济性两者综合考虑。在满足使用性能要求的前提下,尽可能选取较大的 Ra 值,以获得较好的经济效益。

2. 表面粗糙度符号、代号

国家标准(GB/T 131—1993)规定在零件图上,每个表面都应按使用要求标注表面粗糙度代号(或符号)。

(1)表面粗糙度符号

表8－4所示为表面粗糙度符号及其意义。

表8－4　表面粗糙度符号

符号	意义及说明
	为基本符号,表示该表面可用任何方法获得。当不加注粗糙度参数值或有关说明时,仅用于简化代号标注
	为去除材料符号,表示该表面必须用去除材料的方法获得。例如车、铣、钻、磨、镗、腐蚀、电火花加工等方法
	为不去除材料符号,表示该表面用不去除材料的方法获得,或者表示保持上道工序形成的表面状况,例如铸造、锻造、热轧、冲压变形等方法
	在前种符号的长边上均可加一横线,用于标注有关参数和说明
	在上述三种符号上均可加一小圆,表示所有表面具有相同的表面粗糙度要求

(2)表面粗糙度符号的画法

表8－5为表面粗糙度符号的画法,其大小与图样中粗实线的线宽 b 有关。

表8－5　表面粗糙度符号的尺寸

单位:mm

图样上轮廓线的线宽 b	0.35	0.5	0.7	1	1.4	2
数字与大写字母的高度 h	2.5	3.5	5	7	10	14
符号的线宽 d' 数字与字母的笔画宽度 d	0.25	0.35	0.5	0.7	1	1.4
高度 H_1	3.5	5	7	10	14	20
高度 H_2	8	11	15	21	30	42

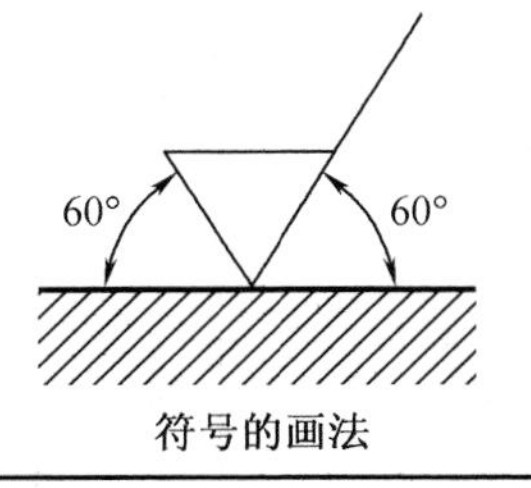

符号的画法

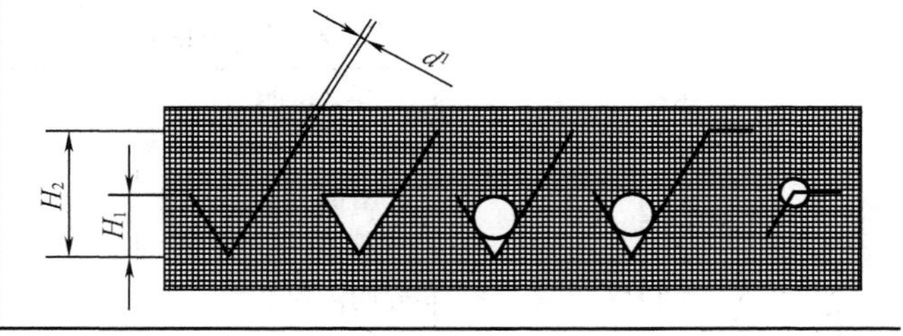

(3)表面粗糙度代号

在表面粗糙度符号中加注表面粗糙度的评定参数或其他有关要求,称为表面粗糙度代号,如表8－6所示。

表 8-6 表面粗糙度代号的意义

代号	意义	代号	意义
3.2	Ra 的上限值为 3.2 μm,可采用任何方法达到所给的表面粗糙度要求	3.2	Ra 的上限值为 3.2 μm,只许采用不去除材料的方法达到所给的表面粗糙度要求
3.2	Ra 的上限值为 3.2 mm,必须采用去除材料的方法达到所给的表面粗糙度要求	1.6max	Ra 的最大值为 1.6 mm 必须采用去除材料的方法达到所给的表面粗糙度要求

3. 表面粗糙度的标注

(1)基本原则

①同一零件图中,每个表面只标注一次表面粗糙度代(符)号。

②粗糙度符号的尖端必须从材料外指向表面,如图 8-46 所示。

③粗糙度代(符)号应标注在可见轮廓线、尺寸线、尺寸界线或引出线上。代号中数字及符号方向按图 8-46、图 8-47 所示标注。

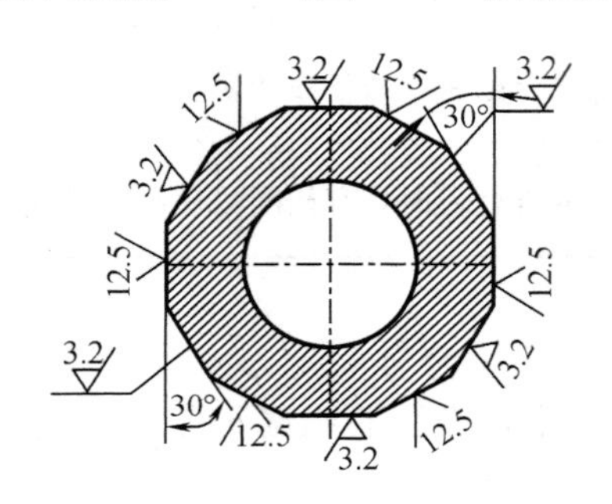

图 8-46 表面粗糙度的标注

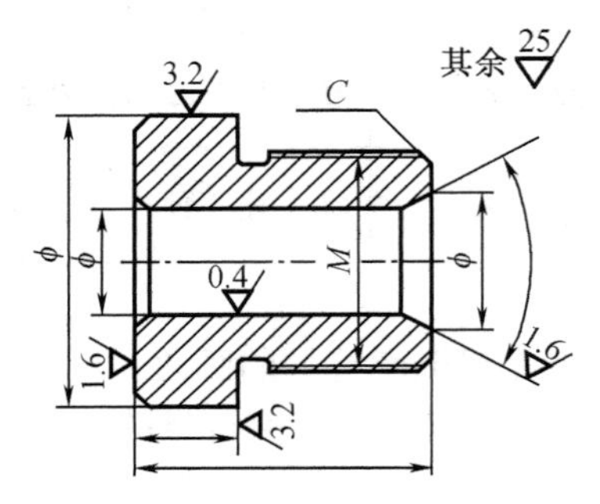

图 8-47 表面粗糙度的标注

④当零件上多数表面具有相同的粗糙度要求时,可将使用最多的一种代(符)号统一标注在图样的右上角,并在代号前加注"其余"两字,其代号和文字高度均为图形上所注代号及文字高度的 1.4 倍(即大一号)。

(2)标注示例

表 8-7 列举了表面粗糙度在图样上标注的一些方法。

表 8-7 表面粗糙度标注示例

图例	说明	图例	说明
其余 25 ▽ = 3.2/▽ ▽ = 50/▽	采用简化标注,但必须在标题栏附近(用高度为 1.4 倍的代号)说明这些简化代号的意义	6.3 RC1/2 M8×1-6h 6.3 M8×1-6h	螺纹工作面的表面粗糙度代(符)号的标注

表8－7　表面粗糙度标注示例(续)

图例	说明	图例	说明
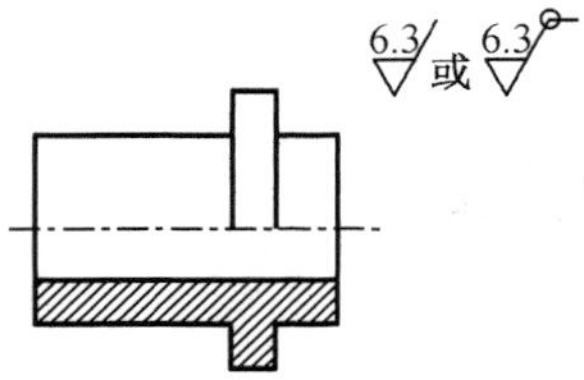	表示零件的所有表面具有相同的粗糙度要求,其代(符)号可统一标注在图样的右上角上	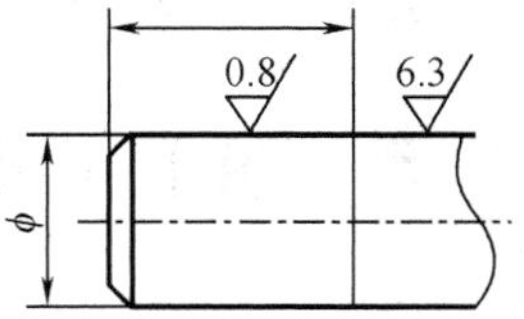	零件上同一表面的不同部位粗糙度要求不一样时,需用细实线画出分界线,注出尺寸和相应的粗糙度代号
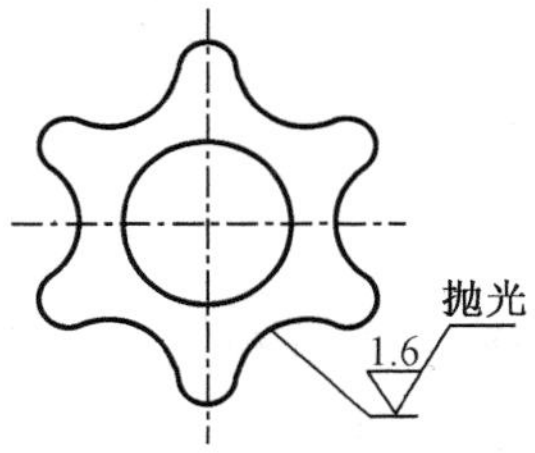	表示零件上的连续表面只标注一次粗糙度代号	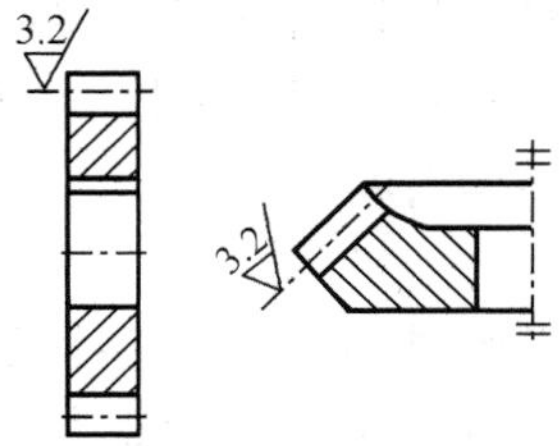	表示齿轮齿形部分的粗糙度标注
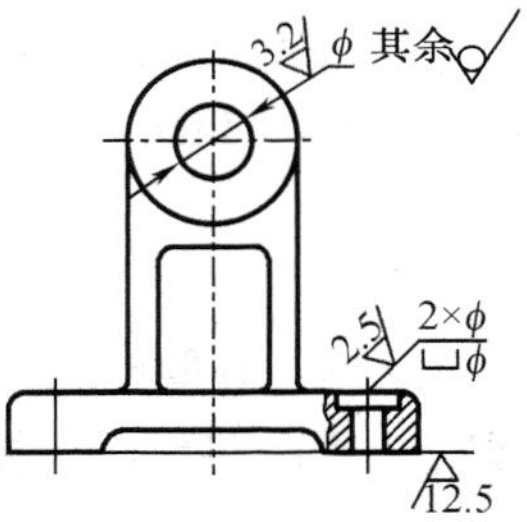	表示零件上不连续的同一表面,用细实线连接后,只需标注一次粗糙度代(符)号,否则需分别标注,如图中 Ra 为 12.5 μm	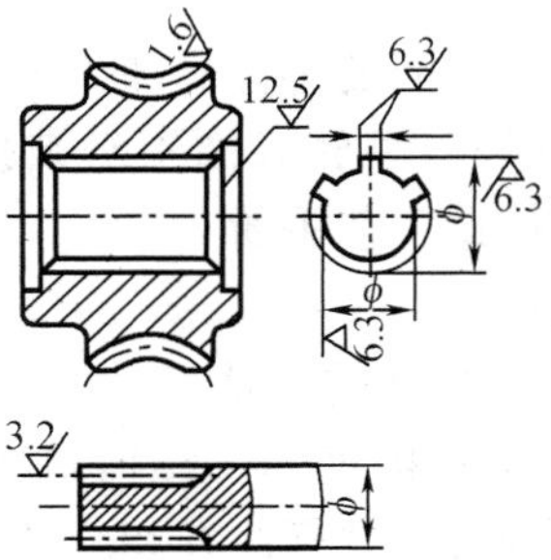	表示孔、槽、花键的表面只需标注一次代(符)号

图例	说明
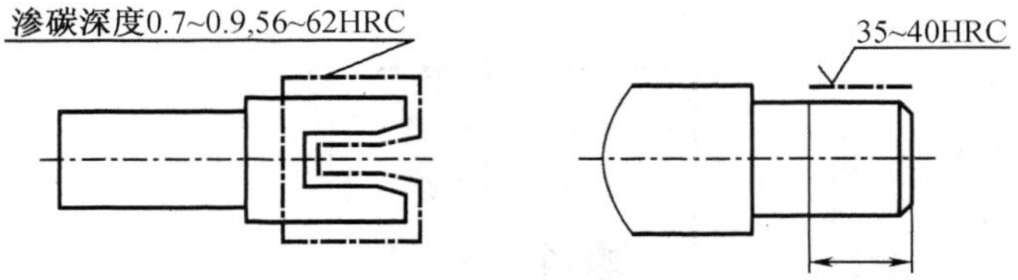	零件表面需要局部热处理或局部镀(涂)时,要用粗点画线画出其范围,并在相应的位置上标注出尺寸和表面处理要求
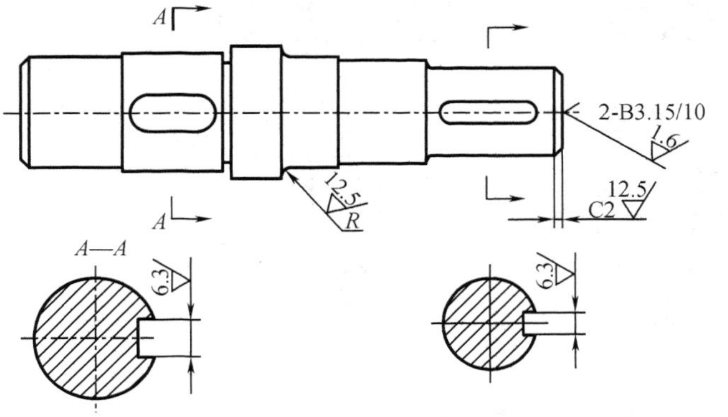	中心孔及键槽的工作表面、倒角、圆角等表面粗糙度要求,可简化标注

8.4.5　零件的其他技术要求

对于零件的特殊加工、检查、试验、结构要素的统一要求及其他说明，应根据零件的需要注写，一般用文字注写在技术要求的文字项目内。

8.5　加工工艺对零件结构的要求

8.5.1　铸造工艺对铸件结构的要求

铸造是将金属液体的铁、铝等浇注到已有的型腔内，冷却、凝固后形成所需要的毛坯件。为了防止铸件的缺陷(缩孔、缩松、裂纹等)，需设计出以下结构。

1. 起模斜度和结构斜度

(1)起模斜度

在制作铸件的型腔时，为了使模型易于从铸型中取出，制造模样时，沿起模方向需要留有一定的斜度，此斜度称为起模斜度。具体数据可查阅有关铸造工艺手册。

(2)结构斜度

在垂直于铸件分型面的铸件非加工表面上所设计的斜度，称为铸件的结构斜度。该斜度可使起模方便，起模时型腔表面不易被损坏，提高了铸件的尺寸精度和模样的寿命。具体数据可查阅有关铸造工艺手册。

(3)画法和标注

起模斜度在制定零件的铸造工艺图时需画出，而在零件图中一般不画，必要时可在技术要求中注明，如图 8-48 所示。结构斜度在一个视图中已表达清楚，其他视图允许只按小端画出，也可按投影画出，并标注在相应的位置上，如图 8-49 所示。

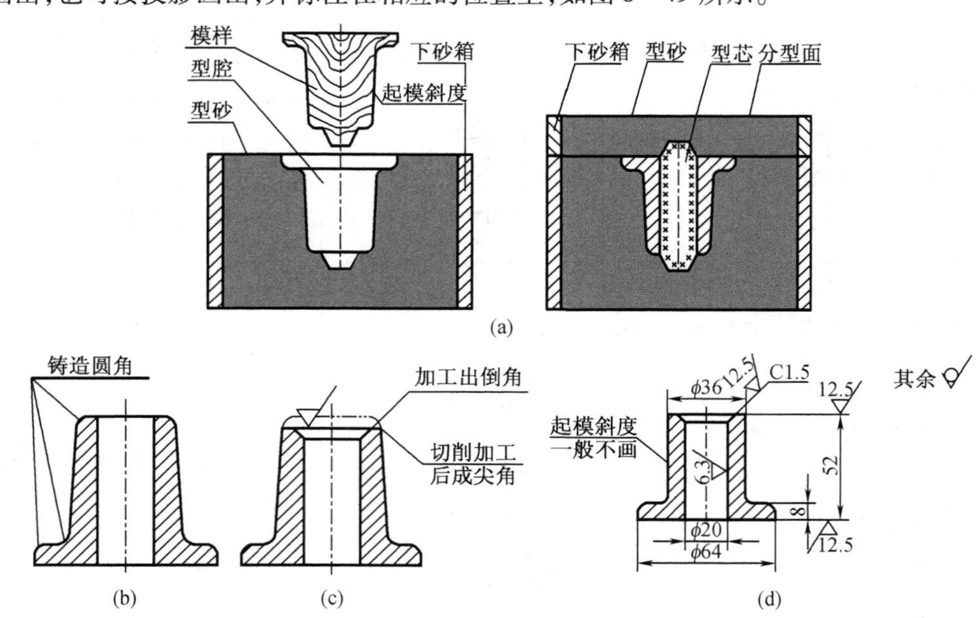

图 8-48　起模斜度的画法

(a)铸件的生产示意图；(b)毛坯件；(c)成品件；(d)零件图

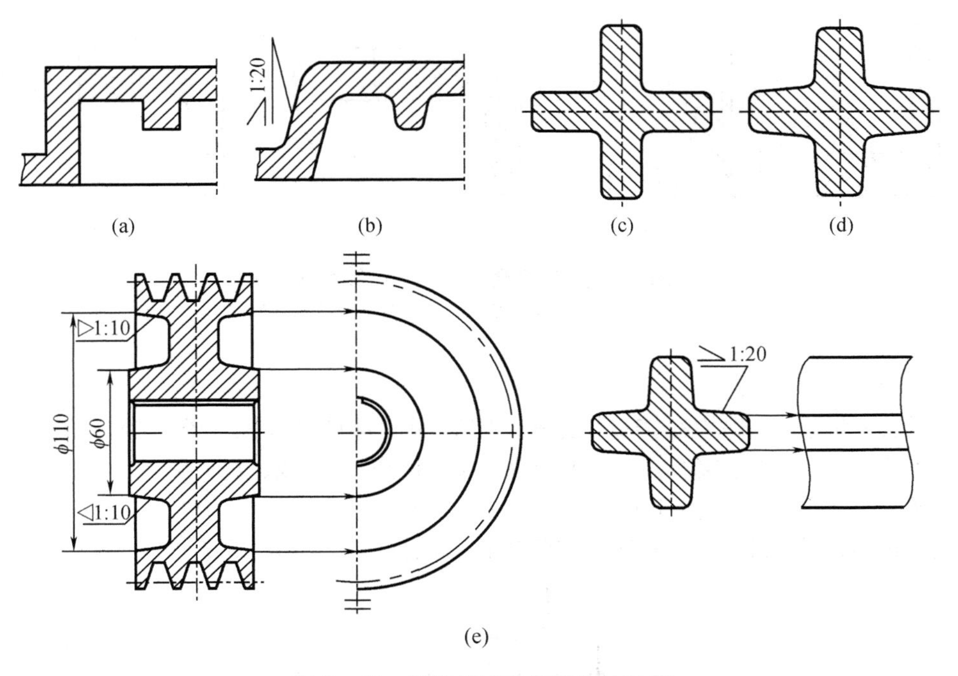

图 8-49 结构斜度的结构设计示例

(a)不正确;(b)正确;(c)不正确;(d)正确;(e)结构斜度的画法

2. 铸造圆角

(1)作用

为了防止浇注铁水时冲坏砂型,或避免铁水冷却收缩时在转角处产生裂纹和缩孔,将铸件的拐角处做成圆角,如图 8-50 所示。

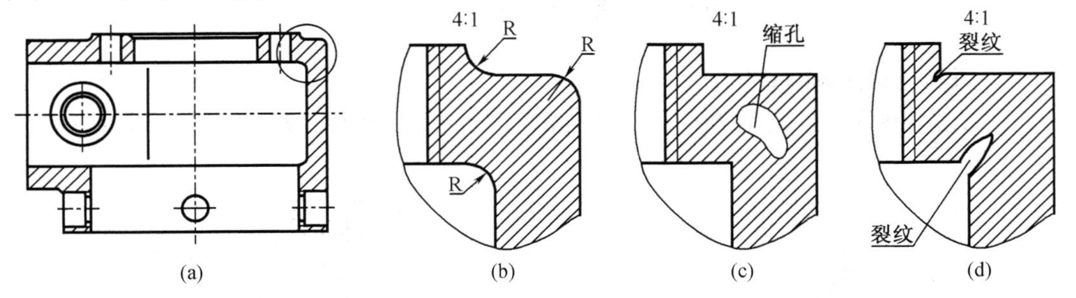

图 8-50 铸造圆角的结构设计示例

(a)箱体;(b)有铸造圆角;(c)有缩孔;(d)有裂纹

(2)标注

铸造圆角的半径一般为 3 ~5 mm,常在技术要求中统一说明。

3. 铸件的壁厚

铸件的壁厚应尽量保持一致,如不能一致,应使其逐渐过渡,如图 8-51 所示。

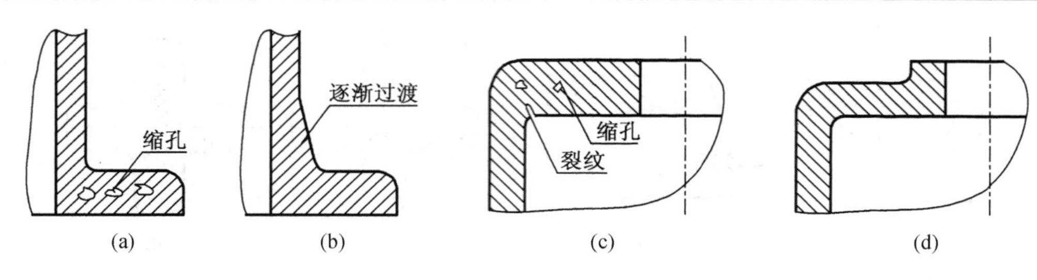

图 8－51　铸件壁厚的结构设计示例

(a)不合理;(b)合理;(c)不合理;(d)合理

4. 过渡线

由于铸造和模锻零件均有铸造(模锻)圆角,因此零件各表面相交处就没有明显的交点,交线不完整,而形成过渡线。以下有几种常见结构的过渡线,供参考。

(1)两不等径圆柱体垂直正交

特点:过渡线为相贯线,但两端不与圆角轮廓线接触,如图 8－52(b)所示。

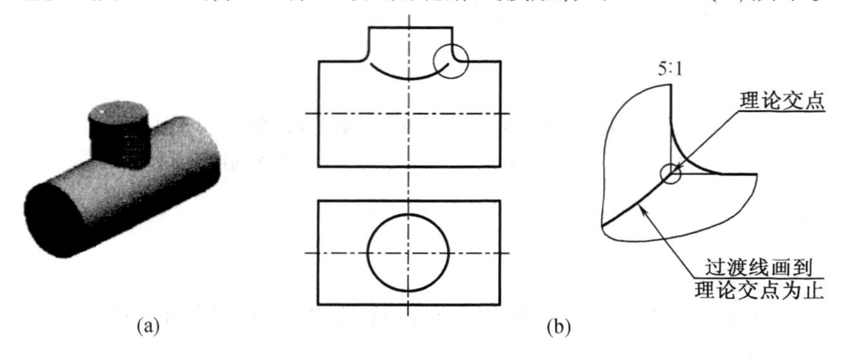

图 8－52　两不等径圆柱体相交示例

(2)两等径圆柱体垂直正交

特点:过渡线为相贯线,但两端不与圆角轮廓线接触,且在切点附近断开,如图 8－53(b)所示。

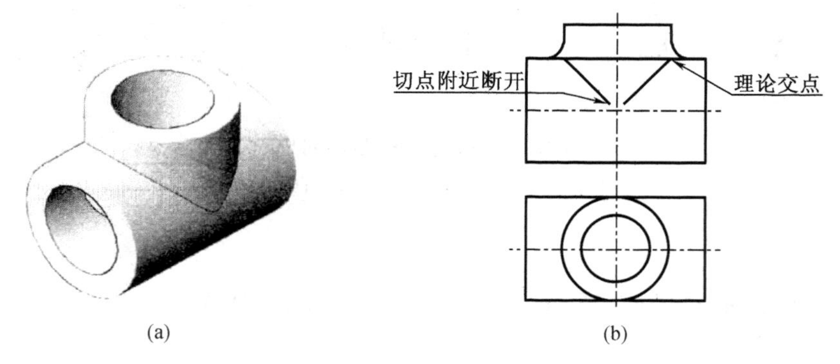

图 8－53　两等径圆柱体相切示例

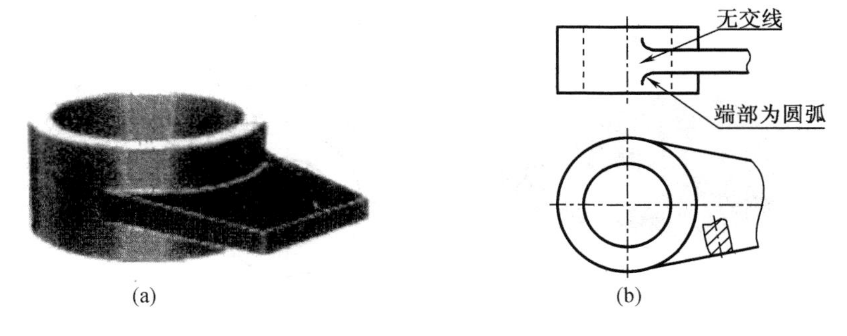

图8-54 平面与曲面相切示例

(3)平面与曲面相交

特点:过渡线为直线,两端不与平面的轮廓线接触,在切点处平面轮廓线是向两边分开的圆弧,如图8-55(b)所示。

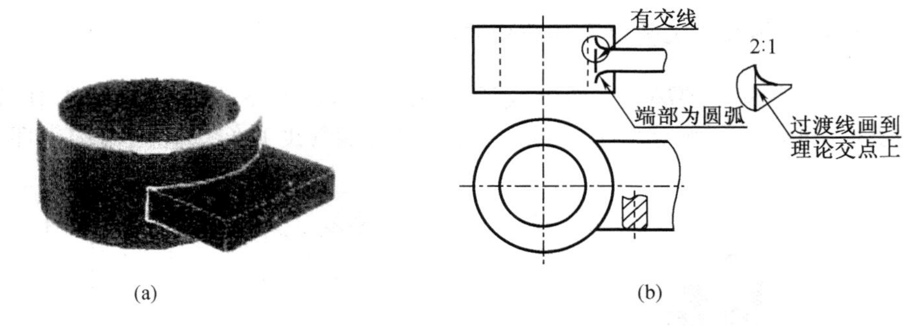

图8-55 平面与曲面相交示例

(4)曲面与曲面相切

特点:过渡线是在切点断开的曲线,如图8-56(b)所示。

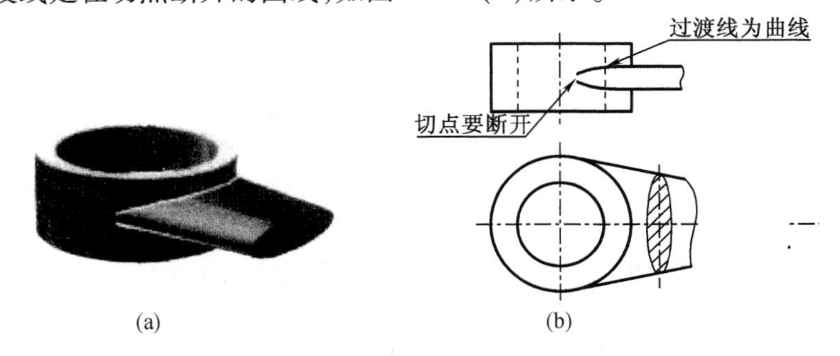

图8-56 曲面与曲面相切示例

(5)曲面与曲面相交

特点:过渡线是连续的曲线,如图8-57(b)所示。

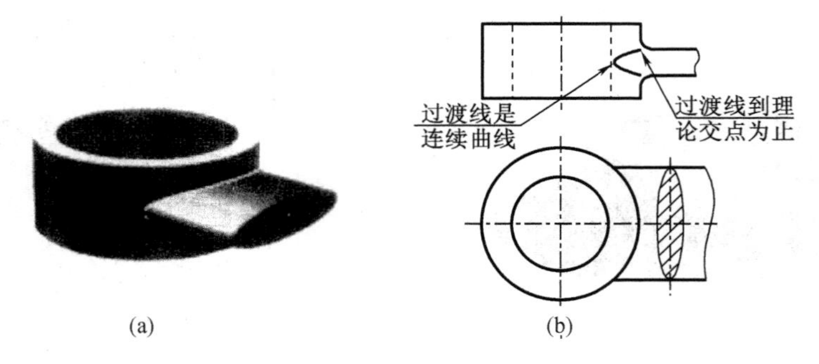

(a) (b)

图 8-57 曲面与曲面相交示例

(6)平面与平面相交

特点:过渡线是直线,平面的轮廓线在交点处是向两边分开的圆弧,如图 8-58(b)所示。

8.5.2 金属切削加工工艺对零件结构的要求

零件的结构形状除了要满足在机器或部件中的工作要求外,还要考虑加工制造时的工艺性和它的使用寿命。了解零件上常见的工艺结构,能帮助我们设计出结构合理、便于加工和装配的零件。

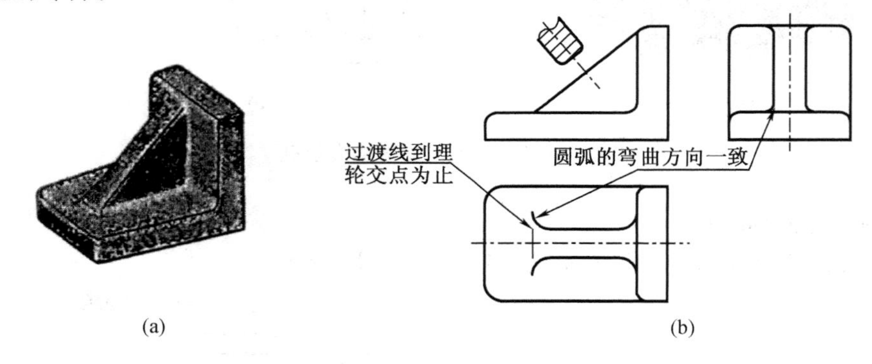

(a) (b)

图 8-58 平面与平面相交示例

1. 倒角和倒圆

(1)作用

为了去除毛刺、锐边和便于装配,在轴和孔的端部常加工出倒角。在不等径圆柱(或圆锥)轴肩处,为了避免因应力集中而产生的裂纹,常以圆角过渡,称为倒圆,如图 8-59 所示。

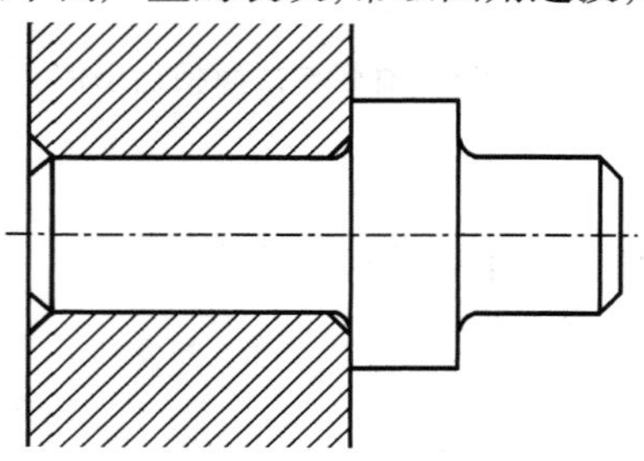

图 8-59 倒角与倒圆的应用示例

（2）画法和标注

当倒角为45°时，标注方式如图8－60（a）所示；当倒角不是45°时，标注方式如图8－60（b）所示。圆角的画法和标注可按图8－60所示绘制。另外，锐边倒角或倒圆也可在技术要求中用文字说明，如未注倒角C1。倒角和圆角可根据轴径或孔径查表确定。

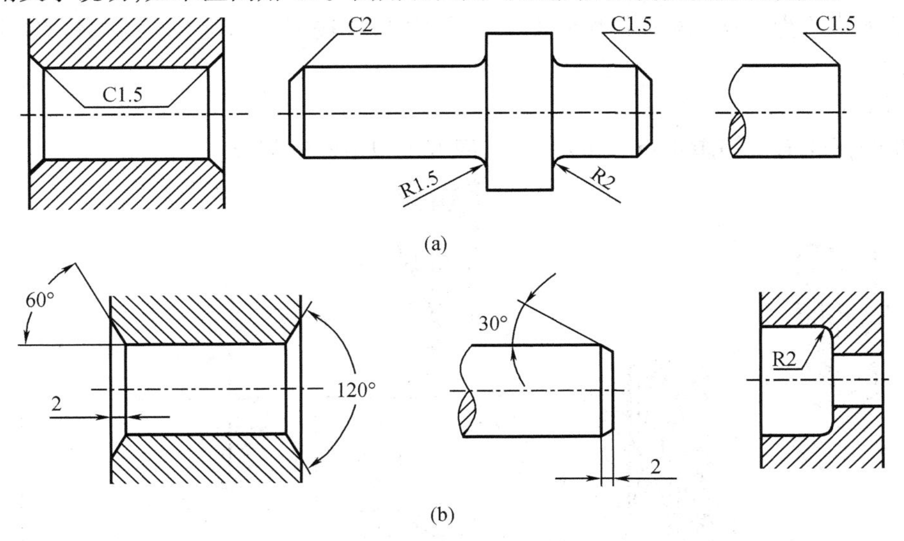

图8－60　倒角和倒圆的示例

2. 退刀槽和越程槽

（1）作用

在加工内、外圆柱面和螺纹时，为了便于刀具或砂轮退出，预先在待加工表面加工出退刀槽或越程槽，其结构如图8－61所示。

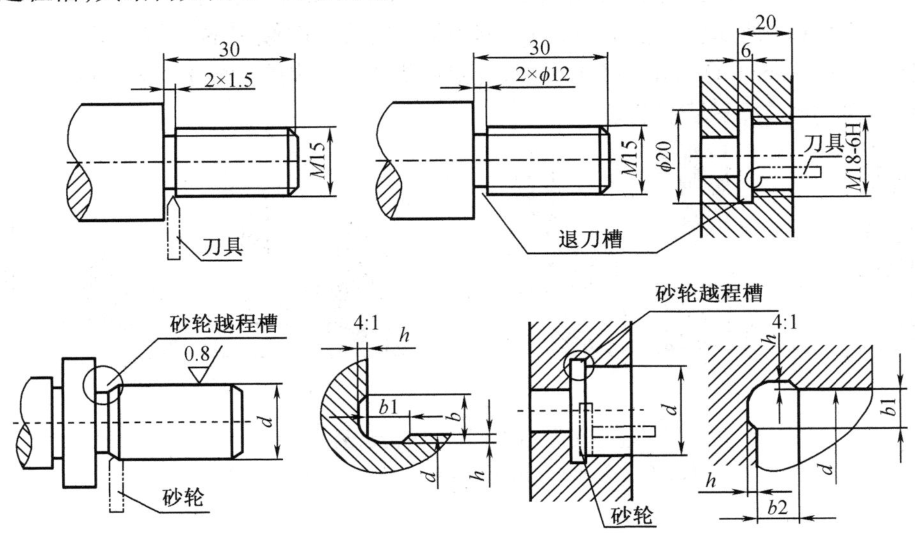

图8－61　退刀槽和越程槽的示例

（2）画法和标注

退刀槽可按“槽宽×槽深”或“槽宽×槽直径”的形式标注，如图8－61中的2×1.5或

2×ϕ12。相关结构参数可查表确定。应按加工顺序标注退刀槽尺寸。

3. 钻孔结构

(1)画法

所加工出的孔不是通孔时称为盲孔，一般用钻头加工，而钻头的顶角为 118°±2°，加工出孔的锥顶角约为 120°，该角称为钻尖角。作图时，应按 120°画出钻尖角，不需要尺寸，如图8-62 所示。

(2)标注

钻孔的标注形式如图 8-62 所示，钻孔深度不包括圆锥部分。

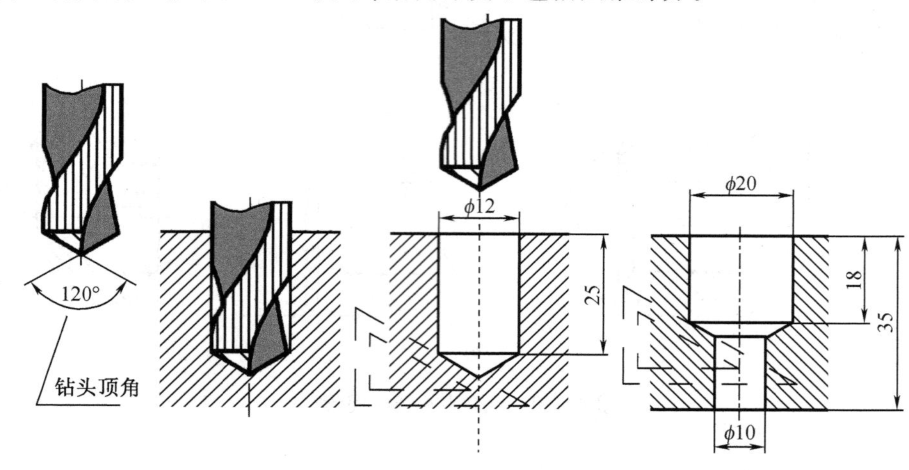

图 8-62 钻孔的绘制和标注示例

(3)钻孔结构

需要在斜面上钻孔时，为了使钻头受力均匀，不被折断，可设计出平台或凹坑等结构，如图 8-63(b)、(c)所示。不要设计成钻头轴线与被钻孔面倾斜的结构，如图 8-63(a)所示。同样，如图 8-63(d)所示中孔的结构会使钻头受力不均匀，而如图 8-63(e)所示中孔的结构钻头受力均匀，不易折断。

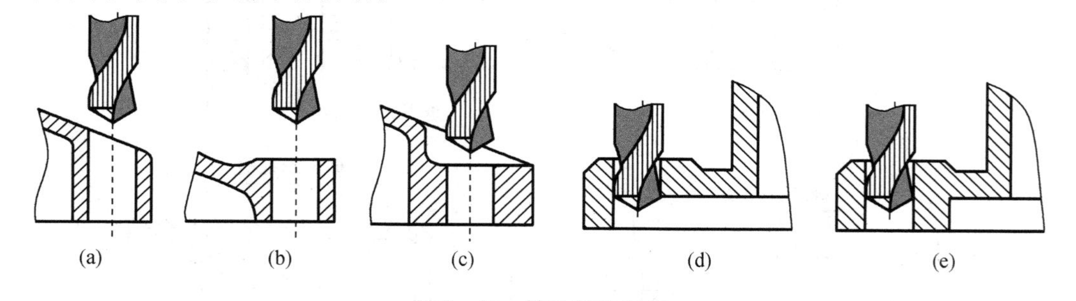

图 8-63 钻孔结构示例

(a)不正确；(b)正确；(c)正确；(d)不正确；(e)正确

4. 凸台和凹坑结构

零件上与其他零件接触或配合的表面，一般应切削加工。为了减少加工面、保证良好的接触和配合，常在接触处设计出凸台或凹坑，如图 8-64 所示。

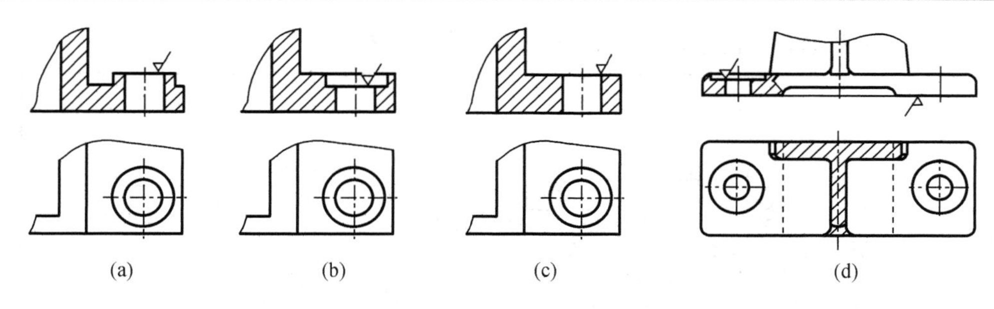

图8－64　凸台和凹坑结构示例

(a)正确;(b)正确;(c)不正确;(d)正确

【引导知识】

8.6　常见零件的表达分析

零件表达方法的选择,是一个既有原则性,又有灵活性的问题。在选择时,应当将几种表达方案加以比较,从中选择较好的方案表达零件。零件的种类很多,按其结构特点、表达方法、尺寸标注、制造方法等,大致可以分为轴套类、盘盖类、叉架类和箱体类四种类型。同种类零件的表达方案有许多相同之处,熟悉这四类零件的表达方法有助于更好地掌握零件图视图选择的一般规律。

8.6.1　轴套类零件

1. 形体分析

这类零件常在机器中起着支承、导向、传递运动和动力等作用。零件大多数由位于同一轴线上直径不同的回转体组成,其轴向尺寸一般大于径向尺寸。零件上常有键槽、销孔、螺纹、退刀槽、越程槽、顶尖孔(中心孔)、油槽、倒角、圆角、轴肩、锥度等结构,主要在车床上加工,轴线一般水平放置。

2. 表达方法

由于轴套类零件加工的主要工序一般都在车床、磨床上进行,加工时轴线成水平位置,因此,主视图常将轴线水平横向放置,符合加工位置原则。一般用一个基本视图(主视图)表达各组成部分的轴向结构位置。对轴上的孔、键槽等局部结构可用局部视图、局部剖视图或断面图表达;对退刀槽、越程槽和圆角等细小结构可用局部放大图加以表达;对套筒或空心轴可采用全剖、半剖或局部剖视图表达。

如图8－65所示的柱塞套,主视图采用全剖视图;表达内部左右通孔的结构和上下通孔的位置;全剖的*D*—*D*左视图表达上、下通孔及气孔结构;局部放大图表达细小的倒圆角。

3. 尺寸标注

轴套类零件要求注出表示各轴段直径大小的径向尺寸和各轴段长度的轴向尺寸。一般径向尺寸以轴线为主要基准,轴向尺寸以重要轴肩端面为主要基准,如图8－2中$\phi 6$的轴肩端面是定位面,是轴向尺寸的主要基准。为了加工测量方便,轴的两个外端面和另一定位面为轴向尺寸辅助基准,标注轴向尺寸时,应按加工顺序标注,并注意按不同工序分类集中标注,如图8－2所示。

图 8－65 柱塞套零件图上的尺寸标注读者可自行分析。

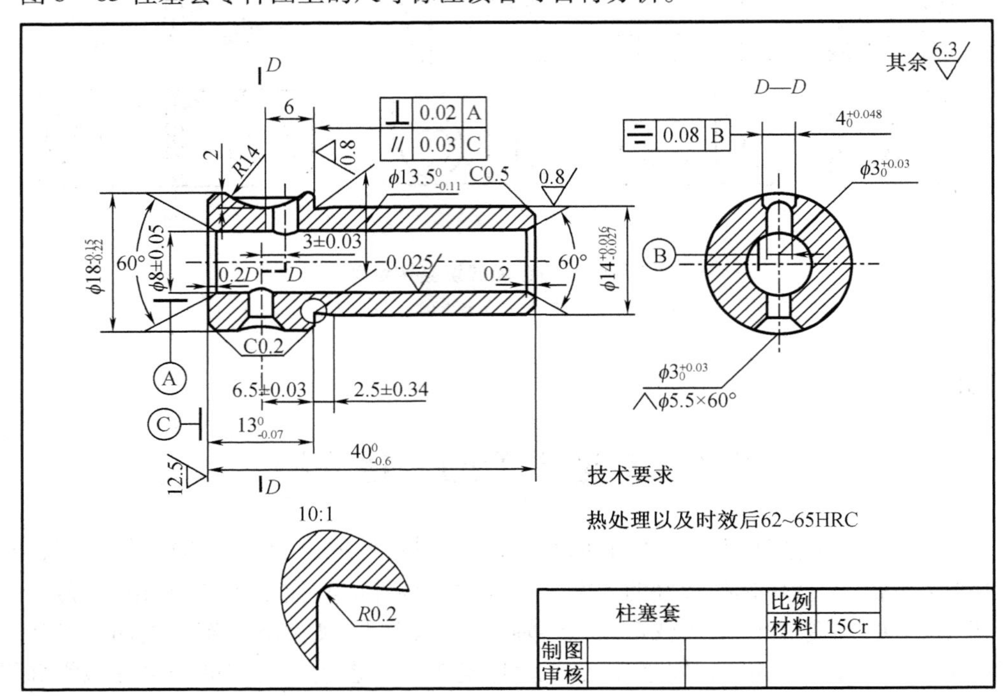

图 8－65 柱塞套零件图

4. 技术要求

有配合要求的表面，表面粗糙度要求较高，且应选择并标注尺寸公差。有配合的轴颈和重要的端面应有形位公差要求，如同轴度、径向圆跳动、端面圆跳动及键槽的对称度等。

8.6.2 盘盖类零件

盘盖类零件包括各种端盖（如图 8－66 所示的端盖）、法兰盘和各种轮子（齿轮、手轮、带轮）等。它们在机器中通常起着传递扭矩、支承轴承、轴向定位和密封等作用，虽然作用各不相同，但在结构上和表达方法上都有共同之处。

1. 结构分析

盘盖类零件主要由同轴回转体或其他平板形构成，其厚度方向的尺寸比其他两个方向的尺寸要小。根据其作用的不同，常有凸台、凹坑、均布安装孔、轮辐、键槽、螺孔、销孔等结构。

2. 表达方法

盘盖类零件的表达一般采用两个基本视图，即主、左视图或主、俯视图。主视图采用以轴线为水平横放的加工位置原则或工作位置原则，将反映厚度的方向作为主视图的投影方向，常用全剖（包括阶梯剖、旋转剖、复合剖）视图反映内部结构和相对位置；左视图（或俯视图）则主要表达零件的外形轮廓和孔、槽、筋、轮辐等的相对位置及分布情况，对于个别细小结构采用局部剖视图、断面图、局部放大图等表达；如果两端面都较复杂，还需增加另一端面的视图。

如图 8－66 所示是机床尾座上的一个端盖，主视图选择轴线水平放置，与工作位置一致，又符合加工位置。主视图采用相交的和平行的剖切平面（复合剖）将其内部结构全部表示出来；选用右视图，表达其端面轮廓形状及各孔的相对位置。

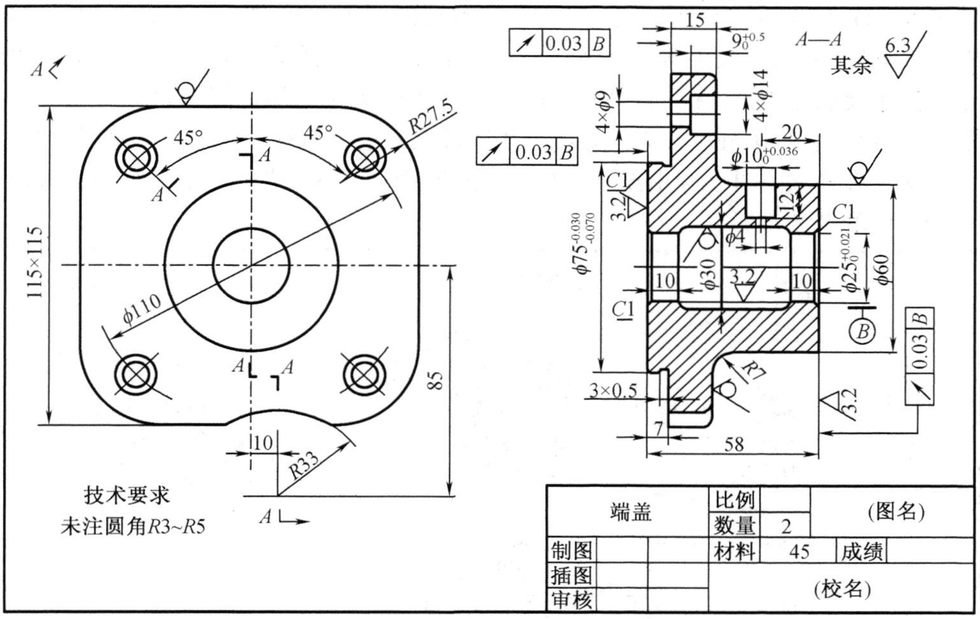

图8-66　端盖零件图

3. 尺寸标注

盘盖类零件宽度和高度方向尺寸的主要基准是回转轴线或主要形体的对称面，长度方向尺寸的主要基准是有一定精度要求的加工结合面。具体标注尺寸时，可用形体分析法标注出其定形、定位尺寸。

如图8-66所示的端盖，其回转轴线为宽度和高度方向（即径向）尺寸的主要基准，左端面为长度方向（即轴向）尺寸的主要基准。各圆柱体（孔）的直径尺寸及长度尺寸尽可能配置在主视图上，而均布孔的定形、定位尺寸则宜标注在另一视图上。

4. 技术要求

有配合要求的表面、轴向定位的端面，其表面粗糙度和尺寸精度要求较高，端面与轴线之间常有垂直度或端面圆跳动的要求；外圆柱和内孔的轴线间也常有同轴度要求；此外，均布的孔、槽有时会有位置的要求。

8.6.3　叉架类零件

叉架类零件包括拨叉、连杆、支架、摇臂、杠杆等零件，一般在机器中起支承、操纵调节、连接等作用。

1. 结构分析

叉架类零件常用1～3个基本视图表达其主要结构。由于这类零件加工工序较多，加工位置经常变化。因此，主视图应按零件的工作位置或自然安放位置选择，并选取最能反映形状特征的方向作为主视图的投射方向。叉架类零件的内部结构通常采用全剖视图或局部剖视图表达，倾斜结构用斜视图或斜剖视图表达，连接部分（一般为支承板、肋板、轮辐等）用断面图表达。

2. 表达方法

如图 8－67 所示的拨叉，采用主、俯两个基本视图。由于其在工作时处于倾斜位置，加工位置又不确定，所以主视图将其放平，以反映拨叉形状特征的方向作为主视图的投影方向。主视图主要表达外形，在凸台销孔处用局部剖视图表示。俯视图取过拨叉基本对称中心线的全剖视图，表达圆柱形套筒、叉架及其连接关系。*A* 斜视图表达倾斜凸台的真实形状。由于拨叉制造过程中，两件合铸，加工后分开，因而在主视图上，用双点画线画出与其对称的另一件的部分投影。

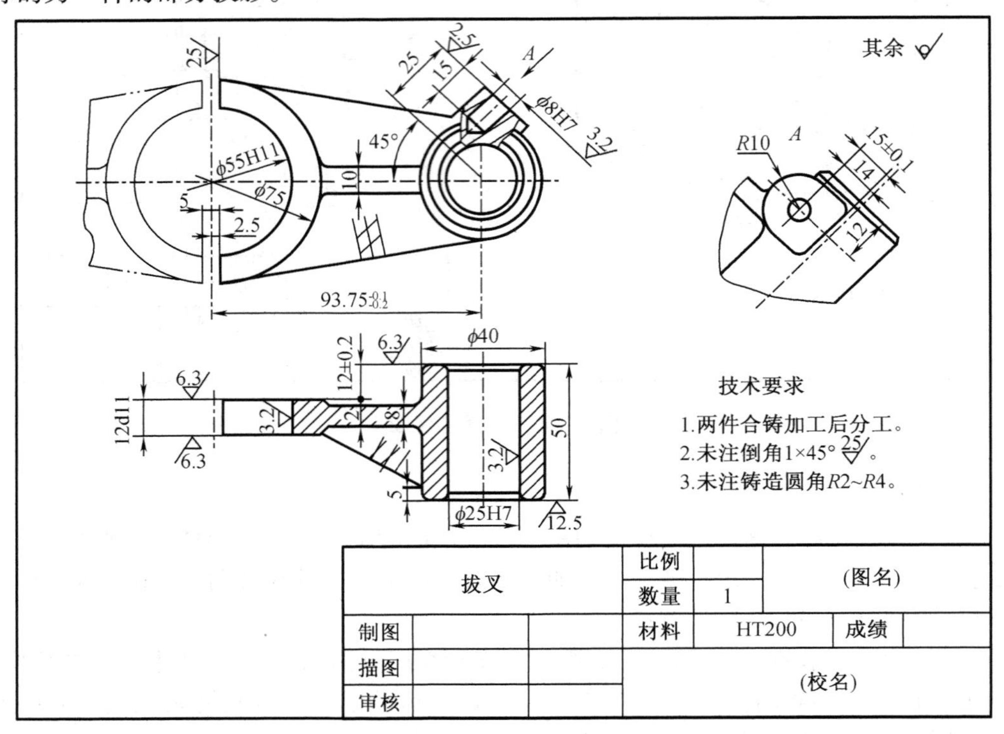

图 8－67　拨叉零件图

3. 尺寸标注

叉架类零件常以主要孔的轴线、对称平面、较大加工面、结合面为长、宽、高三个方向尺寸的主要基准，按形体分析法标注其定形、定位尺寸。

如图 8－67 所示的拨叉，以叉架孔 φ55H11 的轴线为长度方向尺寸的主要基准，标出与孔 φ25H7 轴线间的中心距 $93.75^{-0.1}_{-0.2}$；孔高度方向以拨叉的基本对称平面为主要基准；宽度方向则以叉架的两工作侧面为主要基准，标出尺寸 12d11、12 ±0.2。

4. 技术要求

叉架类零件的安装孔、轴座、圆孔、加工面、结合面的表面粗糙度、尺寸精度较高，根据零件的使用要求，常有圆度、平行度、垂直度等形位公差要求。

8.6.4　箱体类零件

箱体类零件是机器或部件中的主要零件之一，一般起支承、包容等作用。通常把机床的床身、泵体、变速箱的箱体等零件归为箱体类零件。

1. 结构分析

箱体类零件的内、外结构都很复杂，常用薄壁围成不同的空腔，箱体上还常有支承孔、凸台、注油孔、放油孔、安装板、肋板、螺孔和螺栓孔、定位销孔等结构。只有部分表面要经机械加工，因此，具有许多铸造工艺结构，如铸造圆角、起模斜度等。

2. 表达方法

由于箱体类零件结构形状复杂，加工位置因其结构形状的不同而不同，因而常以工作位置或自然安放位置确定主视图的位置，以最能反映其各组成部分形状特征及相对位置的方向，作为主视图的投射方向。表达方案一般用三个或三个以上的基本视图。根据具体结构特点选用半剖视、全剖视或局部剖视，并辅以断面图、斜视图、局部视图、局部放大图等表达方法。

图8－68所示为减速器箱体的零件图，主视图的位置与箱体的工作位置相同。主视图主要表达了箱体的形状与位置特征，它采用了两处局部剖视图，一处表达壁厚及下边的放油孔；另一处表达了箱体上下连接凸台及连接通孔的结构。俯视图主要表达了箱体的凸缘、内腔及安装底板的外形，同时也表达了连接孔、安装孔、销孔的相互位置。左视图采用了半剖视图，主要表达箱体前后凸台上的轴承孔与内腔相通的内部结构形状，箱体凸缘、放油孔的位置、安装端盖的定位槽、肋板的形状等内部结构。此外，还用 *C* 向局部视图，表达了上下凸台的端面形状，用 *B*—*B* 剖视图表达油沟的深度及位置。

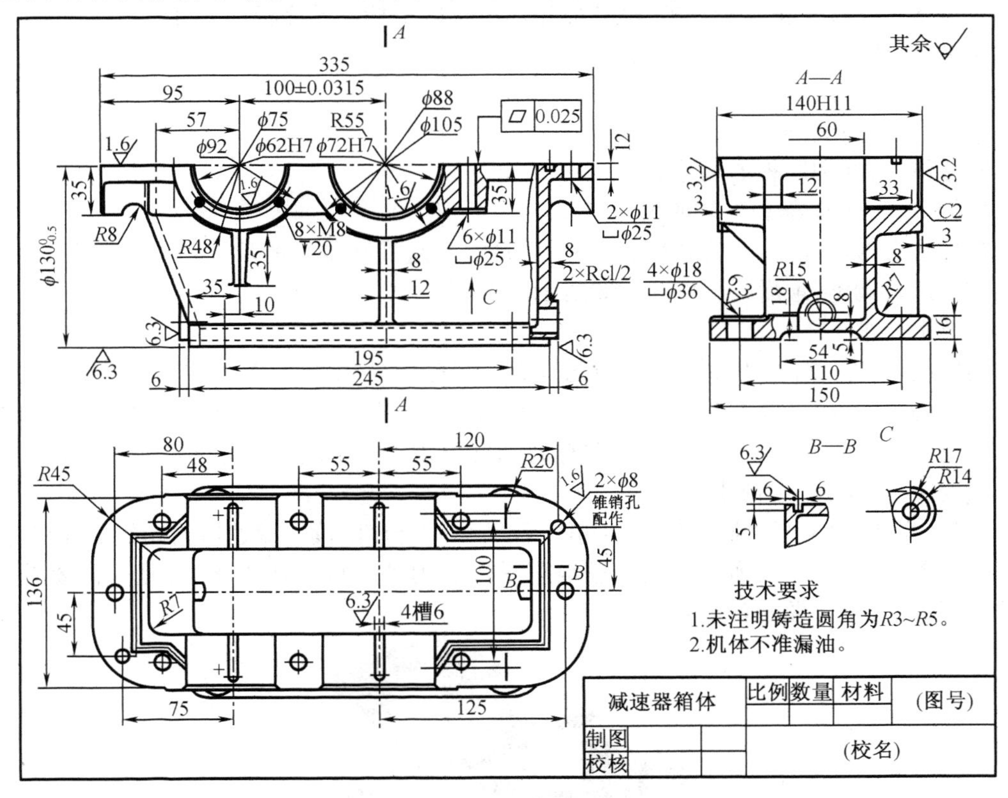

图8－68　减速器箱体零件图

3. 尺寸标注

因为箱体类零件的形状比较复杂，尺寸也比较多，所以标注尺寸应当有一个正确的方法和步骤。下面以图 8－68 减速器箱体为例，说明箱体类零件的尺寸标注。

(1)箱体类零件的尺寸基准

这类零件常以主要孔的轴线、对称面、较大的加工平面或结合面作为长、宽、高方向的主要尺寸基准。

长度方向的主要尺寸基准——左边输入轴孔的轴线；

宽度方向的主要尺寸基准——前后对称平面；

高度方向的主要尺寸基准——底面。

(2)直接注出箱体类零件结构的重要尺寸

箱体中的重要尺寸，指的是直接影响机器的工作性能和质量好坏的尺寸。如中心距，图 8－68 所示的减速器箱体中两轴承孔间的中心距为 100 ± 0.0315，它直接影响两齿轮的正确啮合。

配合尺寸：如图 8－68 减速器箱体中两轴承孔 ϕ62H7 和 ϕ72H7，它影响轴承的配合性能。与安装有关的尺寸：如图 8－68 所示为减速器箱体与箱盖结合面到安装面的距离为 130。

(3)标注定形、定位尺寸

箱体类零件主要是铸件。因此，所注的尺寸必须满足制造的要求且便于制作。在标注定形、定位尺寸时，应采用形体分析法结合结构分析，逐个注出各形体的定形、定位尺寸。

在确保上述尺寸正确标注外，减速器箱体可按以下标注顺序标注尺寸。

①上、下底板及螺栓孔的尺寸；

②轴孔的尺寸；

③圆形油标孔和放油孔的尺寸；

④箱体、吊板和肋板的尺寸。

(4)检查有无遗漏和重复的尺寸

在标注全部尺寸后，要检查所有尺寸，看是否有遗漏和重复的尺寸，对尺寸配置不清晰的地方要进行调整，最后得出图 8－68 所示的全部尺寸。

4. 技术要求

箱体类零件中轴承孔、结合面、销孔等表面粗糙度要求较高，其余加工面要求较低；轴承孔的中心距、孔径以及一些有配合要求的表面、定位端面应有尺寸精度的要求；大的结合面常有平面度要求，同一轴的轴孔间常有同轴度要求，不同轴的轴孔间或轴孔和底面间常有平行度要求，如图 8－68 所示。

图 8－69 所示是减速器箱体的轴测图，读者可结合该图读懂减速器箱体的零件图，并考虑该零件图是否完整、正确、清晰、合理地把零件的内外结构表达出来了，是否需要补充其他的视图，提出更合理的表达方案。

图 8－69 减速器箱体轴测图

【自学知识】

8.7 零件图读图

8.7.1 读零件图的基本要求

(1)了解零件的名称、材料和用途。

(2)分析零件图形及尺寸,想象出零件各组成部分的结构形状和相对位置,理解设计者的意图。

(3)看懂技术要求,了解零件的制造方法,研究零件结构的合理性。

8.7.2 读零件图的方法和步骤

1. 读标题栏,初步了解零件

(1)名称

可以大致判断该零件属于哪一类型,粗略估计其结构形状、用途。

(2)材料

了解零件的加工特点,粗略估计其工艺结构和形体交线的特点。

(3)比例

结合图形,粗略估计零件的实际大小。

2. 读视图,分析零件结构

(1)粗读视图

了解视图的配置,弄清视图的种类及之间的投影对应关系。

(2)精读视图

重点研究主视图,结合其他视图,将零件分解为多个几何形体,用形体分析法对构成的形体进行分析,找出对应的投影关系,从而确定几何形体的空间形状和相互位置,以及交线的形状。找出各视图重点表达的内容和零件的各形体结构的作用。

3. 分析尺寸和技术要求,明确零件的大小

(1)确定基准

先看有公差的尺寸,再看有形位公差基准要素的标注位置和表面粗糙度值的大小,结合零件的结构特点,确定零件长、宽、高三个方向的主要基准。

(2)确定零件大小

按照形体分析的方法把各组成部分的定形尺寸和定位尺寸找出来,结合尺寸和技术要求,明确零件的大小及其配合关系。

4. 综合想象零件形状

8.7.3 零件图读图举例

[**例** 8-4] 读齿轮轴的零件图,想象其结构,如图 8-70 所示。

步骤:

1. 读标题栏,初步了解零件

齿轮轴属于轴类零件,由于齿轮的齿根圆直径较小,故齿轮和轴制成了一体,被称为齿

轮轴。它将运动和动力通过齿形部分传递给另一个齿轮。所用材料为45钢,属于优质碳素结构钢,经过热处理后具有良好的综合机械性能,一般经锻造加工而成。从图中比例来看,实际零件大小与图中所示相近。此外,图纸的右上角还有齿形参数,以便加工时选择刀具。

2. 读视图,分析零件结构

(1)粗读视图

表达方案由局部剖的主视图和移出断面图组成。

(2)精读视图

结合尺寸可知,齿轮轴由不同直径的回转体组成,在最大圆柱表面制有轮齿,右端的圆柱表面上有一键槽,靠平键与其他零件配合传递运动。两端有倒角,便于装配。在76尺寸的两侧有越程槽,便于磨削加工时退出砂轮而不损坏其他表面。主视图上采用的局部剖视,可清晰地表达轮齿部分的表面粗糙度要求。移出断面图表达了键槽的断面形状,同时,又便于标注键槽的相关尺寸及技术要求。

3. 分析尺寸和技术要求,明确零件的大小

(1)确定基准

齿轮轴在机器中需确定其轴向位置,该位置就是长度方向的主要基准。齿轮轴的轮齿部分应处于箱体内宽度方向的对称面上,即轮齿两端距箱体内壁尺寸相同。而齿轮轴需要由滚动轴承支承,滚动轴承需要采用油脂润滑,为了防止在工作时,轴承上的油脂被齿轮甩出来的机油冲掉,在滚动轴承和齿轮轴之间安装了挡油环,即图中76尺寸内侧两端8 mm用于安装挡油环和轴向定位。根据轴在车床的加工特点,先加工左侧,再加工右侧小端,故长度方向的主要基准如图8－70所示。而齿轮轴的轴线则是各回转体的径向基准,如图8－70所示,各回转体的直径均以此为基准来标注尺寸。

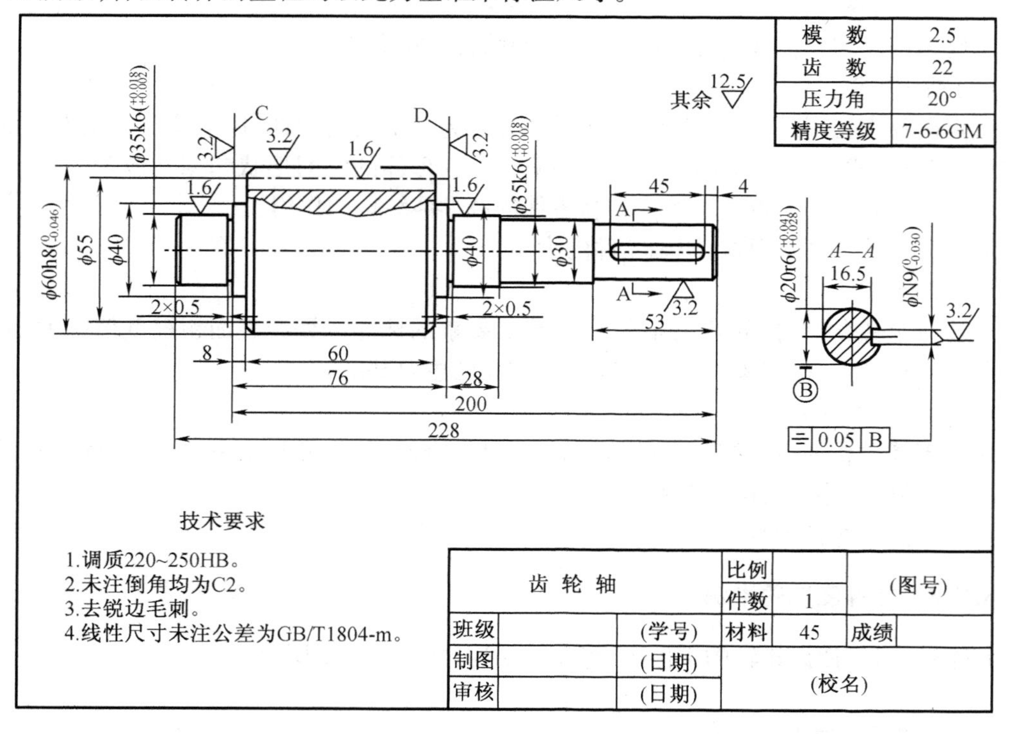

图8－70 齿轮轴零件图

(2)确定零件大小

①尺寸分析

带齿部分的圆柱体最大直径为 $\phi60_{-0.046}^{\ \ 0}$ 长 76，两端有 2×45°的倒角。靠近齿形部分的两侧是直径为 $\phi40$ 长为 8 的圆柱体，与这两个圆柱体连接的是 2×0.5 的退刀槽。与退刀槽连接的分别是 $\phi35_{+0.002}^{+0.018}$ 长为 28 的两个圆柱体。右侧的圆柱体与直径为 $\phi30$ 长为 43（200－53－76－28）的圆柱体连接，该圆柱体又与直径为 $\phi20_{+0.028}^{+0.041}$ 长为 53 带有平键和倒角的圆柱体连接。

②技术要求

尺寸 $\phi35_{+0.002}^{+0.018}$ 和 $\phi20_{+0.028}^{+0.041}$ 处有配合关系，精度等级要求为 6 级，相应的表面粗糙度要求也较高，Ra 分别为 1.6 μm 和 3.2 μm。对键槽的宽度有对称度要求，对轴的热处理、倒角等也有一定要求。

4. 综合想象零件形状

归纳以上分析，想象出齿轮轴的形状，如图 8－71 所示。

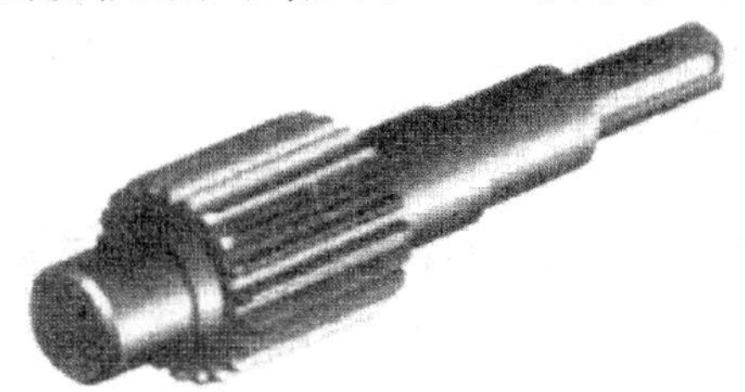

图 8－71 齿轮轴立体图

［**例** 8－5］ 读轴承盖的零件图，想象其结构，如图 8－72 所示。

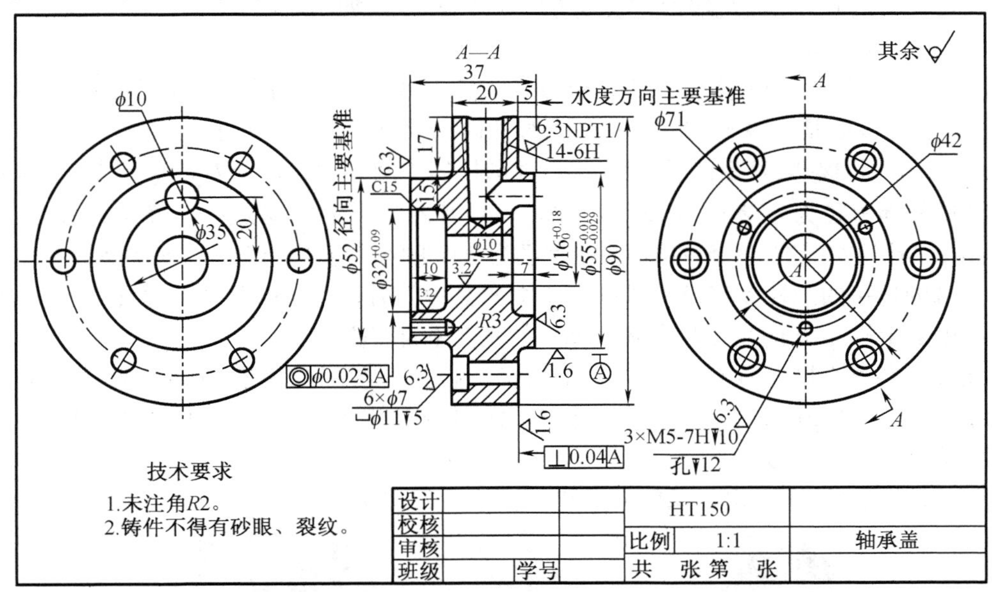

图 8－72 轴承盖零件图

步骤：

1. 读标题栏，初步了解零件

轴承盖属于盘盖类零件，其主要作用是密封轴承，防止灰尘进入轴承，同时也支承轴。

采用的是灰铸铁材料，经铸造后进行切削加工而成。从图中比例来看，实际零件大小与图中所示相近。

2. 读视图，分析零件结构

(1)粗读视图

表达方案由全剖的主视图和表达外形的左视图、右视图组成。

(2)精读视图

主视图重点表达了组成轴承盖的各基本形体的相互位置和特征，左、右视图分别表达了左右端面上孔的分布情况。轴承盖主要由直径不同的回转体组成。中间是一个大圆柱体，其两侧分别有一个直径不等的圆柱体组成。从主视图上看，在大圆柱体的左端面均布有6个阶梯螺栓孔，用于与轴承座的连接；大圆柱体中间是通孔，其上方有垂直与轴线的螺纹孔，用于安装注油螺塞，来润滑轴承，与螺纹孔相接的是光孔。由图中的两条相交的直线可知，在大圆柱体右端连接的圆柱体上有一个光孔与大圆柱体中的光孔垂直正交，形成两条相交的过渡线。与大圆柱体左端连接的小圆柱体上均布了3个螺纹孔，用于与其他部分的连接。

3. 分析尺寸和技术要求，明确零件的大小

(1)确定基准

从径向标注的尺寸来看，大圆柱体、左右圆柱体以及轴承盖中间的阶梯孔的直径尺寸，均以尺寸$\phi55^{-0.010}_{-0.029}$圆柱体的轴线为基准标注，尺寸$\phi55^{-0.010}_{-0.029}$是轴承盖嵌入轴承座内的部分，这是轴承盖的径向定位部分。另外，尺寸$\phi55^{-0.010}_{-0.029}$的轴线有基准要素A，而孔$\phi32^{+0.09}_{0}$轴线相对于$\phi55^{-0.010}_{-0.029}$轴线又有同轴度公差的要求，其值为$\phi0.025$，进一步说明$\phi55$圆柱体的轴线是径向的主要基准。而轴承盖轴向定位是与轴承座接触面，该端面相对于$\phi55^{-0.010}_{-0.029}$轴线的垂直度公差为0.04，故此端面为长度方向的主要基准，如图8－72所示。

(2)确定零件大小

①尺寸分析。中间的大圆柱体直径为$\phi90$长为20，其正上方是一个60°圆锥管螺纹孔，深17；与它连接的是$\phi10$深15的盲孔；大圆柱体端面分布着6个小孔直径为$\phi7$大孔直径为$\phi11$深5的阶梯孔，其定位尺寸为$\phi71$；大圆柱体中间的通孔直径为$\phi16^{+0.018}_{0}$。大圆柱体左侧的圆柱体直径为$\phi52$长为12(37－20－5)，其左端面的中间是一个直径为$\phi32^{+0.09}_{0}$长10的孔，该孔的左端有C1.5的倒角，在直径为$\phi42$的圆周上均布3个M5的螺纹孔。大圆柱体右端的连接的圆柱体直径为$\phi55^{-0.010}_{-0.029}$长5，其中间有一个$\phi35$长7的通孔，距离孔轴线20 mm处的上端$\phi10$的光孔与大圆柱体中的光孔垂直正交。

②技术要求。尺寸$\phi16^{+0.018}_{0}$、$\phi32^{+0.09}_{0}$、$\phi55^{-0.010}_{-0.029}$、处有配合关系，表面粗糙度要求也较高，Ra分别为1.6 μm、3.2 μm，有形位公差的要求和铸造加工、切削加工的技术要求。

4. 综合想象零件形状

归纳以上分析，想象出轴承盖的形状，如图8－73所示。

图8－73 轴承盖立体图

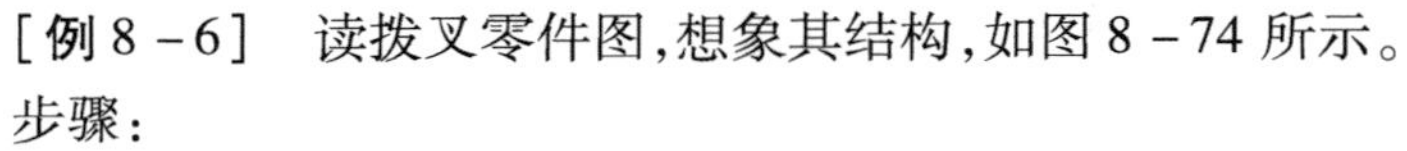

[例8-6] 读拨叉零件图，想象其结构，如图8-74所示。

步骤：

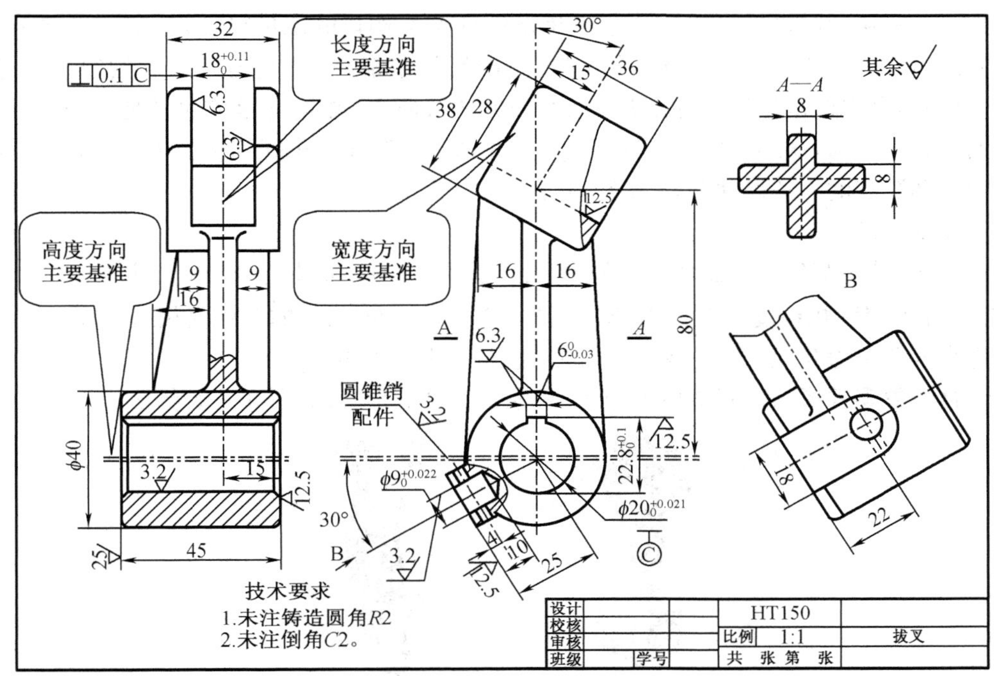

图8-74 拨叉零件图

1. 读标题栏，初步了解零件

拨叉属于叉架类零件，由安装、工作和连接三部分组成，采用的是灰铸铁材料，经铸造后进行切削加工而成。从图中比例来看，实际零件大小与图中所示相近。

2. 读视图，分析零件结构

（1）粗读视图

表达方案由局部剖的主视图和左视图、局部视图和移出断面图组成。

（2）精读视图

以主视图为切入点，结合其他视图进行分析。拨叉的上端是处于倾斜位置并带有凹槽的长方体，该部分为工作部分；下端是安装部分，其形状是带有键槽孔的圆筒，筒的外表面有一个凸台，凸台内部有一个盲孔，可以安装其他零件并由 $\phi 3$ 的圆锥销固定。工作部分与安装部分的连接用厚度为8 mm的十字形肋板来完成。为了安全和便于安装，加工有倒角和圆角。

3. 分析尺寸和技术要求，明确零件的大小

（1）确定基准

由主视图可知，上端长方体叉槽口是对称结构，其对称面相对于拨叉下端的圆筒孔 $\phi 20^{+0.021}_{0}$ 的轴线有垂直度要求，尺寸 $18^{+0.11}_{0}$、32以该对称面为基准进行标注，故该对称面是长度方向的主要基准；$\phi 20^{+0.021}_{0}$ 是安装其他轴，轴线有基准要素C，同时该轴线又决定了叉槽口的高度位置80，故是高度方向的主要基准；连接叉槽口的部分相对于下端的圆筒是前后对称，其对称面通过且垂直 $\phi 20^{+0.021}_{0}$ 的轴线，$\phi 20^{+0.021}_{0}$ 孔键槽宽度以该对称面对称，故此对称面是宽度方向的主要基准，如图8-74所示。

(2)确定零件大小

①尺寸分析

如图8－74所示，尺寸$\phi18^{+0.11}_{0}$、32、36、38、28是叉槽口的定形尺寸，其定位尺寸是80、15、30°，尺寸$\phi40$、$\phi20^{+0.021}_{0}$、$22.8^{+0.1}_{0}$、$6^{0}_{-0.03}$是圆筒的定形尺寸，其与叉槽口的定位尺寸是15；其上的凸台定形定位尺寸分别是18、27、25、30°，而25既是定形尺寸又是定位尺寸；凸台上的销孔尺寸为$\phi3$，定位尺寸为4；凸台上的$\phi9^{0.022}_{0}$深10。中间连接肋板厚为8mm、相对于叉槽口和圆筒的定位尺寸分别为9、16。

②技术要求

尺寸$\phi9^{0.022}_{0}$、$\phi18^{+0.11}_{0}$、$\phi20^{+0.021}_{0}$处有配合关系，且均为基孔制配合，其中$\phi9^{0.022}_{0}$和$\phi20^{+0.021}_{0}$孔的表面粗糙度要求较高，Ra分别为3.2 μm、$\phi18^{+0.11}_{0}$的对称面相对于$\phi20^{+0.021}_{0}$轴线的垂直度公差为0.1。此外，还有铸造圆角和切削倒角的技术要求。

综合想象零件形状。归纳以上分析，想象出拨叉的形状，如图8－75所示。

图8－75 拨叉立体图

[**例**8－7] 读蜗轮箱体零件图，想象其结构，如图8－76所示。

步骤：

1.读标题栏，初步了解零件

蜗轮箱属于箱体类零件，是单级蜗杆减速器的主要部分，采用的是灰铸铁材料，经铸造后进行切削加工而成。从图中比例来看，实际零件大小与图中所示相近。

2.读视图，分析零件结构

(1)粗读视图

表达方案由全剖的主视图、局部剖的俯视图、左视图三个基本视图和A向的局部视图组成。

(2)精读视图

该箱体前后对称，主要由左端的方箱结构和右端的铅垂圆筒组成。主视图采用通过箱体的前后对称面的单一剖切面剖切而获得，主要是表达箱体的内部结构；俯视图是沿着*E*—*E*通过蜗杆的水平轴线剖切而获得，该视图既表达了箱体顶面的外部形状，又表达了箱体左侧内部形状和蜗杆轴孔的形状、位置；左视图主要反映的是箱体左端面的形状及其上分布的四个螺孔位置。在主视图的中间有一条铅垂过渡线，这条线表示左右形体不在一个平面上，结合俯视图和左视图分析，箱体的左侧是方箱形的，箱体的右侧是圆筒形的，圆筒的上端有一个圆柱形的凸缘，凸缘的顶面均布4个螺孔。结合左视图分析，箱体下方的表面均布了4个阶梯孔，阶梯孔与箱体表面形成相贯线，表示箱体的下方是圆筒形的，且圆筒的直径与箱体右侧圆筒直径相等，两圆筒同轴线。通过分析俯视图和A向的局部视图可知，前后的蜗杆轴孔直径不相等，前面的轴孔直径大且端面均布了 4 个螺孔，后面的轴孔小并带有内凸台。该蜗轮箱的左端方箱内安装蜗杆，右侧圆筒内安装蜗轮轴和蜗轮，蜗轮轴垂直布置，其中蜗杆是主动件，蜗轮是从动件，如图 8－77 所示。

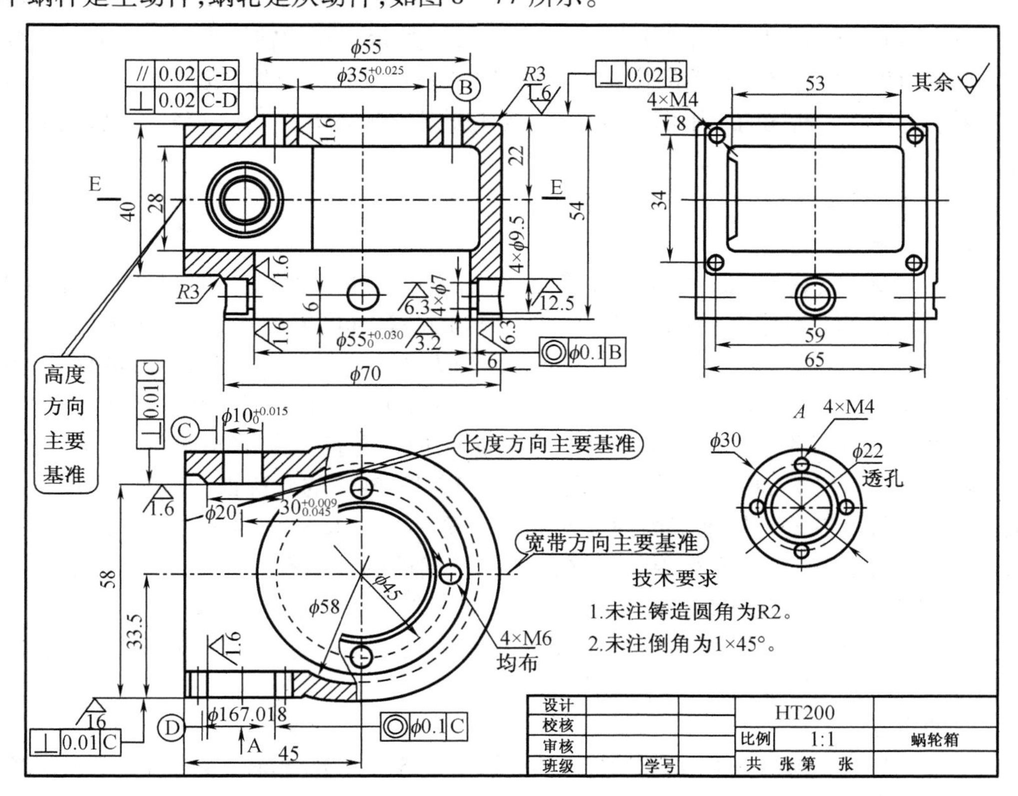

图 8－76 蜗轮箱零件图

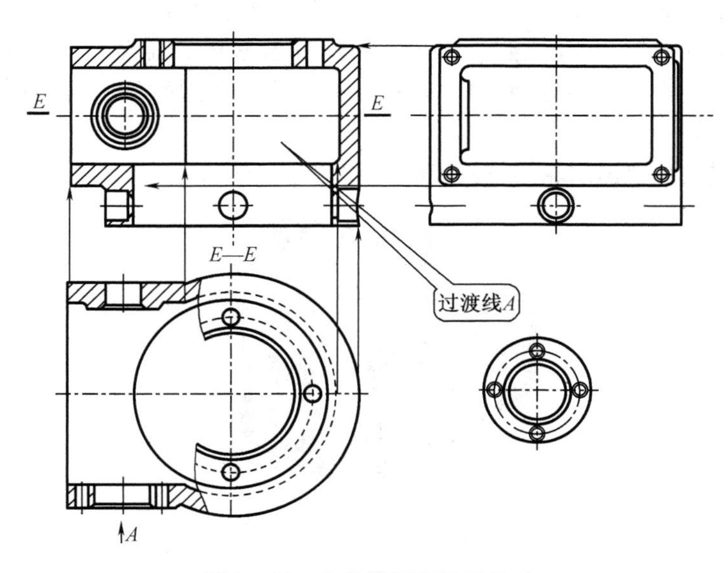

图 8－77 蜗轮箱视图投影关系

3. 分析尺寸和技术要求，明确零件的大小

(1) 确定基准

蜗杆是主动件，蜗杆轴孔 $\phi10_{0}^{0.015}$ 和 $\phi16\pm0.018$ 的轴线均为形位公差的基准要素，孔 $\phi16\pm0.018$ 相对于孔 $\phi10_{0}^{0.015}$ 的同轴度公差为 $\phi0.1$，故蜗杆孔的轴线为长度方向的主要基准；蜗杆轴孔的位置决定了蜗轮的位置，也就决定了蜗轮轴孔的位置，故高度方向的主要基准为过轴孔 $\phi10_{0}^{0.015}$ 轴线的水平面；宽度方向的主要基准为 $\phi35_{0}^{+0.025}$ 和 $\phi55_{0}^{+0.030}$ 轴线的前后对称面，如图 8 – 76 所示。

(2) 确定零件大小

①尺寸分析

左端方箱高 40、宽 65、长由 45 尺寸确定，前后壁上有蜗杆轴孔。后壁内有直径为 $\phi20$ 的凸台和同轴的孔 $\phi10_{0}^{+0.015}$；前壁上有直径为 $\phi30$ 的凸台和同轴的孔 $\phi16\pm0.018$。

凸台宽度方向的定位尺寸是 33.5，在凸台圆周为 $\phi22$ mm 处均布 4 个 M4 的螺孔；方箱左端面有 4 个 M4 中心距宽为 59、高为 34 的螺纹孔；方箱高度相对于高度基准对称、宽度方向相对于宽度基准对称。右侧铅垂圆筒外径为 $\phi70$，内部有直径为 $\phi58$、高为 28 的圆孔，其长度方向的定位尺寸是 $30_{-0.045}^{+0.009}$，宽度方向以过 $\phi55_{0}^{+0.030}$ 轴线的对称面为基准，高度方向以过蜗杆水平轴线为基准。铅垂圆筒的下端有 4 个阶梯孔，$4\times\phi7$ 和 $4\times\phi9$，5 与 $\phi7$ 垂直正交，孔高度方向的定位尺寸为 6，$\phi9.5$ 孔深 6。铅垂圆筒的上端有直径为 $\phi55$ 的凸台，其圆周 $\phi45\pm0.25$ 处均布 4 个 M6 的螺纹孔，中间是 $\phi35_{0}^{+0.025}$ 的通孔。

注意：在俯视图上标注尺寸 $\phi45\pm0.25$ 可以清晰地表达凸缘上均布的 4 个螺纹孔的位置和尺寸；而尺寸 $\phi58$ 则表达了安装蜗轮部分的结构。

②技术要求

尺寸 $\phi10_{0}^{+0.015}$、$\phi16\pm0.018$、$30_{-0.045}^{+0.009}$、$\phi35_{0}^{+0.025}$、$\phi55_{0}^{+0.030}$ 处有配合关系，表面粗糙度要求较高，Ra 均为 1.6 μm。$\phi35_{0}^{+0.025}$ 孔轴线既是基准要素 B，又相对于蜗杆孔轴线有平行度和垂直度的要求，同时，$\phi0.1$ mm 的顶面相对于其轴线有垂直度要求；箱体下方圆筒内孔 $\phi55_{0}^{+0.030}$ 相对于基准要素 B 的同轴度为 $\phi0.1$ mm；安装蜗杆的前端面与后壁上有垂直度的要求，相对于基准要素 C 垂直度为 0.01 mm。此外，还有铸造圆角和切削倒角等技术要求。

4. 综合想象零件形状

归纳以上分析，想象出蜗轮箱体的形状，如图 8 – 78 所示。

图 8 – 78 蜗轮箱立体图

【自学知识】

8.8 零件图测绘

根据已有的零件,不用或只用简单的绘图工具,用较快的速度徒手目测画出零件的视图,测量并注上尺寸及技术要求,得到零件草图。然后参考有关资料整理绘制出供生产使用的零件工作图。这个过程称为零件测绘。

零件测绘对推广先进技术、改造现有设备、技术革新、修配零件等都有重要作用。因此,零件测绘是实际生产中的重要工作之一,是工程技术人员必须掌握的制图技能。

8.8.1 零件草图的画图步骤

1. 分析零件

为了把被测零件准确完整地表达出来,应先对被测零件进行认真的分析,了解零件的类型、在机器中的作用、所使用的材料及大致的加工方法。

2. 确定零件的视图表达方案

关于零件的表达方案,前面已经讨论过。需要重申的是,一个零件的表达方案并非是唯一的,可多考虑几种方案,选择最佳方案。

3. 目测徒手画出零件草图

零件的表达方案确定后,便可按下列步骤画出零件草图:

(1)确定绘图比例。根据零件大小、视图数量、现有图纸大小,确定适当的比例。

(2)定位布局。根据所选比例,粗略确定各视图应占的图纸面积,在图纸上作出主要视图的作图基准线、中心线。注意留出标注尺寸和画其他补充视图的地方,如图8-79所示。

(3)详细画出零件的内外结构和形状,如图8-79所示,注意各部分结构之间的比例应协调。

(4)检查、加深有关图线。

(5)画尺寸界线、尺寸线,将应该标注的尺寸的尺寸界线、尺寸线全部画出,如图8-80所示。

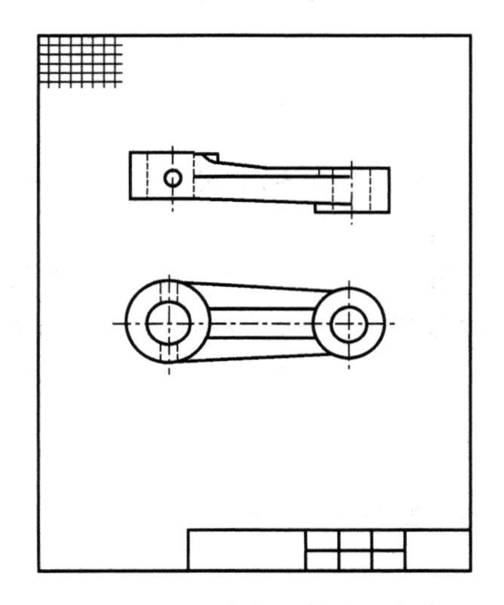

图8-79 画各视图的主要部分

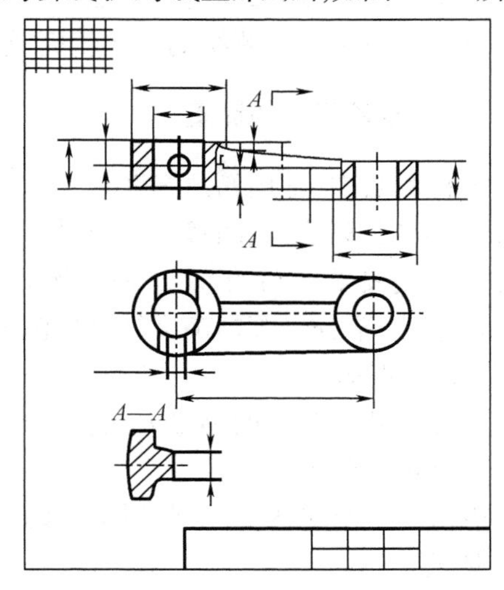

图8-80 取剖视、画出全部细节,并画出尺寸界线、尺寸线

(6)集中测量、注写各个尺寸,如下图所示。注意最好不要画一个、量一个、注写一个。这样不但费时,而且容易将某些尺寸遗漏或注错。

(7)确定并注写技术要求:根据实践经验或用样板比较,确定表面粗糙度;查阅有关资料,确定零件的材料、尺寸公差、形位公差及热处理等要求,如图 8－81 所示。

(8)最后检查、修改全图并填写标题栏,完成草图,如图 8－81 所示。

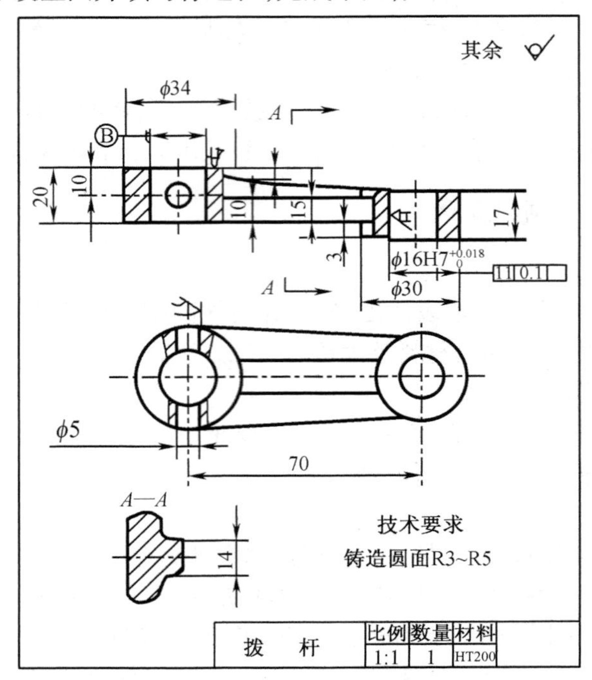

图 8－81 标注尺寸和有关技术要求,填写标题栏并检查

(8)最后检查、修改全图并填写标题栏,完成草图,如图 8－81 所示。

由于绘制零件草图时,往往受地点条件的限制,有些问题有可能处理得不够完善,因此在画零件工作图时,还需要对草图进一步检查和校对,然后用仪器或计算机画出零件工作图,经批准后,整个零件测绘的工作就完成了。

8.8.2 零件尺寸的测量

在零件测绘中,常用的测量工具有直尺、内卡钳、外卡钳、游标卡尺、内径千分尺、外径千分尺、高度尺、螺纹规、圆弧规、量角器、曲线尺、铅丝和印泥等。

对于精度要求不高的尺寸,一般用直尺、内外卡钳等即可,精确度要求较高的尺寸,一般用游标卡尺、千分尺等精确度较高的测量工具。特殊结构,一般要用特殊工具如螺纹规、圆弧规、曲线尺来测量。

下面介绍几种常见的测量方法:

1. 长度尺寸的测量

长度尺寸一般可用直尺或游标卡尺直接量得读数,如图 8－82 所示。

2. 测量直径

一般直径尺寸,内、外卡钳和直尺配合测量即可,如图 8－83 所示。

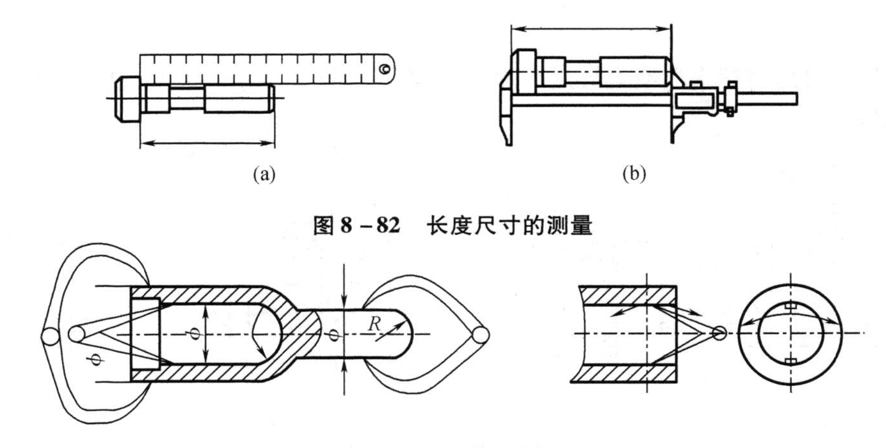

图 8－82　长度尺寸的测量

图 8－83　内、外卡钳和直尺配合测量

较精确的直径尺寸，多用游标尺或内、外千分尺测量，如图 8－84 所示。

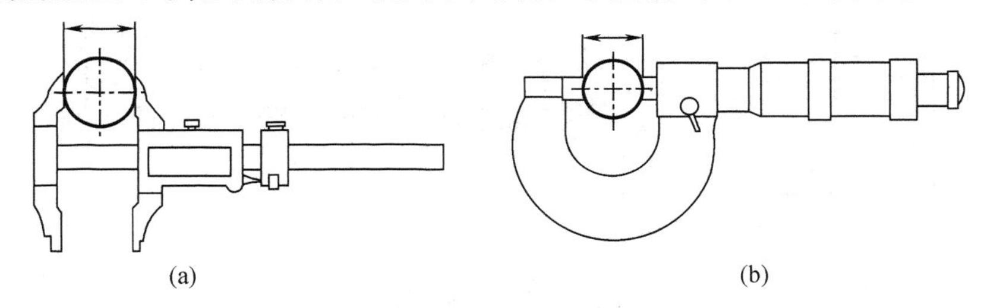

图 8－84　游标尺或内、外千分尺测量

在测量内径时，如果孔口小不能取出卡钳，则可先在卡钳的两腿上任取 a、b 两点，并量取 a、b 间的距离 L，如图 8－85(a)所示，然后合并钳腿取出卡钳，再将钳腿分开至 a、b 间，距离为 L，这时在直尺上量得钳腿两端点的距离便是被测孔的直径，如图 8－85(b)所示。也可以用图 8－85(c)所示的内外同值卡钳进行测量。

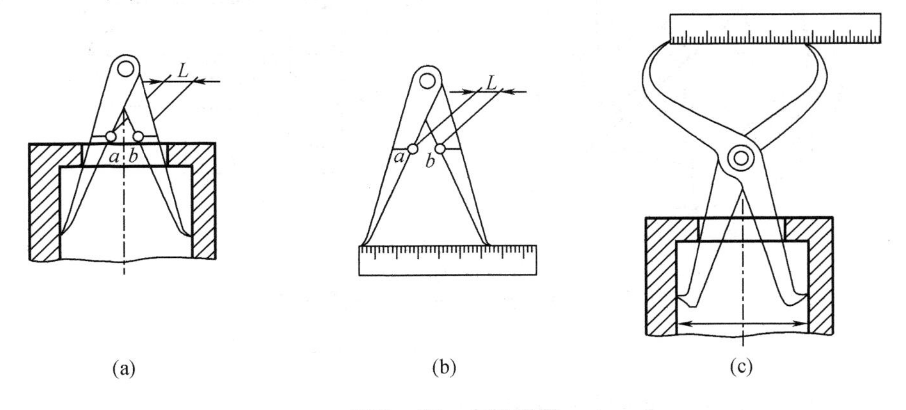

图 8－85　内径测量

3. 测量壁厚

遇到用卡钳或卡尺不能直接测出的壁厚时，可采用图 8－86 所示的方法测量计算得出壁厚。

4. 测量深度

深度尺寸可用游标卡尺或直尺进行测量，如图 8－87(a)、(b)所示，也可用专用的深度游标尺测量。

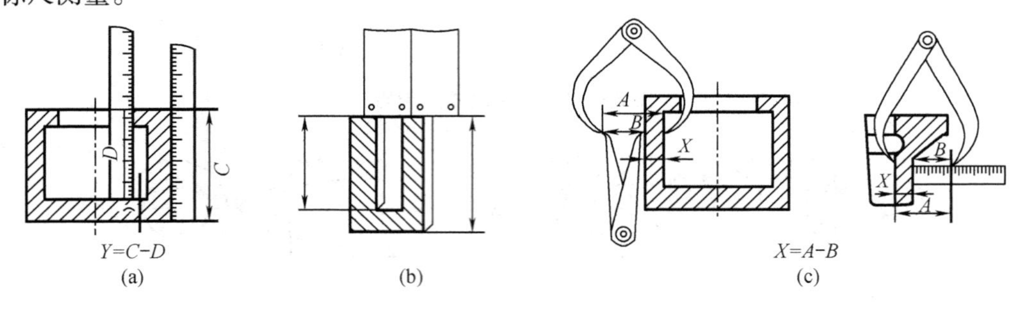

图 8－86 壁厚测量

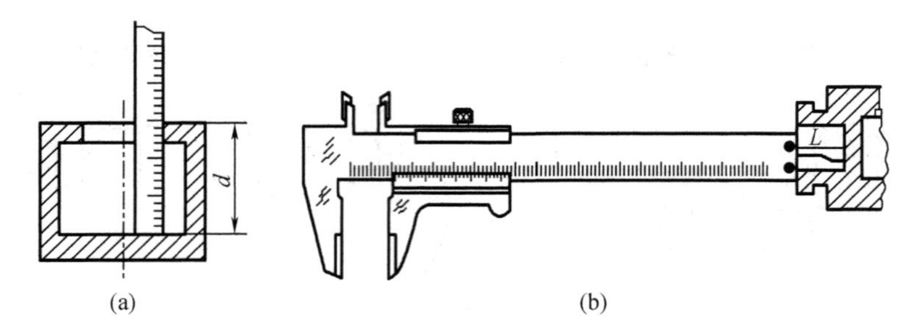

图 8－87 测量深度

5. 测量孔距及中心高

测量孔距如图 8－88 所示，也可用游标卡尺测量。

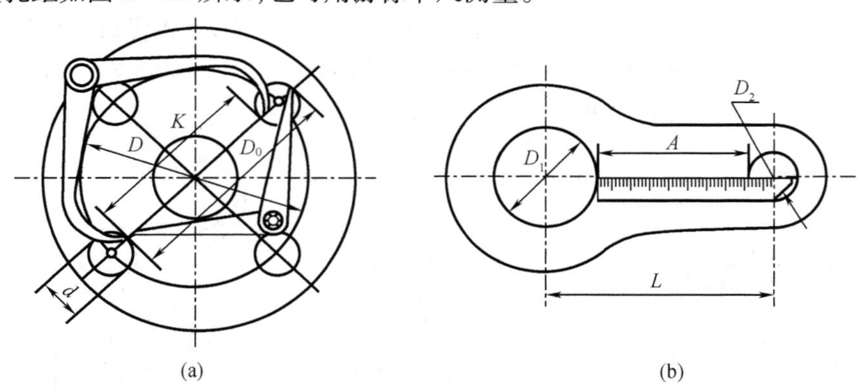

图 8－88 孔距及中心高测量(一)

(a)$D=K+d$;(b)$L=A+\frac{D_1+D_2}{2}$

测量中心高可用图 8－89 所示的方法。

6. 测量圆弧及螺距

测量较小的圆弧可直接用圆弧规，如图 8－90 所示。测量大的圆弧，可用托印法、坐标法等方法。

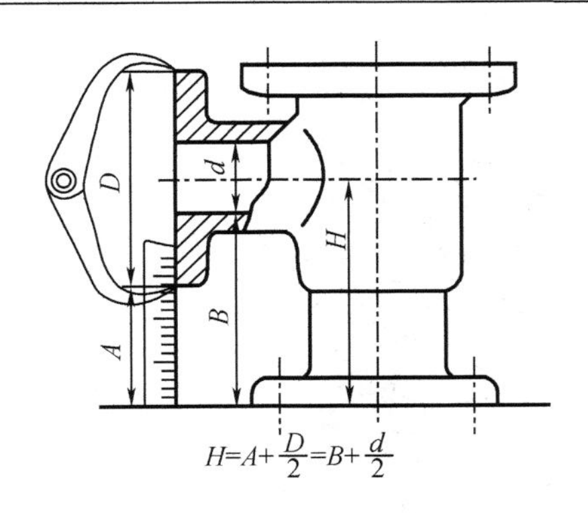

图8－89 孔距及中心高测量(二)

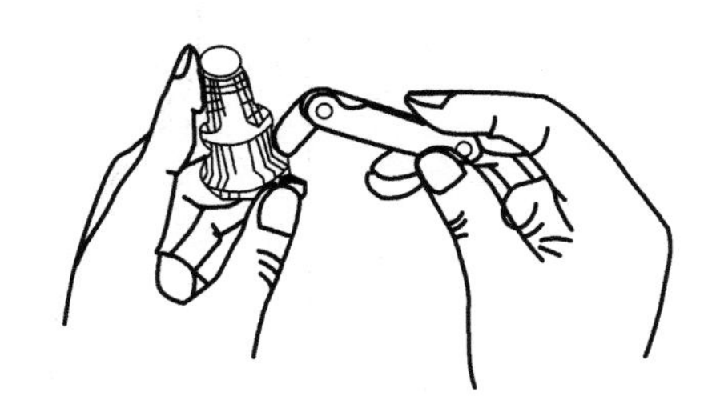

图8－90 圆弧及螺距测量

测量螺距,可用螺纹规直接测量,如图8－91所示,也可用其他方法测量。

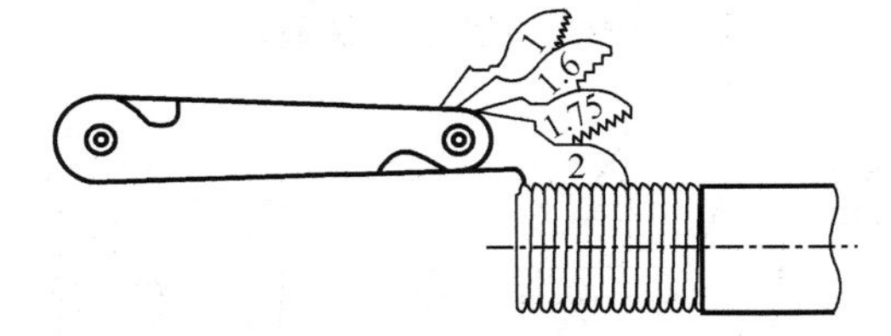

图8－91 螺纹规测量螺距

7. 测量角度

测量角度可用游标量角器测量,如图8－92所示。

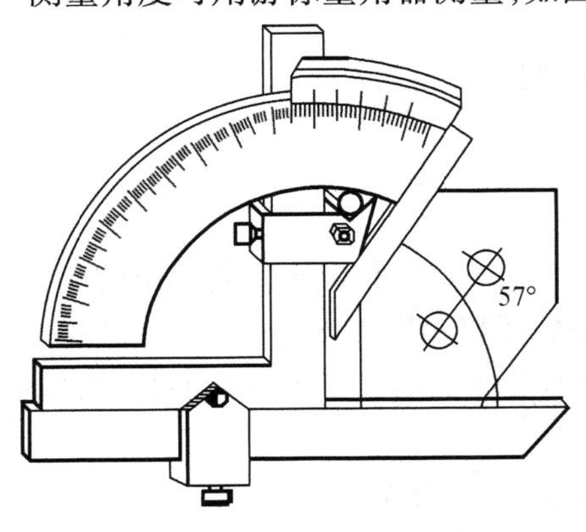

图8－92 角度测量

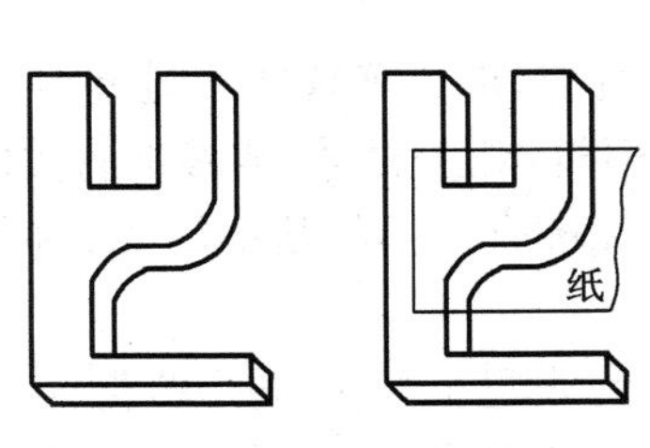

图8－93 曲线、曲面测量(一)

8. 测量曲线、曲面

测量平面曲线,可用纸拓印其轮廓。测量曲线回转面的母线,可用铅丝弯成与其曲面相贴的实形,得平面曲线,再测出其形状尺寸,如图8－93和图8－94所示。

一般的曲线和曲面都可用直尺和三角板定出曲线或曲面上各点的坐标,作出曲线再测出其形状尺寸,如图8－95所示。

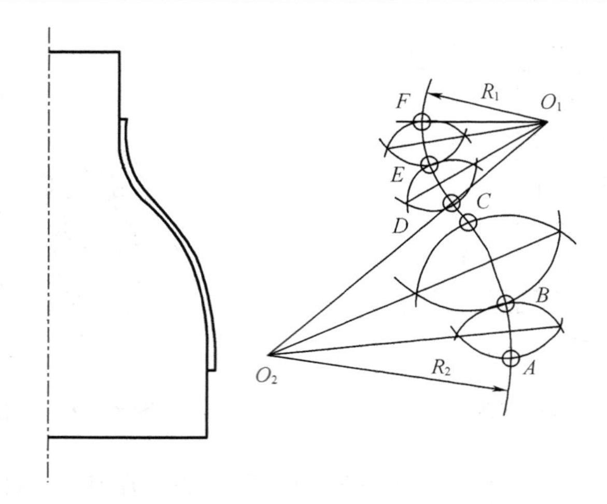

图 8-94 曲线、曲面测量(二)

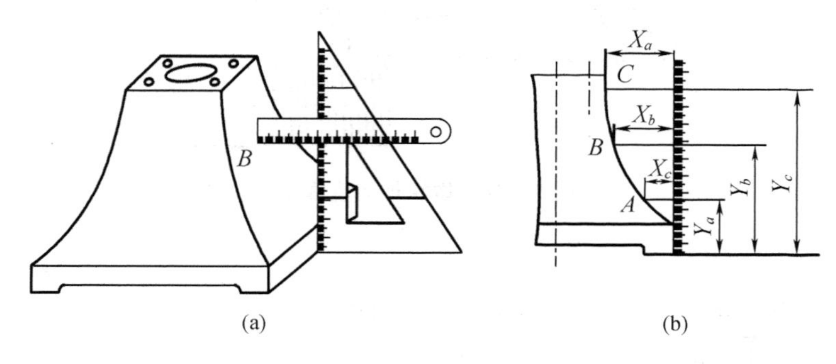

图 8-95 曲线、曲面测量(三)

8.8.3 测绘注意事项

(1)测量尺寸时,应正确选择测量基准,以减少测量误差。零件上磨损部位的尺寸,应参考其配合的零件的相关尺寸,或参考有关的技术资料予以确定。

(2)零件间相配合结构的基本尺寸必须一致,并应精确测量,查阅有关手册,给出恰当的尺寸偏差。

(3)零件上的非配合尺寸,如果测得为小数,则应圆整为整数标出。

(4)零件上的截交线和相贯线,不能机械地照实物绘制。因为它们常常由于制造上的缺陷而被歪曲,所以画图时要分析弄清它们是怎样形成的,然后用学过的相应方法画出。

(5)要重视零件上的一些细小结构,如倒角、圆角、凹坑、凸台和退刀槽、中心孔等。如系标准结构,在测得尺寸后,应参照相应的标准查出其标准值,注写在图纸上。

(6)对于零件上的缺陷,如铸造缩孔、砂眼、加工的疵点、磨损等,不要在图上画出。

项目9　装　配　图

【任务描述】

表示机器或部件的图样称为装配图。表示一台完整机器的装配图称为总装配图，表示机器中部件的装配图称为部件装配图。装配图主要用来表示机器或部件的工作原理、各零件的相对位置和装配连接关系。在产品设计中，通常先画出机器或部件的装配图，然后再根据装配图画出零件图。

【任务目标】

1. 了解装配图的作用和内容。

2. 掌握正确绘制和阅读简单的装配图的方法。

3. 理解装配图尺寸标注的要求，做到合理、清晰、符合国家标准。

【引导知识】

9.1　装配图的作用和内容

9.1.1　装配图的作用

在设计新产品时，一般根据用户提出的使用要求，先画出装配图，然后按照装配图设计并拆画出零件图。在制造产品时，制造部门则首先根据零件图制造零件，然后再根据装配图将零件装配成机器或部件。当需要改进原有设备时，通过观察其外观、工作情况，画出其装配示意图、零件草图和装配图，然后由装配图拆画出工作零件图，再进行制造、检验和装配。

因此，装配图是设计部门和生产部门不可缺少的重要技术资料，也是安装、调试、操作和检修机器或部件时的依据。

装配图的主要作用如下：

(1)在新设计和测绘装配体(机器或部件)时，要画出装配图以表示该机器或部件的构造和装配关系，各零件的结构形状和协调各零件的尺寸等，是绘制零件图的依据。

(2)在生产中装配机器时，要根据装配图制定装配工艺规程，装配图是机器装配、检验、调试和安装工作的依据。

(3)在使用和维修中，装配图是了解机器或部件工作原理、结构性能，从而决定操作、保养、拆装和维修方法的依据。

在进行技术交流、引进先进技术或更新改造原有设备时，装配图也是不可缺少的资料。

9.1.2　装配图的内容

如图9－1所示为正滑动轴承的装配图。滑动轴承是支撑传动轴的一个部件，轴在轴衬内旋转。轴衬由上、下两块(上轴衬、下轴衬)组成，分别嵌在轴承座和轴承盖上，轴承座和轴承盖用一对螺栓和螺母连接在一起。轴承座和轴承盖之间留有一定的间隙，是为了用加垫片的方法来调整轴衬和轴配合的松紧程度。如图9－2所示为正滑动轴承的装配立体图。

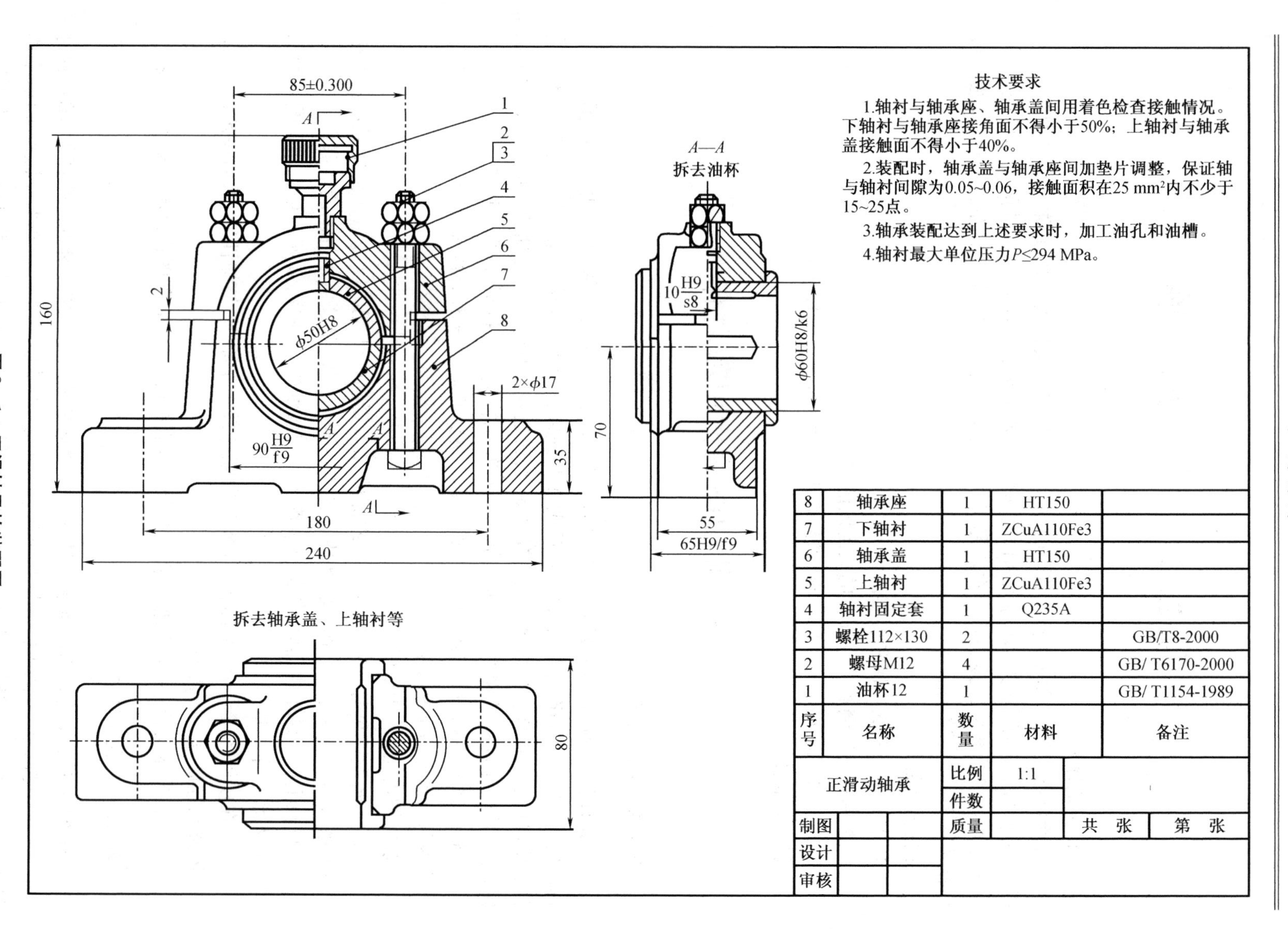

图 9－1　正滑轴承的装配图

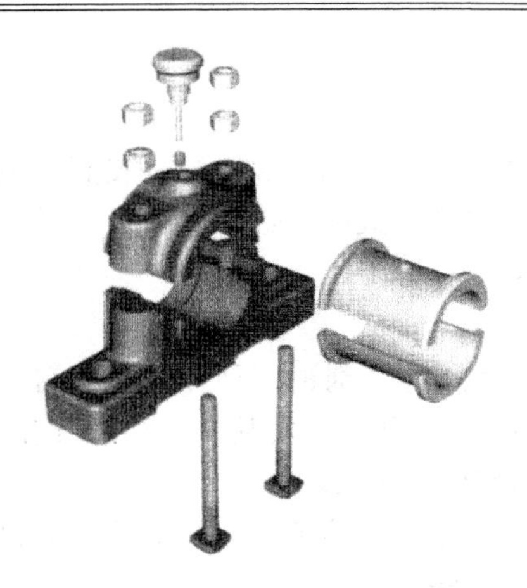

图9-2　滑动轴承的装配立体图

从图中可见装配图一般包括以下四个方面。

1. 一组视图

用一组图形(包括各种表达方法)正确、完整、清晰地表达装配体的工作原理、装配关系,各组成零件的相对位置、连接方式,主要零件的结构形状以及传动路线等。

2. 必要的尺寸

装配图上要标注表示机器或部件规格(性能)的尺寸、零件之间的装配尺寸、总体尺寸、部件或机器的安装尺寸和其他重要尺寸等。

3. 技术要求

在装配图的空白处(一般在标题栏、明细栏的上方或左面),用文字、符号等说明对装配体的工作性能、装配要求、试验或使用等方面的有关条件或要求。

4. 标题栏、零件序号和明细栏

标题栏一般包括机器或部件名称、图号、比例、绘图及审核人员的签名等;零部件的序号是将装配图中各组成零件按一定的格式编号;明细栏用于填写零件的序号、代号、名称、数量、材料、质量、备注等。

应当指出,由于装配图的复杂程度和使用要求不同,以上各项内容并不是在所有的装配图中都要无遗地表现出来,而是要根据实际情况来决定。

【引导知识】

9.2　装配图的规定画法和特殊画法

在零件图上所采用的各种表达方法,如视图、剖视、断面、局部放大图等,也同样适用于画装配图。但是画零件图所表达的是一个零件,而画装配图所表达的则是由许多零件组成的装配体(机器或部件等)。因为两种图样的要求不同,所表达的侧重面也不同。装配图应该表达出装配体的工作原理、装配关系和主要零件的结构形状。因此,国家标准《机械制图》和《技术制图》对绘制装配图制定了规定画法、特殊画法和简化画法等。

9.2.1　规定画法

在装配图中,为了便于区分不同的零件,正确地表达出各零件之间的关系,在画法上有以下规定。

1. 接触面和配合面的画法

相邻两零件的接触表面和基本尺寸相同的两配合表面只画一条线;而基本尺寸不同的非配合表面,即使间隙很小,也必须画成两条线。如图 9 - 1 所示,主视图中轴承座与轴承盖之间的非接触面,画两条线。

2. 剖面线的画法

在装配图中,同一个零件在所有的剖视、断面图中,其剖面线应保持同一方向,且间隔一致。相邻两零件的剖面线则必须不同,即使其方向相反,或间隔不同,或互相错开。如图 9 - 1 中,相邻零件 5、6、7、8 的剖面线画法。

当装配图中零件的断面厚度小于或等于 2 mm 时,允许将剖面涂黑以代替剖面线。

3. 实心件和某些标准件的画法

在装配图的剖视图中,剖切平面通过实心零件(如轴、杆等)和标准件(如螺栓、螺母、销、键等)的基本轴线时。这些零件按不剖绘制,但其上的孔、槽等结构需要表达时,可采用局部剖视。当剖切平面垂直于其轴线剖切时,则须画出剖面线。如图 9 - 1 所示俯视图中的螺栓。

9.2.2 特殊画法

1. 拆卸画法

(1)在装配图的某个视图上,如果有些零件在其他视图上已经表示清楚,而又遮住了需要表达的零件时,则可将其拆卸掉不画,只画剩下部分的视图,这种画法称为拆卸画法。为了避免读图时产生误解,可对拆卸画法加以说明,在图上加注“拆去零件 × ×”,如图 9 - 1 中的俯视图“拆去轴承盖、上轴衬等”。

(2)在装配图中,为了表示内部结构,可假想沿着某些零件的结合面剖开,相当于把剖切面一侧的零件拆去,再画出剩下部分的视图,如图 9 - 3(a)所示。此时,零件的结合面上不画剖面线,但被剖切到的零件必须画出剖面线。

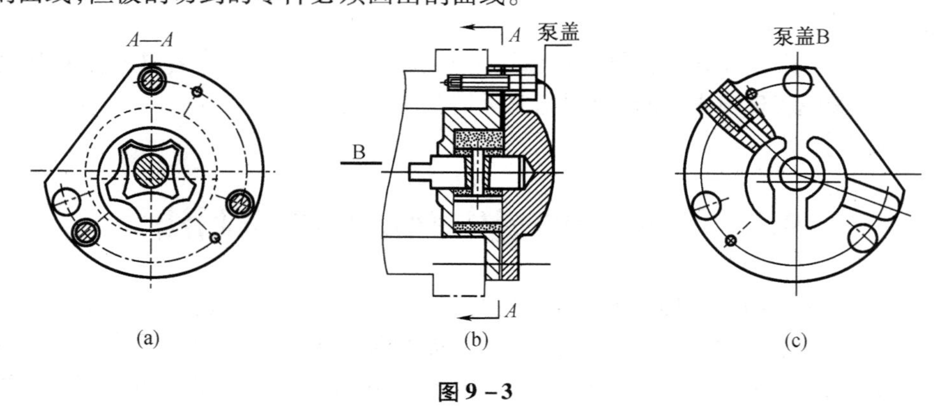

图 9 - 3

(a)拆卸剖视画法;(b)假想画法;(c)零件单独表示法

拆卸画法的拆卸范围比较灵活。可以将某些零件全拆,也可以将某些零件半拆,此时以对称线为界,类似于半剖。还可以将某些零件局部拆卸,此时,以波浪线分界,类似于局部剖。

2. 单独表示法

在装配图中，当个别零件的形状未表达清楚，而又需要表达时，可单独画出该零件的视图，并在单独画出的零件视图上方注出该零件的名称或编号，其标注方法与局部视图类似，如图9-3(c)所示。

3. 假想画法

(1)当需要表达所画装配体与相邻零件或部件的关系时，可用双点画线假想画出相邻零件或部件的轮廓，如图9-3(b)所示。

(2)对机器零、部件中可动零件的极限位置，应用细双点画线画出该零件的轮廓。如图9-4所示，用细双点画线画出了车床尾座上手柄的另一个极限位置。

(3)当需要表达钻具、夹具中所夹持工件的位置情况时，可用双点画线画出所夹持工件的外形轮廓，如图9-5所示。

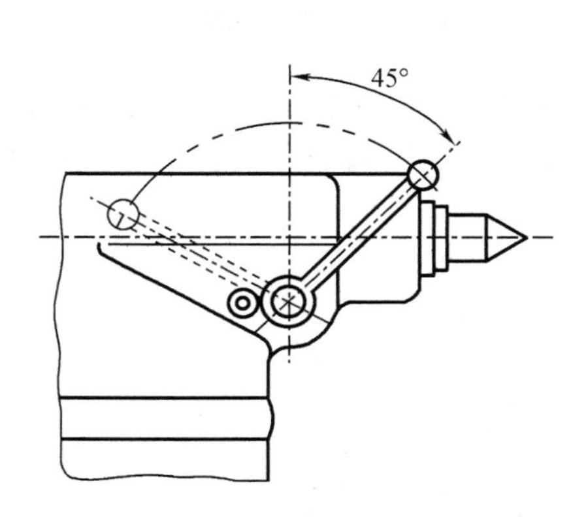

图9-4 运动零件的极限位置的画法

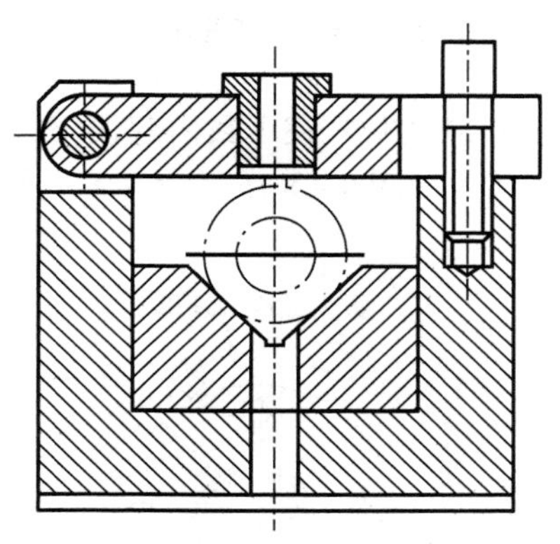

图9-5 相邻辅助零件的画法

4. 展开画法

为了表达传动机构的传动路线和装配关系，可假想按传动顺序沿轴线剖切，然后依次将各剖切平面展开在一个平面上，画出其剖视图。此时应在展开图的上方注明“×—×展开”字样。如图9-6所示。

5. 夸大画法

凡装配图中直径、斜度、锥度或厚度小于2 mm的结构，如薄片零件、细丝弹簧、金属丝、微小间隙等，若按其实际尺寸在装配图上很难画出或难以明确表示，可不按比例采用夸大画法。其中较薄零件的剖面线可以用涂黑来代替，如图9-7中垫片的表示。

6. 简化画法

(1)在装配图中，螺栓、螺母等可按简化画法画出，即螺栓上螺纹一端的倒角可不画出，螺栓头部及螺母的倒角也不画出，如图9-7所示。

对若干相同的零件组，如螺栓、螺钉连接、垫圈等，可以仅详细地画出一处或几处，其余只需用点画线表示其装配位置即可，如图9-7所示。

(2)装配图中滚动轴承只需表达其主要结构时，可采用示意画法，只画出一半，另一半按规定示意圆法画出，如图9-7所示。

(3)在装配图中，对于零件上的一些工艺结构，如小圆角、倒角、退刀槽和砂轮越程槽等可以不画。如图9-7所示的退刀槽、圆角及轴端倒角都未画出。

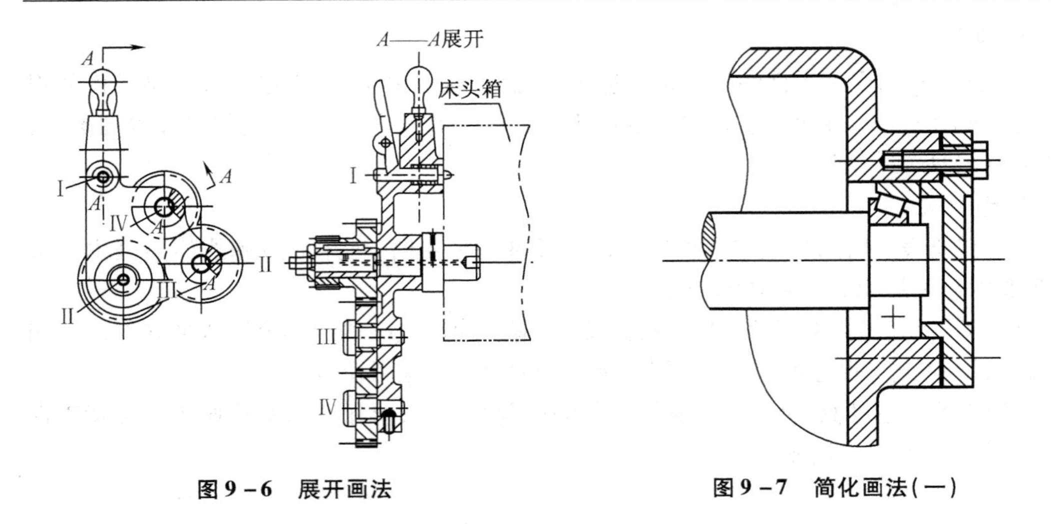

图9-6　展开画法　　　　图9-7　简化画法(一)

(4)在装配图中,在不致引起误解,不影响看图的情况下,剖切平面后不需表达的部分可省略不画。如图9-8所示,A—A上部的螺纹紧固件及与其接触的夹板可见部分都被省略了。

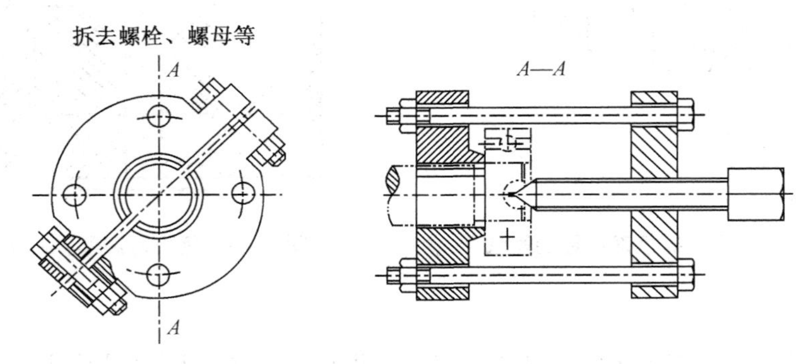

图9-8　简化画法(二)

【引导知识】

9.3　装配图的尺寸标注和技术要求

9.3.1　尺寸标注

装配图的作用与零件图不同,在图上标注尺寸的要求也不同。在装配图上应该按照对装配体的设计或生产的要求来标注某些必要的尺寸。一般常注的有下列几方面的尺寸。

1.性能(规格)尺寸

性能尺寸是表示装配体的性能和规格的尺寸。这些尺寸是设计时确定的,也是了解和选用该装配体的依据。如图9-1所示正滑动轴承的孔径ϕ50H8,它反映了该部件所支撑的轴的直径大小。

2.装配尺寸

装配尺寸是表示装配体各零件之间相互配合关系和相对位置的尺寸。这种尺寸是保证装配体装配性能和质量的尺寸。

(1)配合尺寸

配合尺寸用来表示两个零件之间配合性质的尺寸,如图 9 - 1 中的尺寸 90H9/f9 和 ϕ0H8/k6 就是配合尺寸。

(2)相对位置尺寸

相对位置尺寸表示装配时需要保证的零件间相互位置的尺寸。图 9 - 1 中轴承中心轴线到基面的距离 70,两螺栓连接的位置尺寸 85 ±0.300 等。

3. 安装尺寸

安装尺寸是装配体安装到地基或其他机器上时所需的尺寸,如图 9 - 1 中的安装孔尺寸 ϕ17 和孔的定位尺寸 180 等。

4. 外形尺寸

外形尺寸表示装配体的总长、总宽和总高度的尺寸。它提供了装配体在包装、运输和安装过程中所占的空间尺寸大小。如图 9 - 1 中的尺寸 240(长)、80(宽)、160(高)。

5. 其他重要尺寸

在设计中经过计算或根据某种需要确定的,而又未包括在上述几类尺寸之中的主要尺寸,如运动件的极限尺寸、主体零件的重要尺寸等。

上述五类尺寸之间并不是互相孤立无关的,实际上有的尺寸往往同时具有多种作用。此外,在一张装配图中,也并不一定需要全部注出上述五类尺寸,而是要根据具体情况和要求来确定。如果是设计装配图,所注的尺寸应全面些;如果是装配工作图,则只需把与装配有关的尺寸注出就行了。

9.3.2 技术要求

装配图的技术要求是指机器或部件在装配、安装、调试过程中的有关数据和性能指标,以及在使用、维护和保养等方面的要求。不同性能的装配体,其技术要求也各不相同。拟定技术要求一般可从以下几方面考虑。

1. 装配要求

装配要求指装配体在装配过程中需注意的事项,装配后应达到的要求,如准确度、装配间隙、润滑要求等。

2. 检验要求

检验要求是对装配体基本性能的检验、试验及操作时的要求。

3. 使用要求

使用要求是对装配体的规格、参数及维护、保养、使用时的注意事项及要求。

装配图上的技术要求应根据装配体的具体情况而定,并将其用文字注写在标题栏上方或图样下方的空白处。如果技术要求仅一条,则不必编号,但不得省略标题,如图 9 - 1 所示。

【引导知识】

9.4 装配图中的零件序号、明细栏和标题栏

在生产中，为了便于读图和管理图样，装配图中各零、部件都必须编号，并填写明细栏。明细栏可直接画在装配图标题栏的上面，也可另列零、部件明细栏，内容应包含零件名称、材料及数量等，这样有利于读图时对照查阅，并可根据明细栏做好生产准备工作。

9.4.1 零、部件序号的编排方法

1. 一般规则

(1)装配图中所有零、部件都必须编写序号。规格相同的零件只编一个序号，标准化组件如油杯、滚动轴承、电动机等，可看作是一个整体，编一个序号。

(2)装配图中零、部件的序号应与明细栏中的序号一致。

2. 零、部件序号的通用表示方法

(1)在所指零、部件的可见轮廓线内画一圆点，自圆点画指引线(细实线)。指引线的另一端画水平细实线或细实线圆，在水平线上或圆内注写序号，序号字高比装配图中所注尺寸数字高度大一号或两号，如图 9－9(a)所示。

(2)若所指部分是很薄的零件或涂黑的剖面，不便于画圆点，则可用箭头代替圆点并指向该部分轮廓，如图 9－9(b)所示。

(3)指引线可以画成折线，但只可曲折一次，指引线相互不能相交，当通过有剖面的区域时，指引线不应与剖面线平行，如图 9－9(c)所示。

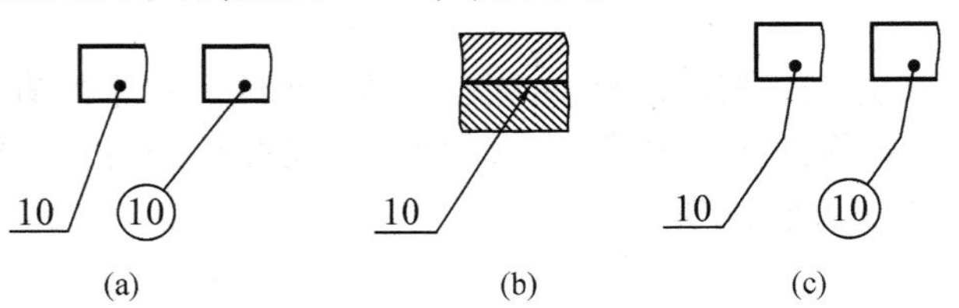

图 9－9 序号的表示方法

(4)对于一组紧固件及装配关系清楚的零件组，可采用公共指引线，如图 9－10 所示。

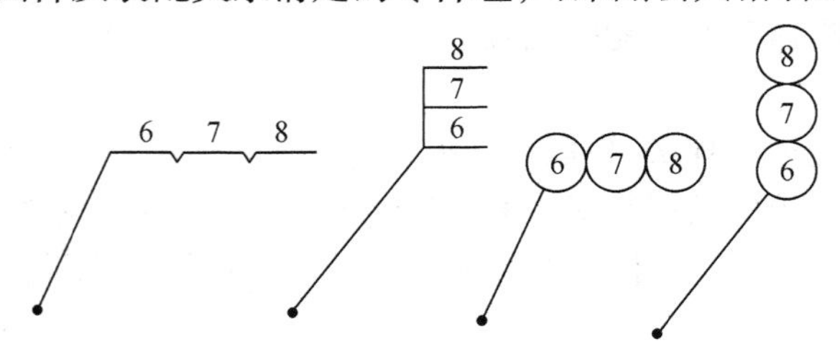

图 9－10 零件组的编号形式

3. 序号编排方法

序号应按顺时针或逆时针方向顺次排列整齐。如在整个图上无法连续排列，应尽量在每个水平或垂直方向顺次排列。

9.4.2 明细栏和标题栏

在装配图的右下角必须设置标题栏和明细栏。明细栏是装配体全部零件的目录，一般位于标题栏的上方，并和标题栏紧连在一起。明细栏一般由序号、代号、名称、数量、材料、备注等组成，格式可按 GB/T 10609—2 1989 的规定绘制，如图 9 - 11 所示。明细栏的内容按由下而上的顺序填写；如位置不够，可紧靠在标题栏的左边自下而上延伸。学生作业中所用的明细栏建议采用如图 9 - 12 所示的格式。

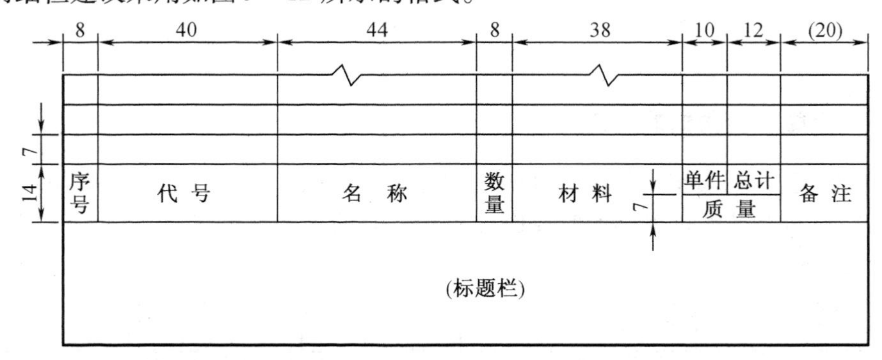

图 9 - 11 标题栏及明细栏格式

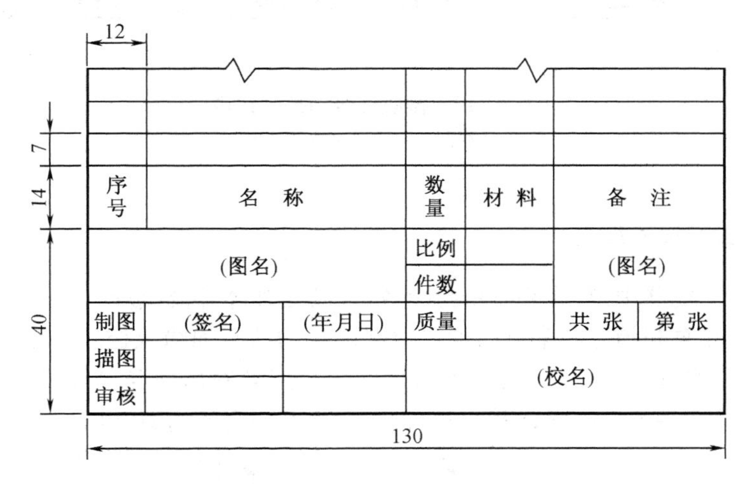

图 9 - 12 作业中所用的明细栏

【自学知识】

9.5 常见的装配工艺结构

装配结构是否合理不仅关系到部件或机器能否顺利装配以及装配后能否达到预期的性能要求，还关系到检修时拆装是否方便等问题。因此，在设计零件时，除了应根据设计要求确定其结构外，还要考虑加工和装配的合理性。下面介绍几种最常见的装配工艺结构。

9.5.1 两零件接触面的数量

当两个零件接触时，在同一个方向上，一般只宜有一个接触面，否则就会给制造和配合带来困难,如图 9－13 所示。

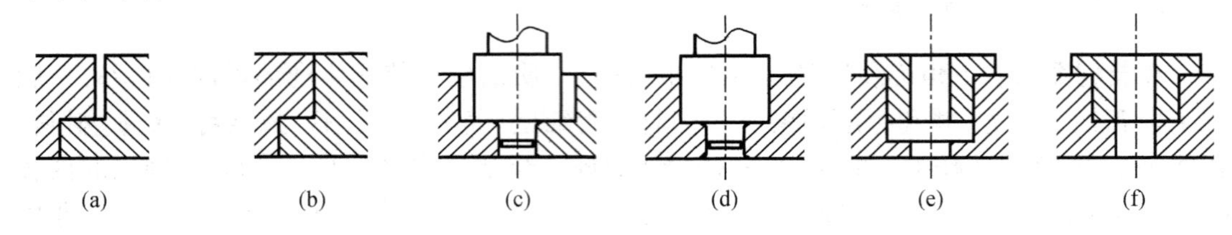

图 9－13　同一方向上的装配接触面

(a)合理;(b)不合理;(c)合理;(d)不合理;(e)合理;(f)不合理

9.5.2　接触面转角处的结构

当轴和孔配合,且轴肩与孔的端面相互接触时,两配合零件在转角处不应设计成相同的尖角或圆角,应在孔的接触端面制成倒角或在轴肩的根部切槽,以保证两零件接触良好,如图 9－14 所示。

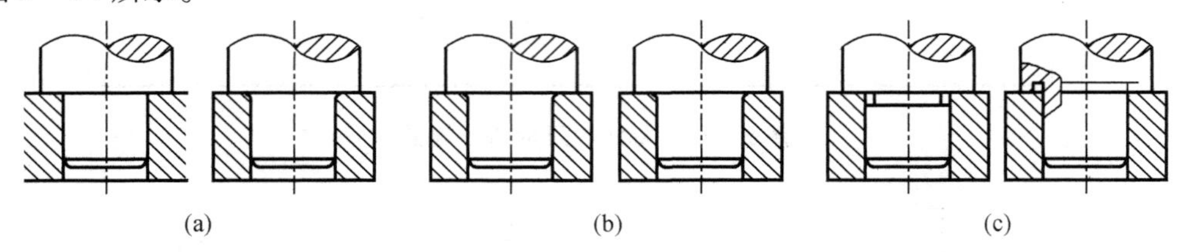

图 9－14　接触面转角处的结构

(a)不合理;(b)合理;(c)合理

9.5.3　密封装置的结构

在一些部件或机器中,常需要有密封装置,以防止液体外流或灰尘进入。图 9－15 所示的密封装置是用在泵和阀上的常见结构。通常用浸油的石棉绳或橡胶作填料,拧紧压盖螺母,通过填料压盖即可将填料压紧,起到密封作用。但填料压盖与阀体端面之间必须留有一定间隙,才能保证将填料压紧,而轴与填料之间应有一定的间隙,以免转动时产生摩擦。

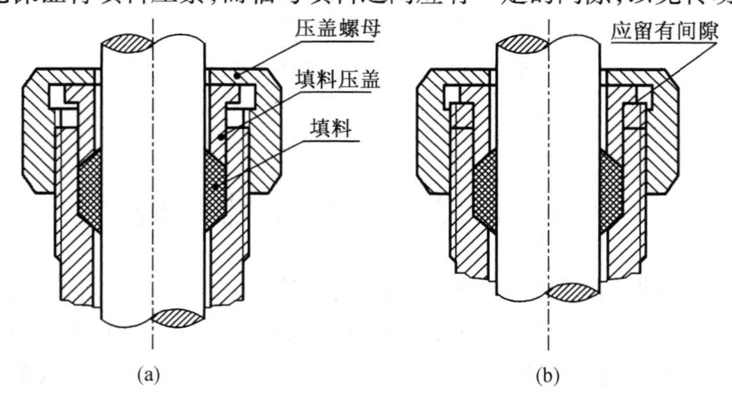

图 9－15　填料与密封装置

(a)正确;(b)错误

9.5.4 零件在轴向的定位结构

装在轴上的滚动轴承及齿轮等一般都要有轴向定位结构，以保证在轴线方向不产生移动。如图9－16所示，轴上的滚动轴承及齿轮是靠轴的台肩来定位，齿轮的一端用螺母、垫圈来压紧，垫圈与轴肩的台阶面间应留有间隙，以便压紧。

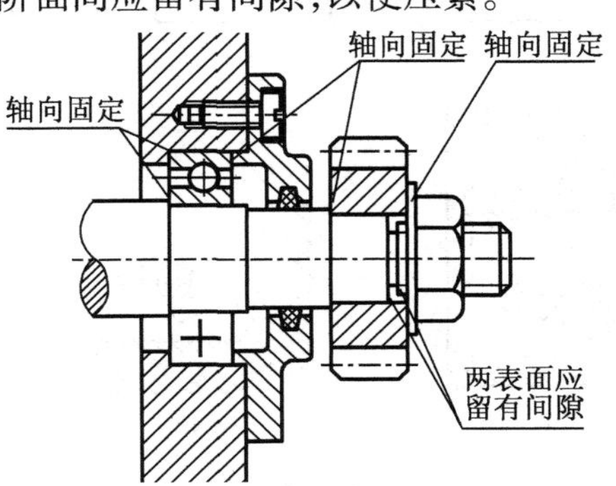

图9－16 轴向定位结构

9.5.5 考虑维修、安装、拆卸的方便

(1)滚动轴承在箱体轴承孔中及轴上的安装时，用轴肩或孔肩定位滚动轴承，应注意到维修时拆卸的方便与可能，如图9－17所示。

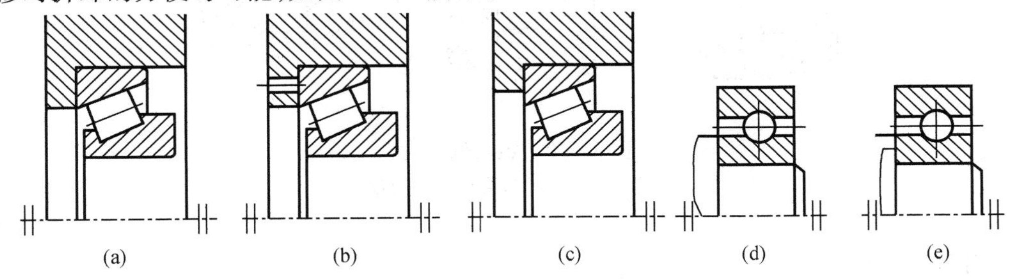

图9－17 滚动轴承的定位结构

(a)不合理；(b)合理；(c)合理；(d)不合理；(e)合理

(2)如图9－18所示为衬套定位结构。在箱体上钻几个螺钉孔，拆卸时就可用螺钉将套筒顶出。

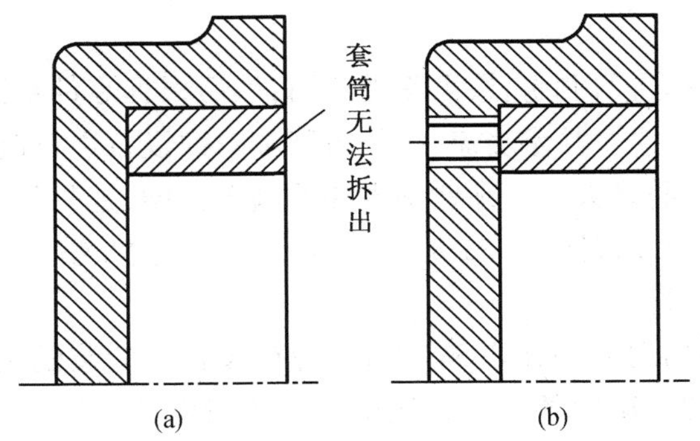

图9－18 衬套定位结构

(a)不合理；(b)合理

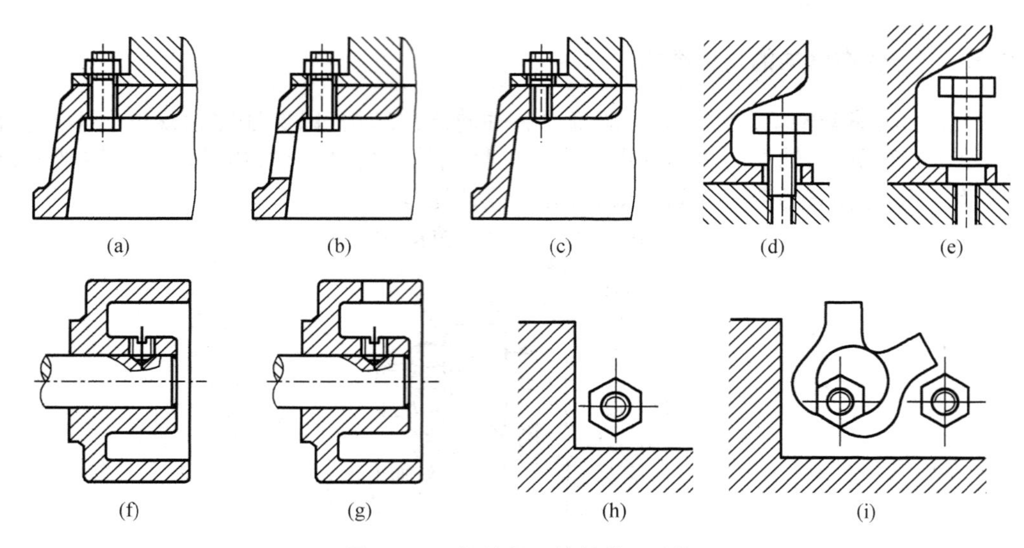

图 9-19 螺纹紧固件的装配结构

(a)不合理;(b)合理;(c)合理;(d)不合理;(e)合理;(f)不合理;(g)合理;(h)不合理;(i)合理

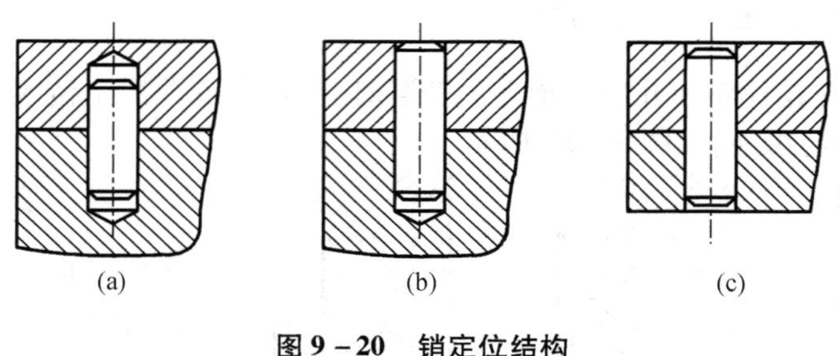

图 9-20 销定位结构

(a)不合理;(b)较合理;(c)合理

【引导知识】

9.6 部件测绘和装配图的画法

9.6.1 部件测绘

部件测绘是对装配体进行测量,绘出零件草图,然后根据零件草图绘出装配图,再由装配图拆画零件图的过程。它是技术交流、产品仿制和对旧设备进行改造革新等工作中一项常见的技术工作,是工程技术人员必须熟练掌握的基本技能,也是复习、巩固及应用所学制图知识的一个重要阶段。现以图 9-21 所示的齿轮油泵为例介绍部件测绘的方法与步骤。

1. 了解和分析测绘对象

先应全面了解部件的用途、工作原理、结构特点、零件间的装配关系和连接方式等。齿轮油泵是机器润滑、供油系统中的一个常用部件。该齿轮油泵用于机床的润滑系统,把润滑油由油箱中输送到需要润滑的部件,主要由泵体,左、右端盖,运动零件(传动齿轮轴、齿轮轴等),密封零件以及标准件等构成。如图 9-21 所示为其装配轴测图。

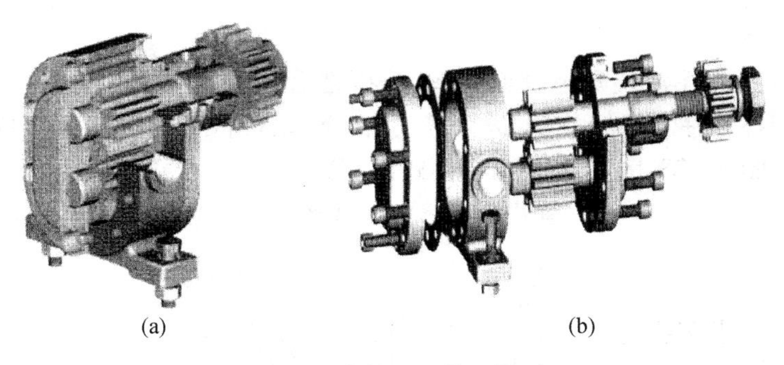

图9-21 齿轮油泵装配轴测图

(a)装配图;(b)装配爆炸图

齿轮油泵工作原理示意图如图9-22所示,当一对齿轮在泵体内作啮合传动时,啮合区右边轮齿逐渐脱开啮合,空腔体积增大而压力降低,油池内的油在大气压力作用下通过进油口被吸入泵内;而啮合区左边轮齿逐渐进入啮合,空腔体积减小而压力加大,随着齿轮的转动而被带至左边的油就从出油口排出,经管道送至机器中需要润滑的部位。为了防止润滑油漏出,在泵体与左、右端盖之间各加了一个垫片。在右端盖上与主动齿轮轴配合部位有填料密封装置。泵体和左、右端盖根据一对相互啮合的齿轮的轮廓设计成长圆形。泵体和左、右端盖之间分别由2个定位销和6个螺钉连接、定位。泵体上的输入油孔与输出油孔用管螺纹与输油管相连接。

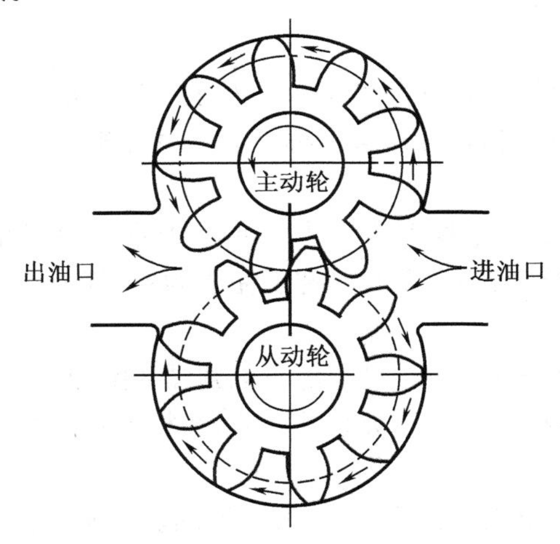

图9-22 齿轮油泵的工作原理图

2. 拆卸装配体、画装配示意图

在拆卸前,应准备好有关的拆卸工具,以及放置零件的用具和场地,然后根据装配的特点,按照一定的拆卸次序,正确地依次拆卸。拆卸过程中,对每一个零件都应贴上标签,记好编号。对拆下的零件要分区分组放在适当地方,以免混乱和丢失。这样,也便于测绘后的重新装配。

对不可拆卸连接的零件和过盈配合的零件不应拆卸,以免损坏零件。

装配示意图一般是用简单的图线画出装配体各零件的大致轮廓,以表示其装配位置、装配关系和工作原理等情况的简图。国家标准《机械制图》中规定了一些零件的简单符号,画图时可以参考使用。

画装配示意图应在对装配体全面了解、分析之后画出，并在拆卸过程中进一步了解装配体内部结构和各零件之间的关系，进行修正、补充，以备将来正确地画出装配图和重新装配装配体之用。图 9－23 是齿轮油泵的装配示意图。

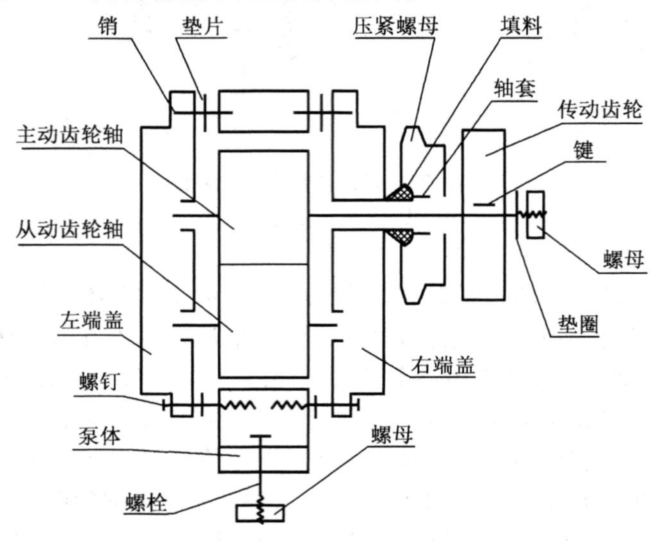

图 9－23　齿轮油泵的装配示意图

3. 画零件草图

分清标准件和非标准件，做出相应的记录。对于一些标准零件，如螺栓、螺钉、螺母、垫圈、键、销等，只要在测量其规格尺寸后查阅标准确定其标准规格，按照规定注明标记，不必画出零件草图和零件图。

非标准件必须测绘并画出零件草图，如图 9－24 所示。画零件草图时应注意以下三点：

(1) 对于零件草图的绘制，除了图线是徒手完成的外，其他方面的要求均和画正式的零件工作图一样。

(2) 零件的视图选择和安排，应尽可能地考虑到画装配图的方便。

(3) 零件间有配合、连接和定位等关系的尺寸，在相关零件上应注得相同。

4. 画装配图和零件图

根据测绘的零件草图和装配示意图，画出装配图。在画装配图时，应确定零件间的配合性质，在装配图和零件图上分别注明相关尺寸的公差带代号和上、下偏差。对有问题的零件草图应加以修改，再根据修改后的零件草图画出零件工作图。

9.6.2　画装配图的方法和步骤

根据装配体各组成件的零件草图和装配示意图就可以画出装配图。

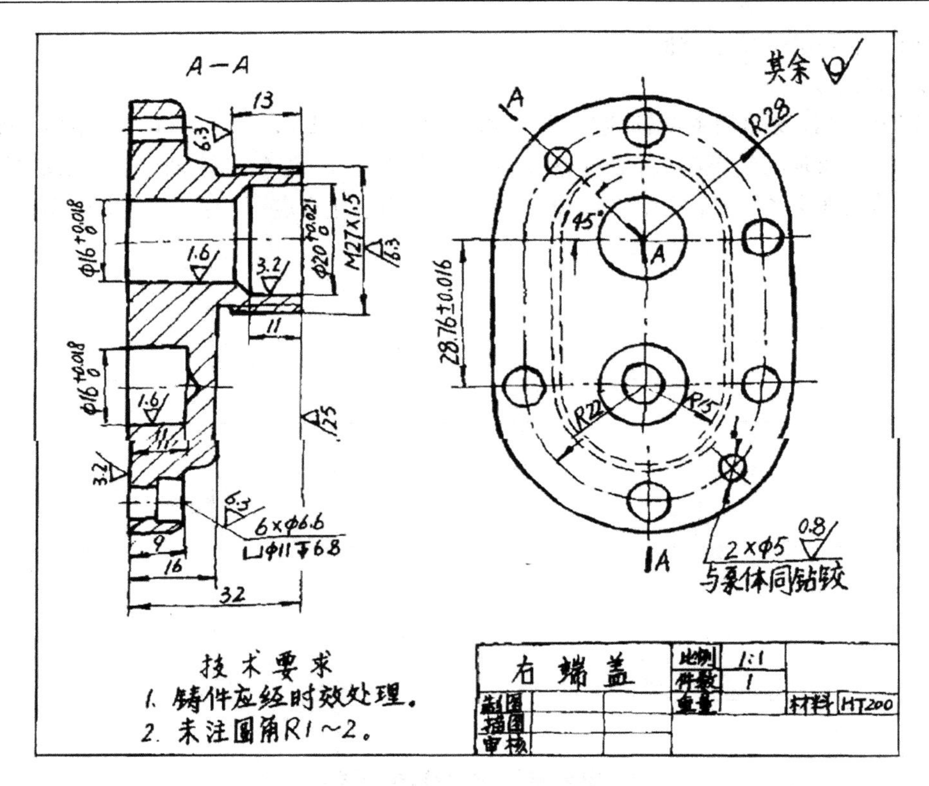

图9－24 右端盖的零件草图

1. 拟定表达方案

表达方案应包括选择主视图、确定视图数量和各视图的表达方法。

进行视图选择的过程：

(1)选择主视图

应选用以能清楚地反映主要装配关系和工作原理的那个方向的图作为主视图，并采取适当的表达方法。一般按装配体的工作位置选择，并使主视图能够反映装配体的工作原理、主要装配关系和主要结构特征。如齿轮油泵的轴测图所示，以垂直于齿轮轴线的方向作为齿轮油泵装配图的主视方向。主视图采用全剖视图，这样可以清楚地表达两齿轮轴的装配关系，泵体、左端盖、右端盖是如何地连接和定位的，填料密封结构等内容。主视图还很好地表达了齿轮油泵的传动主线。

(2)确定视图数量和表达方法

主视图选定之后，一般地只能把装配体的工作原理、主要装配关系和主要结构特征表示出来，但是，只靠一个视图是不能把所有的情况全部表达清楚的。因此，就需要有其他视图作为补充，并应考虑以何种表达方法最能做到易读易画。如齿轮油泵的轴测图所示，为了表示主动齿轮和从动齿轮啮合情况以及油泵的工作原理，装配图中还需要左视图。为了表示左端盖的外轮廓，左视图采用半剖视图。

2. 确定比例和图幅

按照选定的表达方案，根据部件或机器的大小和复杂程度以及视图数量来确定画图的比例和图幅。在所选图幅中应大致确定各视图位置，并为明细栏、标题栏、零部件序号、尺寸标注和技术要求等留下空间。

3. 画装配图

(1)先画出各视图的主要轴线(装配干线)、对称中心线和某些零件的基线或端面。

对于齿轮油泵的装配图,首先应画出底面(基准面)和两个齿轮轴的轴线,如图 9 - 25 所示。这样就确定了主、左视图在图纸中的位置,同时也确定了装配体中主要零件的相对位置。

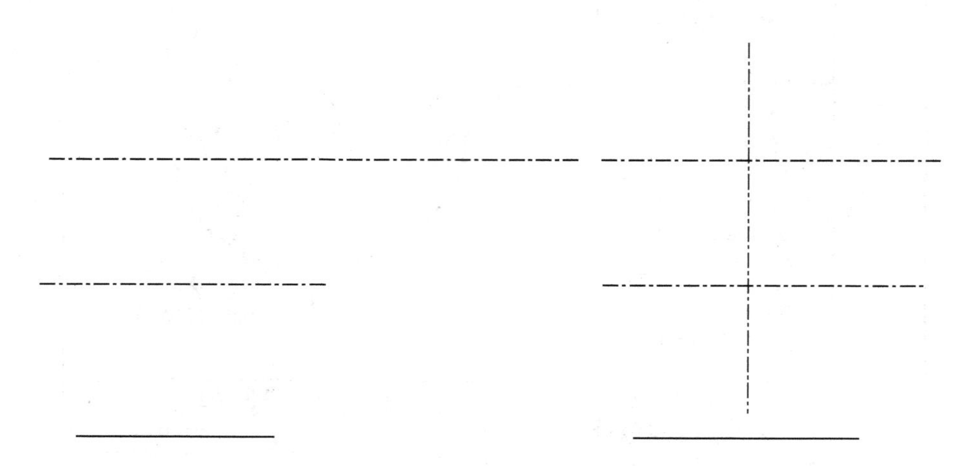

图 9 - 25 画基线、中心线

(2)画主视图主要部分的底稿,通常可以先从主视图开始。根据各视图所表达的主要内容不同,可采取不同的方法着手。如果是画剖视图,则应从内向外画,这样被遮住的零件的轮廓线就可以不画。如果画的是外形视图,一般则是从大的或主要的零件着手。

以装配干线为准,由内向外逐个画出各个零件(先画齿轮轴,再画泵体、左端盖、右端盖、齿轮等),也可以由外向内画(先画泵体、左端盖、右端盖,再画齿轮轴、齿轮等),视作图方便而定。应先画主要零件轮廓(泵体、左端盖、右端盖、齿轮轴、齿轮),如图 9 - 26 所示。

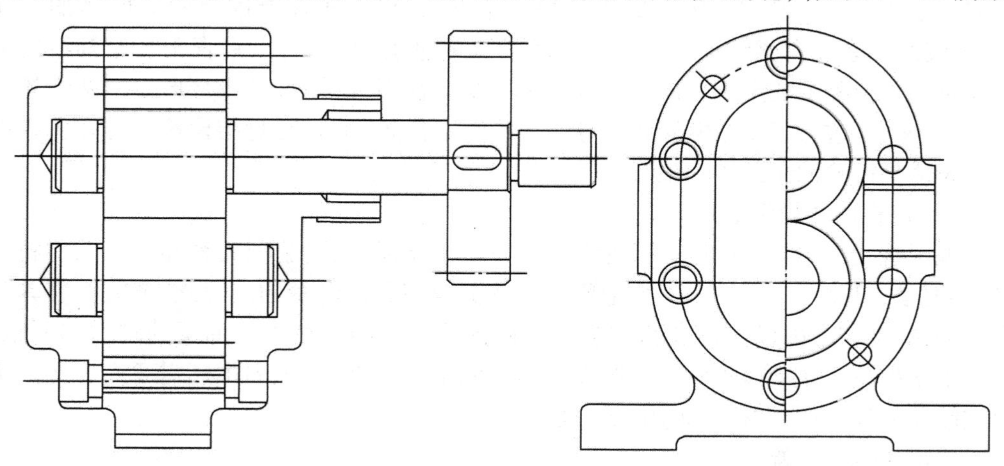

图 9 - 26 画主要零件轮廓

(3)画次要零件、小零件及各部分的细节。

画其余零件轮廓(压紧螺母、轴套、填料以及其他标准件等),如图9－27所示。

(4)全部视图完成后,经检查无误即可加深图线。在画剖面线时,主要的剖视图可以先画。最好画完一个零件所有的剖面线,然后再开始画另外一个,以免出现剖面线方向的错误。

(5)注出必要的尺寸。

如图9－28所示,为了保证齿轮传动的平稳性,齿轮轴的轴颈与左、右端盖上孔的配合采用最小间隙为零的间隙配合即H7/h6。为了保证齿轮泵在工作时润滑油不会过多地从高压端通过齿顶圆与粟体之间的间隙回流到低压端,同时兼顾零件的加工成本,所以齿顶圆与泵体的配合采用的是间隙相对稍大、精度略低的配合形式H8/f7。两齿轮啮合时,轴距的精度直接影响到齿轮传动的精度,兼顾相关尺寸的加工精度,两齿轮轴的轴距的加工精度选用IT8级。该齿轮油泵与管路的连接采用非螺纹密封的管螺纹。50反映了安装后进出油孔的高度。63.5表示安装后传动齿轮轴的高度。为了方便齿轮油泵的安装,螺栓孔的定位尺寸70应在装配图中标出,螺栓孔的直径可以根据所选螺栓的规格以及安装的精度自行查表确定。最后应标出齿轮油泵的总体尺寸118、91.5、85。

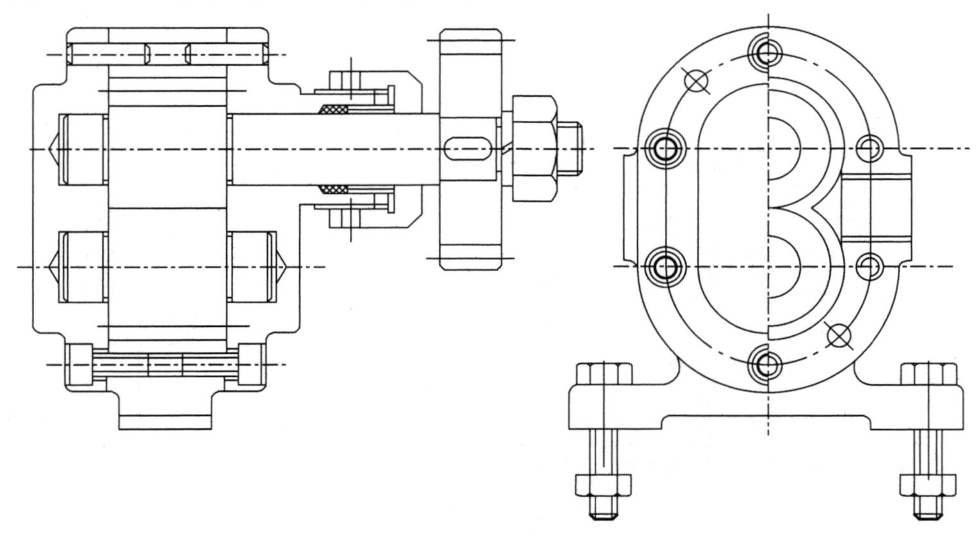

图9－27　画次要零件轮廓

(6)编注零件序号,并填写明细栏和标题栏。

零部件序号的编写一般应尽量先标主要零件,明细栏中零件代号应按其在明细栏中的先后顺序依次编号,标准件的标准号填入代号栏。标准件的规格应在其名称后注出,标准件的名称应简明,如件号16的名称填“螺栓”,由标准号“GB/T 5782—2000”可知其为六角头螺栓。标准件的材料或机械性能等参数应在材料栏中注出。

(7)填写技术要求等。

(8)仔细检查全图并签名,完成全图,如图9－28所示。

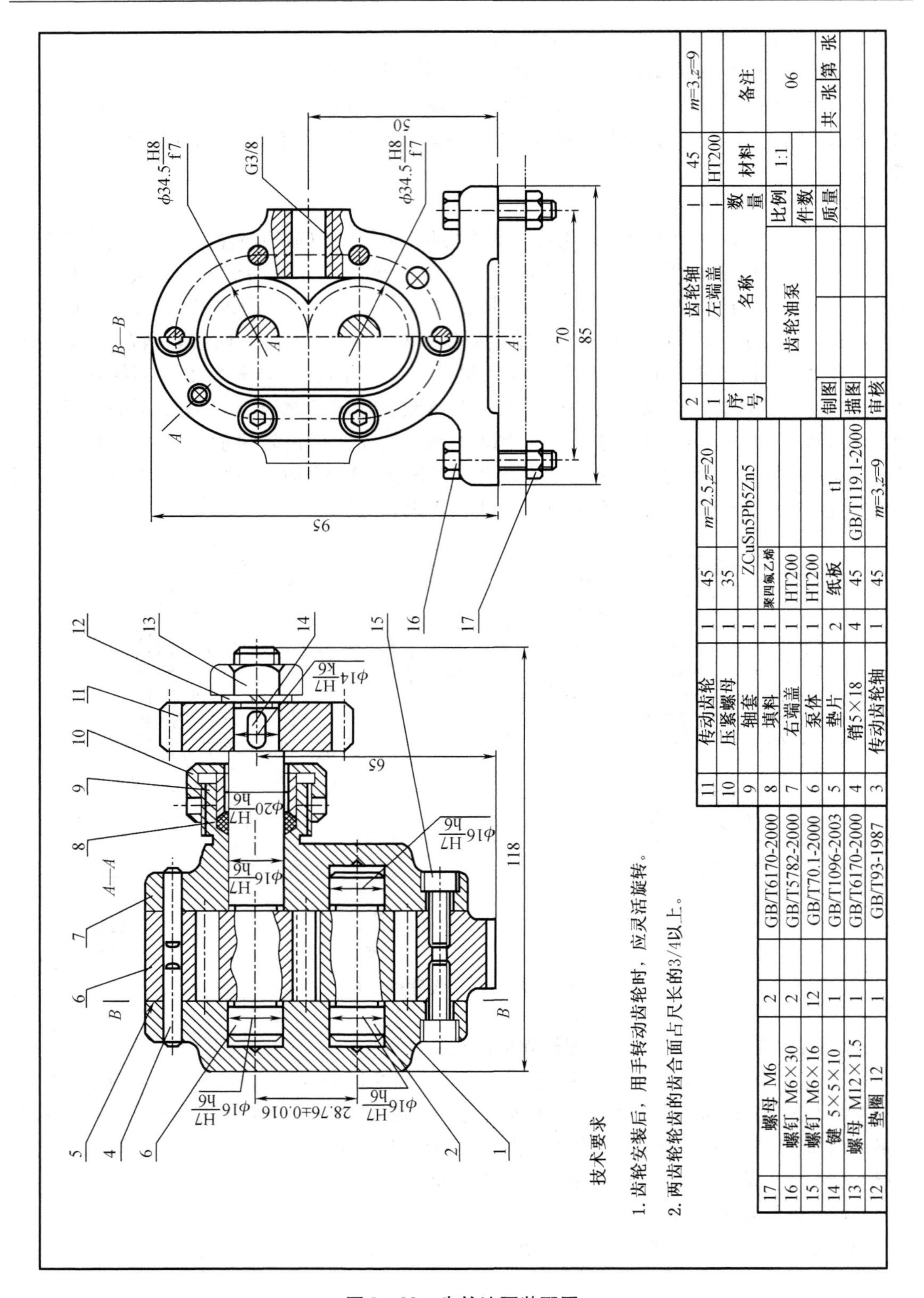

序号	代号	名称	数量	材料	备注
17	GB/T6170-2000	螺母 M6	2		
16	GB/T5782-2000	螺钉 M6×30	2		
15	GB/T70.1-2000	螺钉 M6×16	12		
14	GB/T1096-2003	键 5×5×10	1		
13	GB/T6170-2000	螺母 M12×1.5	1		
12	GB/T93-1987	垫圈 12	1		
11		传动齿轮	1	45	m=2.5,z=20
10		压紧螺母	1	35	
9		轴套	1	ZCuSn5Pb5Zn5	
8		填料	1	聚四氟乙烯	
7		右端盖	1	HT200	
6		泵体	1	HT200	
5		垫片	2	纸板	t1
4		销5×18	4	45	GB/T119.1-2000
3		传动齿轮轴	1	45	m=3,z=9
2		齿轮轴	1	45	m=3,z=9
1		左端盖	1	HT200	

齿轮油泵	比例	1:1	06
	件数		
制图	质量		共 张 第 张
描图			
审核			

图 9-28　齿轮油泵装配图

【引导知识】

9.7 读装配图和拆画零件图

在设计和生产实际中，经常要阅读装配图。例如，在设计过程中，要按照装配图来设计和绘制零件图；在安装机器及其部件时，要按照装配图来装配零件和部件；在技术学习或技术交流时，则要参阅有关装配图才能了解、研究一些工程、技术等问题。

9.7.1 读装配图的一般要求

(1)了解装配体的名称、用途、结构及工作原理。

(2)了解装配体上各零件之间的位置关系、装配关系及连接方式。

(3)弄清各零件的结构形状和作用，分析判断装配体上各零件的动作过程。

(4)弄清装配体的装、拆顺序。

(5)能从装配体中拆画零件图。

9.7.2 读装配图的方法和步骤

1. 概括了解装配图的内容

(1)首先看标题栏，了解装配体的名称、大致用途，这对读懂装配图是有很大帮助的。

(2)对照明细栏，在装配图上查找各零部件的大致位置，了解标准零部件和非标零部件的名称与数量。零部件的名称对于了解其在装配体中的作用有一定的指导意义。

(3)根据装配图上视图的表达情况，了解各视图、剖视图、断面图的数量，各自的表示意图和它们之间的相互关系，找出各个视图及剖视、断面等配置的位置以及剖切平面的位置和投影方向，从而搞清各视图表达的重点。

(4)阅读装配图的技术要求，了解装配体的性能参数、装配要求等信息。通过对以上内容的初步了解，可以对部件的大体轮廓、内容、作用有一个概略的印象。

2. 分析零件间的装配关系和工作原理

这是深入读装配图的阶段，需要把零件间的装配关系和装配体结构搞清楚。分析清楚，才能够进一步地了解部件整体结构。

对照视图仔细研究部件的装配关系和工作原理，这是读装配图的一个重要的环节。在概括了解的基础上，分析各条装配干线，弄清零件之间的配合关系、连接方式和接触情况。再进一步搞清运动零件和非运动零件的相对运动关系。经过这样的观察分析，就可以对部件的工作原理和装配关系有所了解。

3. 分析零件，读懂零件的结构形状

分析零件，就是弄清每个零件的结构形状及其作用。一般先从主要零件着手，然后是其他零件。当零件在装配图中表达不完整时，可对有关的其他零件仔细观察和分析后，再进行结构分析，从而确定该零件合理的内外形状。

以上所述是读装配图的一般方法和步骤，事实上，有些步骤不能分开，而要交替进行。

9.7.3 由装配图拆画零件图

在设计过程中，根据机器或部件的使用要求、工作性能，先画出装配图，再根据装配图设计零件,拆画出零件图,简称“拆图”。

拆图前必须认真读懂装配图。一般情况下,主要零件的结构形状在装配图上已表达清楚,而且主要零件的形状和尺寸还会影响其他零件。因此,拆图时,通常先画主要零件,然后根据装配关系逐一画出有关零件。对于一些标准零件,只需要确定其规定标记,可以不拆画零件图。

1. 零件视图表达方案的选定

拆画零件图时,零件的表达方案应根据零件本身的结构特点重新考虑,不可机械地照抄装配图。因为装配图的表达方案是从整个装配体来考虑的,无法符合每个零件的要求。如装配体中的轴套类零件,在装配体中可能有各种位置,但画零件图时,通常将轴线水平放置,以便符合加工位置要求。

2. 完善零件的结构形状

在装配图中,对某些零件的局部结构并不一定能表达完全,在拆画零件图时,应根据零件功用加以补充、完善。在装配图上,零件的细小工艺结构,如倒角、圆角、起模斜度、退刀槽等往往被省略,拆图时,应将这些结构补全并标准化。

3. 零件图上的尺寸标注

完成零件的视图后,应按零件图的要求标注尺寸。零件图上的尺寸可用以下方法确定。

(1)抄:直接抄注装配图上已标注的尺寸。除装配图上某些需要经过计算的尺寸外,其他已注出的零件尺寸都可以直接抄注到零件图中;装配图上用配合代号注出的尺寸,可查出偏差数值,注在相应的零件图上。

(2)查:查手册确定某些尺寸。对零件上的某些标准结构的尺寸,如螺栓通孔、销孔、倒角、键槽、退刀槽等,应从有关标准中查取。

(3)算:计算某些尺寸数值。某些尺寸可根据装配图所给的尺寸通过计算而定,如齿轮的分度圆、齿顶圆直径等。

(4)量:在装配图上按比例量取尺寸。零件上大部分不重要或非配合的尺寸,一般都可以按比例在装配图上直接量取,并将量得的数值取整数。

在标注过程中,首先要注意有装配关系的尺寸必须协调一致;其次,每个零件应根据它的设计和加工要求选择好尺寸基准,尺寸标注应正确、完整、清晰、合理。

4. 零件图上的技术要求

零件图中尺寸公差应根据装配图中所注写的配合公差等内容,根据公差带代号查表后得到其极限偏差。其他尺寸的公差一般为未注公差。

表面粗糙度及形位公差的确定可以根据零件上各要素的功能、作用以及与相邻零件的连接、装配关系,结合已掌握的机械设计知识查阅相关资料后确定。

根据零件的作用,还可加注其他必要的要求和说明。通常,技术要求制定的方法是查阅有关的手册或参考同类型产品的图样加以比较来确定。

5. 填写标题栏

将图名、图号、材料、比例、质量等信息填写到标题栏中,完成零件图的绘制。

9.7.4 举例

现以图 9－29 所示的机用台虎钳的装配图为例来说明。

图9－29 机用台虎钳装配轴测图

1. 概括了解装配图的内容

机用台虎钳是机床上的一种夹紧通用装置，由图9－30可知，该部件由11种零件组成。

机用台虎钳装配图共有5个图形，先从主视图入手，明确它们之间的投影关系和每个图形所表达的内容。

主视图符合其工作位置，是通过台虎钳前后对称面剖切画出的全剖视图，表达了螺杆7装配干线上各零件的装配关系、连接方式和传动关系。同时表达了螺钉6、螺母5和活动钳身4的结构以及台虎钳的工作原理。

俯视图主要反映机用台虎钳的外形，并用局部剖视图表达了护口板3和固定钳身2的连接方式。

左视图采用半剖视，剖切平面通过两个安装孔，除了表达固定钳身2的外形外，主要补充表达了螺母5与活动钳身4的连接关系。

局部放大图反映了螺杆7的牙型。

2. 分析零件间的装配关系和工作原理

如图9－30所示，旋动螺杆7，螺母沿螺杆轴线做直线运动。螺母5带动活动钳身4及护口板3(左)移动，以夹紧或放松工件。螺杆7装在固定钳身2的孔中，通过垫圈8、圆环10和销9时，螺杆7只能旋转而不能沿轴向运动。螺母5装在活动钳身4的孔中并通过螺钉6轻压在固定钳身2的下部槽上。活动钳身4上的宽80的通槽与固定钳身2上部两侧面配合，以保证活动钳身移动的准确性。活动钳身和固定钳身在钳口部位均用两个螺钉11连接护口板，护口板上制有牙纹槽，用以防止夹持工件时打滑。至此，台虎钳的工作原理和各零件间的装配关系更加清楚。

3. 分析零件，读懂零件的结构形状

以主视图为中心，先从主要零件着手，然后是其他零件。

4. 由装配图拆画零件图(以零件固定钳身为例说明)。

(1)确定零件的视图表达方案。

(2)补全零件次要结构和工艺结构。

(3)通过“抄、查、算、量”，确定零件图上的尺寸。

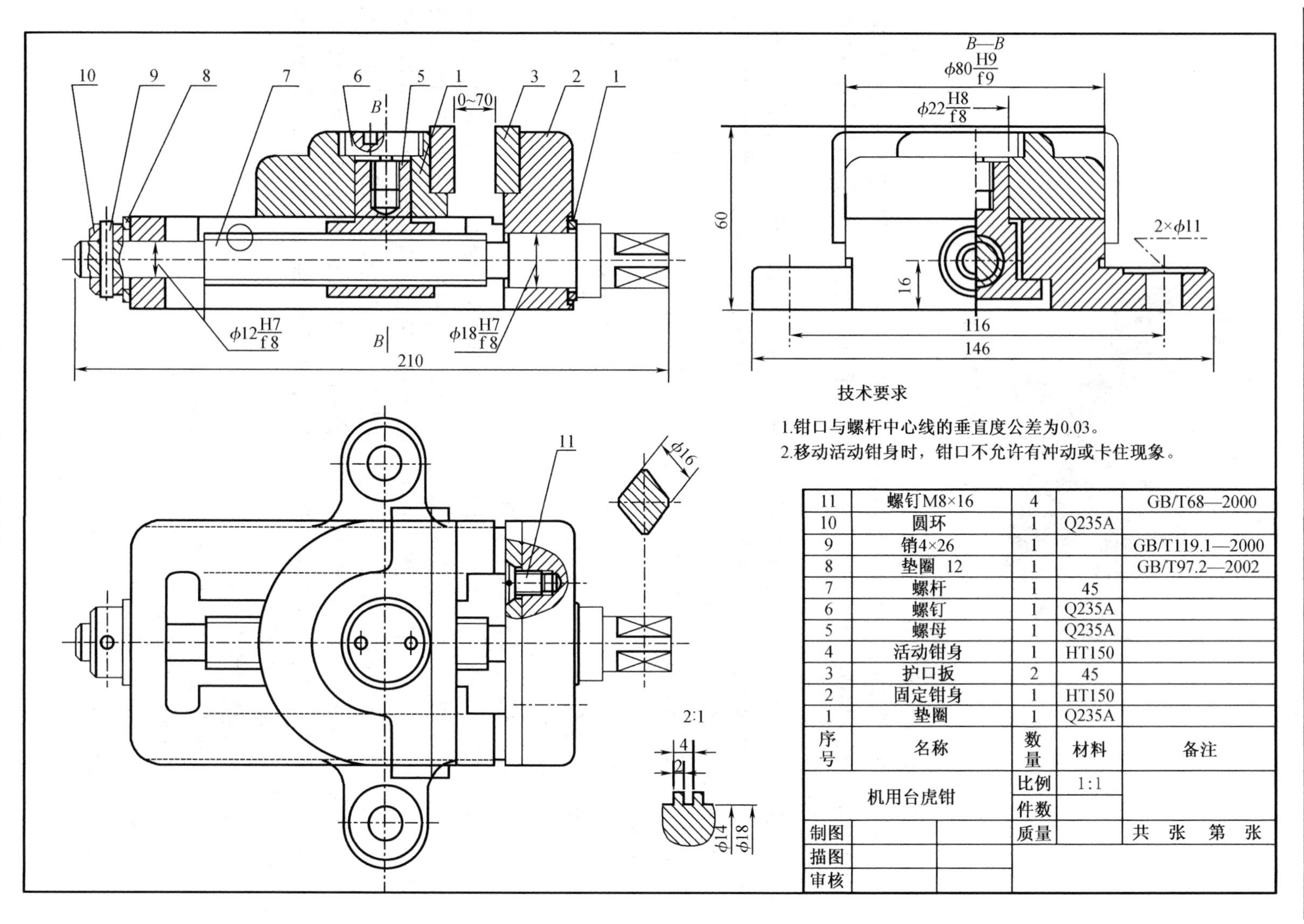

序号	名称	数量	材料	备注
11	螺钉M8×16	4		GB/T68—2000
10	圆环	1	Q235A	
9	销4×26	1		GB/T119.1—2000
8	垫圈 12	1		GB/T97.2—2002
7	螺杆	1	45	
6	螺钉	1	Q235A	
5	螺母	1	Q235A	
4	活动钳身	1	HT150	
3	护口板	2	45	
2	固定钳身	1	HT150	
1	垫圈	1	Q235A	

机用台虎钳	比例	1:1	
	件数		
制图	质量		共 张 第 张
描图			
审核			

图 9－30 机用台虎钳装配图

(4)确定零件图上的技术要求。

(5)填写标题栏。

(6)检查校对,完成零件图的绘制,如图9-31所示。

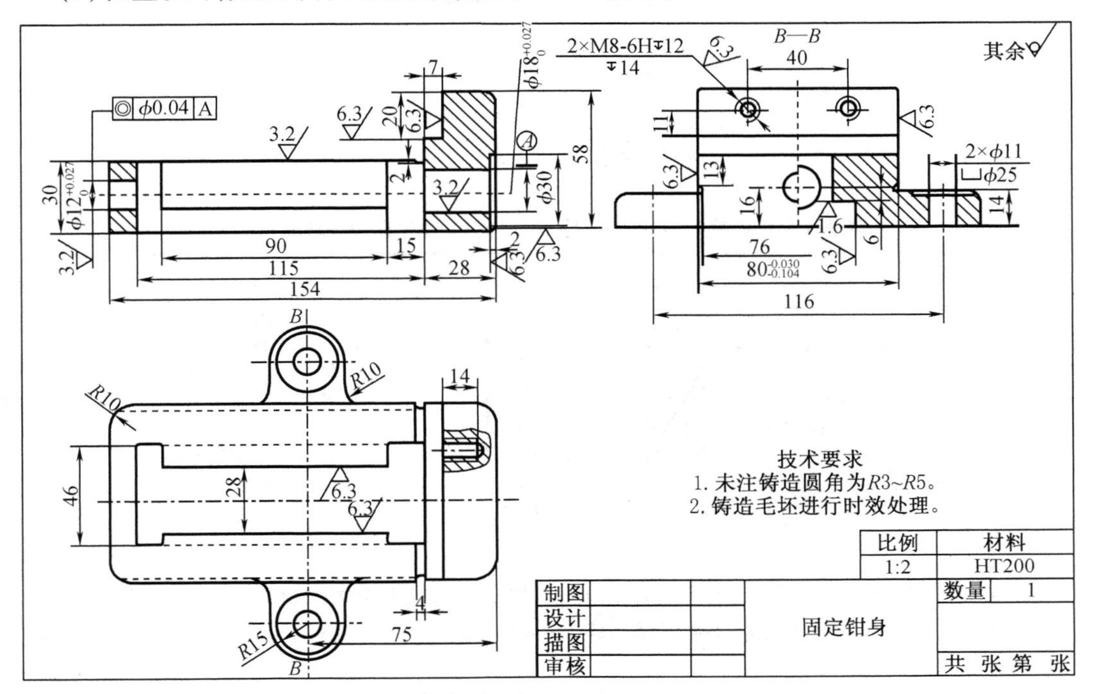

图9-31 固定钳身零件图

附　　录

螺　　纹

附表 1　普通螺纹直径与螺距/mm(摘自 GB/T 192、193、196)

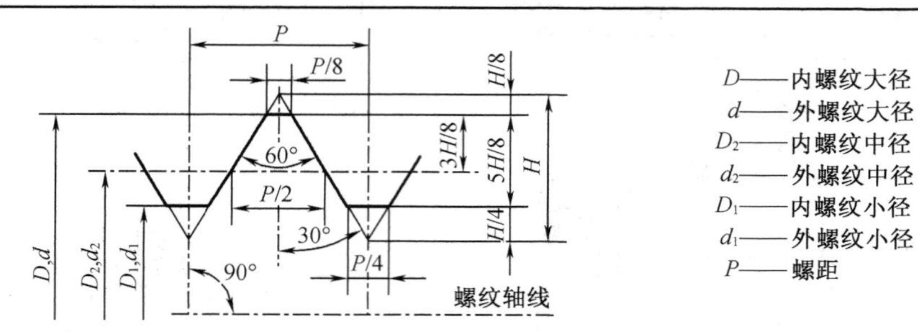

标记示例:

M10－6g(粗牙普通外螺纹、公称直径 d＝M10、右旋、中径及大径公差带均为 6g、中等旋合长度)

M10×1LH－6H(细牙普通内螺纹、公称直径 D＝M10、螺距 P＝1、左旋、中径及小径公差带均为 6H,中等旋合长度)

公称直径(D)、(rf)			螺距(P)		粗牙螺纹小径(D_1、d_1)
第一系列	第二系列	第三系列	粗牙	细牙	
4	—		0.7	0.5	3.242
5	—	—	0.8		4.134
6	—	—		0.75,(0.5)	4.917
		7			5.917
8	—	—	1.25	1,0.75,(0.5)	6.647
10	—	—	1.5	1.25,1,0.75,(0.5)	8.376
12	—		1.75	1.5,1.25,1,(0.75),(0.5)	10.106
	14		2		11.835
—	—	15		1.5,(1)	*13.376
16	—	—	2	1.5,1,(0.75),(0.5)	13.835
	18	—	2.5	2,1.5,1,(0.75),(0.5)	15.294
20	—				17.294
	22	—			19.294
24	—	—	3	2,1.5,1,(0.75)	20.752
—	—	25	—	2,1.5,(1)	*22.835
	27	—	3	2,1.5,1,(0.75)	23.752

附表 1(续)

公称直径(D)、(f)			螺距(P)		粗牙螺纹小径 (D_1、d_1)
第一系列	第二系列	第三系列	粗牙	细牙	
30	—	—	5	(3),2,1.5,1,(0.75)	26.211
—	33	—		(3),2,1.5,(1),(0.75)	29.211
—	—	35	—	1.5	*33.376
36	—	—	4	3,2,1.5,(1)	31.670
—	39	—			34.670

注:1. 优先选用第一系列,其次是第二系列,第三系列尽可能不用。
2. 括号内尺寸尽可能不用。
3. M14 ×1.251 仅用于火花塞;M35 ×1.5 仅用于滚动轴承锁紧螺母。
4. 带 * 号的为细牙参数,是对应于第一种细牙螺距的小径尺寸。

附表 2　管螺纹

用螺纹密封的管螺纹
(摘自 GB/T 7306)

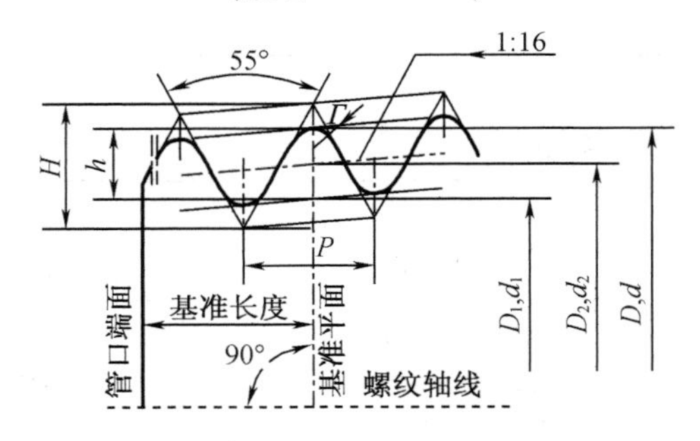

标记示例:
R1/2(尺寸代号 1/2,右旋圆锥外螺纹)
Rc1/2—LH(尺寸代号 1/2,左旋圆锥内螺纹)
Rc1/2—LH(尺寸代号 1/2,左旋圆锥内螺纹)

非螺纹密封的管螺纹
(摘自 GB/T 3707)

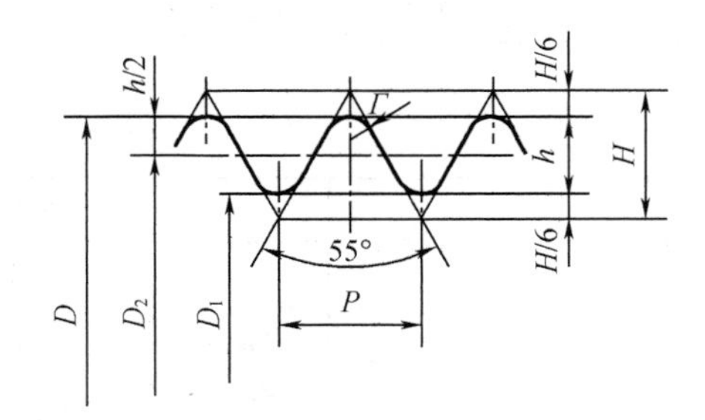

标记示例:
G1/2—LH(尺寸代号 1/2,左旋内螺纹)
G1/2A(尺寸代号 1/2,A 级右旋外螺纹)
G1/2A(尺寸代号 1/2,A 级右旋外螺纹)

尺寸代号	基面上的直径(GB/T 7306) 基本直径(GB/T 7307)			螺距 (P) /mm	牙高 (h) /mm	圆板半径 (R) /mm	每 25.4 mm 内的牙数 (n)	有效螺纹长度 (GB/T 7306) /mm	基准的基本长度 (GB/T 7306) /mm
	大径 ($d=D$) /mm	大径 ($d_2=D_2$) /mm	大径 ($d_1=D_1$) /mm						
1/16	7.723	7.142	6.561	0.907	0.581	0.125	28	6.5	4.0
1/8	9.728	9.147	8.566					6.5	4.0
1/4	13.157	12.301	11.445	1.337	0.856	0.184	19	9.7	6.0
3/8	16.662	15.806	14.950					10.1	6.4
1/2	20.955	19.793	18.631	1.814	1.162	0.249	14	13.2	8.2
3/4	26.441	25.279	24.117					14.5	9.5

附表 2(续)

尺寸代号	基面上的直径(GB/T 7306) 基本直径(GB/T 7307)			螺距(P)/mm	牙高(h)/mm	圆板半径(R)/mm	每 25.4 mm 内的牙数(n)	有效螺纹长度(GB/T 7306)/mm	基准的基本长度(GB/T 7306)/mm
	大径($d=D$)/mm	大径($d_2=D_2$)/mm	大径($d_1=D_1$)/mm						
1	33.249	31.770	30.291	2.309	1.479	0.317	11	16.8	10.4
$1\frac{1}{4}$	41.910	40.431	28.952					19.1	12.7
$1\frac{1}{2}$	47.803	46.324	44.845					19.1	12.7
2	59.614	58.135	56.656					23.4	15.9
$2\frac{1}{2}$	75.184	73.705	72.226					26.7	17.5
3	87.884	86.405	84.926					29.8	20.6
4	113.030	111.551	110.072					35.8	25.4
5	138.430	136.951	135.472					40.1	28.6
6	163.830	162.351	160.872					40.1	28.6

附表 3 常用的螺纹公差带

螺纹种类	精度	外螺纹			内螺纹		
		S	N	L	S	N	L
普通螺纹(GB/T 197)	中等	(5g6g)(5h6h)	*6g, *6e *6h, *6f	7g6g (7h6h)	*5H (5G)	*6H (6G)	*7H (7G)
	粗糙	—	8g,(8h)	—	—	7H,(7G)	—
梯形螺纹(GB/T 5796.4)	中等	—	7h,7e	8e	—	7H	8H
	粗糙	—	8e,8c	8c	—	8H	9H

注:1. 大量生产的粗制紧固件螺纹,推荐采用带方框的公差带。

2. 带 * 的公差带优先选用,括号内的公差带尽可能不用。

3. 两种精度选用原则:中等——一般用途;粗糙——对精度要求不高时采用。

2. 常用的标准件

附表 4　六角头螺栓/mm

六角头螺栓　C 级(摘自 GB/T 5780)

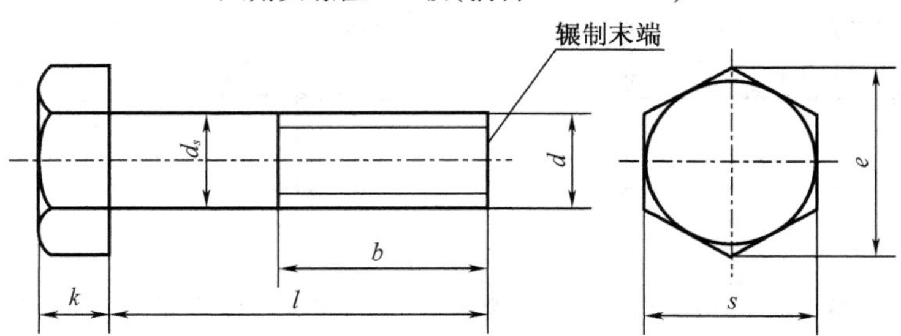

标记示例:

螺栓 GB/T 5780　M20 × 100　(螺纹规格 d = M20、公称长度 l = 100、性能等级为 4.8 级、不经表面处理、杆身半螺纹、产品等级为 C 级的六角头螺栓)

六角头螺栓　全螺纹　C 级(摘自 GB/T 5781)

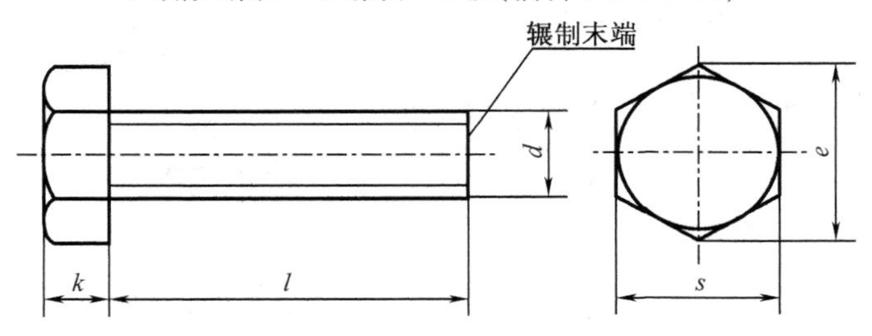

标记示例:

螺栓 GB/T 5781　M12 × 80　(螺纹规格 d = M12、公称长度 l = 80、性能等级为 4.8 级、不经表面处理、全螺纹、产品等级为 C 级的六角头螺栓)

螺纹规格(c/)		M5	M6	M8	M10	M12	M16	M20	M24	M30	M36	M42	M48
b 参考	$l_{公称} \leqslant 125$	16	18	22	26	30	38	40	54	66	78	—	—
	$125 < l_{公称} \leqslant 200$	—	—	28	32	36	44	52	60	72	84	96	108
	$l_{公称} > 200$	—	—	—	—	—	57	65	73	85	97	109	121
$k_{公称}$		3.5	4.0	5.3	6.4	7.5	10	12.5	15	18.7	22.5	26	30
s_{sin}		8	10	13	16	18	24	30	36	46	55	65	75
e_{max}		8.63	10.9	14.2	17.6	19.9	26.2	33.0	39.6	50.9	60.8	72.0	82.6
d_{smax}		5.48	6.48	8.58	10.6	12.7	16.7	20.8	24.8	30.8	37.0	45.0	49.0
$l_{范围}$	GB/T 5780	25 ~ 50	30 ~ 60	35 ~ 80	40 ~ 100	45 ~ 120	55 ~ 160	65 ~ 200	80 ~ 240	90 ~ 300	110 ~ 300	160 ~ 420	180 ~ 480
	GB/T 5781	10 ~ 40	12 ~ 50	16 ~ 65	20 ~ 80	25 ~ 100	35 ~ 100	40 ~ 100	50 ~ 100	60 ~ 100	70 ~ 100	80 ~ 420	90 ~ 480
$l_{公称}$		10、12、16、20 ~ 50(5 进位)、(55)、60、(65)、70 ~ 160(10 进位)、180、220 ~ 500(20 进位)											

注:1. 括号内的规格尽可能不用,末端按 GB/T2 规定。

2. 螺纹公差:8g(GB/T5780);6g(GB/T5781);机械性能等级:4.6 级、4.8 级;产品等级:C。

附表 5　双头螺柱/mm(摘自 GB/T 897 ~ 900)

$b_m = 1d$ (GB/T897)　$b_m = 1.25d$(GB/T898)　$b_m = 1.5d$ (GB/T899)　$b_m = 2d$ (GB/T900)

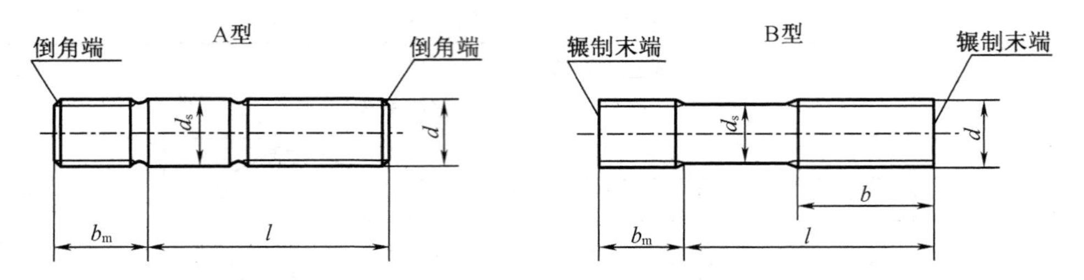

标记示例:

螺柱 GB/T 900 M10 × 50(两端均为粗牙普通螺纹、d = Ml0、l = 50、性能等级为 4.8 级、不经表面处理、B 型、$b_m = 2d$ 的双头螺柱)

螺柱 GB/T900 AM10—10X1 × 50(旋入机体一端为粗牙普通螺纹、旋螺母端为螺距 $P = 1$ 的细牙普通螺纹、d = M10、l = 50、性能等级为 4.8 级、不经表面处理、A 型、$b_m = 2d$ 的双头螺柱)

螺纹规格 (d)	b_m(旋入机体端长度)				$\frac{l(螺柱长度)}{b(旋螺母端长度)}$
	GB/T 897	GB/T 898	GB/T 899	GB/T 900	
M4	—	—	6	8	$\frac{16\sim22}{8}$ $\frac{25\sim40}{14}$
M5	5	6	8	10	$\frac{16\sim22}{10}$ $\frac{25\sim50}{16}$
M6	6	8	10	12	$\frac{20\sim22}{10}$ $\frac{25\sim30}{14}$ $\frac{32\sim75}{18}$
M8	8	10	12	16	$\frac{20\sim22}{12}$ $\frac{25\sim30}{16}$ $\frac{32\sim90}{22}$
M10	10	12	15	20	$\frac{25\sim28}{14}$ $\frac{30\sim38}{16}$ $\frac{40\sim120}{26}$ $\frac{130}{32}$
M12	12	15	18	24	$\frac{25\sim30}{16}$ $\frac{32\sim40}{20}$ $\frac{45\sim120}{30}$ $\frac{130\sim180}{36}$
M16	16	20	24	32	$\frac{30\sim38}{20}$ $\frac{40\sim55}{30}$ $\frac{60\sim120}{38}$ $\frac{130\sim200}{44}$
M20	20	25	30	40	$\frac{35\sim40}{25}$ $\frac{45\sim65}{35}$ $\frac{70\sim120}{46}$ $\frac{130\sim200}{52}$
(M24)	24	30	36	48	$\frac{45\sim50}{30}$ $\frac{55\sim75}{45}$ $\frac{80\sim120}{54}$ $\frac{130\sim200}{60}$
(M30)	30	38	45	60	$\frac{60\sim65}{40}$ $\frac{70\sim90}{50}$ $\frac{95\sim120}{66}$ $\frac{130\sim200}{72}$ $\frac{210\sim250}{85}$

附表 5　双头螺柱/mm(摘自 GB/T 897 ~900)

螺纹规格 (d)	b_m(旋入机体端长度)				$\frac{l(\text{螺柱长度})}{b(\text{旋螺母端长度})}$
	GB/T 897	GB/T 898	GB/T 899	GB/T 900	A(旋螺母端长度)
M36	36	45	54	72	$\frac{65\sim75}{60}$ $\frac{80\sim110}{60}$ $\frac{120}{78}$ $\frac{130\sim200}{84}$ $\frac{210\sim300}{97}$
M42	42	52	63	84	$\frac{70\sim80}{50}$ $\frac{85\sim110}{70}$ $\frac{120}{90}$ $\frac{130\sim200}{96}$ $\frac{210\sim300}{109}$
M48	48	60	72	96	80 ~90 95 ~110 120 130 ~200 210 ~300 60 80 102 108 121
$l_{公称}$	12,(14),16,60,(65),70,75,(18),20,(22),25,(28),30,(32),35,(38),40,45,50,55,80,(85),90,(95),100 ~260(10 进位),280,300				

注:1. 尽可能不采用括号内的规格,末端按 GB/T 2 规定。

2. $b_m=1d$,一般用于钢对钢;$6b_m=(25\sim1.5)d$,一般用于钢对铸铁;$b_m=12d$,一般用于钢对铝合金。

附表 6

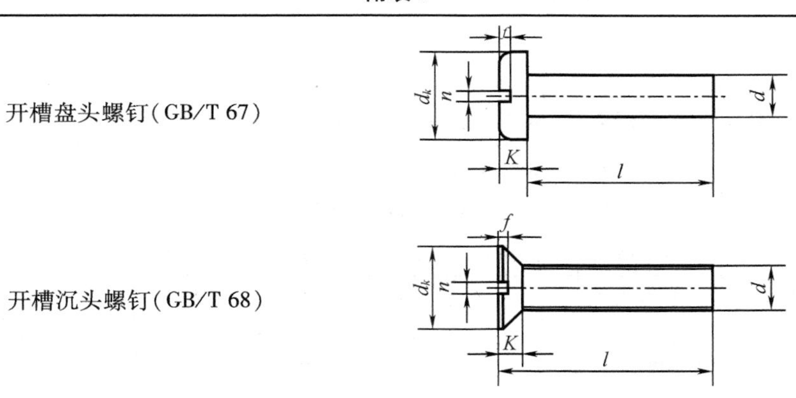

标记示例:

螺钉 G8/T65 M15 ×20(螺纹规格 $d=$M5、$l=50$,性能等级为 4.8 级,不经表面处理的开槽圆柱头螺钉)

螺纹规格 d		M1.6	M2	M2.5	M3	(M3.5)	M4	M5	M6	M8	M10
n 公称		0.4	0.5	0.6	0.8	1	1.2	1.2	1.6	2	2 ~5
GR/T 65	d_{max}	3	3.8	4.5	5.5	6	7	8.5	10	13	16
	k_{max}	1.1	1.4	1.8	2	2.4	2.6	3.3	3.9	5	6
	T_{min}	0.45	0.6	0.7	0.85	1	1.1	1.3	1.6	2	2.4
	$l_{范围}$	2 ~16	3 ~20	3 ~25	4 ~30	5 ~35	5 ~40	6 ~50	8 ~60	10 ~80	12 ~80
GB/T 67	dk_{max}	3.2	4	5	5.6	7	8	9.5	12	16	20
	k_{max}	1	1.3	1.5	1.8	2.1	2.4	3	3.6	4.8	6
	t_{min}	0.35	0.5	0.6	0.7	0.8	1	1.2	1.4	1.9	2.4
	$l_{范围}$	2.5 ~16	2.5 ~20	3 ~25	4 ~30	5 ~35	5 ~40	6 ~50	8 ~60	10 ~80	12 ~80

附表 6(续)

GB/T 68	dk_{max}	3	3.8	4.7	5.5	7.3	8.4	9.3	11.3	15.8	18.3
	k_{max}	1	1.2	1.5	1.65	2.35	2.7	2.7	3.3	4.65	5
	t_{min}	0.32	0.4	0.5	0.6	0.9	1	1.1	1.2	1.8	2
	$l_{范围}$	2.5 ~ 16	3 ~ 20	4 ~ 25	5 ~ 30	6 ~ 35	6 ~ 40	8 ~ 50	8 ~ 60	10 ~ 80	12 ~ 80
		2,2.5,3,4,5,6,8,10,12,(14),16,20,25,30,35,40,45,50,(55),60,(65),70,(75),80									

注:1.尽可能不采用括号内的规格。

2.商品规格 M1.6 ~ M10。

附表 7 六角螺母 C 级/mm(摘自 GB/T41)

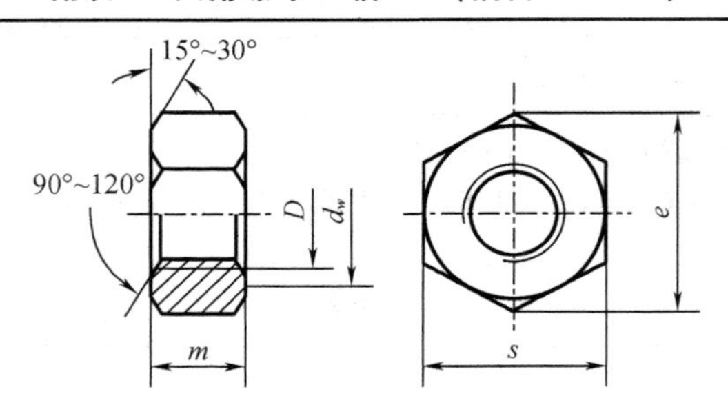

标记示例:

螺母 GB/T 41 M12(螺纹规格 D = M12、性能等级为 5 级、不经表面处理、产品等级为 C 级的六角螺母)

螺纹规格(D)	M5	M6	M8	M10	M12	M16	M20	M24	M30	M36	M42	M18	M56
S_{max}	8	10	13	16	18	24	30	36	46	55	65	75	95
e_{min}	8.63	10.9	14.2	17.6	19.9	26.2	33.0	39.6	50.9	60.8	72.0	82.6	104.86
m_{max}	5.6	6.1	7.9	9.5	12.2	15.9	18.7	22.3	26.4	31.5	34.9	38.9	45.9
d_w	6.9	8.7	11.5	14.5	16.5	22.0	27.7	33.2	42.7	51.1	60.6	69.4	88.2

附表 8

平垫圈 A 级(摘自 GB/T 97.1)　　平垫圈 C 级(摘自 GB/T 95)

平垫圈 倒角型 A 级(摘自 GB/T 97.2)　　标准型弹簧垫圈(摘自 GB/T 93)

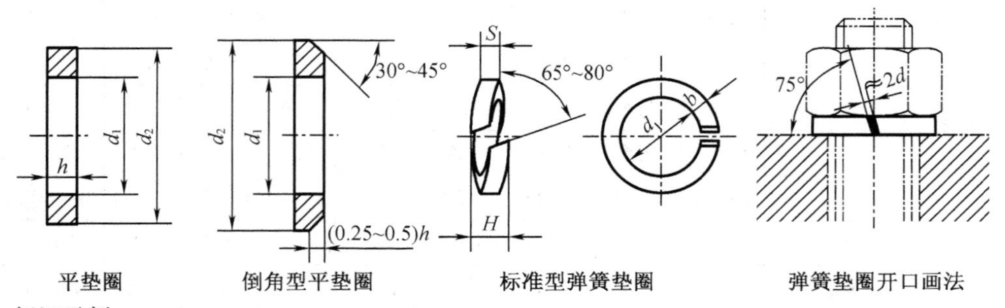

平垫圈　倒角型平垫圈　标准型弹簧垫圈　弹簧垫圈开口画法

标记示例:

垫圈 GB/T 95.8—100HV (标准系列、规格 S、性能等级为 100HV 级、不经表面处理,产品等级为 C 级的平垫圈)

附表 8(续)

公称尺寸 d（螺纹规格）	4	5	6	8	10	12	1－1	16	20	24	30	36	42	48	
GB/T 97.1（A 级）	d_1	4.3	5.3	6.4	8.4	10.5	13.0	15	17	21	25	31	37	—	—
	d_2	9	10	12	16	20	24	28	30	37	44	56	66	—	—
	h	0.8	1	1.6	1.6	2	2.5	2.5	3	3	4	4	5	—	
GB/T 97.2（A 级）	d_1	—	5.3	6.4	8.4	10.5	13	15	17	21	25	31	37	—	—
	d_2	—	10	12	16	20	24	28	30	37	44	56	66	—	—
	h	—	1	1.6	1.6	2	2.5	2.5	3	3	4	4	5	—	—
GB/T 95（C 级）	d_1	—	5.5	6.6	9	11	13.5	15.5	17.5	22	26	33	39	45	52
	d_2	—	10	12	16	20	24	28	30	37	44	56	66	78	92
	h	—	1	1.6	1.6	2	2.5	2.5	3	3	4	4	5	8	8
GB/T 93	d_1	4.1	5.1	6.1	8.1	10.2	12.2	—	16.2	20.2	24.5	30.5	36.5	42.5	48.5
	$S=b$	1.1	1.3	1.6	2.1	2.6	3.1	—	4.1	5	6	7.5	9	10.5	12
	H	2.8	3.3	4	5.3	6.5	7.8	—	10.3	12.5	15	18.6	22.5	26.3	30

注:1. A 级适用于精装配系列,C 级适用于中等装配系列。

2. C 级垫圈没有 $Ra3.2$ 和去毛刺的要求。

附表 9　平键及键槽各部尺寸/mm(摘自 GB/T 1095,1096)

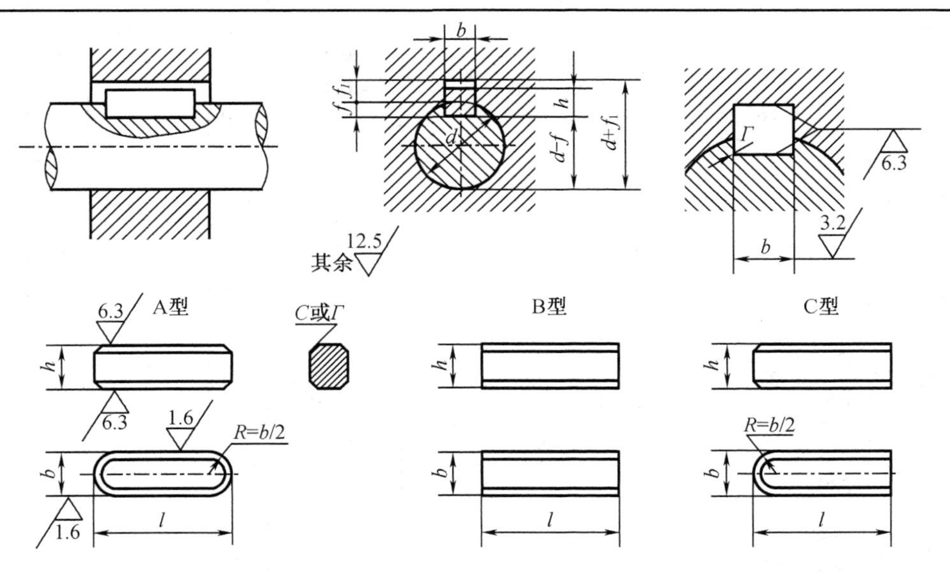

标记示例:

键 16×100　GB/T　1096(圆头普通平键、$b=16$、$h=10$、$L=100$)

键 B16×100　GB/T　1096(平头普通平键、$b=16$、$h=10$、$L=100$)

键 C16×100　GB/T　1096(单圆头普通平键、$b=16$、$h=10$、$L=10$)

附表 9(续)

轴	键		键槽											
公称直径(*d*)	公称尺寸(*b*×*h*)	长度(*L*)	宽度(6)						深度				半径(*r*)	
			公称尺寸(b)	极限偏差					轴(*t*)		毂(t_1)			
				较松键连接		一般键连接		较紧键连接						
				轴 H9	毂 D10	轴 N9	毂 JS9	轴和毂 P9	公称	偏差	公称	偏差	最大	最小
>10~12	4×4	8~45	4	+0.030 0	+0.078 +0.030	0 -0.030	±0.015	-0.012 -0.042	2.5	+0.10	1.8	+0.10	0.08	0.16
>12~17	5×5	10~56	5						3.0		2.3		0.16	0.25
>17~22	6×6	14~70	6						3.5		2.8			
>22~30	8×7	18~90	8	+0.036 0	+0.098 +0.040	0 -0.036	±0.018	-0.015 -0.051	4.0	+0.20	3.3	+0.20		
>30~38	10×8	22~110	10						5.0		3.3		0.25	0.40
>38~44	2×8	28~140	12	+0.043 0	+0.120 +0.050	0 -0.043	±0.022	-0.018 -0.061	5.0		3.3			
>44~50	14×9	36~160	14						5.5		3.8			
>50~58	16×10	45~180	16						6.0		4.3			
>58~65	18×11	50~200	18						7.0		4.4			
>65~75	20×12	56~220	20	+0.052 0	+0.149 +0.065	0 -0.052	±0.26	-0.022 -0.074	7.5		4.9			
>75~85	22×14	63~250	22						9.0		5.4		0.4	0.6
>85~95	25×14	70~280	25						9.0		5.4			
>95~11	28×16	80~320	28						10		6.4			
L 系列	6~22(2 进位),25,28,32,36,40,45,50,56,63,70,80,90,100,110,125,140,160,180,200,220,250,280,320,360,400,450,500													

注:(*d*-*f*)和($d+t_1$)两组组合尺寸的极限偏差按相应的 *r* 和 t_1 的极限偏差选取,但(*d*-*t*)极限偏差应取负号(-)

附表 10　圆柱销不淬硬钢和奥氏体不锈钢/mm(摘自 GB/T 119.1)

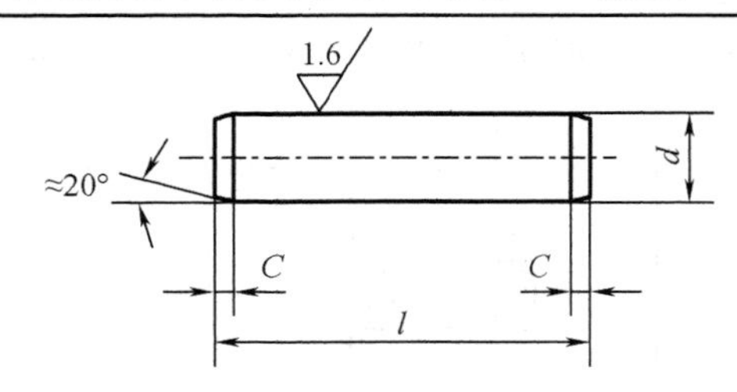

标记示例：

销 GB/T119.1 10×90(公称直径 $d=10$、公差为 m6、公称长度 $l=90$,材料为钢、不经表面处理的圆柱销)

销 GB/T119.1 10 m6×90 - Al(公称直径 d=10、公差为 m6、公称长度 $l=90$,材料为 A1 组奥氏体不锈钢、表面简单处理的圆柱销)

d 公称	2	2.5	3	4	5	6	8	10	12	16	20	25
$C\approx$	0.35	0.4	0.5	0.63	0.8	1.2	1.6	2.0	2.5	3.0	3.5	4.0
$l_{公称}$	6~20	6~24	8~30	8~40	10~50	12~60	14~80	18~95	22~140	26~180	35~200	50~200
$l_{公称}$	2,3,4,5,6~32(2 进位),35~100(5 进位),120~200(20 进位)(公称长度大于 200,按 20 递增)											E 大于

附表 11　圆锥销/mm(摘自 GB/T 117)

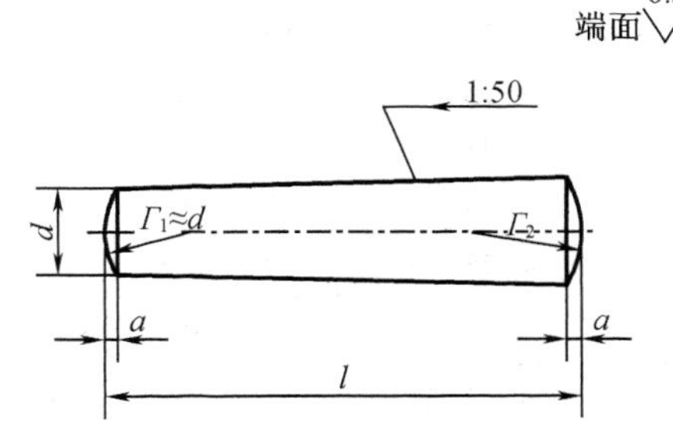

A型 (磨削):锥面表面粗糙度 Ra=0.8 μm
B型 (切削或冷镦):锥面表面粗糙度 Ra=3.2 μm

标记示例：

销 GB/T 117 6×30(公称直径 $d=6$、公称长度 $d=30$、材料为 35 钢、热处理硬度 28~38HRC、表面氧化处理的 A 型圆锥销)

附表 12 滚动轴承

深沟球轴承(摘自 GB/T 276)	圆锥滚子轴承(摘自 GB/T 297)	单向推力球轴承(摘自 GB/T 301)

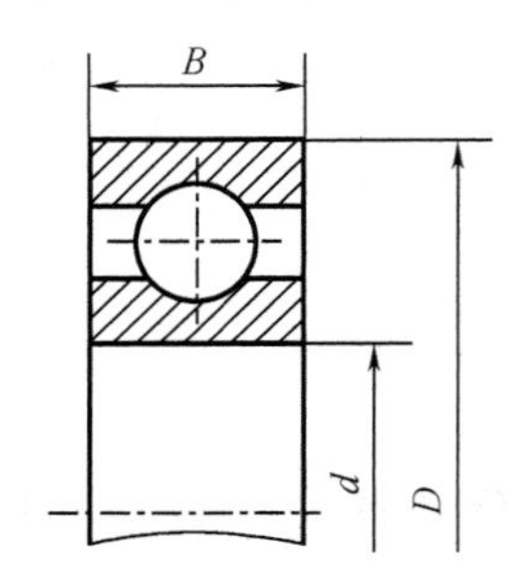

标记示例:
滚动轴承 6310 GB/T 276

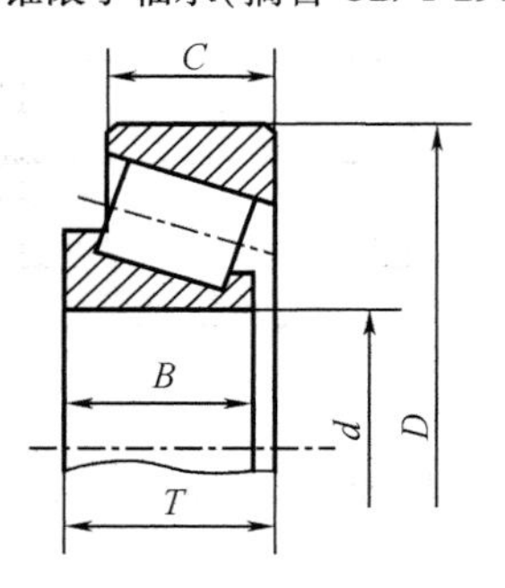

标记示例:
滚动轴承 30212 GB/T 297

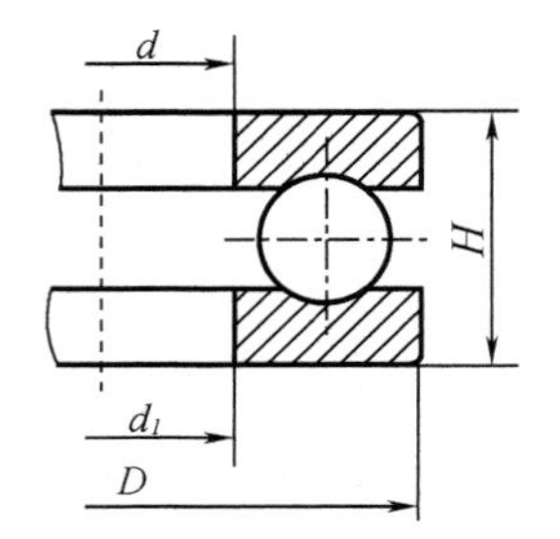

标记示例:
滚动轴承 51305 GB/T 301

轴承型号	尺寸/mm			轴承型号	尺寸/mm				轴承型号	尺寸/mm			
	d	*D*	*B*		*d*	*D*	*B*	*C*	*T*		*d*	*D*	*T*	d_1
尺寸系列[(0)>2]				尺寸系列(02)						尺寸系列(12)				
6062	15	35	11	30203	17	40	12	11	13.25	51202	15	32	12	17
6203	17	40	12	30204	20	47	14	12	15.25	51203	17	35	12	19
6204	20	47	14	30205	25	52	15	13	16.25	51204	20	40	14	22
6205	25	52	15	30206	30	62	16	14	17.25	51205	25	47	15	27
6206	30	62	16	30207	35	72	17	15	18.25	51206	30	52	16	32
6207	35	72	17	30208	40	80	18	16	19.75	51207	35	62	18	37
6208	40	80	18	30209	45	85	19	16	20.75	51208	40	68	19	42
6209	45	85	19	30210	50	90	20	17	21.75	51209	45	73	20	47
6210	50	90	20	30211	55	100	21	18	22.75	51210	50	78	22	52
6211	55	100	21	30212	60	110	22	19	23.75	51211	55	90	25	57
6212	60	110	22	30213	65	120	23	20	24.75	51212	60	95	26	62
尺寸系列[(0)>3]				尺寸系列(03)						尺寸系列(13)				
6302	15	42	13	30302	15	42	13	11	14.25	51304	20	47	18	22
6303	17	47	14	30303	17	47	14	12	15.25	51305	25	52	18	27
6304	20	52	15	30304	20	52	15	13	16.25	51306	30	60	21	32
6305	25	62	17	30305	25	62	17	15	18.25	51307	35	68	24	37
6306	30	72	19	30306	30	72	19	16	20.75	51308	40	78	26	42
6307	35	80	21	30307	35	80	21	18	22.75	51309	45	85	28	47
6308	40	90	23	30308	40	90	23	20	25.25	51310	50	95	31	52
6309	45	100	25	30309	45	100	25	22	27.25	51311	55	105	35	57
6310	50	110	27	30310	50	110	27	23	29.25	51312	60	110	35	62
6311	55	120	29	30311	55	120	29	25	31.50	51313	65	115	36	67
6312	60	130	31	3012	60	130	31	26	33.50	51314	70	125	40	72

附表 12(续)

尺寸系列(04)				尺寸系列(13)						尺寸系列(14)				
6403	17	62	17	31305	25	62	17	13	18.25	51405	25	60	24	27
6404	20	72	19	31306	30	72	19	14	20.75	51406	30	70	28	32
6405	25	80	21	31307	35	80	21	15	22.75	51407	35	80	32	37
6406	30	90	23	31308	40	90	23	17	25.25	51408	40	90	36	42
6407	35	100	25	31309	45	100	25	18	27.25	51409	45	100	39	47
6408	40	110	27	31310	50	110	27	19	29.25	51410	50	110	43	52
6409	45	120	29	31311	55	120	29	21	31.50	51411	55	120	48	57
6410	50	130	31	31312	60	130	31	22	33.50	51412	60	130	51	62
6411	55	140	33	31313	65	140	33	23	36.00	51413	65	140	56	68
6412	60	150	35	31314	70	150	35	25	38.00	51414	70	150	60	73
6413	65	160	37	31315	75	160	38	26	40.00	51415	75	160	65	78

注:圆括号中的尺寸系列代号在轴承型号中省略。

3.常用的零件结构要素

附表 13　零件倒圆与倒角(GB/T 6403.4)

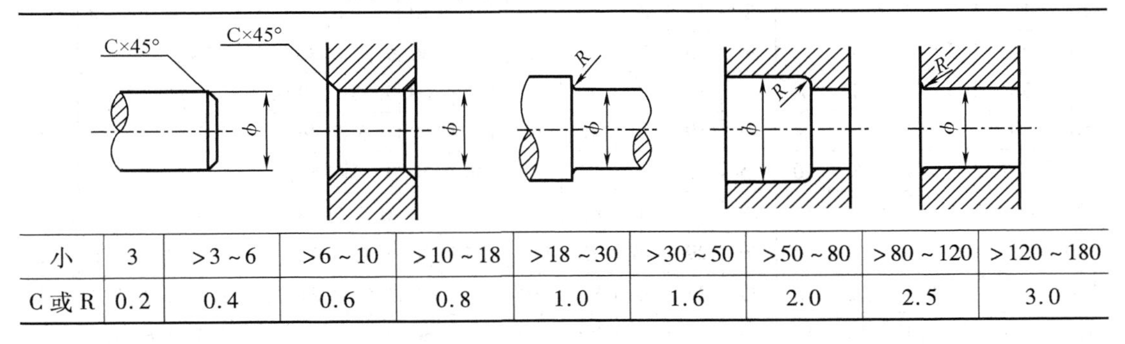

小	3	>3~6	>6~10	>10~18	>18~30	>30~50	>50~80	>80~120	>120~180
C 或 R	0.2	0.4	0.6	0.8	1.0	1.6	2.0	2.5	3.0

附表 14　砂轮越程槽(GB/T 6043.5 摘录)

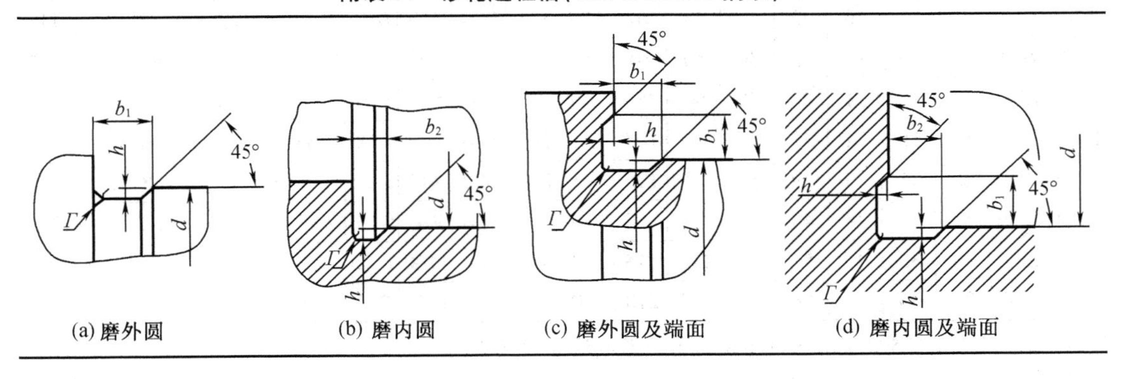

(a) 磨外圆　(b) 磨内圆　(c) 磨外圆及端面　(d) 磨内圆及端面

附表 14(续)

b_1	0.6	1.0	1.6	2.0	3.0	4.0	5.0	8.0	10
b_2	2.0	3.0		4.0		5.0		8.0	10
h	0.1	0.2		0.3	0.4		0.6	0.8	1.2
r	0.2	0.5		0.8	1.0		1.6	2.0	3.0
d	~10			>10~50		>50~100		>100	

注:1. 越程槽内两直线相交处,不允许产生尖角。

2. 越程槽深度 h 与圆弧半径 r,要满足 $r \leqslant 3h$。

4. 极限与配合

附表 15 标准公差数值(摘自 GB/T 1800.3)

基本尺寸/mm		标准公差等级																	
		IT1	IT2	IT3	IT4	IT5	IT6	IT7	IT8	IT9	IT10	IT11	IT12	IT13	IT14	IT15	IT16	IT17	IT18
大于	至	/μm											/mm						
—	3	0.8	1.2	2	3	4	6	10	14	25	40	60	0.1	0.14	0.25	0.4	0.6	1	1.4
3	6	1	1.5	2.5	4	5	8	12	18	30	48	75	0.12	0.18	0.3	0.45	0.75	1.2	1.8
6	10	1	1.5	2.5	4	6	9	15	22	36	58	90	0.15	0.22	0.36	0.58	0.9	1,5	2.2
10	18	1.2	2	3	5	8	11	18	27	43	70	110	0.18	0.27	0.43	0.7	1.1	1.8	2.7
18	30	1.5	2.5	4	6	9	13	21	33	52	84	130	0.21	0.33	0.52	0.84	1.3	2.1	3.3
30	50	1.5	2.5	4	7	11	16	25	39	62	100	160	0.25	0.39	0.62	1	1.6	2.5	3.9
50	80	2	3	5	8	13	19	30	46	74	120	190	0.3	0.46	0.74	1.2	1.9	3	4.6
80	120	2.5	4	6	10	15	22	35	54	87	140	220	0.35	0.54	0.87	1.4	2.2	3.5	5.4
120	180	3.5	5	8	12	18	25	40	63	100	160	250	0.4	0.63	1	1.6	2.5	4	6.3
180	250	4.5	7	10	14	20	29	46	72	115	185	290	0.46	0.72	1.15	1.85	2.6	4.6	7.2
250	315	6	8	12	16	23	32	52	81	130	210	320	0.52	0.81	1.3	2.1	3.2	5.2	8.1
315	400	7	9	13	18	25	36	57	89	140	230	360	0.57	0.89	1.4	2.3	3.6	5.7	8.9
400	500	8	10	15	20	27	40	63	97	155	250	400	0.63	0.97	1.55	2.5	4	6.3	9.7
500	630	9	11	16	22	32	44	70	110	175	280	440	0.7	1.1	1.75	2.8	4.4	7	11
630	800	10	13	18	25	36	50	80	125	200	320	500	0.8	1.25	2	3.2	5	8	12.5
800	1000	11	15	21	28	40	56	90	140	230	360	560	0.9	1.4	2.3	3.6	5.6	9	14
1000	1250	13	18	24	33	47	66	105	165	260	420	660	1.05	1.65	2.6	4.2	6.6	10.5	16.5
1250	1600	15	21	29	39	55	78	125	195	310	500	780	1.25	1.95	3.1	5	7.8	12.5	19.5
1600	2000	18	25	35	46	65	92	150	230	370	600	920	1.5	2.3	3.7	6	9.2	15	23
2000	2500	22	30	41	55	78	110	175	280	440	700	1100	1.75	2.8	4.4	7	11	17.5	28
2500	3150	26	36	50	68	96	135	210	330	540	860	1350	2.1	3.3	5.4	8.6	13.5	21	33

注:1. 基本尺寸大于 500 的 m 至 ITS 的标准公差数值为试行的。

2. 基本尺寸小于或等于 1 时,无 IT14 至 IT18。

附表 16　轴的基本偏差数值/μm(摘自 GB/T 1800.3)

基本尺寸/mm		基本偏差数值																														
		上偏差 es												下差偏 ei																		
		所有标准公差等级												IT5和IT6	IT7	IT8	IT4~IT7	≤IT3 >IT7	所有标准公差等级													
大于	至	a	b	c	cd	d	e	ef	f	fg	g	h	js	j			k		m	n	p	r	s	t	u	v	x	y	z	za	zb	zc
—	3	-270	-140	-60	-34	-20	-14	-10	-6	-4	-2	0		-2	-4	-6	0	0	+2	+4	+6	+10	+14	—	+18	—	+20	—	+26	+32	+40	+60
3	6	-270	-140	-70	-46	-30	-20	-14	-8	-6	-4	0		-2	-4	—	+1	0	+4	+8	+12	+15	+19	—	+23	—	+28	—	+35	+42	+50	+80
6	10	-280	-150	-80	-56	-40	-25	-18	-13	-8	-5	0		-2	-5	—	+1	0	+6	+10	+15	+19	+23	—	+28	—	+34	—	+42	+52	+67	+97
10	14	-290	-150	-95	—	-50	-32	—	-16	—	-6	0		-3	-6	—	+1	0	+7	+12	+18	+23	+28	—	+33	—	+40	—	+50	+64	+90	+130
14	18																									+39	+45	—	+60	+77	+108	+150
30	40	-310	-170	-120	—	-80	-50	—	-25	—	-9	0		-5	-10	—	+2	0	+8	+15	+22	+28	+35	—	+41	+47	+54	+63	+73 +	+98	+136	+188
40	50	-320	-180	-130																				+41	+48	+55	+64	+75	+88	+118	+160	+218
50	65	-340	-190	-140	—	-100	-60	—	-30	—	-10	0		-7	-12	—	+2	0	+9	+17	+26	+34	+43	+48	+60	+68	+80	+94	+112	+148	+200	+274
65	80	-360	-200	-150																				+54	+70	+81	+97	+114	+136	+180	+242	+325
80	100	-380	-220	-170	—	-120	-72	—	-36	—	-12	0		-9	-15	—	+2	0	+11	+20	+32	+41	+53	+66	+87	+102	+122	+144	+172	+226	+300	+405
100	120	-410	-240	-180																		+43	+59	+75	+102	+120	+146	+174	+210	+274	+360	+480
120	140	-460	-260	-200	—	-145	-85	—	-43	—	-14	0		-11	-18	—	+3	0	+13	+23	+37	+51	+71	+91	+124	+146	+178	+214	+258	+335	+445	+585
140	160	-520	-280	-210																		+54	+79	+104	+144	+172	+210	+254	+310	+400	+525	+690
160	180	-580	-310	-230													+3	0	+15	+27	+43	+63	+92	+122	+170	+202	+248	+300	+365	+470	+620	+800
180	200	-660	-340	-240	—	-170	-100	—	-50	—	-15	0		-13	-21	—						+65	+100	+134	+190	+228	+280	+340	+415	+535	+700	+900
200	225	-740	-380	-260																		+68	+108	+146	+210	+252	+310	+380	+465	+600	+780	+1000
225	250	-820	-420	-280													+4	0	+17	+31	+50	+77	+122	+166	+236	+284	+350	+425	+520	+670	+880	+1150
250	280	-920	-480	-300	—	-190	-110	—	-56	—	-17	0		-16	-26	—						+80	+130	+180	+258	+310	+385	+470	+575	+740	+960	+1250
280	315	-1050	-540	-330																		+84	+140	+196	+284	+340	+425	+520	+640	+820	+1050	+1350
315	355	-1200	-600	-360	—	-210	-125	—	-62	—	-18	0		-18	-28	—	+4	0	+20	+34	+56	+94	+158	+218	+315	+385	+475	+580	+710	+920	+1200	+1550
355	400	-1350	-680	-400																		+98	+170	+240	+350	+425	+525	+650	+790	+1000	+1300	+1700
400	450	-1500	-760	-440	—	-230	-135	—	-68	—	-20	0		-20	-32	—	+4	0	+21	+37	+62	+108	+190	+268	+390	+475	+590	+730	+900	+1150	+1500	+1900
450	500	-1650	-840	-480																		+114	+208	+294	+435	+532	+660	+820	+1000	+1300	+1650	+2100

注:1. 基本尺寸小于或等于 1 时,基本偏差 a 和 b 均不采用。

2. 公差带 js7 ~ js11,若 ITn 值是奇数,则取偏差 = ±(ITn - 1)/2。

附表 17　孔的基本偏差数值/μm(摘自 GB/T 1800.3)

基本尺寸/mm		基本偏差数值																																		Δ值					
		下偏差 EI												上偏差 ES																											
		所有标准公差等级												IT6	IT7	IT8	≤IT8	>IT8	≤IT8	>IT8	≤IT8	>IT8	≤IT7	标准公差等级大于 IT7												标准公差等级					
大于	至	A	B	C	CD	D	E	EF	F	FG	G	H	JS	J			K		M		N		P～ZC	P	R	S	T	U	V	X	Y	Z	ZA	ZB	ZC	IT3	IT4	IT5	IT6	IT7	IT8
—	3	+270	+140	+60	+34	+20	+14	+10	+6	+4	+2	0		+2	+4	+6	0	0	-2	-2	-4	-4		-6	-10	-14	—	-18	—	-20	—	-26	-32	-40	-60	0	0	0	0	0	0
3	6	+270	+140	+70	+46	+30	+20	+14	+10	+6	+4	0		+5	+6	+10	-1+Δ	—	-4+Δ	-4	-8+Δ	0		-12	-15	-19	—	-23	—	-28	—	-35	-42	-50	-80	1	1.5	2	3	6	7
6	10	+280	+150	+80	+56	+40	+25	+18	+13	+8	+5	0		+5	+8	+12	-1+Δ	—	-6+Δ	-6	-10+Δ	0		-15	-19	-23	—	-28	—	-34	—	-42	-52	-67	-97	1	1.5	2	3	6	7
10	14	+290	+150	+95	—	+50	+32	—	+16	—	+6	0		+6	+10	+15	-1+Δ	—	-7+Δ	-7	-12+Δ	0		-18	-23	-28	—	-33	—	-40	—	-50	-64	-90	-130	1	2	3	3	7	9
14	18																												—	-45	—	-60	-77	-108	-150						
18	24	+300	+160	+110	—	+65	+40	—	+20	—	+7	0		+8	+12	+20	-2+Δ	—	-8+Δ	-8	-15+Δ	0		-22	-28	-35	—	-41	—	-54	—	-73	-98	-136	-188	1.5	2	3	4	8	12
24	30																										-41	-48	-55	-64	-75	-88	-118	-160	-218						
30	40	+310	+170	+120	—	+80	+50	—	+25	—	+9	0		+10	+14	+24	-2+Δ	—	-9+Δ	-9	-17+Δ	0		-26	-35	-43	-48	-60	-68	-80	-94	-112	-148	-200	-274	1.5	3	4	5	9	14
40	50	+320	+180	+130																							-54	-71	-81	-97	-114	-136	-180	-242	-325						
50	65	+340	+190	+140	—	+100	+60	—	+30	—	+10	0		+3	+18	+28	-2+Δ	—	-11+Δ	-11	-20+Δ	0		-32	-43	-53	-66	-87	-102	-122	-144	-172	-226	-300	-405	2	3	5	6	11	16
65	80	+360	+200	+150																					-53	-59	-75	-102	-120	-146	-174	-210	-274	-360	-480						
80	100	+380	+220	+170	—	+120	+72	—	+36	—	+12	0		+16	+22	+34	-3+Δ	—	-13+Δ	-13	-23+Δ	0		-37	-59	-71	-91	-124	-146	-178	-214	-258	-335	-445	-585	2	4	5	7	13	19
100	120	+410	+240	+180																					-71	-79	-104	-144	-172	-210	-254	-310	-400	-525	-690						
120	140	+460	+260	+200																					-79	-92	-122	-170	-202	-248	-300	-365	-470	-620	-800						
140	160	+520	+280	+210	—	+145	+85	—	+43	—	+14	0		+18	+26	+41	-3+Δ	—	-15+Δ	-15	-27+Δ	0		-43	-92	-100	-134	-190	-228	-280	-340	-415	-535	-700	-900	3	4	6	7	15	23
160	180	+580	+310	+230																					-100	-108	-146	-210	-252	-310	-380	-465	-600	-780	-1000						
180	200	+660	+340	+240																					-122	-122	-166	-236	-284	-350	-425	-620	-670	-880	-1150						
200	225	+740	+380	+260	—	+170	+100	—	+50	—	+15	0		+22	+30	+47	-4+Δ	—	-17+Δ	-17	-31+Δ	0		-50	-130	-130	-180	-258	-310	-385	-470	-575	-740	-960	-1250	3	4	6	9	17	26
225	250	+820	+420	+280																					-140	-140	-196	-284	-340	-425	-520	-640	-820	-1050	-1350						

附表 17(续)

基本尺寸/mm		基本偏差数值																																		Δ值					
		下偏差 EI												上偏差 ES																											
		所有标准公差等级												IT6	IT7	IT8	≤IT8	>IT8	≤IT8	>IT8	≤IT8	>IT8	≤IT7	标准公差等级大于 IT7												标准公差等级					
大于	至	A	B	C	CD	D	E	EF	F	FG	G	H	JS	J			K		M		N		P~ZC	P	R	S	T	U	V	X	Y	Z	ZA	ZB	ZC	IT3	IT4	IT5	IT6	IT7	IT8
250	280	+920	+480	+300	—	+190	+110	—	+56	—	+17	0		+25	+36	+55	-4+Δ	—	-20+Δ	-20	-34+Δ	0		-56	-158	-158	-218	-315	-385	-475	-580	-710	-920	-1200	-1550	4	4	7	9	20	29
280	315	+1050	+540	+330																					-170	-170	-240	-350	-425	-525	-650	-790	-1000	-1300	-1700						
315	355	+1200	+600	+360	—	+210	+125	—	+62	—	+18	0		+29	+39	+60	-4+Δ	—	-21+Δ	-21	-37+Δ	0		-62	-190	-190	-268	-390	-475	-590	-730	-900	-1150	-1500	-1900	4	5	7	11	21	32
355	400	+1350	+680	+400																					-208	-208	-294	-435	-530	-660	-820	-1000	-1300	-1650	-2100						
400	450	+1500	+760	+440	—	+230	+135	—	+68	—	+20	0		+33	+43	+66	-5+Δ	—	-23+Δ	-23	-40+Δ	0		-68	-232	-232	-330	-490	-595	-740	-920	-1100	-1450	-1850	-2400	5	5	7	13	23	34
450	500	+1650	+840	+480																					-252	-252	-360	-540	-660	-820	-1000	-1250	-1600	-2100	-2600						

注：1. 基本尺寸小于或等于 1 时，基本偏差 A 和 B 及大于 IT8 的 N 均不采用。

2. 公差带 JS11，若 ITn 值是奇数，则取偏差 = ±(ITn - 1)/2。

3. 对小于或等于 IT8 的 K、M、N 和小于或等于 IT7 的 P 至 ZC，所需 Δ 值从表内右侧选取。例如：18 至 30 段的 K7：Δ = 8 μm，所以 ES = -2 + 8Δ = +6(μm)；至 30 段的 S6：Δ = 4 μm，所以 ES = -35 + 4 = 31(μm)。

4. 特殊情况：250 ~ 315 段的 M6，ES = -9 μm(代替 -11 μm)。

附表 18　优先及常用配合轴的极限偏差表/μm(摘自 GB/T 1800.3、1801)

代号		a	b	c	d	e	f	g	h									js	k	m	n	p	r	s	t	u	v	x	y	z
基本尺寸 /mm		公差等级																												
大于	至	11	11	*11	*9	8	*7	*6	5	*6	*7	8	*9	10	*11	12	6	*6	6	*6	*6	6	*6	6	*6	6	6	6	6
—	3	-270 -330	-140 -200	-60 -120	-20 -45	-14 -28	-6 -16	-2 -8	0 -4	0 -6	0 -10	0 -14	0 -25	0 -40	0 -60	0 -100	±3	+6 0	+8 +2	+10 +4	+12 +6	+16 +10	+20 +14	—	+24 +18	—	+26 +20	—	+32 +26
3	6	-270 -345	-140 -215	-70 -145	-30 -60	-20 -38	-10 -22	-4 -12	0 -5	0 -8	0 -12	0 -18	0 -30	0 -48	0 -75	0 -120	±4	+9 +1	+12 +4	+16 +8	+20 +12	+23 +15	+27 +19	—	+31 +23	—	+36 +28	—	+43 +35
6	10	-280 -338	-150 -240	-80 -170	-40 -76	-25 -47	-13 -28	-5 -14	0 -6	0 -9	0 -15	0 -22	0 -36	0 -58	0 -90	0 -150	±4.5	+10 +1	+15 +6	+19 +10	+24 +15	+28 +19	+32 +23	—	+37 +28	—	+43 +34	—	+51 +42
10	14	-290 -400	-150 -260	-95 -205	-50 -93	-32 -59	-16 -34	-6 -17	0 -8	0 -11	0 -18	0 -27	0 -43	0 -70	0 -110	0 -180	±5.5	+12 +1	+18 +7	+23 +12	+29 +18	+34 +23	+39 +28	—	+44 +33	—	+51 +40	—	+61 +50
14	18																							—		+50 +39	+56 +45	—	+71 +60
18	24	-300 -430	-160 -290	-110 -240	-65 -117	-40 -73	-20 -41	-7 -20	0 -9	0 -13	0 -21	0 -33	0 -52	0 -84	0 -130	0 -210	±6.5	+15 +2	+21	+28 +15	+35 +22	+41 +28	+48 +35	—	+54 +41	+60 +47	+67 +54	+76 +63	+86 +73
24	30																							+54 +41	+61 +48	+68 +55	+77 +64	+88 +75	+101 +88
30	40	-310 -470	-170 -330	-120 -280	-80 -142	-50 -89	-25 -50	-9 -25	0 -11	0 -16	0 -25	0 -39	0 -62	0 -100	0 -160	0 -250	±8	+18 +2	+25 +9	+33 +17	+42 +26	+50 +34	+59 +43	+64 +48	+76 +60	+84 +68	+96 +80	+110 +94	+128 +112
40	50	-320 -480	-180 -290	-130 -290																				+70 +54	+86 +70	+97 +81	+113 +97	+130 +114	+152 +136

附表 18(续)

代号		a	b	c	d	e	f	g	h								js	k	m	n	p	r	s	t	u	v	x	y	z
基本尺寸/mm		公差等级																											
大于	至	11	11	*11	*9	8	*7	*6	5	*6	*7	8	*9	10	*11	12	6	*6	6	*6	*6	6	*6	6	*6	6	6	6	6
50	65	-340 -530	-190 -380	-140 -330	-100 -174	-60 -106	-30 -60	-10 -29	0 -13	0 -19	0 -30	0 -46	0 -74	0 -120	0 -190	0 -300	±9.5	+21 +2	+30 +11	+39 +20	+51 +32	+60 +41	+72 +53	+85 +66	+106 +87	+121 +102	+141 +122	+163 +144	+191 +172
65	80	-360 -550	-200 -390	-150 -340																		+62 +43	+78 +59	+94 +75	+121 +102	+139 +120	+165 +146	+193 +174	+229 +210
80	100	-380 -600	-220 -440	-170 -390	-120 -207	-72 -126	-36 -71	-12 -34	0 -15	0 -22	0 -35	0 -54	0 -87	0 -140	0 -220	0 -350	±11	+25 +3	+35 +13	+45 23	+59 +37	+73 +51	+93 +71	+113 +91	+146 +124	+168 +146	+200 +178	+236 +214	+280 +258
100	120	-410 -630	-240 -460	-180 -400																		+76 +54	+101 +79	+126 +104	+166 +144	+194 +172	+232 +210	+276 +254	+332 +310
120	140	-460 -710	-260 -510	-200 -450	-145 -245	-85 -148	-43 -83	-14 -39	0 -18	0 -25	0 -40	0 -63	0 -100	0 -160	0 -250	0 -400	±12.5	+28 +3	+40 +15	+52 +27	+68 +43	+88 +63	+117 +92	+147 +122	+195 +170	+227 +202	+273 +248	+325 +300	+390 +365
140	160	-520 -770	-280 -530	-210 -460																		+90 +65	+125 +100	+159 +134	+215 +190	+253 +228	+305 +280	+365 +340	+440 +415
160	180	-580 -830	-310 -560	-230 -480																		+93 +68	+133 +108	+171 +146	+235 +210	+277 +252	+335 +310	+405 +380	+490 +465
180	200	-660 -950	-240 -630	-240 -530	-170 -285	-100 -172	-50 -96	-15 -44	0 -20	0 -29	0 -46	0 -72	0 -115	0 -185	0 -290	0 -460	±14.5	+33 +4	+46 +17	+60 +31	+79 +50	+106 +77	+151 +122	+195 +166	+265 236	+313 +284	+379 +350	+454 +425	+549 +520
20	225	-740 -1030	-380 -670	-260 -550																		+109 +80	+159 +130	+209 +180	+287 +258	+339 +310	+414 +385	+499 +470	+604 +575
225	250	-820 -1110	-420 -710	-280 -570																		+113 +84	+169 +140	+225 +196	+313 +284	+369 +340	+454 +425	+549 +520	+669 +640

附表18(续)

代号		a	b	c	d	e	f	g	h								js	k	m	n	p	r	s	t	u	v	x	y	z
基本尺寸/mm		公差等级																											
大于	至	11	11	*11	*9	8	*7	*6	5	*6	*7	8	*9	10	*11	12	6	*6	6	*6	*6	6	*6	6	*6	6	6	6	6
250	280	-920 -1240	-480 -800	-300 -620	-190 -320	-110 -191	-56 -108	-17 -49	0 -23	0 -32	0 -52	0 -81	0 -130	0 -210	0 -320	0 -520	±16	+36 +4	+52 +20	+66 +34	+88 +56	+126 +94	+190 +158	+250 +218	347 +315	+417 +385	+507 +475	+612 +580	+742 +710
280	315	-1050 -1370	-540 -860	-330 -650																		+130 +98	+202 +170	+272 +240	+382 +350	+457 +425	+557 +525	+682 +650	+822 +790
315	355	-1200 -1560	-600 -960	-360 -720	-210 -350	-125 -214	-62 -119	-18 -54	0 -25	0 -36	0 -57	0 -89	0 -140	0 -230	0 -360	0 -570	±18	+40 +4	+57 +21	+73 +37	+98 +62	+144 +108	+226 +190	+304 +268	+426 +390	+511 +475	+6263 +590	+766 +730	+936 +900
355	400	-1350 -1710	-680 -1040	-400 -760																		+150 +114	+244 +208	+330 +294	+471 +435	+566 +530	+696 +660	+856 +820	+1036 +1000
400	450	-1500 -1900	-760 -1160	-440 -840	-230 -385	-135 -232	-68 -131	-20 -60	0 -27	0 -40	0 -63	0 -97	0 -155	0 -250	0 -400	0 -630	±20	+45 +5	+63 +23	+80 +40	+108 +68	+166 +126	+272 +232	+370 +330	+530 +490	+635 +595	+780 +740	+960 +920	+1140 +110
450	500	-1650 -2050	-840 -1240	-480 -880																		+172 +132	+292 +252	+400 +360	+580 +540	+700 +660	+860 +820	+1040 +1000	+1290 +1250

注:带*者为优先选用的,其他为常用的。

附表 19 优先及常用配合孔的极限偏差表/μm(摘自 GB/T 1800.3,1801)

代号		A	B	C	D	E	F	G	H								JS		K			M	N		P		R	S	T	U
基本尺寸/mm		公差等级																												
大于	至	11	11	*11	*9	8	*8	*7	6	*7	*8	*9	10	*11	12	6	7	6	*7	8	7	6	7	6	*7	7	*7	7	*7
—	3	+330 +270	+200 +140	+120 +60	+45 +20	+28 +14	+20 +6	+12 +2	+6 0	+10 +0	+14 0	+25 0	+40 0	+60 0	+100 0	±3	±5	0 -6	-2 -12	0 -14	-2 -12	-6 -12	-4 -14	-6 -12	-6 -16	-10 -20	-14 -24	—	-18 -28
3	6	+345 +270	+215 +140	+145 +70	+60 +30	+38 +20	+28 +10	+16 +4	+8 0	+12 0	+18 0	+30 0	+48 0	+75 0	+120 0	±4	±6	+2 -6	0 -12	+5 -13	0 -12	-9 -17	-4 -16	-9 -17	-8 -20	-11 -23	-15 -27	—	-19 -31
6	10	+370 +280	+240 +150	+170 +80	+76 +40	+47 +25	+35 +13	+20 +5	+9 0	+15 0	+22 0	+36 0	+58 0	+90 0	+150 0	±4.5	±7	+2 -7	0 -15	+6 -16	0 -15	-12 -21	-4 -19	-12 -21	-9 -24	-13 -28	-17 -32	—	-22 -37
10 14	14 18	+400 +290	+260 +150	+205 +95	+93 +50	+59 +32	+43 +16	+24 +6	+11 0	+18 0	+27 0	+43 0	+70 0	+110 0	+180 0	±5.5	±9	+2 -9	0 -18	+8 -19	0 -18	-15 -26	-5 -23	-15 -26	-11 -29	-16 -34	-21 -39	—	-26 -44
18	24	+430 +300	+290 +160	+240 +110	+117 +65	+73 +40	+53 +20	+28 +7	+13 0	+21 0	+33 0	+52 0	+84 0	+130 0	+210 0	±6.5	±10	+2 -11	0 -21	+10 -23	0 -21	-18 -31	-7 -28	-18 -31	-14 -35	-20 -41	-27 -48	—	-33 -54
24	30																											-33 -54	-40 -61
30	40	+470 +310	+330 +170	+280 +120	+142 +80	+89 +50	+64 +25	+34 +9	+16 0	+25 0	+39 0	+62 0	+100 0	+160 0	+250 0	±8	±12	+3 -13	+7 -18	+12 -27	0 -25	-12 -28	-8 -33	-21 -37	-17 -42	-25 -50	-34 -59	-39 -64	-51 -76
40	50	+480 +320	+340 +180	+290 +130																								-45 -70	-61 -86
50	65	+530 +340	+380 +190	+330 +140	+174 +100	+106 +60	+76 +30	+40 +10	+19 0	+30 0	+46 0	+74 0	+120 0	+190 0	+300 0	±9.5	±15	+4 -15	+9 -21	+14 -32	0 -30	-14 -33	-9 -39	-26 -45	-21 -51	-30 -60	-42 -72	-55 -85	-76 -106
65	80	+550 +360	+390 +200	+340 +150																						-32 -62	-48 -78	-64 -94	-91 -121

附表19(续)

代号		A	B	C	D	E	F	G	H							JS		K			M	N		P		R	S	T	U
基本尺寸 /mm		公差等级																											
大于	至	11	11	*11	*9	8	*8	*7	6	*7	*8	*9	10	*11	12	6	7	6	*7	8	7	6	7	6	*7	7	*7	7	*7
80	100	+600 +380	+440 +220	+390 +170	+207 +120	+126 +72	+90 +36	+47 +12	+22 0	+35 0	+54 0	+87 0	+140 0	+220 0	+350 0	±11	±17	+4 -18	+10 -25	+16 -38	0 -35	-16 -38	-10 -45	-30 -52	-24 -59	-38 -73	-58 -93	-78 -113	-111 -146
100	120	+630 +410	+460 +240	+400 +180																						-41 -76	-66 -101	-91 -126	-131 -166
120	140	+710 +460	+510 +260	+450 +200	+245 +145	+148 +85	+106 +43	+54 +14	+25 0	+40 0	+63 0	+100 0	+160 0	+250 0	+400 0	±12.5	±20	+4 -21	+12 -28	+20 -43	0 -40	-20 -45	-12 -52	-36 -61	-28 -68	-48 -88	-77 -117	-107 -147	-155 -195
140	160	+770 +520	+530 +280	+460 +210																						-50 -90	-85 -125	-119 -159	-175 -215
160	180	+830 +580	+560 +310	+ +230																						-53 -93	-93 -133	-131 -171	-195 -235
180	200	+950 +660	+630 +340	+530 +240	+285 +170	+172 +100	122 +50	+61 +50	+29 0	+46 0	+72 0	+115 0	+185 0	+290 0	+460 0	±14.5	±23	+5 -24	+13 -33	+22 -50	0 -46	-22 -51	-14 -60	-41 -70	-33 -79	-60 -106	-105 -151	-149 -195	-219 -265
200	225	+1030 +740	+670 +380	+550 +260																						-63 -109	-113 -159	-163 -209	-241 -287
225	250	+1110 +820	+710 +420	+570 +280																						-67 -113	-123 -169	-179 -225	-267 -313
250	280	+1240 +920	+800 +480	+620 +300	+320 +190	+191 +110	+137 +56	+69 +17	+32 0	+52 0	+81 0	+130 0	+210 0	+320 0	+520 0	±16	±26	+5 -27	+16 -36	+25 -56	0 -52	-25 -57	-14 -66	-47 -79	-36 -88	-74 -126	-138 -190	-198 -250	-295 -347
280	315	+1370 +1050	+860 +540	+650 +330																						-78 -130	-150 -202	-220 -272	-330 -382

附表 19(续)

代号		A	B	C	D	E	F	G	H							JS		K			M	N		P		R	S	T	U
基本尺寸/mm		公差等级																											
大于	至	11	11	*11	*9	8	*8	*7	6	*7	*8	*9	10	*11	12	6	7	6	*7	8	7	6	7	6	*7	7	*7	7	*7
315	355	+1560 +1200	+960 +600	+720 +360	+350 +210	+214 +125	+151 +62	+75 +18	+36 0	+57 0	+89 0	+140 0	+230 0	+360 0	+570 0	±18	±28	+7 -29	+17 -40	+28 -61	0 -57	-26 -62	-16 -73	-51 -87	-41 -98	-87 -144	-169 -226	-247 -304	-369 -426
355	400	+1710 +1350	+1040 +680	+760 +400																						-93 -150	-187 -244	-273 -330	-414 -471
400	450	+1900 +1500	+1160 +760	+840 +440	+385 +230	+232 +135	+165 +68	+83 +20	+40 0	+63 0	+97 0	+155 0	+250 0	+400 0	+630 0	±20	±31	+8 -32	+18 -45	+29 -68	+0 -63	-27 -67	-17 -80	-55 -95	-45 -108	-103 -166	-209 -272	-307 -370	-467 -530
450	500	+2050 +1650	+1240 +840	+ +480																						-109 -172	-229 -292	-337 -400	-517 -580

注:带“*”者为优先选用的,其他为常用的。

5. 常用材料及热处理

附表 20 常用钢材(摘自 GB/T 700、GB/T 699、GB/T 3077、GB/T 11352、GB/T 5676)

名称		钢号	主要用途	说明
碳素结构钢		Q215 - A	受力不大的铆钉、螺钉、轮轴、凸轮、焊件、渗碳件	Q 表示屈服点,数字表示屈服点数值,A、B 等表示质量等级
		Q235 - A	螺栓、螺母、拉杆、钩、连杆、楔、轴、焊件	
		Q235 - B	金属构造物中一般机件、拉杆、轴、焊件	
		Q255 - A	重要的螺钉、拉杆、钩、楔、连杆、轴、销、齿轮	
		Q275	键、牙嵌离合器、链板、闸带、受大静载荷的齿轮轴	
优质碳素结构钢		08F	要求可塑性好的零件:管子、垫片、渗碳件、氰化件	1. 数字表示钢中平均含碳量的万分数,例如 45 表示平均含碳量为 0.45%; 2. 序号表示抗拉强度、硬度依次增加,延伸率依次降低
		15	渗碳件、坚固件、冲模锻件、化工容器	
		20	杠杆、轴套、钩、螺钉、渗碳件与氰化件	
		25	轴、辊子、连接器,紧固件中的螺栓、螺母	
		30	曲轴、转轴、轴销、连杆、横梁、星轮	
		35	曲轴、摇杆、拉杆、键、销、螺栓、转轴	
		40	齿轮、齿条、链轮、凸轮、轧辊、曲柄轴	
		45	齿轮、轴、联轴器、衬套、活塞销、链轮	
		50	活塞杆、齿轮、不重要的弹簧	
		55	齿轮、连杆、扁弹簧、轧辊、偏心轮、轮圈、轮缘	
		60	叶片、弹簧	
		30Mn	螺栓、杠杆、制动板	含锰量 0.7% ~ 1.2% 的优质碳素钢
		40Mn	用于承受疲劳载荷零件:轴、曲轴、万向联轴器	
		50Mn	用于高负荷下耐磨的热处理零件:齿轮、凸轮、摩擦片	
		60Mn	弹簧、发条	
合金结构钢	铬钢	15Cr	渗碳齿轮、凸轮、活塞销、离合器	1. 合金结构钢前面两位数字表示钢中含碳量的万分数; 2. 合金元素以化学符号表示; 3. 合金元素含量小于 1.5% 时,仅注出元素符号
		20Cr	较重要的渗碳件	
		30Cr	重要的调质零件:轮轴、齿轮、摇杆、重要的螺栓、滚子	
		40Cr	较重要的调质零件:齿轮、进气阀、辊子、轴	
		45Cr	强度及耐磨性高的轴、齿轮、螺栓	
	铬锰钛钢	20CrMnTi	汽车上的重要渗碳件:齿轮	
		30CrMnTi	汽车发动机上强度特高的渗碳齿轮	
铸钢		ZG230 - 450	机座、箱体、支架	ZG 表示铸钢,数字表示屈服点及抗拉强度(MPa)
		ZG310 - 570	齿轮、飞轮、机架	

附表 21　常用铸铁(摘自 GB/T 9439、GB/T 1348、GB/T 9400)

名称	牌号	硬度(HB)	主要用途	说明
灰铸铁	HT100	114～173	机床上受轻负荷,磨损无关紧要的铸件,如托盘、把手、手轮等	HT 是灰铸铁代号,其后数字表示抗拉强度(MPa)
	HT150	132～197	承受中等弯曲应力,摩擦面间压强高于 500 MPa 的铸件,如机床底座、工作台、汽车变速箱、泵体、阀体、阀盖等	
	HT200	151～229	承受较大弯曲应力,要求保持气密性的铸件,如机床立柱、刀架、齿轮箱体、床身、油缸、泵体、阀体、皮带轮、轴承盖和架等	
	HT250	180～269	承受较大弯曲应力、要求体质气密性的铸件,如气缸套、齿轮、机床床身、立柱、齿轮箱体、油缸、泵体、阀体等	

附表 22　常用有色金属及其合金(摘自 GB/T 1176、GB/T 3190)

名称或代号	牌号	主要用途	说明
普通黄铜	H62	散热器、垫圈、弹簧、各种网、螺钉及其他零件	H 表示黄铜,字母后的数字表示含钢的平均百分数
40－2 锰黄铜	ZCuZn40Mn2	轴瓦、衬套及其他减磨零件	Z 表示铸造,字母后的数字表示含铜、锰、锌的平均百分数
5－5－5 锡青铜	ZCuSn5PbZn5	在较高负荷和中等滑动速度下工作的耐磨、耐蚀零件	字母后的数字表示含锡、铅、锌的平均百分数
9－2 铝青铜 10－3 铝青铜	ZCuAl9Mn2 ZCuAl10Fe3	耐蚀、耐磨零件,要求气密性高的铸件、高强度、耐磨、耐蚀零件及 250℃以下工作的管配件	字母后的表示含铝、锰或铁的平均百分数
17－4－4 铅青铜	ZCuPbl7Sn4ZnA	高滑动速度的轴承和一般耐磨件等	字母后的数字表示含铅、锡、锌的平均百分数
ZL201 (铝铜合金) ZL301 (铝铜合金)	ZAlCu5Mn ZAlCuMg10	用于铸造形状较简单的零件,如支臂、挂架梁等 用于铸造小型零件,如海轮配件、航空配件等	
硬铝	LY12	高强度硬铝,适用于制造高负荷零件及构件,但不包括冲压件和锻压件,如飞机骨架等	LY 表示硬铝,数字表示顺序号

附表 23 常用非金属材料

材料名称及标准号		牌号	主要用途	说明
工业用橡胶板	耐酸橡胶板 (GB/T 5574)	2807 2709	具有耐酸碱性能,用作冲制密封性能较好的垫圈	较高硬度 中等硬度
工业用橡胶板	耐油橡胶板 (GB/T 5574)	3707 3709	可在一定温度的油中工作,适用冲制各种形状的垫圈	较高硬度
工业用橡胶板	耐热橡胶板 (GB/T 5574)	4708 4710	可在热空气、蒸汽(100℃)中工作,用作冲制各种垫圈和隔热垫板	较高硬度 中等硬度
尼龙	尼龙 66 尼龙 1010		用于制作齿轮等传动零件,有良好的消音性,运转时噪声小	具有抗拉强度和冲击韧性,耐热(> 100℃)、耐弱酸、耐弱碱、耐油性好
耐油橡胶石棉板 (GB/T 539)			供航空发动机的煤油、润滑油及冷气系统结合处的密封衬垫材料	有厚度为 0.4 ~ 3.0 的十种规格
毛毡 (FJ/T 314)			用作密封、防漏油、防振、缓冲衬垫等,按需选用细毛、半粗毛、粗毛	厚度为 1 ~ 30
有机玻璃板 (HG/T 2—343)			适用于耐腐蚀和需要透明的零件,如油标、油杯、透明管道等	耐盐酸、硫酸、草酸、烧碱和纯碱等一般碱性、二氧化碳、臭氧等腐蚀

附表 24 常用热处理方法及应用

名词	代号及标注示例	说明	应用
退火	Th	将钢件加热到临界温度以上(一般是 710 ~ 715 ℃,个别合金钢 800 ~ 900 ℃)30 ~ 50 ℃,保温一段时间,然后缓慢冷却	用来消除铸、锻、焊零件的内应力、降低硬度,便于切削加工,细化金属晶粒,改善组织、增加韧性
正火	Z	将钢件加热到临界温度以上,保温一段时间,然后用空气冷却,冷却速度比退火快	用来处理低碳和中碳结构钢及渗碳零件,使其组织细化,增加强度与韧性,减少内应力,改善切削性能
淬火	C C48:淬火回火至 45 ~ 50HRC	将钢件加热到临界温度以上,保温一段时间,然后在水、盐水或油中急速冷却,使其得到高速度	用来提高钢的硬度和强度极限,但淬火会引起内应力使钢变脆,所以淬火后必须回火
回火	回火	回火是将淬硬的钢件加热到临界点以下的温度,保温一段时间,然后在空气中或油中冷却下来	用来消除淬火后的脆性和内应力,提高钢的塑性和冲击韧性

附表 24(续)

名词	代号及标注示例	说明	应用
调质	T T235:调质处理至220~250HB	淬火后在450~650℃进行高温回火,称为调质	用来使钢获得高的韧性和足够的强度,重要的齿轮、轴及丝杆等零件需经调质处理
表面淬火 火焰淬火	H54:火焰淬火后,回火到50~55HRC	用火焰电流,将零件表面迅速加热至临界温度以下,急速冷却	使零件表面获得高硬度,而心部保持一定的韧性,使零件既耐磨又能承受冲击,表面淬火常用来处理齿轮等
表面淬火 高频淬火	G52:高频淬火后,回火到50~55HRC		
渗碳淬火	S0.5-C59:渗碳层深0.5,淬火硬度56~62HRC	在渗碳剂中将钢件加热到900~950℃,停留一定时间,将碳渗入钢表面,深度为0.5~2,再淬火后回火	增加钢件的耐磨性能、表面硬度、抗拉强度和疲劳极限,适用于低碳、中碳(含量<0.40%)结构钢的中小型零件
氮化	D0.3-900:氮化层深度0.3,硬度大于850HV	氮化是在500~600℃通入氮的炉子内加热,向钢的表面渗入氮原子的过程,氮化层为0.025~0.8,氮化时间需40~50 h	增加钢件的耐磨性能、表面硬度、疲劳极限和抗蚀能力,适用于合金钢、碳钢、铸铁件,如机床主轴、丝杆及在潮湿碱水和燃烧气体介质的环境中工作的零件
氰化	Q59:氰化淬火后,回火至56~62HRC	在820~860℃炉内通入碳和氮,保温1~2 h,使钢件的表面同时渗入碳、氮原子,可得到0.2~0.5的氰化层	增加表面硬度、耐磨性、疲劳强度和耐蚀性,用于要求硬度高、耐磨的中小型及薄片零件和刀具等
时效	时效处理	低温回火精加工之前,加热到100~160℃,保持10~40 h,对铸件也可用天然时效(放在露天中一年以上)	使工件消除内应力和稳定形状,用于量具、精密丝杆、床身导轨、床身等
发蓝发黑	发蓝或发黑	将金属零件放在很浓的碱和氧化剂溶液中加热氧化,使金属表面形成一层氧化铁所组成的保持性薄膜	防腐蚀、美观,用于一般连接的标准件和其他电子类零件
硬度	HB(布氏硬度)	材料抵抗硬的物体压入其表面的能力称为硬度,根据测定的方法不同,可分为布氏硬度、洛氏硬度和维氏硬度; 硬度的测定是检验材料经热处理后的机械性能	用于退火、正火、调质的零件及铸件的硬度检验
	HRC(洛氏硬度)		用于经淬火、回火及表面渗碳、渗氮等处理的零件硬度检验
	HV(维氏硬度)		用于薄层硬化零件的硬度检验

参 考 文 献

[1] 寇世瑶. 机械制图[M]. 北京:高等教育出版社,2007.

[2] 刘小年. 机械制图[M]. 北京:机械工业出版社,2005.

[3] 彭晓兰. 机械制图与计算机绘图:上册[M]. 南昌:江西高校出版社,2003.

[4] 王其昌. 翁民玲. 机械制图[M]. 北京:人民邮电出版社,2009.

[5] 李爱军. 画法几何及机械制图[M]. 徐州:中国矿业大学出版社,2002.

[6] 张爱梅. 机械制图与 AutoCAD 基础教程[M]. 北京:北京大学出版社,2007.

[7] 张绍群. 孙晓娟. 机械制图[M]. 北京:北京大学出版社,2007.

[8] 韩桂新. 机械制图[M]. 北京:北京大学出版社,2005.

[9] 胡建生. 机械制图[M]. 北京:化学工业出版社,2006.

[10] 王谟金. 机械制图[M]. 北京:清华大学出版社,2004.